高超声速出版工程
（第二期）

高超声速乘波构型设计及应用

罗世彬　刘　俊　郑盛贤　张　超　田家琪　任　杰　孙雨航　著

科学出版社
北京

内 容 简 介

本书探讨高超声速乘波气动构型的设计理论与工程方法体系,尝试构建"基础理论-创新方法-工程实践"的研究框架。第一部分着重梳理乘波体基础理论,推导基本设计范式及基准流场通用解法;第二部分试图拓宽理论边界,形成宽域双后掠构型设计、乘波构型优化设计、乘波机体/进气道一体化设计等探索性成果;第三部分围绕工程实现难点,针对两级入轨构型、考虑雷达隐身、兼顾热防护/几何约束/操纵性等实际问题展开讨论。内容主要基于著者团队前期研究,同时参考国内外相关成果,尝试建立理论与实践的联系。

本书可为航空航天院校飞行器设计专业师生及航空航天科研院所研究人员提供参考。

图书在版编目(CIP)数据

高超声速乘波构型设计及应用／罗世彬等著.
北京：科学出版社,2025.7. -- ISBN 978-7-03-082382-3

Ⅰ.V47

中国国家版本馆 CIP 数据核字第 2025WP9054 号

责任编辑：徐杨峰　霍明亮／责任校对：谭宏宇
责任印制：黄晓鸣　　　　　／封面设计：殷　靓

科学出版社 出版
北京东黄城根北街 16 号
邮政编码：100717
http://www.sciencep.com

南京展望文化发展有限公司排版
苏州市越洋印刷有限公司印刷
科学出版社发行　各地新华书店经销

*

2025 年 7 月第　一　版　开本：B5(720×1000)
2025 年 7 月第一次印刷　印张：20 1/2
字数：402 000
定价：170.00 元
(如有印装质量问题,我社负责调换)

高超声速出版工程(第二期)
专家委员会

顾 问
王礼恒　张履谦　杜善义

主任委员
包为民

副主任委员
吕跃广　李应红

委 员
（按姓名汉语拼音排序）

艾邦成	包为民	蔡巧言	陈坚强	陈伟芳
陈小前	邓小刚	段广仁	符　松	关成启
桂业伟	郭　雷	韩杰才	侯　晓	姜　斌
姜　杰	李小平	李应红	吕跃广	孟松鹤
闵昌万	沈　清	孙明波	谭永华	汤国建
唐志共	王晓军	阎　君	杨彦广	易仕和
尤延铖	于达仁	朱广生	朱恒伟	祝学军

高超声速出版工程(第二期)·高超声速空气动力学系列
编写委员会

主 编
朱广生　沈　清

副主编
陈伟芳　符　松　桂业伟　闵昌万

编 委
（按姓名汉语拼音排序）

艾邦成	白　鹏	曹　伟	陈　农	陈坚强
陈伟芳	方　明	符　松	桂业伟	贺旭照
黄　伟	李维东	刘　君	柳　军	罗金玲
罗世彬	罗振兵	闵昌万	沈　清	时晓天
司　廷	苏彩虹	滕宏辉	肖志祥	叶友达
易仕和	余永亮	张庆兵	张伟伟	朱广生

丛书序

飞得更快一直是人类飞行发展的主旋律。

1903年12月17日,莱特兄弟发明的飞机腾空而起,虽然飞得摇摇晃晃,犹如蹒跚学步的婴儿,但拉开了人类翱翔天空的华丽大幕;1949年2月24日,Bumper-WAC从美国新墨西哥州白沙发射场发射升空,其上面级飞行马赫数超过5,成为人类历史上首次实现高超声速飞行。从学会飞行,到跨入高超声速,人类用了不到五十年,蹒跚学步的婴儿似乎长成了大人,但实际上,迄今人类还没有实现真正意义的商业高超声速飞行,我们还不得不忍受洲际旅行需要十多个小时甚至更长飞行时间的煎熬。试想一下,如果我们将来可以在两小时内抵达全球任意城市,这个世界将会变成什么样?这并不是遥不可及的梦!

今天,人类进入高超声速领域已经快70年了,无数科研人员为之奋斗了终生。从空气动力学、控制、材料、防隔热到动力、测控、系统集成等,在众多与高超声速飞行相关的学术和工程领域内,一代又一代科研和工程技术人员传承创新,为人类的进步努力奋斗,共同致力于达成人类飞得更快这一目标。量变导致质变,仿佛是天亮前的那一瞬,又好像是蝶即将破茧而出,几代人的奋斗把高超声速推到了嬗变前的临界点上,相信高超声速飞行的商业应用已为期不远!

高超声速飞行的应用和普及必将颠覆人类现在的生活方式,极大地拓展人类文明,并有力地促进人类社会、经济、科技和文化的发展。这一伟大的事业,需要更多的同行者和参与者!

书是人类进步的阶梯。

实现可靠的长时间高超声速飞行堪称人类在求知探索的路上极为艰苦卓绝的一次前行,将披荆斩棘走过的路夯实、巩固成阶梯,以便于后来者跟进、攀登,意义深远。

以丛书这样一种出版形式，将高超声速基础研究和工程技术方面取得的阶段性成果和宝贵经验固化下来，有助于建立基础研究与高超声速技术应用之间的桥梁。为广大研究人员和工程技术人员提供一套科学、系统、全面的高超声速技术参考书，可以起到为人类文明探索、前进构建阶梯的作用。

2016 年，科学出版社就精心策划并着手启动了"高超声速出版工程"这一非常符合时宜的事业。我们围绕"高超声速"这一主题，邀请国内优势高校和主要科研院所，组织国内各领域知名专家，结合基础研究的学术成果和工程研究实践，系统梳理和总结，共同编写了"高超声速出版工程"丛书，丛书突出高超声速特色，体现学科交叉融合，确保丛书具有系统性、前瞻性、原创性、专业性、学术性、实用性和创新性。

这套丛书记载和传承了我国半个多世纪尤其是近十几年高超声速技术发展的科技成果，凝结了航天航空领域众多专家学者的智慧，既可供相关专业人员学习和参考，又可作为案头工具书。期望本套丛书能够为高超声速领域的人才培养、工程研制和基础研究提供有益的指导和帮助，更期望本套丛书能够吸引更多的新生力量关注高超声速技术的发展，并投身于这一领域，为我国高超声速事业的蓬勃发展做出力所能及的贡献。

是为序！

2017 年 10 月

前 言

高超声速飞行器具有高速度、超远程、强突防等特点,在远程快速到达、便捷进入空间、灵活天地往返等方面具有特殊优势,对科学技术进步、国民经济发展和国家空天安全有着重要战略意义和应用价值,是当今世界航空航天大国竞相争夺的技术制高点。

高超声速飞行器在大气层内以高超声速飞行,高焓绕流存在强黏性干扰、高温气体影响、低密度流动等复杂物理化学效应,激波阻力和摩擦阻力快速增加,形成"升阻比屏障"。乘波体(waverider)是一种源于特定流场的流线型气动外形,因所有前缘均有附体激波,能将激波压缩后的高压绕流"封闭"在飞行器下表面,从而得到高升阻比。乘波体概念自 20 世纪 50 年代末被提出以来,受到各国气动专家的广泛关注。进入 80 年代业内重新掀起研究热潮,先后提出了多种设计理论和一批工程设计方法,推动乘波体从概念原型向工程实用的蓬勃发展。乘波体已成为突破高超声速"升阻比屏障"的有效途径之一,与飞行器相结合的乘波构型研究越来越深入,具有乘波特性的高超声速飞行器开始翱翔天际。

作者团队长期开展高超声速乘波构型理论与应用研究,本书为近年研究进展的梳理和总结。在系统整理乘波体设计理论与方法的基础上,详细地阐述高超声速乘波构型扩展设计与工程实践。全书共 10 章,分为三个部分。第一部分是第 1~3 章,主要介绍乘波体的设计基础,包括绪论、乘波体基本设计理论和乘波体基准流场求解;第二部分是第 4~7 章,主要介绍乘波体设计理论的扩展,包括宽域双后掠乘波体设计与分析、乘波体优化设计、乘波构型扩展设计和乘波构型/进气道一体化设计;第三部分是第 8~10 章,主要介绍乘波体的工程应用,包括两级入轨乘波构型设计、乘波构型雷达隐身设计和乘波构型工程设计。

本书内容翔实，旨在向读者细致地介绍高超声速乘波体的基本概念、设计方法和步骤，进而启发读者开展乘波构型的应用研究。本书可作为飞行器设计相关专业高年级本科生与研究生的教材和教学参考书，也可为飞行器专业设计人员提供借鉴，起到抛砖引玉的作用。

本书的研究先后得到国防装备预研基金、航天支撑基金、航天一院高校联合创新基金、空间物理重点实验室基金等项目的大力支持。特别感谢国防科技大学柳军教授、李世斌助理研究员、丁峰讲师、中国运载火箭技术研究院陈安宏研究员、赤丰华工程师、何小龙工程师，与诸位的深入研讨，让我们受益匪浅。罗世彬教授，刘俊副教授，博士研究生郑盛贤、田家琪、孙雨航，硕士研究生张超、任杰参与部分章节的撰写，罗世彬教授负责全书统稿。本书参考了作者团队周嘉明、何天琦、刘庆豪、易怀喜等研究生学位论文的部分内容。硕士研究生刘瑞协助文字校对。国家出版基金为本书出版给予大力支持和帮助，在此一并表示感谢！

由于作者的学识和水平有限，书中难免有不足之处。敬请读者朋友批评指正。

作者

2024 年 11 月

目 录

丛书序
前言

第 1 章 绪 论

1.1 研究背景 / 1
1.2 高超声速气动布局 / 6
1.3 乘波体基本概念 / 10
1.4 乘波体理论发展历程 / 11
  1.4.1 楔导/锥导乘波体 / 14
  1.4.2 吻切乘波体 / 15
  1.4.3 拓展乘波体 / 16
1.5 高超声速乘波构型飞行器 / 18
1.6 高超声速乘波体发展趋势 / 26
1.7 本书主要内容 / 27
参考文献 / 28

第 2 章 乘波体基本设计理论

2.1 引言 / 34
2.2 乘波体设计要求 / 35

2.3 楔导乘波设计理论 / 36
2.4 锥导乘波设计理论 / 37
2.5 吻切乘波设计理论 / 38
　　2.5.1 吻切锥理论 / 38
　　2.5.2 吻切轴对称理论 / 39
　　2.5.3 吻切流场理论 / 41
2.6 本章小结 / 42
参考文献 / 42

第 3 章　乘波体基准流场求解

3.1 引言 / 44
3.2 基准流场设计 / 46
　　3.2.1 特征线理论与控制方程 / 46
　　3.2.2 典型单元的数值求解方法 / 47
　　3.2.3 轴对称弯曲激波流场模型及设计 / 58
3.3 流线追踪技术 / 60
3.4 方法验证 / 62
3.5 本章小结 / 65
参考文献 / 65

第 4 章　宽域双后掠乘波体设计与分析

4.1 引言 / 67
4.2 基于投影法的双后掠锥导乘波体设计 / 68
　　4.2.1 设计原理与方法 / 68
　　4.2.2 高速气动性能分析 / 70
　　4.2.3 低速气动性能分析 / 79
　　4.2.4 不同速度和高度对气动性能影响 / 80
　　4.2.5 投影位置对气动性能的影响 / 81
4.3 基于投影法的双后掠曲锥乘波体设计 / 83
4.4 基于投影法的双后掠吻切锥乘波体设计 / 85

    4.4.1 设计原理与方法 / 85
    4.4.2 高超声速气动性能分析 / 88
    4.4.3 低速气动性能分析 / 92
    4.4.4 亚、跨、超声速气动性能分析 / 94
  4.5 本章小结 / 96
  参考文献 / 97

第 5 章 乘波体优化设计

  5.1 引言 / 99
  5.2 乘波体性能快速估算 / 101
    5.2.1 构建积分单元 / 102
    5.2.2 无黏气动力计算 / 103
    5.2.3 黏性力计算 / 104
  5.3 乘波体优化算法 / 106
    5.3.1 常用优化算法 / 106
    5.3.2 改进的多目标布谷鸟优化算法 / 107
  5.4 吻切锥乘波体优化设计 / 109
    5.4.1 优化问题描述 / 109
    5.4.2 优化结果 / 111
    5.4.3 设计工况对优化结果的影响 / 113
  5.5 双后掠曲面锥导乘波体优化设计与分析 / 115
    5.5.1 优化问题描述 / 115
    5.5.2 优化结果 / 115
    5.5.3 典型优化外形气动性能分析 / 117
  5.6 本章小结 / 133
  参考文献 / 134

第 6 章 乘波构型扩展设计

  6.1 引言 / 137
  6.2 组合乘波构型设计 / 138

6.2.1 星型乘波体 / 138
　　6.2.2 外加小翼乘波体 / 139
　　6.2.3 高压捕获翼乘波体 / 140
　　6.2.4 宽速域组合乘波体 / 141
6.3 变马赫数/变激波角吻切乘波构型 / 143
6.4 后掠角及上反角可控的乘波构型 / 144
6.5 脊型乘波构型 / 146
　　6.5.1 基于超椭圆曲线的脊型吻切锥乘波体设计 / 147
　　6.5.2 基于CST方法的脊型吻切锥乘波体设计 / 148
6.6 本章小结 / 150
参考文献 / 151

第7章 乘波构型/进气道一体化设计

7.1 引言 / 154
7.2 乘波前体/进气道一体化设计 / 155
　　7.2.1 设计内涵 / 155
　　7.2.2 乘波前体/二维进气道一体化设计 / 158
　　7.2.3 三维内收缩进气道/前体一体化设计 / 160
7.3 乘波机体/进气道一体化设计 / 164
　　7.3.1 基准流场包容式一体化设计 / 165
　　7.3.2 基准流场相交式一体化设计 / 165
　　7.3.3 "全乘波"一体化设计 / 166
7.4 内乘波进气道一体化设计 / 169
　　7.4.1 内乘波进气道基本概念 / 169
　　7.4.2 内乘波进气道设计实例 / 173
7.5 宽速域乘波机体/进气道一体化设计实例 / 179
　　7.5.1 设计过程 / 180
　　7.5.2 基准流场模型及方法验证 / 184
　　7.5.3 全乘波飞行器性能分析 / 189
7.6 本章小结 / 196
参考文献 / 197

第8章 两级入轨乘波构型设计

8.1 引言 / 202

8.2 基于锥导乘波体的两级融合设计 / 203
    8.2.1 设计原理 / 203
    8.2.2 设计方法验证 / 208
    8.2.3 设计参数灵敏度分析 / 210

8.3 基于吻切锥乘波体的两级融合设计 / 218
    8.3.1 设计原理 / 219
    8.3.2 设计方法验证 / 220
    8.3.3 设计参数灵敏度分析 / 222

8.4 两级入轨空天飞机气动布局初步设计 / 227
    8.4.1 两级融合乘波飞行器设计方案 / 227
    8.4.2 组合体气动特性分析 / 229
    8.4.3 上面级气动特性分析 / 233

8.5 本章小结 / 237

参考文献 / 238

第9章 乘波构型雷达隐身设计

9.1 引言 / 239

9.2 雷达隐身设计基础 / 240
    9.2.1 雷达隐身技术基本概念 / 240
    9.2.2 雷达隐身数值仿真方法 / 244

9.3 高超声速雷达隐身设计现状 / 246
    9.3.1 气动外形隐身技术 / 247
    9.3.2 等离子鞘隐身技术 / 249

9.4 典型高超声速气动布局散射特性 / 251
    9.4.1 旋成体散射特性 / 254
    9.4.2 翼身融合体散射特性 / 254
    9.4.3 翼身组合体散射特性 / 256

9.4.4 菱形多面体散射特性 / 257

9.4.5 乘波体散射特性 / 258

9.5 乘波构型隐身外形设计 / 260

9.5.1 考虑隐身的乘波构型设计 / 260

9.5.2 乘波构型隐身性能评估 / 261

9.6 本章小结 / 264

参考文献 / 265

第 10 章 乘波构型工程设计

10.1 引言 / 267

10.2 乘波构型热防护设计 / 268

10.2.1 高速飞行热环境 / 268

10.2.2 乘波构型的前缘钝化 / 268

10.2.3 头部逆向喷流与激波针 / 276

10.3 乘波构型几何约束设计 / 285

10.3.1 展长约束乘波构型设计 / 286

10.3.2 展长约束乘波构型气动性能 / 286

10.3.3 展向切除乘波构型气动性能 / 291

10.4 乘波构型操纵面设计 / 296

10.4.1 常用操纵面型式 / 296

10.4.2 操纵面设计实例 / 297

10.5 乘波前体/进气道一体化构型边界层黏性修正 / 305

10.5.1 边界层黏性修正基本原理 / 305

10.5.2 边界层位移厚度计算方法 / 307

10.5.3 乘波前体/进气道边界层黏性修正实例 / 310

10.6 本章小结 / 312

参考文献 / 313

第 1 章
绪　　论

1.1　研究背景

我国著名科学家钱学森1946年在论文《高超声速流的相似律》中首次提出"高超声速"(hypersonic)的概念,并以马赫数5作为高超声速飞行的下限[1]。高超声速飞行器泛指在大气层内飞行马赫数达到或超过5的飞行器,其飞行速度快,飞行空域广,突防能力强,在国防和经济领域应用前景广阔,备受关注。

在高超声速概念诞生之前,高超声速飞行器的相关研究便已开始。1938年,奥地利科学家欧根·森格尔(Eugen Sänger)提出"银鸟"(Silbervogel)空天轰炸机概念方案,如图1.1所示。飞行器通过地面滑轨加速,水平起飞后在火箭发动机助推下,加速爬升至大气层边沿,随后通过反复跃滑(称为Sänger弹道),实现跨洲际远程飞行。"银鸟"空天轰炸机采用类飞机气动外形,扁平矩形截面机身能提供较大的升力;平直机翼布置在机身中部且略带后掠,以减小超声速飞行时的激波阻力;机身尾部装有一对水平尾翼,小型垂尾立于平尾尖端,实现飞行器的稳定和控制。对于当时的技术水平而言,该飞行器方案技术过于超前,因此始终停留在原理样机阶段,仅研制了2架地面样机便终止。

图1.1　"银鸟"空天轰炸机

1949年,通过安装在 V-2 火箭上的"大丰收-WAC"(Bumper-WAC)二级探空火箭,实现了历史上首次高超声速飞行[2]。1959年,美国北美航空公司研制的 X-15 验证机(图 1.2)实现首飞,先后飞行 199 次,最高飞行马赫数达到 6.7,创造了最早的有人驾驶的高超声速飞行纪录[3]。X-15 采取类飞机气动布局,以火箭发动机为动力,采用大长细比机身,中置梯形水平机翼。上下对称布置大厚度的楔形垂直尾翼,保证大迎角飞行条件下的航向控制能力,俯仰方向和滚转方向操纵由具有下反角的全动平尾实现。X-15 采取空中载机发射方式,以减少加速爬升过程自身携带燃料的消耗。

图 1.2 X-15 验证机

(a) 美国"哥伦比亚号"航天飞机

(b) 苏联"暴风雪号"航天飞机

图 1.3 20 世纪 80 年代美国与苏联的航天飞机[4]

20 世纪 70~80 年代,研究重点转向部分可重复使用的天地往返运输系统,目标是替代一次性使用的载人再入返回飞船,典型代表是美国和苏联的航天飞机(space shuttle),参见图 1.3。航天飞机属一级半运输系统,轨道器可重复使用,具备从近地轨道再入返回地面的能力。美国和苏联的航天飞机轨道器外形相似,均为翼身组合体,采用大三角翼无尾布局,由后掠垂尾提供航向稳定性和操纵性。

20 世纪 80~90 年代,以完全可重复使用、便捷天地往返为目标的航天飞机成为研究重点,并先后启动了 X-30(美国)、X-33(美国)、X-34(美国)等单级入轨研究计划,其中 X-30 采用吸气式组合动力,X-33、X-34 则以火箭发动机为动力。X-30 是国家空天飞机(National Aerospace Plane, NASP)计划的验证飞行器,以升力体气动布局为主,将模块化发动机置于机身腹部,机体/发动机一体化特征显著,机体尾部安装双垂尾及操纵面,具备水平起降和单级入轨能力。苏联同期提出水平起降的单级入轨 Tu-2000 空天飞机方案,采用无尾三角翼布局,机腹后部安装 7 台发动机、4 台涡轮喷气发动机(大气层内飞行)、1 台超燃冲压发动机(加速至高超声速)和 2 台液体火箭发动机(大气层外机动)。英国也提出了水平起降单级入轨的"霍托尔"(HOTOL)空天飞机方案,采取翼身组合体布局形式。德国提出两级入轨的 Sänger 空天飞机方案,第一级是载机,采用翼身融合体布局,以涡轮冲压发动机为动力;第二级为轨道飞行器,轨道飞行器由载机驮在背部,分离后由火箭发动机推进加速入轨。

图 1.4 为典型的空天飞机构型。

20 世纪 90 年代,高超声速技术发展进入瓶颈期。这一时期,无论是纯火箭推进的重复使用天地往返运载飞行器系统(如 X-33 和 X-34 可重复使用运载器),还是以超燃冲压发动机为核心的吸气式高超声速飞行器系统(如 X-30),均未能实现预期的技术跨越目标[5]。相关研究计划陆续下马。

进入 21 世纪,超燃冲压发动机技术取得实质性进展,吸气式高超声速飞行器加速由应用概念探索阶段进入关键技术飞行演示验证阶段。代表性试验飞行器包括美国的 X-43A(吸气式巡航型)、HyFly(吸气式巡航型)、HTV-2(助推滑翔型)、X-51A(吸气式巡航型);美国与澳大利亚联合研制的 HIFiRE(吸气式巡航/无动力滑翔);印度的高超声速技术演示飞行器 HSTDV(吸气式巡航型);巴西的 14-X 高超声速飞行器(吸气式巡航型)等。工程应用研究加速推进,美国先后实施 AGM-183A、远程高超声速武器(long-range hypersonic weapon, LRHW)、高超声速吸气式武器概念(hypersonic air-breathing weapon concept, HAWC)、高超声速攻击巡航导弹(hypersonic attack cruise missile, HACM)等多个高超声速武器研制计划;俄罗斯研制成功"匕首"高超声速滑翔导弹、"锆石"高超声速巡航导弹等多型装备;印度、日本、朝鲜、韩国等国也启动了各自的高超声速导弹研制计划。这一时期的吸气式巡航型飞行器以升力体或类旋成体外形为主,气动布局多以匹配超燃冲压发动机构型而设计,通过机体/发动机一体化提升推力裕量。而助推滑翔型飞行器则以类乘波体布局为主,旨在提高飞行器的航程和横向机动能力。

图 1.5 为开展飞行试验的高超声速飞行器。

伴随着超燃冲压发动机和高超声速飞行技术的突破,高超声速试验飞行器的飞行速度上限不断刷新。在吸气式巡航领域,X-43A 的最大飞行马赫数为 9.6(2004 年);而在再入飞行器领域,X-20 和 X-23A 的最大飞行马赫数分别

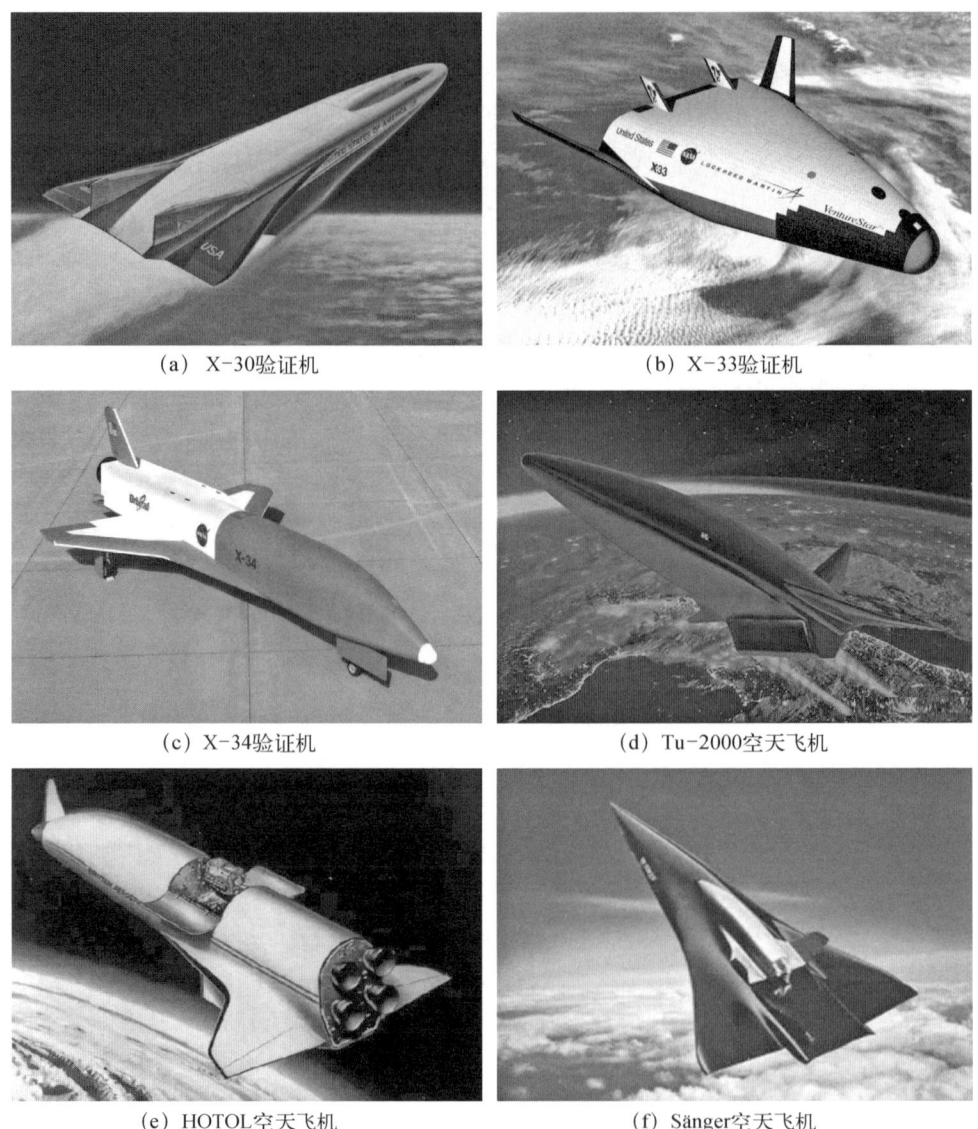

(a) X-30验证机　　(b) X-33验证机
(c) X-34验证机　　(d) Tu-2000空天飞机
(e) HOTOL空天飞机　　(f) Sänger空天飞机

图1.4　典型的空天飞机构型

为22.5和24.5(1966年),X-37B的最大飞行马赫数超过25(2010年)。2010年以后,高超声速飞行器不再一味地追求更高的飞行速度,开始转为以实际功能和任务要求为导向,高超声速飞机成为研究新热点。这一时期的典型飞行器方案包括:2008年提出的HTV-3X"黑雨燕"高超声速飞行器(马赫数为0~6,美国)、2010年的Manta高超声速飞行器(马赫数为0~7,美国)、2013年的SR-72

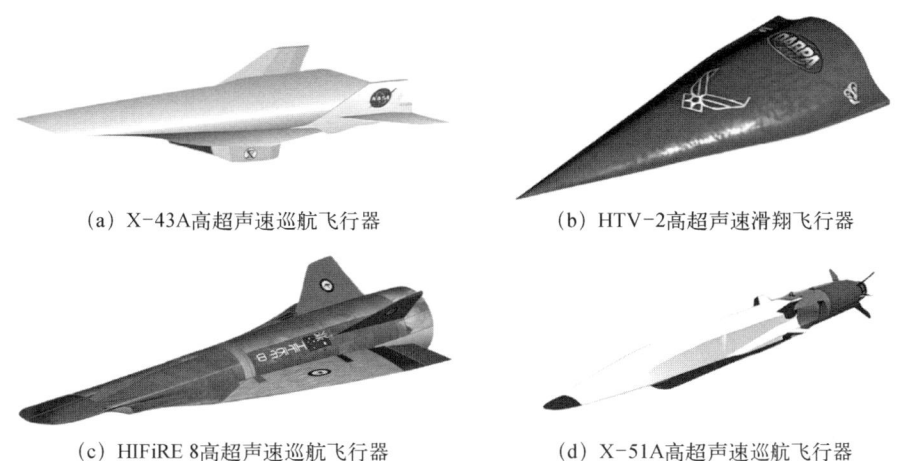

(a) X-43A高超声速巡航飞行器 (b) HTV-2高超声速滑翔飞行器

(c) HiFiRE 8高超声速巡航飞行器 (d) X-51A高超声速巡航飞行器

图 1.5　开展飞行试验的高超声速飞行器

高超声速飞行器(马赫数为 0~6,美国)、2018 年后研发的"女武神Ⅱ"高超声速飞行器(马赫数为 0~5,美国)和"夸特马"高超声速飞行器(马赫数为 0~5,美国),如图 1.6 所示。研究显示,高超声速飞行器的气动布局由二维简单型面构

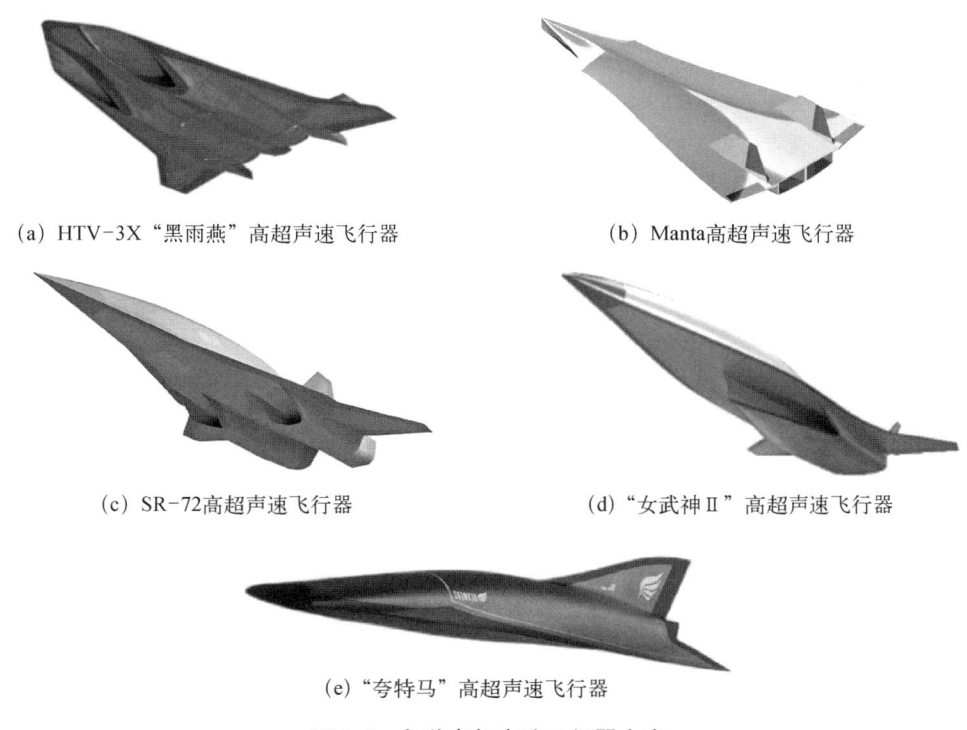

(a) HTV-3X"黑雨燕"高超声速飞行器 (b) Manta高超声速飞行器

(c) SR-72高超声速飞行器 (d) "女武神Ⅱ"高超声速飞行器

(e) "夸特马"高超声速飞行器

图 1.6　各种高超声速飞行器方案

型向着具有复杂三维构型的翼身融合体方向演化,设计具有高升力、低阻力和气动稳定性的气动布局,成为现阶段高超声速飞行器设计重点关注的问题。

1.2 高超声速气动布局

气动设计是飞行器设计的"先行官",在高超声速飞行器设计中发挥至关重要的作用。气动布局对升阻特性、操稳特性、动力布置、结构形式、载荷安排等有显著影响,在很大程度上决定着飞行器的飞行性能(最大航程、最大飞行速度、机动性能等)。相较于低速飞行器,高超声速飞行器周围多流态并存和多物理场耦合,气动力和气动热环境更加严酷,性能优异的气动布局有助于削弱极端服役环境的不利影响,减小性能损失。

高超声速气动布局主要包括轴对称旋成体、升力体、翼身组合/融合体和(类)乘波体四类[6-9],表 1.1 为高超声速气动布局对比。

表 1.1 高超声速气动布局对比

气动布局	轴对称旋成体	升力体	翼身组合/融合体	(类)乘波体
气动特性	导弹:马赫数<1,升阻比较高。马赫数>1,升阻比较低。探测器、返回舱:升阻比较低,基本不随迎角变化	马赫数>1,升阻比较高;在 0°~20°内,升阻比随迎角显著地增加	马赫数<1,升阻比较高,随迎角变化明显。马赫数>1,升阻比相对较高,随迎角变化不大	高升力、低阻力、高升阻比;升阻比随迎角变化很小
应用范围	各类型导弹、轨道探测器、返回舱	航天飞机、空天飞机、可重复使用运载器、亚轨道飞行器	超声速战斗机、客机、战略轰炸机、航天飞机、空天飞机、可重复使用运载器、亚轨道飞行器	高超声速飞行器、单级/两级运载器、洲际高超声速客机
优点	亚/超声速阻力小;机动性能良好;结构简单,重量轻;设计与制造容易	结构容积率较高;机动能力强;一定迎角下气动特性良好	升阻比较高;结构容积率大;飞行稳定性良好,隐身特性好	升阻比高;高马赫数下机动性能好

续表

气动布局	轴对称旋成体	升力体	翼身组合/融合体	(类)乘波体
缺点	高马赫数下机动性能差;隐身性能差,升阻比较低	外形复杂,设计制造困难	外形复杂,设计制造困难	外形复杂,设计制造困难;结构容积率低

1. 轴对称旋成体布局

轴对称旋成体是通过设计一条母线,将其围绕旋转轴回转而成的气动外形。代表性应用方案包括美国的高超声速吸气式武器概念(HAWC)项目、高超声速导弹验证项目(HyFly)、俄罗斯的"匕首"高超声速滑翔导弹、澳大利亚的Hyshot Ⅱ试验样机等[10](图1.7)。这类布局多用于高超声速导弹,其结构简单,易于制造,通常只搭配发动机与尾翼,缺点是升阻比较低。

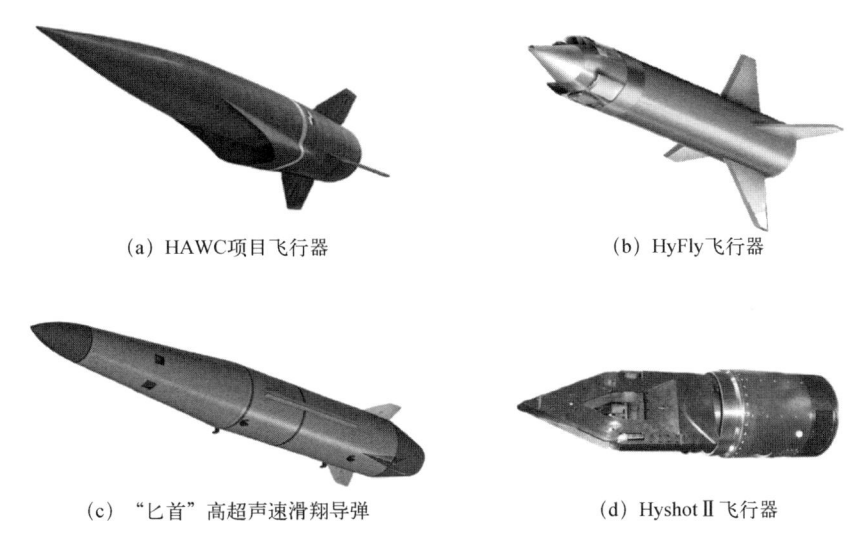

(a) HAWC项目飞行器　　　　(b) HyFly飞行器

(c) "匕首"高超声速滑翔导弹　　(d) Hyshot Ⅱ飞行器

图1.7　典型高超声速轴对称旋成体布局方案[10]

对于轴对称气动布局的吸气式高超声速飞行器,机体与超燃冲压发动机的构型匹配,可采用多种进气方式:① 轴对称环形进气道置于机身头部,直接对来流进行压缩;② 下颌式进气道置于机身腹部,依靠锥形前体进行气流预压缩;③ 三维内收缩进气道置于机身腹部,依靠曲锥前体进行气流预压缩。

2. 升力体布局

升力体布局的特点是基本不存在机翼,飞行器主要依靠机身来产生升力。

代表性的飞行器有美国的 M2-F1/F2/F3、X-24B、X-30(图 1.4(a))、X-33(图 1.4(b))、X-43A(图 1.5(a))等方案,图 1.8 为升力体布局验证机。升力体布局的机体较为扁平,无机翼或仅包含小面积机翼(主要用作控制面,产生的升力占全机总升力的比重很低),机体尾部安装双立尾或体襟翼以实现对飞行器的操纵。与轴对称旋成体布局相比,升力体布局具有升阻比高、容积率大、大迎角气动性能好、易于实现机体与发动机一体化设计等优点。

(a) M2-F1　　　　　　　　　(b) X-24B

图 1.8　升力体布局验证机

升力体气动布局的吸气式高超声速飞行器,机体与超燃冲压发动机的构型匹配,一般采用腹部进气方式。将二维平面压缩进气道或三维内收缩进气道置于机身腹部,并依靠二维斜楔前体或乘波前体进行气流预压缩。

3. 翼身组合/融合体布局

翼身组合/融合体是指飞行器机翼与机身等部件通过部件组合或一体化融合形成的一类气动外形,该布局是当前高超声速飞行器的主流气动构型之一。代表性的飞行器有美国的 SR-72 高超声速飞行器概念方案[11]、"女武神Ⅱ"高超声速飞行器概念方案、"夸特马"高超声速飞行器概念方案等,气动布局见图 1.6。翼身组合/融合体布局一般具有大后掠的三角翼,以提高整机的升力和升阻比。由于机翼与机体进行自然融合,翼身融合体布局具有较小的气动阻力和优异的气动性能,同时,流线型高脊背机身的引入使全机的有效容积大大增加[12,13]。

在吸气式高超声速翼身组合/融合体气动布局方面,为实现机体与发动机之间的构型匹配,多采用如下进气方式:① 将三维内收缩进气道置于机体头部,直接对气流进行压缩;② 将三维内收缩进气道置于机身腹部,并依靠前体对气流进行预压缩。

4. (类)乘波体布局

轴对称旋成体、升力体和翼身组合/融合体等常规气动布局在进行高超声速飞行时,激波阻力显著地增加,处于飞行器下表面的高压气体大面积向上表面溢流,带来巨大的升力损失,导致升阻比急剧降低,从而出现"升阻比屏障",即高超声速最大升阻比难以超过 4,如图 1.9 所示。为突破这一屏障,研究者不断地探索新的设计方法和气动布局形式[14-17]。

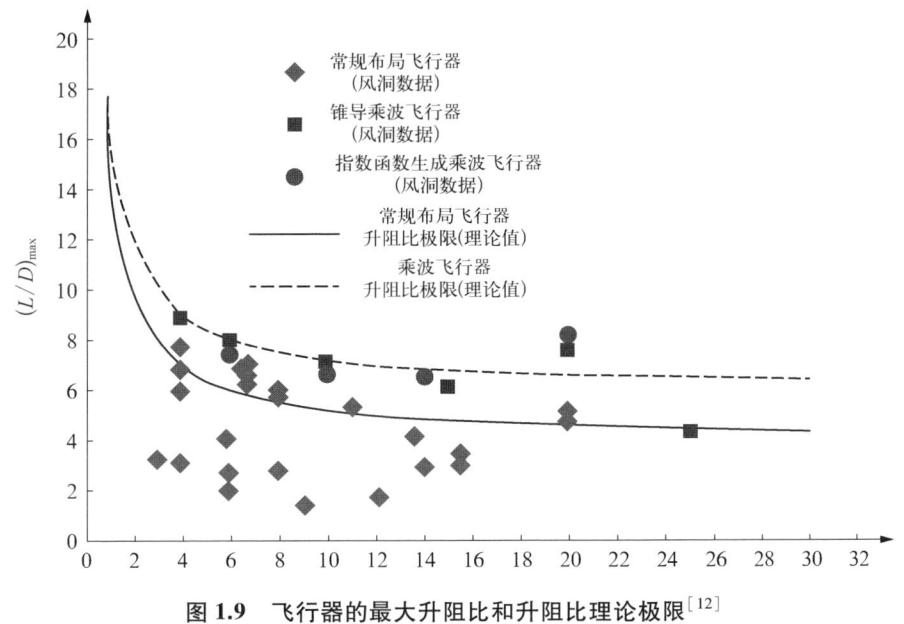

图 1.9　飞行器的最大升阻比和升阻比理论极限[12]

乘波体是一类经过无黏流动理论反设计而来的特殊外形,其前缘在设计点可实现与激波面贴合,下表面拥有均匀的较高压力分布[13]。典型的(类)乘波体布局有美国的 HTV-2 高超声速滑翔飞行器(图 1.5(b))和 HTV-3X"黑雨燕"高超声速飞行器(图 1.6(a))。此外,X-51A 验证机在设计时前体考虑了局部乘波特性。乘波体布局可实现对高压气流的高效捕获,为进气道提供均匀的入口流场环境,全机升力和升阻比较高。这类布局的机翼面积较小,升力主要由机身提供。

在吸气式高超声速乘波体气动布局方面,为实现机体与发动机之间的构型匹配,多采用如下进气方式:① 将三维内收缩进气道置于机身腹部,与前体并联共同压缩空气;② 将进气道置于机身腹部,并依靠乘波前体进行预压缩;③ 将三维内收缩进气道置于机身背部,下表面具有"全乘波"特性。

由于(类)乘波体布局在高超声速条件下表现出优异的气动性能和广泛的应用前景,自 21 世纪以来受到国内外学术界和工业部门的广泛关注,成为当前高超声速气动布局的重点研究对象之一。

1.3 乘波体基本概念

1959 年英国贝尔法斯特女王大学的 Nonweiler 教授首次提出"乘波体"的概念[18],最初的设计方案是一种楔形的 Λ 形翼(caret wing)(图 1.10)。"乘波体"的

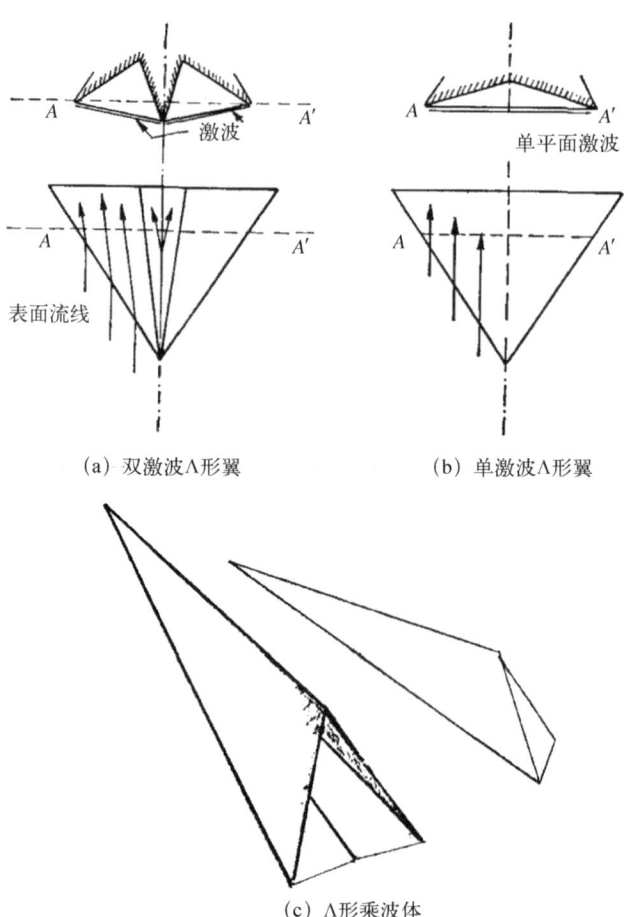

图 1.10 Nonweiler 教授设计的 Λ 形翼和乘波体示意图[18]

基本设计思路是通过楔形、圆锥等简单基准体产生的已知流场(称为基准流场),设计飞行器外形使其下表面的流场成为基准流场的一部分。

乘波体前缘出发经过流线追踪生成的流面构成了乘波体的压缩面(下表面)。设计状态下飞行器的所有前缘均与激波面贴合,下表面的高压气体被"封闭"在受限区域,从流场看飞行器好像"骑"在激波面上,如图1.11所示。乘波体可有效地遏制下表面的高压气体向上表面流动,使机体获得较高的升力和升阻比。随着乘波体理论的不断发展,Bowcutt[19]将黏性效应引入乘波体设计中,得到了突破"升阻比屏障"的气动布局,并通过了风洞试验的验证。

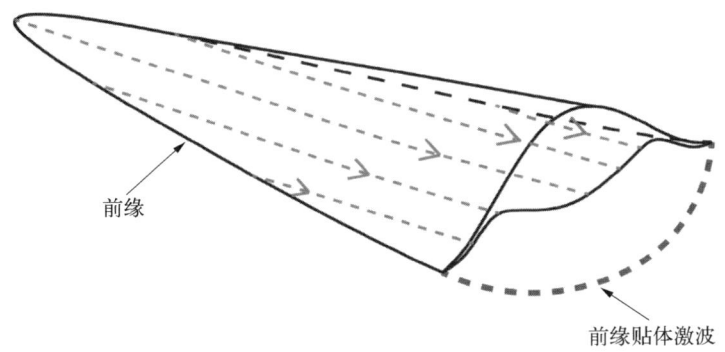

图 1.11　乘波体构型原理图[19]

1.4　乘波体理论发展历程

乘波体概念提出以来,其设计理论不断丰富和发展。根据基准流场的不同,大致经历了楔导乘波体→锥导乘波体→楔/锥组合乘波体→吻切锥乘波体→吻切轴对称乘波体→吻切流场乘波体的发展阶段,并在这些基准构型的基础上发展出一系列特殊的乘波体构型,典型方案如表1.2所示[20,21]。为便于探讨,将上述乘波体构型划分为楔导/锥导乘波体、吻切乘波体和拓展乘波体三大类,逐一介绍各自的设计特点。

表1.2 乘波体构型发展历程[20,21]

基准流场类型		乘波体类型	提出时间	提出者
二维平面激波基准流场		Λ形翼乘波体	1959年	Nonweiler[18]
		V形翼乘波体	1975年	Zubin 和 Ostapenko[22]
		一体化布局楔导乘波体	1995年	Tarpley 和 Lewis[23]
		幂率乘波体	2003年	Mazhul 和 Rakhimov[24]
		二维曲面压缩乘波体	2010年	Mazhul[25]
三维轴对称基准流场	直锥基准流场	锥导乘波体	1968年	Jones 等[26]
		一体化布局锥导乘波体	1993年	O'Neill 和 Lewis[27]
	曲锥基准流场	幂率曲锥乘波体	1988年	Corda[28]
		钝头幂率曲锥乘波体	2006年	Mangin 等[29]
		轴对称曲面压缩乘波体	2006年	耿永兵等[30]
		冯·卡门乘波体	2015年	Ding 等[31]
		类纺锤形轴对称一体化乘波体	2015年	Ding 等[32]
	内锥基准流场	收缩乘波体	2000年	Goonko 等[33]
		内乘波体	2006年	尤延铖等[34]
三维非轴对称基准流场	准锥体基准流场	倾斜锥乘波体	1980年	Rasmussen[35]
		椭圆锥乘波体		
		倾斜椭圆锥乘波体		
		钝头椭圆锥乘波体	2016年	Liu 等[36]
		组合锥乘波体		
	楔-锥组合基准流场	楔-锥乘波体	1995年	Takashima 和 Lewis[37]
		变楔角楔/椭圆锥乘波体	2004年	王发民等[38]

续　表

基准流场类型		乘波体类型	提出时间	提 出 者
吻切类基准流场	吻切锥基准流场	吻切锥乘波体	1990 年	Sobieczky 等[39]
	吻切轴对称基准流场	吻切轴对称乘波体	1997 年	Sobieczky 等[40]
		吻切凹曲锥乘波体	2009 年	He 等[41]
	"吻切流场"基准流场	吻切流场乘波体	2005 年	Rodi[42]
		"双乘波"一体化乘波体	2009 年	You 等[43]
拓展设计基准流场		星型乘波体	1984 年	Ostapenko[44]
			2009 年	Corda[45]
		基于"虚拟体"的乘波体	2006 年	耿永兵[46]
		串联宽域乘波体	2009 年	Wang 等[47]
			2013 年	Li 等[48]
		"涡升力"乘波体	2012 年	Rodi[49]
		锥导滑翔-巡航双乘波体	2012 年和 2014 年	丁峰[50]、Liu 等[51]
		双乘波前体	2013 年	崔凯等[52]
		并联宽域乘波体	2014 年	Li 等[53]
		吻切锥滑翔-巡航双乘波体	2015 年	王庆文[54]
		多级压缩乘波体	2015 年	吕侦军和王江峰[55]
		激波装配乘波体	2017 年	陈冰雁等[56]
		双后掠乘波体	2017 年	刘传振等[57]
		变马赫数吻切乘波体	2018 年	Zhao 等[58]
		变激波角吻切乘波体	2018 年	Liu[59]
		局部偏转吻切多级压缩乘波体	2022 年	郑晓刚等[60]

1.4.1 楔导/锥导乘波体

楔导乘波体设计理论最早由 Nonweiler 教授提出,设计原理如图 1.12(a)所示[18],其基准流场是一种绕尖楔的超声速流场,波后流动参数可通过平面斜激波关系式求解。研究发现,楔导乘波体的升阻比较高,但存在防热困难和容积率较低的缺点,难以应用于工程实际。1968 年,Jones 等[26]提出了锥导乘波体设计理论,如图 1.12(b)所示,其基准流场是一种绕零迎角圆锥的超声速流场,波后流动参数可通过泰勒-马科尔(Taylor-Maccoll)方程精确求解。相比于楔导乘波体,锥导乘波体的升阻比和容积率均有提高。1995 年,Takashima 和 Lewis[37]结合楔导和锥导乘波体,提出了楔/锥组合乘波体设计理论,基本原理如图 1.12(c)所示,其基准体为二维斜楔置于中部、两端分布半圆锥的组合体构型。研究发现,楔/锥组合乘波体产生的流场较均匀,利于吸气式发动机工作,同时兼具锥导乘波体高容积率和高升阻比的特征。1988 年,马里兰大学的 Corda[28]以零迎角绕最小阻力回转体超声速流动作为锥导乘波体的基准流场,研究了一系列考虑黏性的乘波体优化外形。

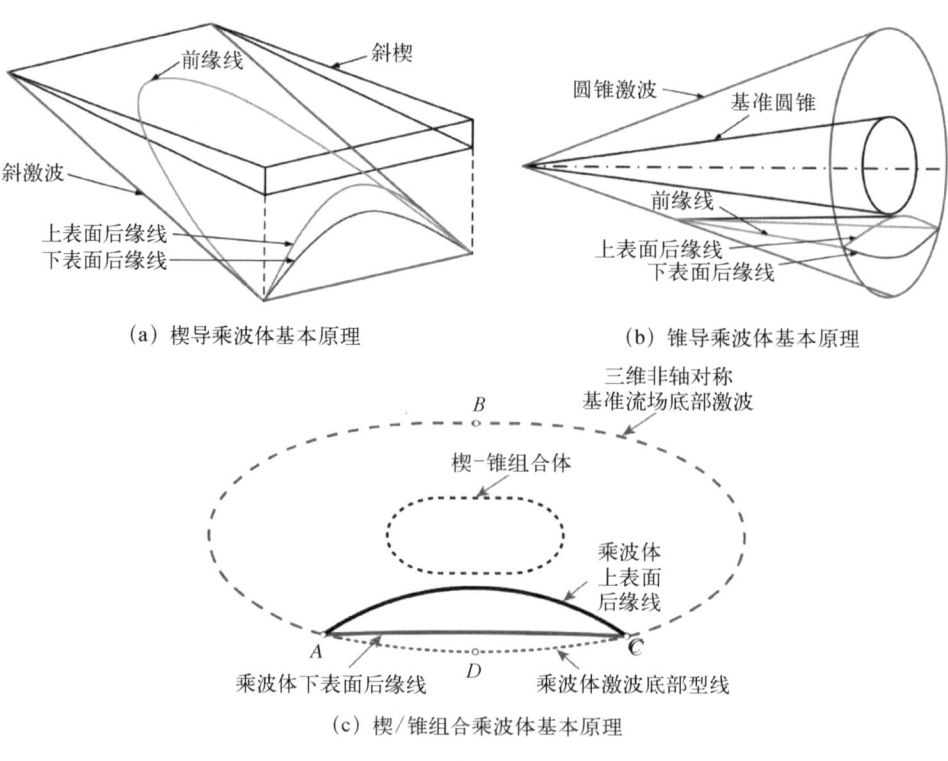

图 1.12 楔导/锥导乘波体设计原理[18-28]

1.4.2 吻切乘波体

锥导乘波体的基准流场为轴对称锥形流场,激波出口型线固定,不利于吸气式飞行器的机体/发动机一体化设计。为拓展乘波体沿展向的设计空间,Sobieczky 等[39]于 1990 年首次提出吻切锥(osculating cones)法,又称密切锥法,基本原理如图 1.13 所示。给定任意二阶导数连续的激波出口型线,用沿展向的一系列吻切平面内的轴对称锥形流场组成近似的三维超声速流场,其中吻切锥的半径由当地曲率半径决定。吻切锥设计理论提高了锥导乘波体理论的设计灵活性,可为进气道提供更加均匀稳定的气流,同时升阻比和容积率也得到提升。

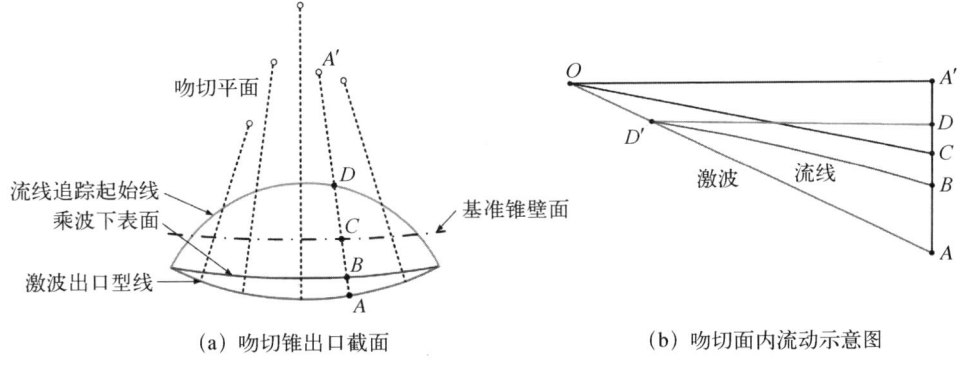

(a) 吻切锥出口截面　　　　　(b) 吻切面内流动示意图

图 1.13　吻切锥乘波体设计原理[61]

1997 年,Sobieczky 等[40]基于吻切锥法发展出吻切轴对称(osculating axisymmetric flows)法,进一步拓宽了乘波体的设计空间。在吻切轴对称设计理论中,吻切平面内的基准流场不再局限于圆锥流场,而是可根据设计者的需求选择任意的轴对称流场。不同吻切平面内的基准流场由同一轴对称流场缩放得到,缩放比例由当地激波出口型线的曲率半径决定。吻切轴对称法进一步拓展了超声速基准流场的范围,可以设计得到更为一般的乘波体外形,如图 1.14 所示。

2005 年,Rodi[42]在吻切锥法和吻切轴对称法的基础上,进一步发展了吻切流场(osculating flowfield)设计理论。在该理论中,每个吻切平面内的基准流场不再局限于轴对称流场,而是可根据任务需求设计不同的基准流场,如变马赫数吻切流场[62,63]。2009 年,You 等[43]采用吻切流场理论设计了"双乘波"气动布局(图 1.15):"内乘波"构型基于内锥流场生成,可作为进气道压缩面高效地压缩空气;"外乘波"构型基于外锥流场生成,可作为升力面提供高升力;两者激波型线的曲率沿展向连续变化。

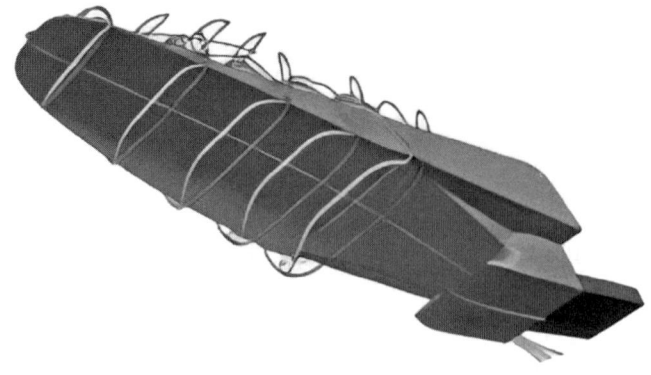

图 1.14 吻切轴对称乘波体[62]

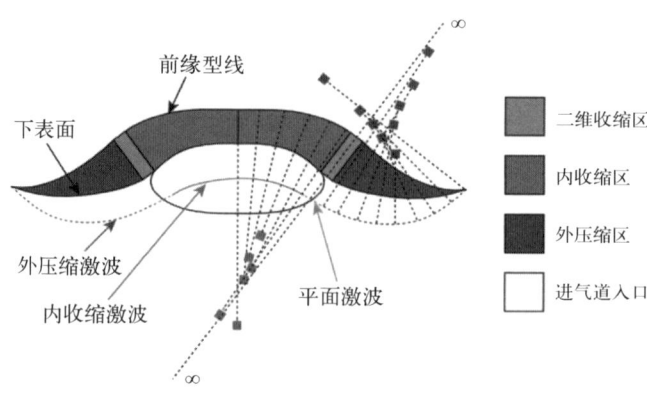

图 1.15 "双乘波"设计概念原理图[43]

1.4.3 拓展乘波体

为使设计的乘波体构型更加贴合工程实际,研究者在基本乘波理论的基础上,发展出一系列拓展乘波体设计理论。

当乘波体作为飞行器前体时,需要为进气道提供良好的预压缩气流。为此,He 等[41]基于凹形曲面锥轴对称流场设计了一种乘波前体(图 1.16(a)),显著地提高了进气道入口气流的压升比。吕侦军和王江峰[55]基于吻切锥理论,发展了一种多级压缩乘波前体设计方法(图 1.16(b)),使得前体在设计点和非设计点下均具有良好的乘波和压缩性能。郑晓刚等[60]基于局部偏转吻切方法设计了一种多级压缩乘波前体(图 1.16(c)),实现良好的预压缩效果。此外,耿永兵等[30]采用带尖锥前缘激波的轴对称近似等熵压缩流场设计乘波前体,获得具有良好预压缩效果的前体构型。

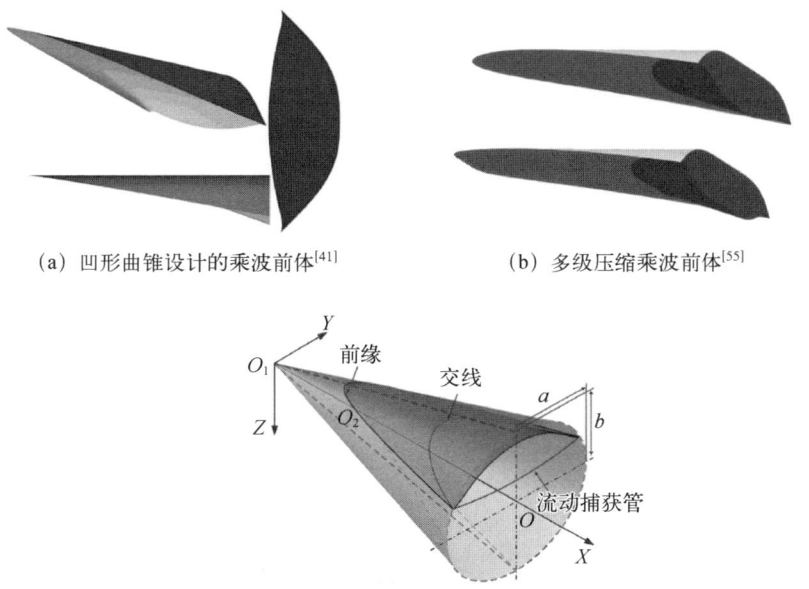

(a) 凹形曲锥设计的乘波前体[41]　　(b) 多级压缩乘波前体[55]

(c) 局部偏转吻切方法设计多级压缩乘波前体[30]

图 1.16　基于拓展乘波体理论设计的乘波前体构型

当乘波体作为宽域气动布局时,需要在多个设计点下保持良好的气动性能。当前关于宽域乘波体的研究主要分为两个方面:① 提高乘波体外形在多个高超声速设计点下的气动性能,如两级/多级乘波设计、组合拼接乘波体设计、变马赫数乘波体、多马赫数星体乘波体和变体乘波体设计等;② 提高乘波体在低速下的升力和升阻比,如"涡升力"乘波体等,以兼顾起降性能要求。基于拓展乘波体理论设计的宽域乘波体构型如图 1.17 所示。

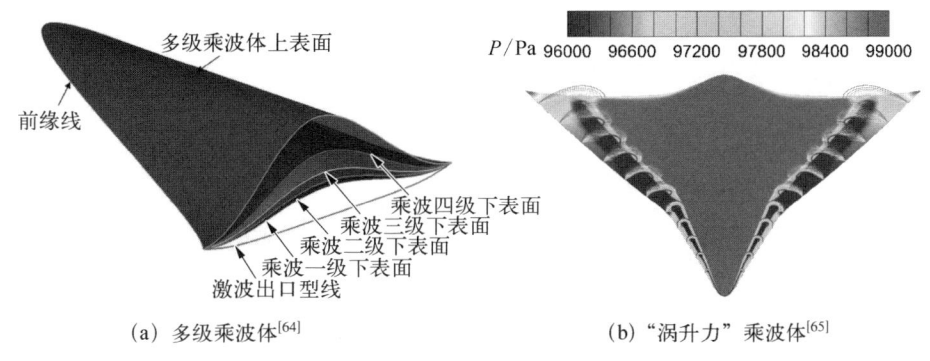

(a) 多级乘波体[64]　　(b) "涡升力"乘波体[65]

图 1.17　基于拓展乘波体理论设计的宽域乘波体构型

1.5 高超声速乘波构型飞行器

乘波体设计理论经历60余年发展,已在高超声速飞行器领域得到实际应用,研究者先后提出一批乘波构型飞行器方案。比较有代表性的研究包括:马里兰大学 Lewis 等[66-68]针对高超声速巡航状态下的乘波构型进行了性能优化,从而获得了整体性能更为优越的乘波构型飞行器方案,并对基于乘波构型的机体/推进一体化进行了研究,提出了机体/推进一体化的乘波构型飞行器方案(图1.18(a));美国国家航空航天局兰利研究中心 Pegg 等[69,70]设计了两种基于乘波概念的飞行器,并在低速风洞中对飞行器模型进行了风洞测试,获取气动力和力矩数据、流场特性,以及构型变化对这些参数的影响(图1.18(b));Strohmeyer 等[71]、Heinze 和 Bardenhagen[72]提出了如图1.18(c)所示的吻切锥乘波构型飞行器方案,并运用 PrADO - Hy 程序对飞行器进行了跨速域气动特性研究;东京大学 Lobbia 和 Suzuki[73]基于吻切锥理论,提出了高超声速乘波构型运输机的概念方案(图1.18(d)),并通过数值仿真技术验证了其气动性能;波音公司 Bowcutt 等[74]将多学科设计优化引入乘波构型飞行器的设计中,使得乘波体更加贴近工程应用(图1.18(e));中国科学院力学研究所崔凯等[52]提出了一种基于双乘波体旋转对拼的前体设计方案(图1.18(f)),并在此基础上设计了旁侧进气翼身融合体布局一体化气动构型,开展了整机数值分析,计算结果验证

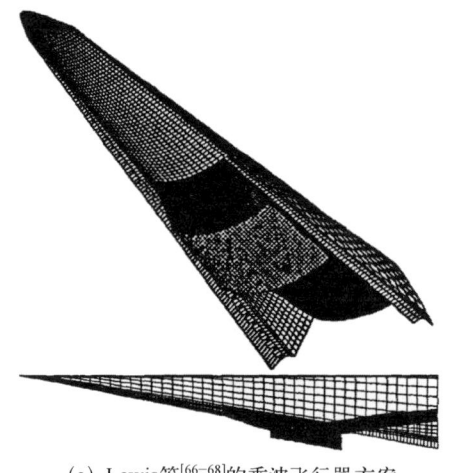

(a) Lewis 等[66-68]的乘波飞行器方案

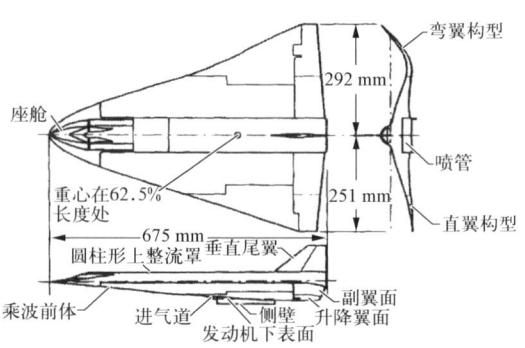

(b) Pegg 等[69,70]的乘波飞行器方案

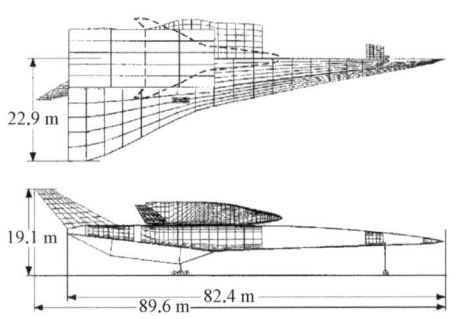
(c) Heinze和Bardenhagen[72]的乘波飞行器方案

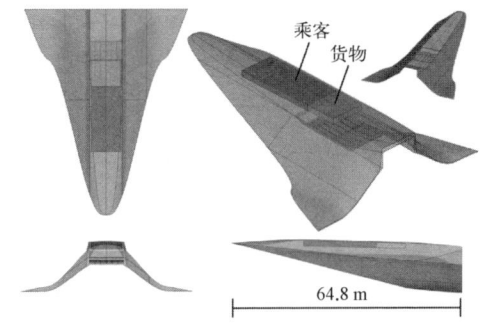
(d) Lobbia和Suzuki[73]的乘波飞行器方案

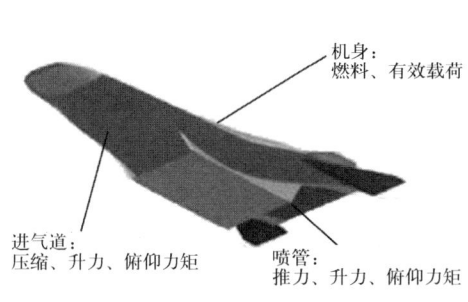
(e) Bowcutt等[74]的乘波飞行器方案

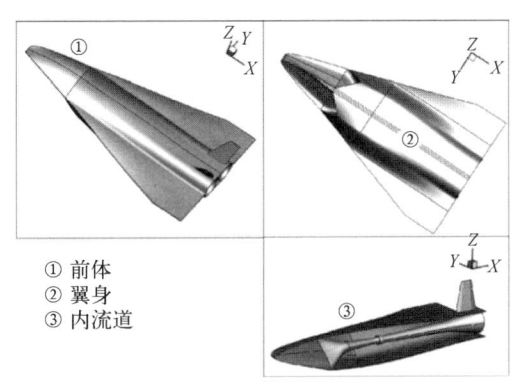
(f) 崔凯等[52]的乘波飞行器方案

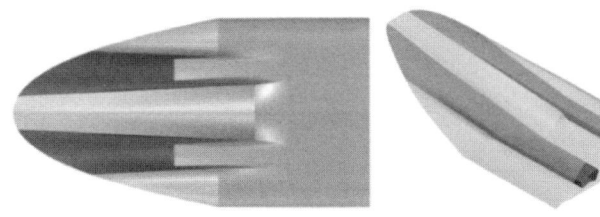
(g) Li等[75]的乘波飞行器方案

图 1.18　乘波构型飞行器典型方案

了飞行器的高升阻比优势;厦门大学 Li 等[75]提出了双乘波进气道与乘波机身的双乘波设计方法,通过对一体化乘波构型飞行器方案进行详细的数值模拟,验证了该新方法的可行性和多样性(图 1.18(g))。

进入 21 世纪后,随着主要国家的高超声速飞行器技术进入飞行演示验证阶段,乘波构型飞行器的工程应用取得了实质性进展,相关信息参见表1.3。

表1.3 国内外乘波构型飞行器

飞行器	国家/组织	时间	乘波设计理念
XB-70	美国	1957年提出概念方案;1964年首飞	翼尖向下偏转捕获下部高压气流区域
X-30	美国	1986年提出;1993年终止	采用基于乘波机身的无尾布局
LoFLYTE	美国	1996年,缩比模型首飞	基于锥导乘波理论设计,大后掠三角翼,双垂尾
JAPHAR	德国、法国	1997年启动	吻切锥乘波前体与进气道一体化设计
HCV	美国	2003年启动Falcon计划	乘波体气动布局,进气道与乘波机体高度融合
X-51A	美国	2004年启动SED计划;2010年第一次试飞	乘波前体与进气道一体化设计
HIFiRE-4	美国、澳大利亚	2006年启动;2017年完成HIFiRE-4飞行试验	吻切锥乘波体构型
14-X	巴西	2006年启动	采用乘波体气动布局
HEXAFLY-INT	欧盟、俄罗斯、澳大利亚	2014年启动	采用乘波体气动布局,大后掠下反翼
星空二号	中国	2018年试飞成功	基于激波装配法设计
嘉庚一号	中国	2019年试飞成功	双乘波前体布局
DF-17	中国	2019年首次公开亮相	小钝头带尾舵细长类乘波体

早在1957年,北美航空公司在XB-70超声速轰炸机原始概念方案NA-278中,便采用"乘波"设计理念,气动构型如图1.19所示。飞行器的翼尖与主翼以铰接方式连接,飞行过程能够向下偏转25°和65°,以实现机身和机翼下表面高压气流封堵,提高全机的升力和升阻比[76,77]。1964年9月,XB-70成功实现首飞,最大飞行马赫数达到3。

20世纪70~80年代,乘波理论的发展为设计具有更高升阻比的高超声速飞行器提供了可能。美国启动了国家空天飞机计划,核心内容是研制具有水平起

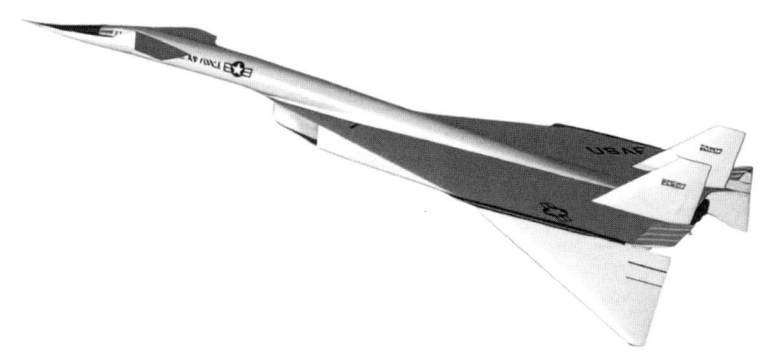

图 1.19　具有"乘波"设计理念的 XB-70 飞行器[76]

降单级入轨能力的 X-30 试验飞行器[78]。飞行器以超燃冲压发动机为动力,采用腹部进气的机体/发动机一体化构型,前体预压缩作用可显著地减小进气道长度。该项目前期采取翼身融合气动布局方案,后期将气动设计方案调整为乘波机身无尾布局,以提高升阻比。因超燃冲压发动机核心技术未能突破,美国国家空天飞机计划于 1995 年下马。

20 世纪 90 年代,乘波理论进一步完善,高超声速乘波构型飞行器进入概念演示验证阶段。为测试乘波体布局的低速性能,美国兰利研究中心和空军研究实验室联合研制了 LoFLYTE 乘波构型飞行器,如图 1.20 所示。该飞行器基于锥导乘波理论设计,采用大后掠三角翼+双垂尾的气动布局。1996 年以来,开展了多次缩比样机投放飞行试验,验证低速飞行阶段气动性能。试验表明该项目设计的乘波构型气动布局能够满足起飞和降落的需求[79,80]。

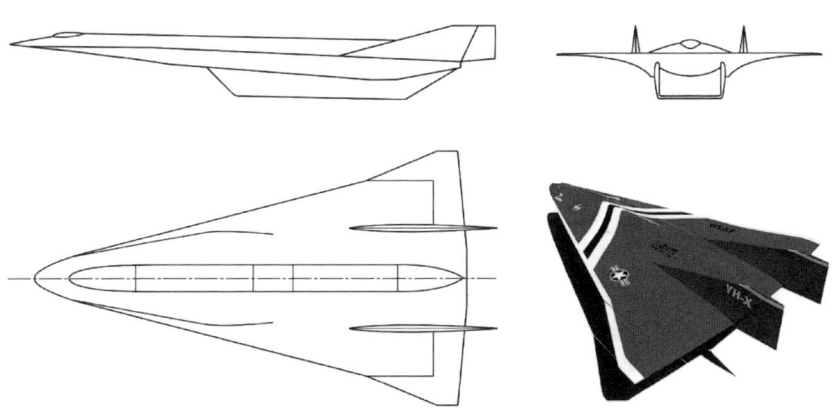

图 1.20　LoFLYTE 乘波构型飞行器[79,80]

1997年,德国宇航局和法国宇航局联合启动了"高超声速吸气式推进应用联合研究"项目(Joint Air-breathing Propulsion for Hypersonic Application Research,JAPHAR),旨在验证以双模态冲压发动机为动力的高超声速飞行器推阻匹配技术。该项目设计的飞行器气动构型如图1.21所示[80-83],全机具有高度的机体/发动机一体化特征,发动机工作马赫数为4~8。前体采用吻切锥乘波理论设计,可为腹下进气道提供高效的预压缩捕获气流。

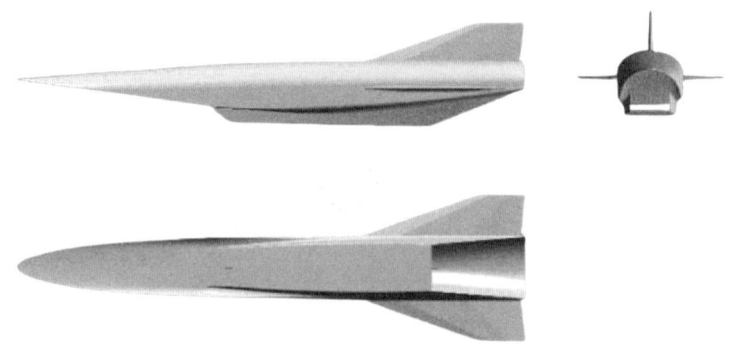

图1.21　JAPHAR项目乘波飞行器气动构型[80-83]

进入21世纪,乘波体设计理论进一步应用到工程实践,已完成多次乘波构型飞行器飞行试验,代表飞行器有HTV-2高超声速滑翔飞行器、X-51A验证机、HIFiRE-4验证机等。

为研发具备全球快速打击能力的高超声速飞行器,美国空军和国防高级研究项目局(Defense Advanced Research Projects Agency,DARPA)于2003年联合启动了Falcon计划。规划了从高超声速滑翔飞行器到高超声速飞机的技术发展路线图,见图1.22[16]。其中,HTV-2为具有乘波特性的助推滑翔飞行器,用于验证高超声速滑翔飞行器的气动布局、材料与热防护、高动态飞行控制等关键技术;HTV-3X为具有"双乘波"特性的吸气式宽域飞行器,下表面采用吻切锥理

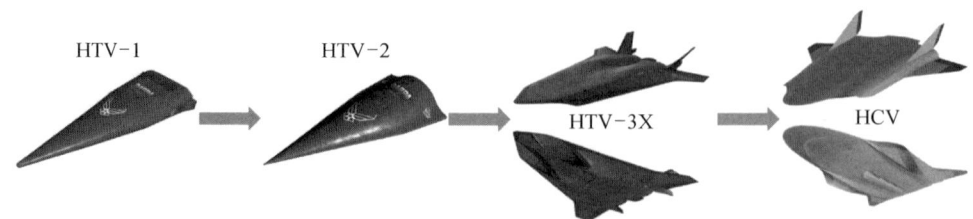

图1.22　Falcon"猎鹰"计划发展路线图[16]

论设计,进气道通过内锥激波实现对气流的高效压缩。为进一步减弱前体与进气道的相互干扰,他们将进气道间距增大,将飞行器外形演化为最终的高超声速巡航飞行器(hypersonic cruise vehicle, HCV)构型[84,85]。HTV-2 在 2010 年 4 月和 2011 年 8 月先后进行了两次飞行试验,均告失败,随后 Falcon 计划下马。

2004 年,美国空军启动了高超声速技术演示验证(HyTech)计划,研制以碳氢燃料超燃冲压发动机为动力的高超声速验证飞行器 X-51A,如图 1.23 所示。X-51A 称为超燃冲压发动机验证机-乘波体(Scramjet Engine Demonstrator-WaveRider, SED-WR),其前体按局部乘波设计,长度约占机体总长的 42%。为提高气动控制面的操纵能力,整个飞行器被设计为纵向静不稳定状态,且通过增加前体上表面压缩角来减小因进气道压缩面带来的抬头力矩[86]。从 2010 年至 2013 年间 X-51A 共进行了四次飞行试验,其中两次失败。最后一次飞行试验,X-51A 依靠自身动力,实现了马赫数从 4.8 到 5.1 的加速飞行。

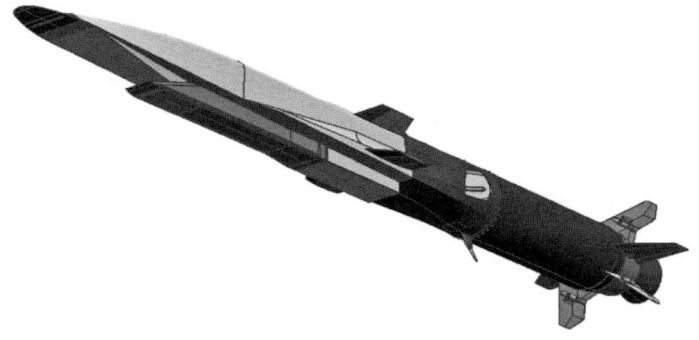

图 1.23 X-51A 乘波构型飞行器[86]

2006 年,美国和澳大利亚联合启动了高超声速国际飞行研究试验(HIFiRE)项目,目标是研制低成本飞行试验平台,借此开展高超声速技术研究。2017 年,该项目完成编号为 HIFiRE-4 的飞行试验,如图 1.24 所示。HIFiRE-4 试验飞行器采用吻切锥乘波体气动布局,机身上部为圆柱形以提升装载空间,机翼的外段部分被截断以适应载机的空间限制。截短机翼的翼尖安装垂直稳定翼以保持飞行航向稳定性,也有助于将气流的高压区域限制在飞行器下表面[87]。

2014 年,欧盟、俄罗斯和澳大利亚联合启动了高速试验飞行器(high speed experimental fly vehicles-international, HEXAFLY-INT)项目,旨在建立通用的高速试验平台,用以开展高超声速关键技术的飞行演示验证。该项目设计了高超声速滑翔飞行器和高超声速巡航飞行器,如图 1.25 所示。两型飞行器均采用乘

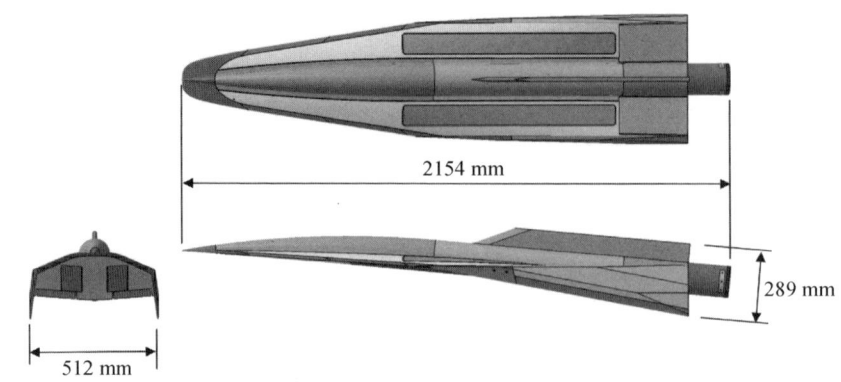

图 1.24　HIFiRE-4 乘波构型飞行器[87]

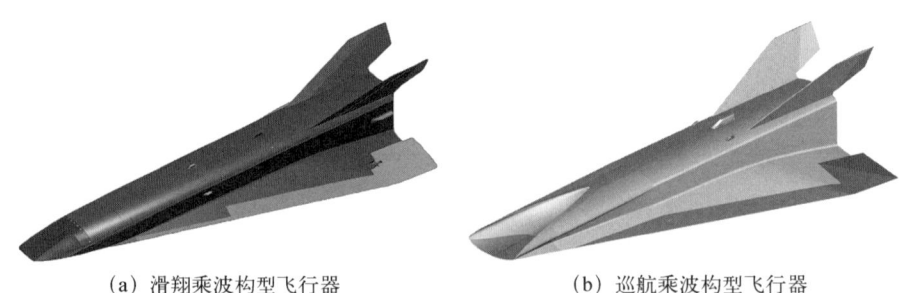

（a）滑翔乘波构型飞行器　　　　　　（b）巡航乘波构型飞行器

图 1.25　HEXAFLY-INT 项目高超声速乘波构型飞行器[88-90]

波体气动布局,采用带下反角的大后掠下单翼,尾部安装升降副翼和 V 尾以实现对飞行器的控制。巡航飞行器采用了背部进气形式,可将进气道与升力面完全解耦,保证了下表面流场的均匀性[88-90]。

2018 年的美国航天航空学会（American Institute of Aeronautics and Astronautics,AIAA）年度科技大会上,波音公司展示了一种察/打一体高超声速飞行器构型,如图 1.26 所示[91]。该飞行器采用大面积边条翼+大后掠三角翼+双垂尾的气动布局形式,流线型高脊背机身可显著地增加设备的装载空间。从外形上看,飞行器具有明显的乘波特性,可在高超声速下产生较高的升力和升阻比,同时,大面积的边条翼可在起降过程产生足够的涡升力。

"星空二号"是我国航天科技集团空气动力技术研究院研制的一型高超声速乘波试验飞行器,于 2018 年 8 月试飞成功,验证了基于激波装配法设计高超声速乘波构型的可行性（图 1.27）。

厦门大学主持研制的"嘉庚一号"是一款带翼可回收重复使用火箭,总长 8.7 m,翼展 2.5 m,起飞质量为 3 700 kg,外形如图 1.28 所示。飞行器头部采用双

图 1.26 波音公司公布的高超声速乘波构型飞行器概念方案[91]

图 1.27 "星空二号"飞行试验

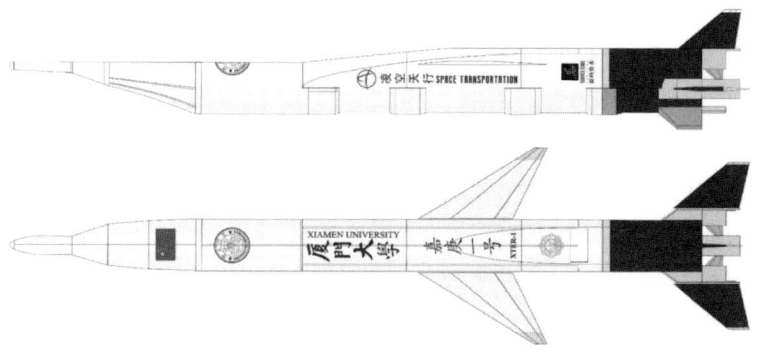

图 1.28 "嘉庚一号"试验飞行器

乘波前体布局,有助于提升来流压缩能力,大后掠三角翼为飞行器提供升力。2019 年 4 月,"嘉庚一号"成功飞行,演示验证了双乘波布局的气动性能。

我国研制的 DF-17 导弹是一种助推滑翔高超声速导弹,如图 1.29 所示。

弹头采用小钝头,带尾舵的细长乘波体气动布局形式。当头部边条过渡到平直侧面时采用尖锐转角,而非圆弧,有助于改变侧面激波形状,使水平舵面完全处于激波后的气流中,减小舵缝热流,减轻飞行控制难度。

图1.29 DF-17高超声速乘波构型导弹

1.6 高超声速乘波体发展趋势

21世纪以来,乘波体设计理论得到了长足发展,乘波构型已在多个演示验证飞行器甚至装备型号中得到应用。在突破高超声速巡航飞行和高超声速滑翔飞行技术之后,高超声速飞行器技术呈现加速转化和分化态势,装备型号工程约束和宽速域飞行,对高超声速乘波构型设计提出了更高要求。呈现如下趋势。

(1)乘波体与发动机一体化设计。传统航空飞行器机体和发动机采取独立设计原则,各自的设计指标留有较大裕度。当飞行速度达到高超声速时,激波阻力和部件间干扰导致全机阻力大幅度地增加,飞行器无法实现推阻平衡。乘波体与发动机一体化设计可以充分地发挥乘波体"三高"(高升力、高升阻比、高预压缩能力)优势,提升气动与推进性能,实现整体性能最优。

(2)宽速域乘波体设计。乘波体在设计点具有优越的气动性能,但偏离设计点的气动性能往往表现得"不如人意",尤其是在低速飞行条件下难以产生足够的升力。需要探索宽速域乘波体设计技术,协调乘波体或乘波构型在不同飞行速域的气动需求矛盾,提高宽速域整体性能。

(3)乘波体优化设计。乘波体设计理论的发展带来气动外形设计参数的显著增加,增大了获得最优设计方案的工作量和难度,将智能优化算法引入乘波体优化设计显得尤为必要。建立乘波体优化设计参数化模型,以多设计点的升阻比、容积率等为目标函数,采用优化算法自动寻优,有望破解"维度灾难",大幅度地提高设计效率。

1.7 本书主要内容

本书共 10 章,分为三个部分。第一部分是主要介绍乘波体的设计基础(第 1~3 章);第二部分主要介绍乘波体设计理论的扩展(第 4~7 章);第三部分主要介绍乘波体的工程应用(第 8~10 章)。具体内容介绍如下:

第 1 章为绪论。主要介绍高超声速气动布局、乘波体的基本概念和乘波体理论的发展历程,按时间顺序梳理了典型的高超声速乘波构型飞行器,并对乘波体设计趋势进行了分析。

第 2 章为乘波体基本设计理论。首先介绍乘波体的设计要求,随后介绍了楔导法、锥导法和吻切法三种基本的乘波体设计理论。

第 3 章为乘波体基准流场求解。主要介绍特征线理论和控制方程,对应用于流场四种基本单元求解过程进行说明;介绍曲面锥轴对称基准流场的求解过程及流线追踪技术;以双后掠乘波体为例,验证了基准流场求解方法的正确性。

第 4 章为宽域双后掠乘波体设计与分析。主要介绍将前缘型线直接投影到基准流场激波面上的双后掠乘波体设计方法,分别以直锥流场、曲锥流场、吻切锥流场为基础,阐述基于投影法的双后掠乘波体的设计原理和步骤,探讨这类乘波体的高、低速气动性能,产生低速涡升力的机理。

第 5 章为乘波体优化设计。主要介绍用于乘波体外形优化的气动力快速估算方法和多目标优化搜索算法,以最大升阻比和容积率为目标,将乘波体设计参数作为优化变量,分别对吻切锥乘波体和双后掠曲面锥导乘波体进行多目标优化设计。

第 6 章为乘波构型扩展设计。主要介绍典型的乘波体扩展设计方法,包括组合乘波构型、变马赫数/变激波角吻切乘波构型、脊型乘波构型等。

第 7 章为乘波构型/进气道一体化设计。主要介绍乘波前体/进气道一体化、乘波机体/进气道一体化、内乘波进气道一体化三类设计方法。开展一种宽速域双后掠"全乘波"一体化气动布局设计。

第 8 章为两级入轨乘波构型设计。以锥导和吻切锥乘波体理论为基础,建立两级融合乘波构型设计方法。分析关键设计参数对两级气动性能的影响规律,提出一种具有两级融合吻切锥乘波前体的空天飞机气动布局概念方案。

第9章为乘波构型雷达隐身设计。从雷达隐身基本原理出发,简要介绍电磁场基本理论和高超声速飞行器雷达隐身研究现状,分析典型高超声速气动布局雷达散射特性,介绍乘波构型隐身设计实例。

第10章为乘波构型工程设计。主要介绍乘波构型应用于实际工程所面临的问题和相应的解决方法,包括热防护、几何约束、操纵面和黏性影响等。

参考文献

[1] Tsien H S. Similarity laws of hypersonic flows[J]. Journal of Mathematics and Physics, 1946, 25(1-4): 247-251.

[2] Anderson J D. Hypersonic and High-Temperature Gas Dynamics[M]. 3rd ed. New York: American Institute of Aeronautics and Astronautics, 2019.

[3] 佚名. X-15高超音速研究机[J]. 兵器知识, 2007(5): 1-2.

[4] 周宏宇. 组合动力可重复使用运载器三维轨迹优化与在线制导方法研究[D]. 哈尔滨: 哈尔滨工业大学, 2019.

[5] 闵昌万, 付秋军, 焦子涵, 等. 史记·高超声速飞行[M]. 北京: 科学出版社, 2019.

[6] Zhao Z T, Huang W, Yan L, et al. An overview of research on wide-speed range waverider configuration[J]. Progress in Aerospace Sciences, 2020, 113: 100606.

[7] 王江峰, 王旭东, 李佳伟, 等. 高超声速巡航飞行器乘波布局气动设计综述[J]. 空气动力学学报, 2018, 36(5): 705-728.

[8] 刘庆豪. 电磁助推高超声速飞行器气动布局设计[D]. 长沙: 中南大学, 2021.

[9] 周嘉明. 两级入轨空天飞机气动布局融合设计[D]. 长沙: 中南大学, 2020.

[10] 陈立立, 郭正, 侯中喜, 等. 高超声速飞行器气动布局研究综述[J]. 空天技术, 2022(3): 42-61.

[11] 马娜, 门薇薇, 王志强, 等. SR-72高超声速飞机研制分析[J]. 飞航导弹, 2017(1): 14-20.

[12] 有连兴. 临近空间高马赫数无人机概念设计方法研究[D]. 南京: 南京航空航天大学, 2017.

[13] 柳军, 丁峰, 刘珍, 等. 高超声速乘波设计理论[M]. 北京: 科学出版社, 2020.

[14] 丁峰. 吸气式高超声速飞行器内外流一体化"全乘波"气动设计理论和方法研究[D]. 长沙: 国防科学技术大学, 2016.

[15] Mangin B, Chpoun A, Benay R, et al. Comparison between methods of generation of waveriders derived from conical flows[J]. Comptes Rendus-Mécanique, 2006, 334(2): 117-122.

[16] 戴今钊, 汤继斌, 陈海昕. 高超声速飞行器中的乘波设计综述[J]. 战术导弹技术, 2021(4): 1-15.

[17] 王发民, 丁海河, 雷麦芳. 乘波布局飞行器宽速域气动特性与研究[J]. 中国科学(E辑: 技术科学), 2009, 39(11): 1828-1835.

[18] Nonweiler T R F. Aerodynamic problems of manned space vehicles[J]. Journal of the Royal Aeronautical Society, 1959, 63(585): 521-528.

[19] Bowcutt K G. Optimization of hypersonic waveriders derived from cone flows-including viscous effects[D]. College Park: University of Maryland, 1986.

[20] 罗世彬, 孙雨航, 刘俊, 等. 高超声速乘波前体/进气道一体化设计综述[J]. 空天技术, 2022(6): 24-48.

[21] 易怀喜. 宽速域双后掠乘波体设计与气动性能研究[D]. 长沙: 中南大学, 2021.

[22] Zubin M A, Ostapenko N A. Experimental investigation of some singularities of the supersonic flow around V-shaped wings[J]. Fluid Dynamics, 1975, 10(4): 647-652.

[23] Tarpley C, Lewis M. Optimization of an engine-integrated waverider with steady state flight constraints: AIAA-1995-0848[R]. Reno: AIAA, 1995: 848.

[24] Mazhul I I, Rakhimov R D. Numerical investigation of off-design regimes of flow past power-law waveriders based on the flows behind plane shocks[J]. Fluid Dynamics, 2003, 38(5): 806-814.

[25] Mazhul I I. Off-design regimes of flow past waveriders based on isentropic compression flows[J]. Fluid Dynamics, 2010, 45(2): 271-280.

[26] Jones J G, Moore K C, Pike J, et al. A method for designing lifting configurations for high supersonic speeds using axisymmetric flow fields[J]. Ingenieur-Archiv, 1968, 37(1): 56-72.

[27] O'Neill M K L, Lewis M J. Design tradeoffs on scramjet engine integrated hypersonic waverider vehicles[J]. Journal of Aircraft, 1993, 30(6): 943-952.

[28] Corda S. Viscous optimized hypersonic waveriders designed from flows over cones and minimum drag bodies[D]. College Park: University of Maryland, 1988.

[29] Mangin B, Benay R, Chanetz B, et al. Optimization of viscous waveriders derived from axisymmetric power-law blunt body flows[J]. Journal of Spacecraft and Rockets, 2006, 43(5): 990-998.

[30] 耿永兵, 刘宏, 丁海河, 等. 轴对称近似等熵压缩流场的乘波前体优化设计[J]. 推进技术, 2006, 27(5): 404-409.

[31] Ding F, Liu J, Shen C B, et al. Novel approach for design of a waverider vehicle generated from axisymmetric supersonic flows past a pointed von Karman ogive[J]. Aerospace Science and Technology, 2015, 42: 297-308.

[32] Ding F, Liu J, Shen C B, et al. Novel inlet-airframe integration methodology for hypersonic waverider vehicles[J]. Acta Astronautica, 2015, 111: 178-197.

[33] Goonko Y P, Mazhul I I, Markelov G N. Convergent-flow-derived waveriders[J]. Journal of Aircraft, 2000, 37(4): 647-654.

[34] 尤延铖, 梁德旺, 黄国平. 一种新型内乘波式进气道初步研究[J]. 推进技术, 2006, 27(3): 252-256.

[35] Rasmussen M L. Waverider configurations derived from inclined circular and elliptic cones[J]. Journal of Spacecraft and Rockets, 1980, 17(6): 537-545.

[36] Liu C Z, Peng B, Chen B Y, et al. Rapid design and optimization of waverider from 3D flow

[C]. 16th AIAA Aviation Technology, Integration, and Operations Conference, Washington, 2016: 3288.

[37] Takashima N, Lewis M J. Wedge-cone waverider configuration for engine-airframe interaction [J]. Journal of Aircraft, 1995, 32(5): 1142-1144.

[38] 王发民, 李立伟, 姚文秀, 等. 乘波飞行器构型方法研究[J]. 力学学报, 2004, 36(5): 513-519.

[39] Sobieczky H, Dougherty F C, Jones K. Hypersonic waverider design from given shock waves [C]. Proceedings of the 1st International Hypersonic Waverider Symposium, College Park, 1990: 17-19.

[40] Sobieczky H, Zores B, Wang Z, et al. High speed flow design using osculating axisymmetric flows[J]. Aerospace Science and Technology, Xi'an, 1997: 182-187.

[41] He X Z, Le J L, Wu Y C. Design of a curved cone derived waverider forebody[C]. International Space Planes and Hypersonic Systems and Technologies Conference, Bremen, 2009: 7423.

[42] Rodi P. The osculating flowfield method of waverider geometry generation[R]. 43rd AIAA Aerospace Sciences Meeting and Exhibit, Reston, 2005: 511.

[43] You Y C, Zhu C X, Guo J L. Dual waverider concept for the integration of hypersonic inward-turning inlet and airframe forebody[C]. 16th AIAA/DLR/DGLR International Space Planes and Hypersonic Systems and Technologies Conference, Bremen, 2009: 7421.

[44] Ostapenko N A. Conical bodies with star-shaped section which possess a reserve of static stability[J]. Fluid Dynamics, 1984, 19(6): 930-937.

[45] Corda S. Star-body waveriders with multiple design Mach numbers[J]. Journal of Spacecraft and Rockets, 2009, 46(6): 1178-1185.

[46] 耿永兵. 高超声速乘波飞行器优化设计[D]. 北京: 中国科学院力学研究所, 2006.

[47] Wang F M, Ding H H, Lei M F. Aerodynamic characteristics research on wide-speed range waverider configuration[J]. Science in China Series E: Technological Sciences, 2009, 52(10): 2903-2910.

[48] Li S B, Luo S B, Huang W, et al. Influence of the connection section on the aerodynamic performance of the tandem waverider in a wide-speed range[J]. Aerospace Science and Technology, 2013, 30(1): 50-65.

[49] Rodi P. Vortex lift waverider configurations[C]. The 50th Aerospace Science Meeting, Nashville, 2012: 1238.

[50] 丁峰. 高超声速滑翔-巡航两级乘波设计方法研究[D]. 长沙: 国防科学技术大学, 2012.

[51] Liu J, Ding F, Huang W, et al. Novel approach for designing a hypersonic gliding-cruising dual waverider vehicle[J]. Acta Astronautica, 2014, 102: 81-88.

[52] 崔凯, 胡守超, 李广利, 等. 双旁侧进气高超声速飞机概念设计与评估[J]. 中国科学: 技术科学, 2013, 43(10): 1085-1093.

[53] Li S B, Huang W, Wang Z G, et al. Design and aerodynamic investigation of a parallel vehicle on a wide speed range[J]. Science China Information Sciences, 2014, 57(12):

128201.
[54] 王庆文.基于吻切理论的两级乘波体设计[D].长沙:国防科学技术大学,2015.
[55] 吕侦军,王江峰.多级压缩锥导/吻切锥乘波体设计与对比分析[J].北京航空航天大学学报,2015,41(11):2103-2109.
[56] 陈冰雁,刘传振,纪楚群.基于激波装配法的乘波体设计与分析[J].空气动力学学报,2017,35(3):421-428.
[57] 刘传振,白鹏,陈冰雁.双后掠乘波体设计及性能优势分析[J].航空学报,2017,38(6):120808.
[58] Zhao Z T, Huang W, Li S B, et al. Variable Mach number design approach for a parallel waverider with a wide-speed range based on the osculating cone theory [J]. Acta Astronautica, 2018, 147: 163-174.
[59] Liu Z, Liu J, Ding F, et al. Novel osculating flowfield methodology for hypersonic waverider vehicles based on variable shock angle [J]. Journal of Aerospace Engineering, 2018, 31(4): 04018043.
[60] 郑晓刚,朱呈祥,尤延铖.基于局部偏转吻切方法的多级压缩乘波体设计[J].力学学报,2022,54(3):601-611.
[61] 刘传振,白鹏,王骥飞,等.给定前缘线平面形状的密切锥乘波体设计方法[J].力学学报,2019,51(4):991-997.
[62] 吴颖川,姚磊,杨大伟,等.曲面乘波进气道非设计状态性能研究[J].实验流体力学,2015,29(4):26-31.
[63] Li S B, Wang Z G, Huang W, et al. Design and investigation on variable Mach number waverider for a wide-speed range [J]. Aerospace Science and Technology, 2018, 76: 291-302.
[64] 刘珍.吻切流场乘波气动设计理论和方法研究[D].长沙:国防科技大学,2018.
[65] 易怀喜,王逗,李珺,等.涡升力乘波体发展研究综述[J].航空工程进展,2021,12(6):1-12.
[66] Lewis M J. Application of waverider-based configurations to hypersonic vehicle design[C]. 9th Applied Aerodynamics Conference, Baltimore, 1991: 3304.
[67] Starkey R P, Lewis M J. Critical design issues for airbreathing hypersonic waverider missiles [J]. Journal of Spacecraft and Rockets, 2001, 38(4): 510-519.
[68] Lewis M J, Takashima N. Engine/airframe integration for waverider cruise vehicles[C]. 31st Aerospace Sciences Meeting, Reno, 1993: 507.
[69] Pegg R J, Hunt J L, Petley D H, et al. Design of a hypersonic waverider-derived airplane [C]. 31st AIAA Aerospace Sciences Meeting and Exhibit, Reno, 1993.
[70] Pegg R J, Hahne D E, Cockrell C E, et al. Low-speed wind tunnel tests of two waverider configuration models [C]. International Aerospace Planes and Hypersonics Technologies, Chattanooga, 1995: 6093.
[71] Strohmeyer D, Eggers T, Haupt M. Waverider aerodynamics and preliminary design for two-stage-to-orbit missions, part 1 [J]. Journal of Spacecraft and Rockets, 1998, 35(4): 450-458.

[72] Heinze W, Bardenhagen A. Waverider aerodynamics and preliminary design for two-stage-to-orbit missions, part 2[J]. Journal of Spacecraft and Rockets, 1998, 35(4): 459-466.

[73] Lobbia M, Suzuki K. Numerical investigation of waverider-derived hypersonic transport configurations[C]. 21st AIAA Applied Aerodynamics Conference, Orlando, 2003: 3804.

[74] Bowcutt K, Kuruvila G, Grandine T, et al. Advancements in multidisciplinary design optimization applied to hypersonic vehicles to achieve performance closure[C]. 15th AIAA International Space Planes and Hypersonic Systems and Technologies Conference, Dayton, 2008: 2591.

[75] Li Y Q, An P, Pan C J, et al. Integration methodology for waverider-derived hypersonic inlet and vehicle forebody[C]. 19th AIAA International Space Planes and Hypersonic Systems and Technologies Conference, Atlanta, 2014: 3229.

[76] 刘瑜, 吕凡熹, 周进. XB-70飞行器折叠机翼总体性能分析[J]. 航空科学技术, 2022, 33(12): 47-53.

[77] Dussart G X, Lone M, O'Rourke C, et al. In-flight wingtip folding: Inspiration from the XB-70 Valkyrie[J]. International Journal of Aviation, Aeronautics, and Aerospace, 2019, 6(3): 7.

[78] 沈人杰, 艾星. 美国国家空天飞机X-30计划[J]. 国外空间动态, 1988(3): 12-14, 10.

[79] Blankson I, Lewis M, Pap R. Subsonic experiments using the LoFlyte hypersonic waverider vehicle[C]. AIAA International Space Planes and Hypersonic Systems and Technologies Conference, Norfolk, 2013: 1550.

[80] 李世斌. 逆向射流及其在高超声速飞行器中的减阻防热机理研究[D]. 长沙: 国防科学技术大学, 2017.

[81] Novelli P, Koschel W. Progress of the JAPHAR cooperation between ONERA and DLR on hypersonic airbreathing propulsion[C]. 10th AIAA/NAL-NASDA-ISAS International Space Planes and Hypersonic Systems and Technologies Conference, Kyoto, 2001: 1870.

[82] Serre L. ONERA potential for scramjet ground testing up to Mach 12[C]. AIAA/CIRA 13th International Space Planes and Hypersonics Systems and Technologies Conference, Capua, 2005: 3330.

[83] Novelli P, Koschel W. JAPHAR: A joint ONERA-DLR research project on high speed airbreathing propulsion[C]. 12th European Aerospace Conference. 3rd European Conference on Space Transportation Systems: Meeting the Market Needs, Paris, 1999.

[84] Walker S, Tang M, Morris S, et al. Falcon HTV-3X - a reusable hypersonic test bed[C]. 15th AIAA International Space Planes and Hypersonic Systems and Technologies Conference, Dayton, 2008: 2544.

[85] Walker S, Rodgers F. Falcon hypersonic technology overview[C]. AIAA/CIRA 13th International Space Planes and Hypersonics Systems and Technologies Conference, Capua, 2005: 3253.

[86] 罗金玲, 李超, 徐锦. 高超声速飞行器机体/推进一体化设计的启示[J]. 航空学报, 2015, 36(1): 39-48.

[87] 张灿,胡冬冬. 美澳马赫数 7+乘波体高超声速飞行试验分析[J]. 战术导弹技术,2017(5):12-15,21.
[88] 郑晓刚,林德寿,方啸雷,等. 基于局部偏转吻切方法的背部进气高超飞行器一体化设计研究[J]. 空天技术,2023(5):1-10.
[89] Schettino A, Pezzella G, Marini M, et al. Aerodynamic database of the HEXAFLY-INT hypersonic glider[J]. CEAS Space Journal, 2020, 12(2): 295-311.
[90] Di Benedetto S, Di Donato M P, Schettino A, et al. The high-speed experimental flight test vehicle of HEXAFLY-INT: A multidisciplinary design[J]. CEAS Space Journal, 2021, 13(2): 291-316.
[91] 成磊. 波音发布高超声速飞机概念[J]. 航空动力,2018(3):28-29.

第 2 章
乘波体基本设计理论

乘波体基本设计理论是开展乘波构型创新设计与实践应用的基础,自乘波体概念提出以来,历经数十年的探索与发展,逐步形成了较为完善的设计方法体系,包括设计原理和设计流程。这一体系的形成,不仅为乘波体理论外形的精细刻画提供了科学依据,更有效地指导其在高超声速飞行器领域的设计与应用实践。本章简要地阐述三类主流乘波体设计的基本原理与设计流程,为后续研究新型乘波体设计方法和乘波构型工程设计奠定基础。

2.1 引言

乘波体的基本设计方法包括楔导法、锥导法和吻切法,吻切法大致又分为吻切锥、吻切轴对称、吻切流场等方法,如图 2.1 所示。楔锥法、倾斜圆锥法和椭圆锥法等一系列其他设计方法均是以楔导法、锥导法或吻切法为基础进行的拓展设计,可以归到三类基本设计方法中。

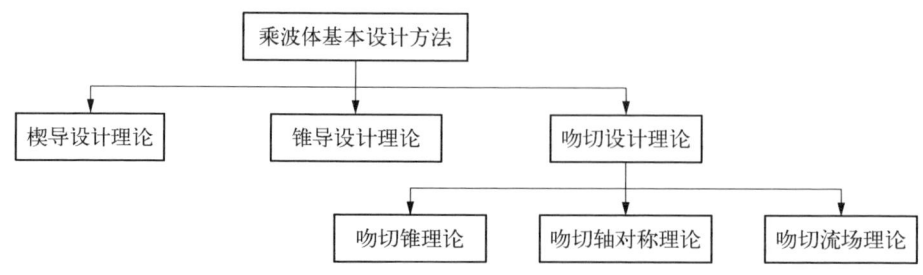

图 2.1 乘波体的基本设计方法

乘波体概念提出后,基于二维楔形流场的乘波设计方法、广为运用的锥导乘波设计方法及能够获得更高气动性能的吻切乘波设计方法便相继发表[1-3]。此外,乘波体设计理念也被应用于高超声速进气道设计。例如,van Wie 和 Molder[4]首次提出使用布斯曼(Busemann)内锥型流场进行进气道设计。无论是用于外形设计的外锥流场还是用于进气道设计的内锥流场,都利用了乘波特性,都属于"乘波"的定义范畴。在高超声速飞行器设计领域,二者的设计目标虽不相同,但设计方法基本一致,为乘波机体与进气道的一体化设计提供了理论基础。

随着乘波体理论的深入发展,学术界逐渐形成了较为公认的乘波体设计流程。首先,根据总体设计参数,如飞行高度和马赫数,设计激波型线和乘波体的几何特征型线,作为主要的设计输入。其次,求解基准流场,作为乘波体流线追踪的基础。再次,根据基准流场、激波型线和几何特征线,求解乘波体的前缘线;从前缘线出发采用流线追踪技术获得乘波面。对于上表面,一般采用自由流面法或膨胀面法生成,由上、下表面及底部平面构成乘波体的几何外型面。

2.2 乘波体设计要求

乘波体作为一种适合高超声速飞行条件的"理想"气动外形,其最主要的特征是在设计飞行条件下所产生的强激波完全附着于飞行器的前缘,波后的高压气流被完全限制在飞行器的下表面。飞行器上、下表面间相互"阻隔",形成较大的压强差,从而产生远超传统外形的大升力,实现高升阻比。

考虑到飞行包线、飞行器容积、结构热防护、操稳特性等工程实际情况,往往需要对理论乘波体外形进行前缘钝化、舵面安装和容积扩展等修型设计,将理论乘波体转变为能满足高超声速飞行的实用乘波构型。相较于理论乘波体,实用乘波构型的设计要求主要包括以下三个方面。

(1) 良好的宽速域气动特性。理论乘波体在设计点拥有优越气动特性,但偏离设计点性能明显劣化。随着技术发展,高超声速飞行器的飞行速域不断拓展,不再局限于巡航状态或较窄飞行速域,需要乘波构型在宽速域范围内具有良好的气动性能。

(2) 良好的稳定性和操纵性。稳定性和操纵性是飞行器的重要特性,特别是对高超声速飞行器而言。飞行器的稳定性和操纵性往往是两个相矛盾的指标：稳定性越强，操纵性就越弱；操纵性越强，则飞行器越不稳定。乘波构型的设计需要权衡稳定性和操纵性的设计要求。

（3）良好的内部容积特性。高超声速飞行器需要携带燃料、仪器设备和战斗部等有效载荷，内部容积越大越能提升飞行器遂行任务的能力。理想乘波体往往呈现扁平的外形特征，需要通过改进设计和优化，尽可能地增大乘波构型的容积特性，以满足高超声速飞行器装填需求。

2.3 楔导乘波设计理论

楔导法采用平面斜激波后的流场生成 Λ 形乘波外形，设计原理如图 2.2(a)所示。给定倾斜角为 Δ 的尖楔，尖楔前为马赫数 Ma_∞、迎角 $\alpha = 0°$ 的超声速自由来流，该来流经过尖楔后产生激波角为 β 的平面激波，波后的流动参数可采用斜激波关系式求得。如图 2.2(b)所示，在该超声速流场中沿平行于自由来流方向放入 Λ 型柱面，该柱面与平面激波的相交线为楔导乘波体的前缘线，沿乘波前缘线上各点向流场下游追踪至截止平面得到一系列流线，相邻流线经过曲面放样后即为乘波体的下表面。乘波体的上表面生成方法有自由流面法、膨胀法等，本书均采用自由流面法生成，其过程大致为：从前缘线出发，沿

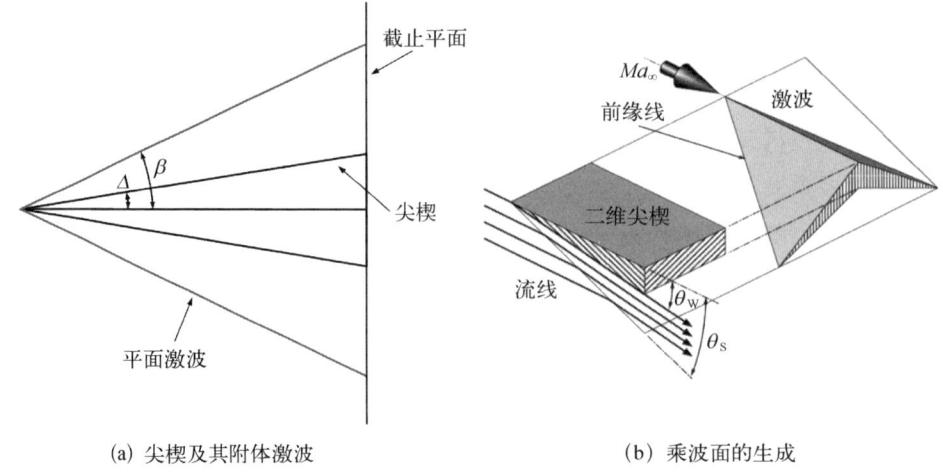

(a) 尖楔及其附体激波　　　　(b) 乘波面的生成

图 2.2　楔导法乘波设计原理图

自由来流方向向下游流线追踪直至截止平面,相邻流线经过曲面放样得到乘波体上表面。

2.4 锥导乘波设计理论

锥导乘波体,顾名思义,是指在超声速锥形流场中设计的乘波体外形。如图2.3所示,给定半锥角为 Δ 的无限长轴对称基准圆锥(或给定圆锥激波角 β 求基准圆锥角 Δ),迎角 $\alpha = 0°$ 的超声速自由来流在基准圆锥附近产生激波角为 β 的圆锥激波。通过求解 Taylor-Maccoll 方程[5]可获得圆锥激波后流场的精确参数(或采用高超声速小扰动[2]法近似求解波后流场),根据锥形流理论,沿任意一条从圆锥顶点发出的射线,其流动参数不变。

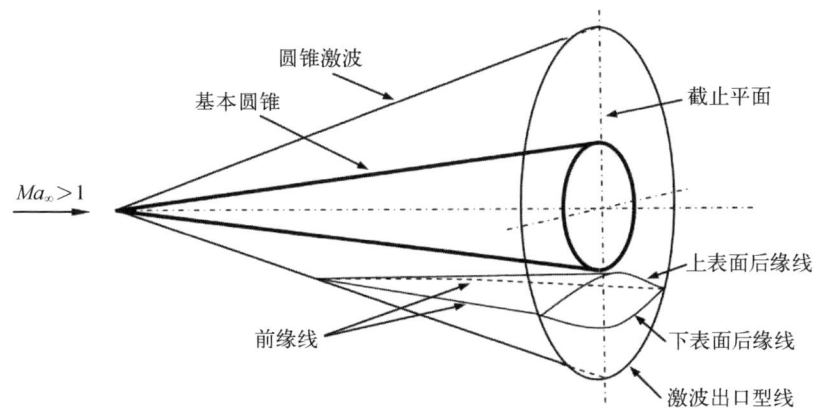

图 2.3 锥导法乘波设计原理图

锥导法乘波体设计过程可简述如下。给定乘波体的前缘线(也可以是上表面后缘线或下表面后缘线,这里假设给定前缘线),首先将前缘线进行合理密度地离散,沿这些离散点向下游流线追踪至截止平面得到一系列流线,将相邻的流线进行曲面放样便得到乘波体下表面;接着采用自由流面法生成乘波体上表面;在截止平面上,将上表面后缘线与下表面后缘线闭合形成乘波体的底面。乘波体前缘线、上表面后缘线、下表面后缘线组成乘波体的基本型线,上表面、下表面和底面共同组成乘波体的基本外形面。

2.5 吻切乘波设计理论

2.5.1 吻切锥理论

锥导乘波体的容积率、表面积、升阻比等性能优越。然而其流场激波为圆锥形,形式较为单一,激波出口型线固定为圆弧段。当用于吸气式飞行器设计时,发动机的进气捕获型线也限定为圆弧。吻切锥乘波设计方法打破了激波出口型线的限制,可设定为任意二阶导数连续的曲线。它采用反设计思想,忽略横向流动带来的影响,由多个与激波出口型线相切的圆锥形流场近似构造三维空间流场,然后在三维空间流场中进行乘波体的设计。吻切锥乘波设计是锥导乘波体沿展向的拓展设计,能生成更为一般的乘波构型,被广泛地用于外形优化、基准流场拓展等乘波设计中。后续发展的吻切轴对称法、吻切流场法均可视为吻切锥法的进一步拓展。吻切锥法的设计过程如下所示。

(1) 确定设计输入。给定基准流场条件,如来流马赫数 Ma、激波角 β 或基准锥半锥角 Δ、来流静温和来流静压。根据总体需求,给定激波出口型线(满足二阶导数连续即可)。来流条件和激波出口型线唯一确定了三维轴对称超声速流场。

(2) 生成离散化的吻切圆和吻切平面。如图 2.4 所示,沿展向离散激波出口型线,并做与激波出口型线相切的吻切锥,吻切圆半径和圆心位置取决于激波

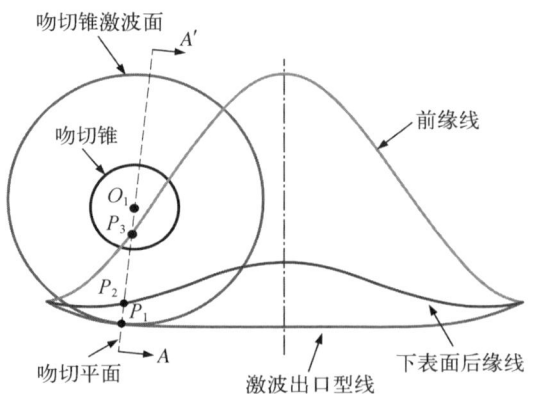

图 2.4 吻切锥法乘波设计示意图

出口型线的当地曲率半径。由激波角 β 确定圆锥激波的顶点 O_1，吻切点 P_1 和吻切锥轴线确定的平面为吻切平面 AA'，如图 2.5 所示。将激波出口型线离散段逐一生成吻切平面和吻切锥，其中，若激波出口型线片段为直线段，则吻切圆半径无穷大，此时可看作楔导流场的斜激波。吻切锥方法忽略各吻切平面之间的展向流动，将沿展向一系列吻切平面内的二维流场拼接构成三维流场。

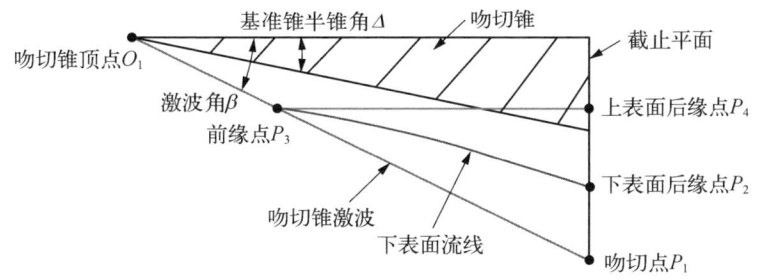

图 2.5 吻切平面内的几何关系图

（3）流线追踪生成各吻切平面内的流线。给定前缘线、上表面后缘线或下表面后缘线三条基本型线之一，采用流线追踪法生成乘波下表面。如图 2.5 所示的任意吻切平面，根据所给基本型线的不同，分为三种情况。① 给定前缘线，则由离散的前缘点向下游流线追踪至截止平面，得到下表面流线和下表面后缘点，随后，采用自由流面法从前缘出发沿流线追踪至截止平面得到上表面流线。② 给定上表面后缘线，则由上表面后缘点采用自由流面法向上游追踪至圆锥激波面相交得到前缘点和上表面流线，再由前缘点向下游流线追踪至截止平面得到下表面流线，流线与截止平面相交点为下表面后缘点。③ 给定下表面后缘线，则由下表面后缘点向上游流线追踪至圆锥激波面，与圆锥激波相交得到前缘点，再由前缘点采用自由流面法向下游追踪至截止平面得到上表面流线和上表面后缘点。

（4）放样生成乘波面。沿展向在各吻切平面内，将所有相邻的点或流线进行放样，便得到乘波体上表面、下表面、上表面后缘线和下表面后缘线，在截止平面上，上表面后缘线与下表面后缘线闭合形成乘波体底面。至此，吻切锥乘波体生成完毕。

2.5.2 吻切轴对称理论

吻切轴对称乘波设计是在吻切锥乘波设计基础上的拓展，各吻切面内的基准流场由吻切锥法中的锥形激波流场拓展为任意轴对称的弯曲激波流场,其中各吻切面内的流场由同一弯曲激波基准流场缩放得到,缩放比例由当地激波出口型线的曲率确定。如图 2.6 所示,各吻切面内的斜激波 A_0L_{0c} 变为弯曲激波 A_0L_0,其他设计过程与吻切锥法基本相同。

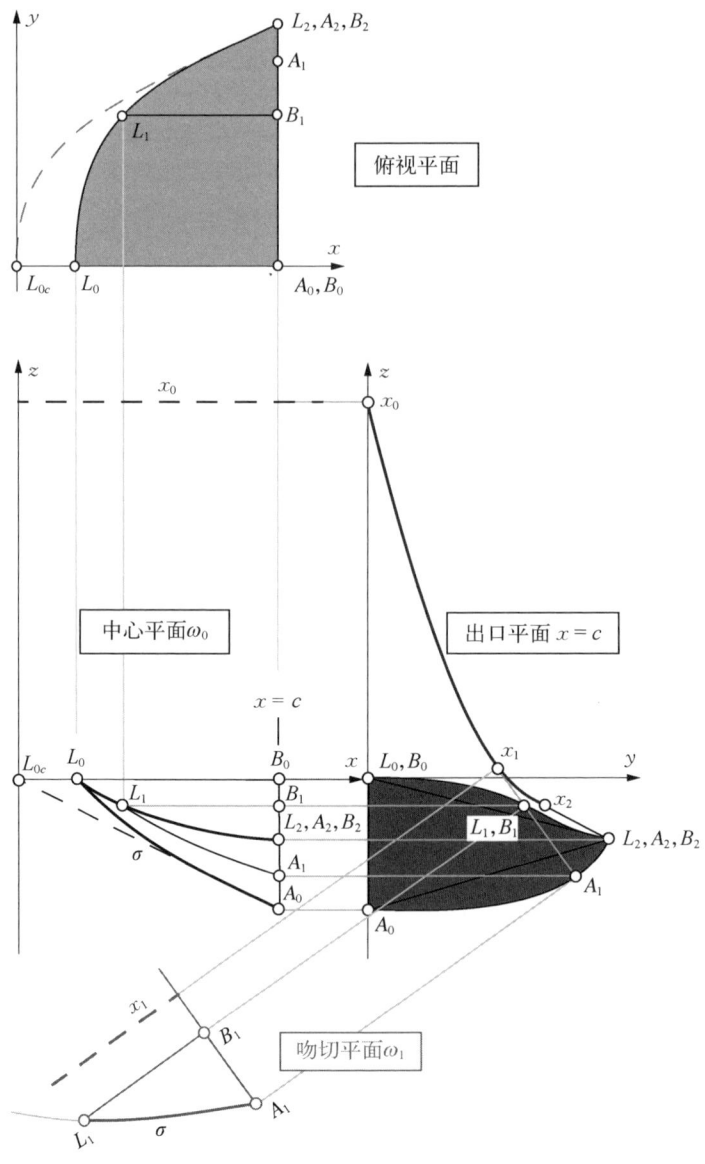

图 2.6 吻切轴对称乘波体设计原理图

2.5.3 吻切流场理论

吻切流场乘波体设计进一步打破流场对乘波体设计空间的限制,各吻切面内的流场则不再限定为吻切轴对称法中要求的同一轴对称基准流场,而是可以根据需要设计不同的轴对称基准流场。相较于吻切锥法和吻切轴对称法,吻切流场法进一步延拓了乘波体的设计空间,如图 2.7 所示,Rodi 和 Genovesi[6] 采用吻切流场法设计了三种外形迥异的乘波体。

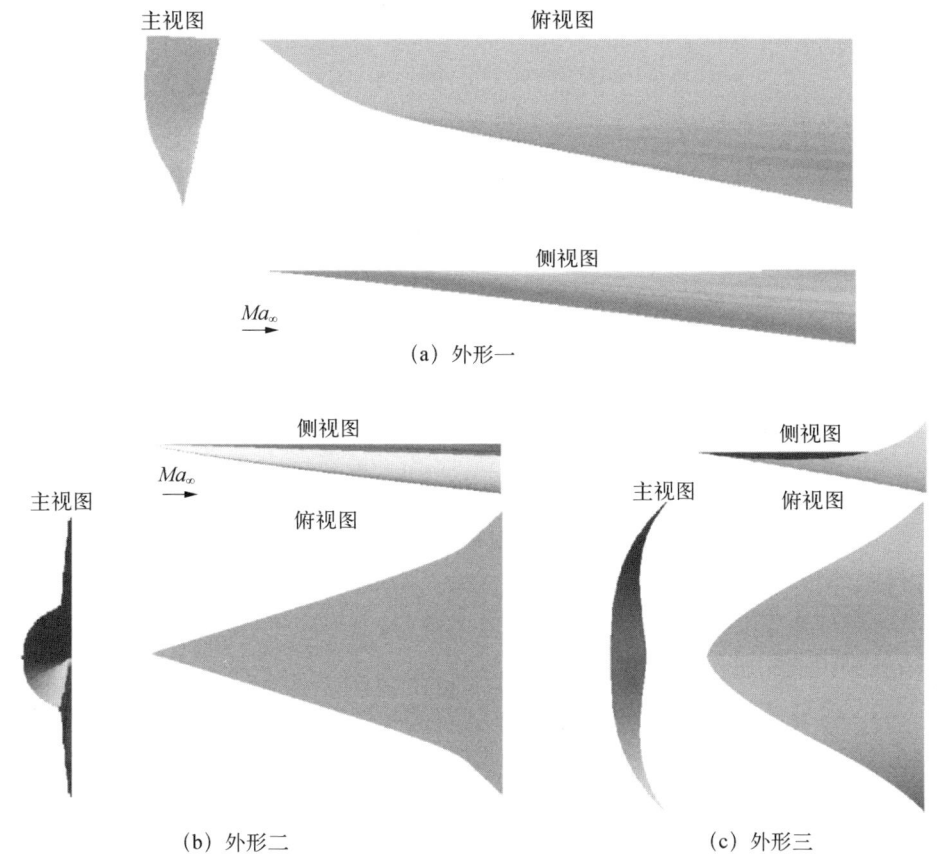

图 2.7 三种不同吻切流场乘波体外形

图 2.8 给出了在马赫数为 4 和马赫数为 12 下分别设计的吻切流场乘波体相对吻切锥乘波体在体积、升阻比、阻力、俯仰力矩方面的增量。由图可见在马赫数为 4 时在相同升阻比下增大了容积并降低了阻力,在马赫数为 12 时在相同的升阻比和容积下减小了俯仰力矩。进一步研究表明,与相同设计马赫数的吻切锥乘波体相比,在给定容积率下可进一步提高升阻比[6]。

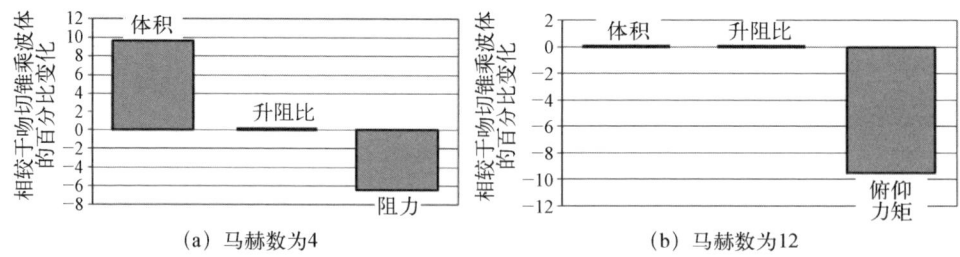

图 2.8 吻切流场乘波体与吻切锥乘波体性能对比[6]

吻切流场乘波设计方法的设计灵活性优越,被众多研究者采用和发展,如 Rodi[7]的涡升力乘波设计,You 等[8]的"双乘波"设计,Zhang 等[9]的变激波角、Liu 等[10]的变马赫数吻切流场乘波设计。

2.6 本章小结

乘波体基本设计理论是进行乘波构型设计的基础,主要包括基于二维楔形流场的乘波设计理论、运用较广的锥导乘波设计理论及能够获得更高气动性能的吻切乘波设计理论。本章介绍了乘波体和乘波构型的设计要求,以及楔导法、锥导法和吻切法三类基本的乘波设计理论,为后续章节提供理论支持。本章主要内容总结如下:

(1) 理论乘波体要求前缘具有附体激波,且外形扁平,而用于工程实际的乘波构型则要求拥有良好的宽速域气动特性、操稳特性和内部容积特性等。

(2) 楔导法采用平面斜激波流场生成乘波外形,采用斜激波关系式求得波后场,利用流线追踪方法获得乘波体下表面。

(3) 锥导法采用圆锥激波流场生成乘波外形,通过锥形流理论获得波后流场,再利用流线追踪技术得到乘波体下表面。

(4) 吻切法打破了对特征型线的限制,大大拓展了乘波体的设计空间,成为最具发展和应用潜力的乘波体设计方法。

参考文献

[1] Nonweiler T R F. Aerodynamic problems of manned space vehicles[J]. The Journal of the Royal Aeronautical Society, 1959, 63(585): 521-528.
[2] Rasmussen M, Stevens D. On waverider shapes applied to aerospace plane forebody

configurations[C]. 5th Applied Aerodynamics Conference, Monterey, 1987: 2550.

[3] Sobieczky H, Dougherty F, Jones K. Hypersonic waverider design from given shock waves [C]. Proceedings of the 1st International Hypersonic Waverider Symposium, College Park, 1990: 17-19.

[4] van Wie D, Molder S. Applications of Busemann inlet designs for flight at hypersonic speeds [C]. Aerospace Design Conference, Irvine, 1992: 1210.

[5] Taylor G I, Maccoll J W. The air pressure on a cone moving at high speed[J]. Proceedings of the Royal Society of London A: Mathematical, Physical and Engineering Sciences, 1933, 139(838): 278-311.

[6] Rodi P, Genovesi D. Engineering-based performance comparisons between osculating cone and osculating flowfield waveriders[C]. 37th AIAA Fluid Dynamics Conference and Exhibit, Miami, 2007: 4344.

[7] Rodi P. Vortex lift waverider configurations [C]. The 50th Aerospace Science Meeting, Nashville, 2012: 1238.

[8] You Y C, Zhu C X, Guo J L. Dual waverider concept for the integration of hypersonic inward-turning inlet and airframe forebody[C]. 16th AIAA/DLR/DGLR International Space Planes and Hypersonic Systems and Technologies Conference, Bremen, 2009: 7421.

[9] Zhang T T, Wang Z G, Huang W, et al. A design approach of wide-speed-range vehicles based on the cone-derived theory [J]. Aerospace Science and Technology, 2017, 71: 42-51.

[10] Liu Z, Liu J, Ding F, et al. Novel osculating flowfield methodology for hypersonic waverider vehicles based on variable shock angle[J]. Journal of Aerospace Engineering, 2018, 31(4): 04018043.

第 3 章
乘波体基准流场求解

基准流场的设计和求解是乘波体设计过程中的重要环节,也是对乘波体及其设计方法进行分类的依据。作为乘波体概念成型与性能评估的先决条件,基准流场的构建不仅直接塑造乘波体的基本气动轮廓,还深刻影响着气动性能评估与外形优化设计。特征线方法是快速求解超声速流场的有效途径,本章简要阐述用于构建乘波体基准流场的特征线方法、流场内主要单元类型的求解过程,介绍基于基准流场的流线追踪技术,为后续开展乘波体设计提供算法支持。

3.1 引言

乘波体基准流场是人为设计的用于追踪乘波体型面的超声速流场(通常基于无黏假设)[1]。根据流动的维度和对称性,基准流场可以分为二维流场、三维轴对称流场及非轴对称流场,其中,根据每个吻切面内流场是否一致可以将三维非轴对称流场进一步细分,如图 3.1 所示。根据基准流场的生成条件,可以将基准流场

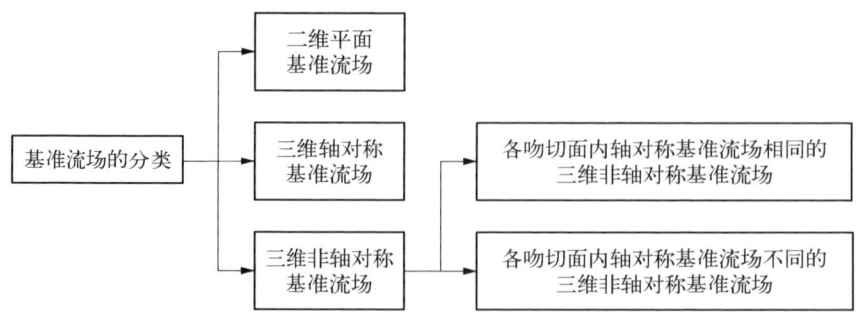

图 3.1 根据维度及对称性的基准流场分类

分为导波体物面几何参数可控的基准流场、导波体物面压强参数可控的基准流场、导波体物面马赫数可控的基准流场、前缘激波可控的基准流场和多参数组合可控的基准流场等,如图 3.2 所示。

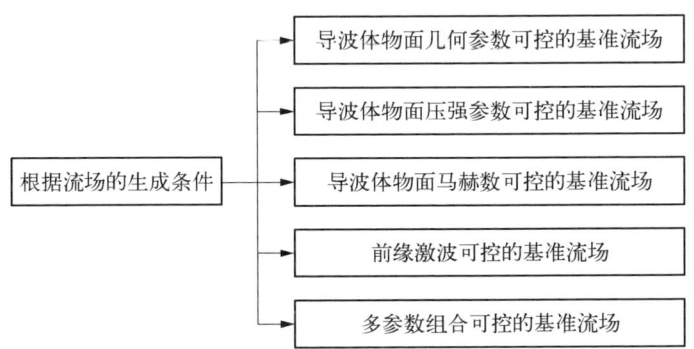

图 3.2　根据流场生成条件的基准流场分类

基准流场的求解方法较多,包括斜激波关系式、高超声速一阶小扰动理论、Taylor-Maccoll 方程求解法、二维特征线方法、CFD(computational fluid dynamics)方法等,如图 3.3 所示。斜激波关系式仅能用于求解二维或者准二维的直激波波后流场,如二维楔导流场。Taylor-Maccoll 方程只能应用于求解内/外直锥形流场,其特征是沿着流场中每个点的射线上所有流动参数相同,不同点上的参数只与偏转角有关。高超声速小扰动理论是在三维轴对称圆锥绕流流场基础上拓展而来的,即在轴对称绕流的基础上将变化的物理量作为小扰动变量,通过一阶

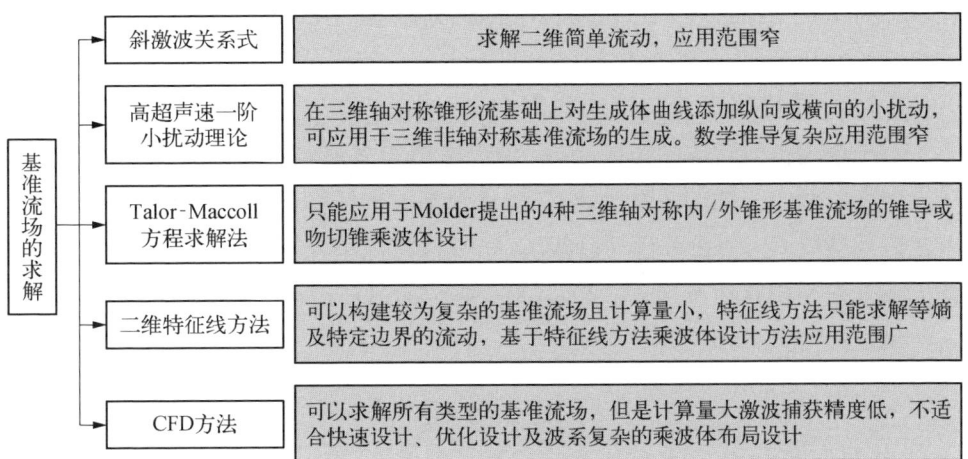

图 3.3　基准流场求解方法的分类

线化,将小扰动方程中的高阶导数忽略,进而求得相应流场。

二维特征线方法通过求解等熵和特定边界的流动获得平面流场,二维或三维流场均可求解,优点是计算量小,适用于求解复杂基准流场。CFD 方法可用于求解几乎所有类型的流场,无论是微分形式的有限差分法还是积分形式的有限体积法,对导波体的形状和边界条件无特殊要求,缺点是计算效率低,存在数值耗散,对网格质量依赖程度较高。

3.2 基准流场设计

锥导法和吻切法一般采用轴对称旋成体作为导波体,其基本流场由轴对称平面流场构成。在工程应用中,用小扰动线性方程来近似描述二维轴对称平面流场并不合适,必须用非线性方程。在求解非线性方程的过程中,除特殊情况可以使用解析方法外,通常需要使用数值方法。特征线方法是求解双曲型非线性偏微分方程的有效方法之一,它可用于求解亚声速非定常及超声速流动问题,只需所描述的流动模型为拟线性双曲型[2-4]。随着计算机性能的快速发展,特征线方法被越来越广泛地应用于超声速流动问题的求解,其不仅可以精确地刻画流场,而且高效便捷。

特征线是超声速流场中信息的传播轨迹,在有旋流场中,特征线包括马赫线和流线[5-7]。下面将介绍本书所采用的基准流场设计方法,包括:特征线理论与控制方程、典型单元的数值求解方法、轴对称弯曲激波流场模型及设计与流线追踪技术。

3.2.1 特征线理论与控制方程

对于绕尖头回转体的弯曲激波,超声速均匀来流经过激波后的流场沿着流线方向是等熵的。如图 3.4 所示,二维有旋流场中任意一点 Q,经过该点存在一条左行马赫线 C_+、一条右行马赫线 C_- 和一条流线 C_0。两条马赫线各存在一个特征线方程和相容性方程,流线 C_0 存在两个相容性方程和一个特征线方程。

流线的特征线方程为

$$\left(\frac{\mathrm{d}y}{\mathrm{d}x}\right)_0 = \lambda_0 = \frac{v}{u} \tag{3.1}$$

左行、右行马赫线的特征线方程为

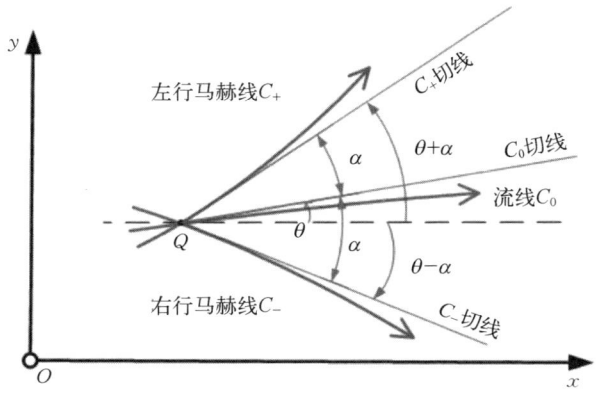

图 3.4 由 Q 点出发的特征线示意图

$$\left(\frac{\mathrm{d}y}{\mathrm{d}x}\right)_{\pm} = \lambda_{\pm} = \tan(\theta \pm \alpha) \tag{3.2}$$

流线的相容性方程为

$$\rho V \mathrm{d}V + \mathrm{d}p = 0 \tag{3.3}$$

$$\mathrm{d}p - a^2 \mathrm{d}\rho = 0 \tag{3.4}$$

左行、右行马赫线的相容性方程为

$$\frac{\sqrt{Ma^2-1}}{\rho V^2}\mathrm{d}p_{\pm} \pm \mathrm{d}\theta_{\pm} + \delta\left[\frac{\sin\theta \mathrm{d}x_{\pm}}{yMa\cos(\theta \pm \alpha)}\right] = 0 \tag{3.5}$$

式中,下标+代表左行马赫线,下标-为右行马赫线,下标0表示沿流线的参数。参数 p、ρ、V、θ、Ma、α、x、y 分别代表静压、密度、速度、速度方向角、马赫数、马赫角、轴向坐标、纵向坐标,δ 是与流动类型相关的系数(平板流动为0,轴对称流动为1)。

综上所述,对于二维超声速有旋流动,能够得到三族特征线及其相容性关系。所联立的常微分相容性方程组等价于二维等熵超声速流的偏微分控制方程组,即由连续性方程、动量方程、能量方程构成的方程组。在构造的特征线网格上通过差分方法可以实现对未知流动参数的求解,无须进行时间迭代,从而比直接求解偏微分方程更加高效。

3.2.2 典型单元的数值求解方法

完整的特征线数值算法是由多种单元求解过程组合而成的,用于求解流场内部离散点的流动参数。基于特征线有限差分数值方法,结合内点单元求解、逆置壁面点单元求解、激波点单元求解、直接壁面点单元求解,在绕尖头回转体超声速轴对称基准流场中可以实现定常二维等熵有旋流动求解。

1. 内点单元求解

内点单元求解过程,也就是求解已知点 1 的右行马赫线与点 2 的左行马赫线交点 4 的过程,如图 3.5 所示。点 1、2 为已知点,点 4 为待求的马赫线交点,点 3 为经过点 4 的流线与 1、2 两点连线的交点。首先需要给定点 1、2 的相关参数,包括位置参数 x、y,流动参数 p、ρ、V、θ。为数值求解离散点,本书用实线表示特征线网格,用虚线表示有限差分网格。

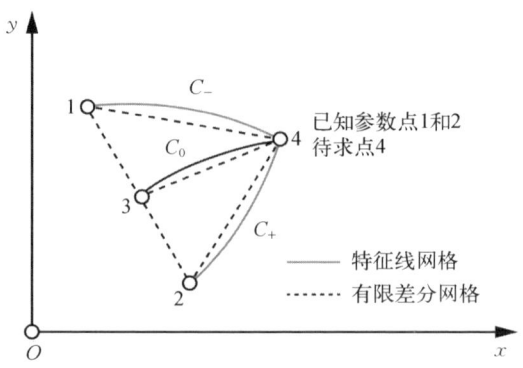

图 3.5 内点单元求解过程示意图

沿着左行马赫线 C_+ 的有限差分方程为

$$\frac{y_4 - y_2}{x_4 - x_2} = \lambda_+ = \tan(\theta + \alpha) \tag{3.6}$$

相容性方程为

$$\frac{\sqrt{Ma^2 - 1}}{\rho V^2}(p_4 - p_2) + (\theta_4 - \theta_2) + \delta\left[\frac{\sin\theta(x_4 - x_2)}{yMa\cos(\theta + \alpha)}\right] = 0 \tag{3.7}$$

沿着右行马赫线 C_- 的有限差分方程为

$$\frac{y_4 - y_1}{x_4 - x_1} = \lambda_- = \tan(\theta - \alpha) \tag{3.8}$$

相容性方程为

$$\frac{\sqrt{Ma^2-1}}{\rho V^2}(p_4-p_1)-(\theta_4-\theta_1)+\delta\left[\frac{\sin\theta(x_4-x_1)}{yMa\cos(\theta-\alpha)}\right]=0 \quad (3.9)$$

沿流线 C_0 的有限差分方程为

$$\frac{y_4-y_3}{x_4-x_3}=\lambda_0=\tan\theta \quad (3.10)$$

相容性方程为

$$\rho V(V_4-V_3)+(p_4-p_3)=0 \quad (3.11)$$

$$(p_4-p_3)-a^2(\rho_4-\rho_3)=0 \quad (3.12)$$

令:

$$Q_\pm=\frac{\sqrt{Ma^2-1}}{\rho V^2} \quad (3.13)$$

$$S_\pm=\frac{\delta\sin\theta}{yMa\cos(\theta\pm\alpha)} \quad (3.14)$$

$$T_+=-S_+(x_4-x_2)+Q_+p_2+\theta_2 \quad (3.15)$$

$$T_-=-S_-(x_4-x_1)+Q_-p_1-\theta_1 \quad (3.16)$$

$$R_0=\rho V \quad (3.17)$$

$$A_0=a^2 \quad (3.18)$$

将式(3.7)、式(3.9)简化为

$$Q_+p_4+\theta_4=T_+ \quad (3.19)$$

$$Q_-p_4-\theta_4=T_- \quad (3.20)$$

将式(3.11)、式(3.12)简化为

$$R_0V_4+p_4=R_0V_3+p_3=T_{01} \quad (3.21)$$

$$p_4-A_0\rho_4=p_3-A_0\rho_3=T_{02} \quad (3.22)$$

由点 1 和 2 直连且过点 3 的直线方程为

$$\frac{y_3-y_2}{x_3-x_2}=\lambda_{1-2} \quad (3.23)$$

上述 8 个方程中共有 x_4、y_4、p_4、ρ_4、V_4、θ_4、x_3、y_3 等 8 个未知量,所涉及的差分方程共同构成内点求解所需的方程组。如果解存在,那么相关的物理量存在且唯一。方程系数 $\dfrac{\sqrt{Ma^2-1}}{\rho V^2}$、$S_{\pm}$、$\lambda_{\pm}$、$\lambda_0$、$\rho V$、$a^2$ 等与未知点 4 相关。为了解决因系数缺失导致方程无法显式求解的问题,一般采用二阶精度的欧拉预估校正迭代算法进行求解,步骤如图 3.6 所示。

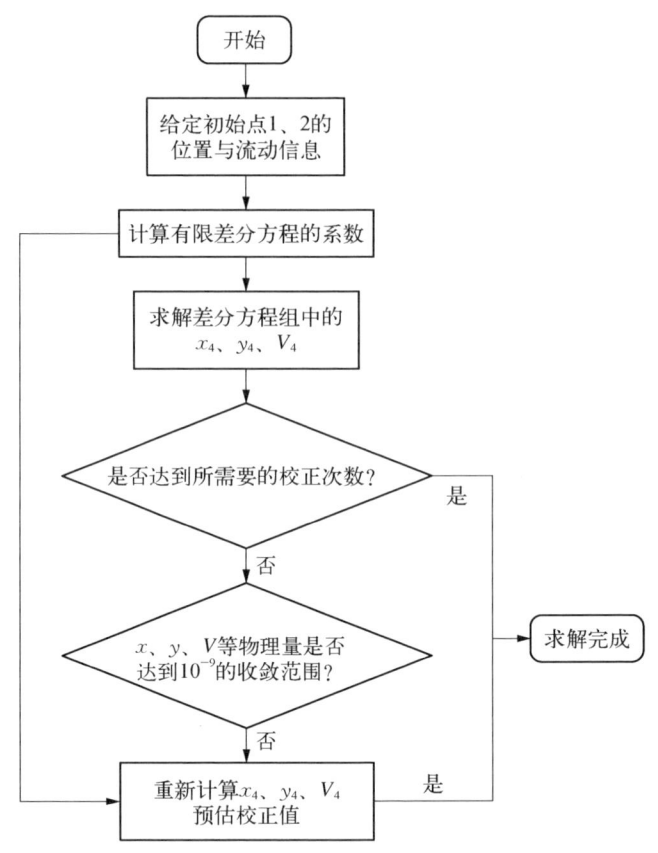

图 3.6　内点求解过程流程图

(1) 首先预估点 4 的坐标和相关方程的系数。采用点 2 的参数(x_2、y_2、p_2、ρ_2、V_2、θ_2)和点 1 的参数(x_1、y_1、p_1、ρ_1、V_1、θ_1)分别作为式(3.19)和式(3.20)的预估输入值,代入式(3.24)~式(3.29)可以求解点 4 的位置坐标和 $T_{\pm}$ 系数的预估值。

$$\lambda_+ = \tan(\theta_2 + \alpha_2) \qquad (3.24)$$

$$\lambda_- = \tan(\theta_1 - \alpha_1) \tag{3.25}$$

$$Q_+ = \frac{\sqrt{Ma_2^2 - 1}}{\rho_2 V_2^2} \tag{3.26}$$

$$S_+ = \frac{\delta \sin \theta_2}{y_2 Ma_2 \cos(\theta_2 + \alpha_2)} \tag{3.27}$$

$$Q_- = \frac{\sqrt{Ma_1^2 - 1}}{\rho_1 V_1^2} \tag{3.28}$$

$$S_- = \frac{\delta \sin \theta_1}{y_1 Ma_1 \cos(\theta_1 - \alpha_1)} \tag{3.29}$$

式中，$\alpha_2 = \arcsin(1/Ma_2)$；$\alpha_1 = \arcsin(1/Ma_1)$。

（2）预估校正点 3 的坐标和流动参数。首先使用点 1 和点 2 的速度方向角 θ 的均值作为 3 点处速度方向角的预估值，即得到了流线 C_0 的倾斜角，相应可以得到 $\lambda_0 = \tan((\theta_1 + \theta_2)/2)$。此时联立式(3.10)、式(3.23)可以求解点 3 的坐标信息，通过插值法可以得到点 1 与点 2 之间的速度方向角 θ_3。通过迭代法不断重复上述过程直至达到收敛标准求得 x_3、y_3、θ_3。点 3 的其他流动参数 (p_3、ρ_3、V_3) 可通过点 1 与点 2 插值得到。

（3）预估点 4 的流动参数 (p_4、ρ_4、V_4、θ_4)，校正点 4 的坐标 (x_4、y_4) 及方程系数 $T_\pm$。首先，p_4、θ_4 通过式(3.19)和式(3.20)求解；其次，通过式(3.30)~式(3.32)可以得到系数 R_0、A_0，其中相关的流动参数为点 3 的预估值，在系数已得的基础上联立式(3.31)、式(3.32)可以得到 V_4、θ_4 的值。

$$R_0 = \rho_3 V \tag{3.30}$$

$$A_0 = a_3^2 \tag{3.31}$$

$$a_3 = \sqrt{\frac{\gamma p_3}{\rho_3}} \tag{3.32}$$

接下来校正点 4 的坐标。通常情况下，校正方法有平均参数法和平均系数法。文献[6]表明，在大多数情况下，基于离散点的流动平均参数法精度明显地高于平均系数法，因此，本书采用平均参数法。

首先校正左行马赫线 C_+ 上的有限差分方程(3.33)~(3.37)中相应参数，其中点 2 和点 4 的流动参数作为均值来源；然后，将校正后的参数代入式(3.38)~

式(3.43)中得到系数(λ_+、Q_+、S_+)和流动参数(a_+、Ma_+、α_+)的校正值。

$$p_+ = \frac{p_2 + p_4}{2} \tag{3.33}$$

$$\theta_+ = \frac{\theta_2 + \theta_4}{2} \tag{3.34}$$

$$V_+ = \frac{V_2 + V_4}{2} \tag{3.35}$$

$$\rho_+ = \frac{\rho_2 + \rho_4}{2} \tag{3.36}$$

$$y_+ = \frac{y_2 + y_4}{2} \tag{3.37}$$

$$a_+ = \sqrt{\frac{\gamma p_+}{\rho_+}} \tag{3.38}$$

$$Ma_+ = \frac{V_+}{a_+} \tag{3.39}$$

$$\alpha_+ = \arcsin\left(\frac{1}{Ma_+}\right) \tag{3.40}$$

$$\lambda_+ = \tan(\theta_+ + \alpha_+) \tag{3.41}$$

$$Q_+ = \frac{\sqrt{Ma_+^2 - 1}}{\rho_+ V_+^2} \tag{3.42}$$

$$S_+ = \frac{\delta \sin\theta_+}{y_+ Ma_+ \cos(\theta_+ + \alpha_+)} \tag{3.43}$$

同理,为了求解右行马赫线 C_- 上的相应参数预估值,将点 1 和点 4 的参数作为输入值重复上述过程,相应的计算公式如下:

$$p_- = \frac{p_1 + p_4}{2} \tag{3.44}$$

$$\theta_- = \frac{\theta_1 + \theta_4}{2} \tag{3.45}$$

$$V_- = \frac{V_1 + V_4}{2} \tag{3.46}$$

$$\rho_- = \frac{\rho_1 + \rho_4}{2} \tag{3.47}$$

$$y_- = \frac{y_1 + y_4}{2} \tag{3.48}$$

$$a_- = \sqrt{\frac{\gamma p_-}{\rho_-}} \tag{3.49}$$

$$Ma_- = \frac{V_-}{a_-} \tag{3.50}$$

$$\alpha_- = \arcsin\left(\frac{1}{Ma_-}\right) \tag{3.51}$$

$$\lambda_- = \tan(\theta_- \alpha_-) \tag{3.52}$$

$$Q_- = \frac{\sqrt{Ma_-^2 - 1}}{\rho_- V_-^2} \tag{3.53}$$

$$S_- = \frac{\delta \sin \theta_-}{y_- Ma_- \cos(\theta_- - \alpha_-)} \tag{3.54}$$

(4) 校正点3的坐标信息和流动参数。通过上述步骤得到了点4的参数信息,为了更精确地获得点3的参数,通过迭代法将点3和点4速度方向角的均值作为流线C_0的速度方向角初始值进行点3的参数校正。具体地,流线C_0的斜率$\lambda_0 = (\theta_3 + \theta_4)/2$联立式(3.10)和式(3.23)获得点3的坐标信息,在下一次迭代中的θ_3采用点1和点2的速度方向角线性插值,重复上述迭代过程直到收敛得到点3的参数(x_3、y_3、θ_3),通过点1和点2线性内插可得相应的流动参数(p_3、ρ_3、V_3)。

(5) 校正点4的流动参数(p_4、ρ_4、V_4、θ_4)。首先通过联立式(3.19)和式(3.20)校正p_4、θ_4;然后采用沿流线C_0差分方程(3.55)~(3.60)计算方程系数R_0、A_0,再联立式(3.21)和式(3.22)求解ρ_4、V_4,其中将点3和点4流动参数

均值作为平均参数法的输入值。

$$p_0 = \frac{p_3 + p_4}{2} \tag{3.55}$$

$$\rho_0 = \frac{\rho_3 + \rho_4}{2} \tag{3.56}$$

$$V_0 = \frac{V_3 + V_4}{2} \tag{3.57}$$

$$a_0 = \sqrt{\frac{\gamma p_0}{\rho_0}} \tag{3.58}$$

$$R_0 = \rho_0 V_0 \tag{3.59}$$

$$A_0 = a_0^2 \tag{3.60}$$

(6) 为了提高计算精度,重复上述步骤(3)~(5),进行多次迭代计算,直到各参数达到预定的允许误差范围。

2. 逆置壁面点单元求解

直观来说,逆置壁面点过程就是通过在壁面上预设均匀分布的壁面点,通过数值方法实现这些位置点的参数求解。该方法在流动参数变化较剧烈的情况下同样能够保证网格的均匀性与程序的鲁棒性,保证在各类特征网格中实现壁面点的有效求解。

如图 3.7 所示,点 1 和点 3 分别是流场中的内点和壁面点,是进行逆置壁面点过程的已知点;点 4 和点 2 分别是预置壁面点和经过点 4 的流线与 1、3 两点

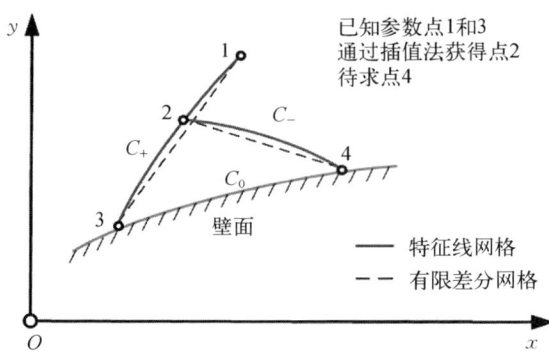

图 3.7　逆置壁面点求解过程示意图

连线的交点,是待求点。特别地,点 4 的坐标信息和速度方向角(壁面倾斜角)已知,仅需求解其他流动参数。下面详细地介绍逆置壁面点的具体求解步骤。

(1) 预估内点 2 的坐标和流动参数(x_2、y_2、p_2、ρ_2、V_2、θ_2)。点 2 的位置坐标满足左行马赫线 C_+ 处的直线方程:

$$\lambda_+ = \frac{y_3 - y_1}{x_3 - x_1} = \frac{y_2 - y_1}{x_2 - x_1} \tag{3.61}$$

与上面内点求解点 3 的过程类似,采用平均参数法迭代计算点 2 的参数直到达到允许的误差范围。具体地,将点 1 和点 3 的速度方向角平均值作为点 2 的速度方向角初值;进而得到 $\lambda_- = \tan((\theta_2 + \theta_4)/2)$;之后联立方程 $\lambda_- = (y_2 - y_4)/(x_2 - x_4)$ 可求解得到点 2 的坐标,多次迭代校正后直到 x_2、y_2、θ_2 的前后误差在允许范围内;最后通过线性插值法得到点 1 和点 3 之间点 2 的参数预估值。

(2) 预估沿右行马赫线 C_- 的各方程系数(λ_-、Q_-、S_-、T_-)。为了求解点 4 的参数,要对有限差分方程[式(3.62)~式(3.66),式(3.67)~式(3.70)]中的各系数进行求解。首先采用平均参数法将点 2 和点 4 参数(θ 和 y)的均值作为方程的预估值;然后用点 2 的参数(p 和 ρ)作为式(3.62)~式(3.66)的预估值;最后代入以下方程中可以得到相应的系数。

$$\theta_- = \frac{\theta_2 + \theta_4}{2} \tag{3.62}$$

$$y_- = \frac{y_2 + y_4}{2} \tag{3.63}$$

$$a_2 = \sqrt{\frac{\gamma p_2}{\rho_2}} \tag{3.64}$$

$$Ma_2 = \frac{V_2}{a_2} \tag{3.65}$$

$$\alpha_2 = \arcsin\left(\frac{1}{Ma_2}\right) \tag{3.66}$$

$$\lambda_- = \tan(\theta_- - \alpha_2) \tag{3.67}$$

$$Q_- = \frac{\sqrt{Ma_2^2 - 1}}{\rho_2 V_2^2} \tag{3.68}$$

$$S_- = \frac{\delta \sin\theta_-}{y_- Ma_2 \cos(\theta_- - \alpha_2)} \quad (3.69)$$

$$T_- = -S_-(x_4 - x_2) + Q_- p_2 - \theta_2 \quad (3.70)$$

(3) 预估流线 C_0 上各有限差分方程的系数 R_0 和 A_0。经过点 3 的流线沿壁面发展,采用点 3 的流动参数(p_3、ρ_3、V_3)作为方程组的输入预估参数,代入式(3.30)~式(3.32)可得相应系数值。

(4) 预估点 4 的流动参数(p_4、ρ_4、V_4)。在求解 R_0 和 A_0 的基础上,联立求解式(3.18)、式(3.21)和式(3.22)可以求解得到相应参数。

(5) 判定点 2 的坐标信息并进行迭代求解。若点 2 的 x 坐标处于点 1 与点 3 之间,重复步骤(1)~(4)多次迭代预估校正算法直到有限差分方程所得解收敛。若点 2 的 x 坐标处于点 1 和点 3 之外,重新返回步骤(1),此时将位于点 3 左行马赫线下的第 $n+1$ 个内点代替点 1,重复执行步骤(1)~(4)直至收敛。其中,n 为本步骤中判定为第二种情形的次数。

3. 激波点单元求解

图 3.8 为激波点单元求解过程示意图,其中红色实线代表弯曲激波,蓝色实线代表马赫线,虚线代表有限差分网格。激波点单元的求解是指在已知激波点(图中点 1)及其右行马赫线上内点(图中点 2)的坐标和流动参数情况下,求解激波线上下一个离散点(图中点 4)参数的过程。具体步骤如下所示。

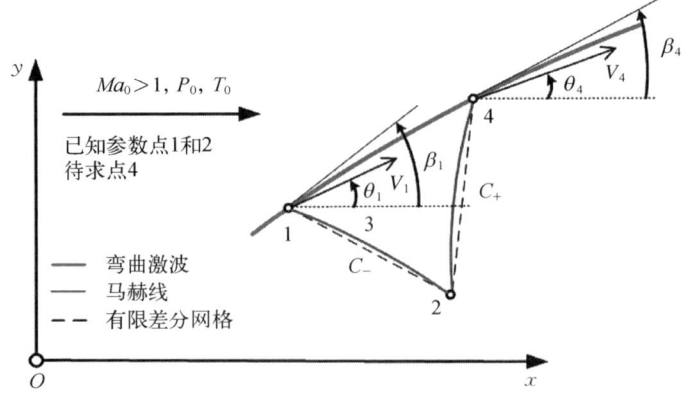

图 3.8 激波点单元求解过程示意图

(1) 采用迭代方法预估点 4 的坐标。点 1 和点 4 满足式(3.71),倾斜角采用两点的激波角均值,则有 $\lambda_{1-4} = \tan((\beta_1 + \beta_4)/2)$。由于点 1 处的激波角 β_1 已知,点 4 处的激波角给定的预估初值 $\beta_4 = \beta_1$,联立式(3.71)和式(3.72)可以得到点 4 的坐标预估值:

$$y_4 - y_1 = \lambda_{1-4}(x_4 - x_1) \quad (3.71)$$

$$y_4 - y_2 = \lambda_+(x_4 - x_2) \quad (3.72)$$

(2)校正点 4 的坐标并求解相关流动参数。由于在弯曲激波情形下点 4 的激波角不等同于 β_1,故需要结合相容性方程验证点 4 坐标的正确性。采用斜激波公式计算点 4 的流动参数,并预设点 4 的激波角范围为 (β_1 − 5°, β_1 + 5°),结合二分法迭代点 4 的坐标直至流动参数满足左行马赫线 C_{2-4} 相容性方程。

4. 直接壁面点单元求解

图 3.9 为基于特征线理论的直接壁面点过程,该过程较为简单,目的是求解经过内点 1 的右行马赫线 C_- 与壁面交点 4 的坐标和流动参数。与逆置壁面点不同的是,此处点 4 并非属于预设于壁面上均匀分布的点,而是由满足内点 1 的特征线方程和相容性方程直接计算得到。直接壁面点单元求解过程在直锥流场中得到应用且过程较为简便,缺点是在流动参数梯度大的区域难以保持网格的均匀性,这里仅做简要介绍。

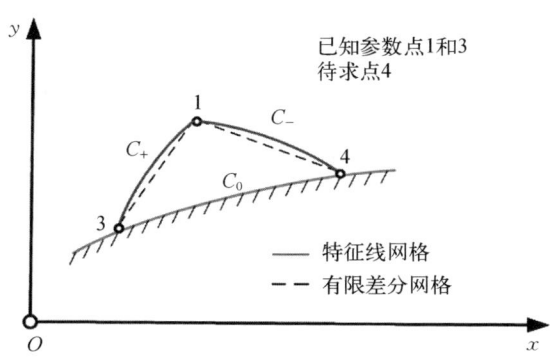

图 3.9 直接壁面点单元求解过程示意图

式(3.73)和式(3.74)为满足式(3.4)的方程组,由于壁面上的流线方向角即为壁面倾斜角,故此两方程可以代替流线上的特征线方程和相容性方程,联立内点差分方程(3.8)、方程(3.21)和方程(3.22),可构成求解壁面点单元的方程组。

$$y = y(x) \quad (3.73)$$

$$\frac{\mathrm{d}y}{\mathrm{d}x} = \tan\theta = \frac{v}{u} \tag{3.74}$$

3.2.3 轴对称弯曲激波流场模型及设计

零迎角下超声速来流绕尖头曲面轴对称回转体的流场由母线 OE 和激波 OS 之间的区域构成,即壁面与激波之间的超声速流场为基准流场,如图 3.10 所示。基准流场中的 a 区域由壁面 OD 和激波 OS 唯一确定,称为前缘激波依赖区;b 区域则为等熵压缩或膨胀的主要区域,统称为等熵主压缩区。下面利用前面介绍的各类流场单元求解过程设计轴对称基准流场。

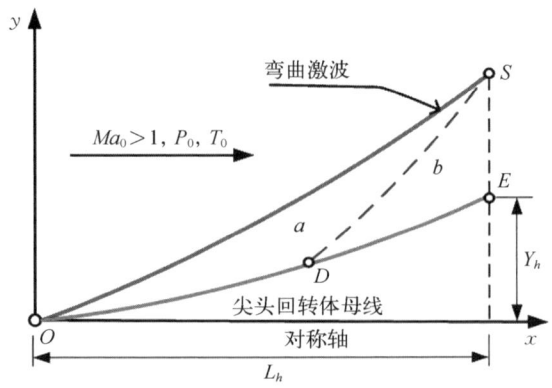

图 3.10 尖头回转体零迎角绕流超声速流场区域划分

1. 前缘激波依赖区设计

内部流场 ODS 在壁面形状 OE 和来流参数 Ma_0、P_0、T_0 的基础上进行计算,前缘激波依赖区的设计示意图如图 3.11 所示。首先,给定一条初值线 IJ 用来启动计算,I 点的横坐标参照回转体总长进行选取,例如,$x_I = 0.01x_{OE}$,母线 OE 采用直线段加二次曲线构造,可以确保 OI 为直线段,因此,OIJ 作为锥形流场区域可以采用 Taylor-Maccoll 方程精确求解。在 IJ 上给定均匀分布的 5 个初值点,端点 I 和 J 分别位于壁面和激波上,由初值线开始启动求解过程,图中蓝色圆点代表壁面点,白色圆点代表内点,橙色圆点代表插值点,黑色圆点代表初值点,红色圆点代表激波点。接下来介绍计算步骤。

(1) 在壁面母线 OE 上均匀预设壁面点,给定初值线 IJ 并均匀布置初值点,采用 Taylor-Maccoll 方程求解初值线上各点的流动参数。运用逆置壁面点求解过程求解 IJ 下一条左行马赫线上的壁面点。

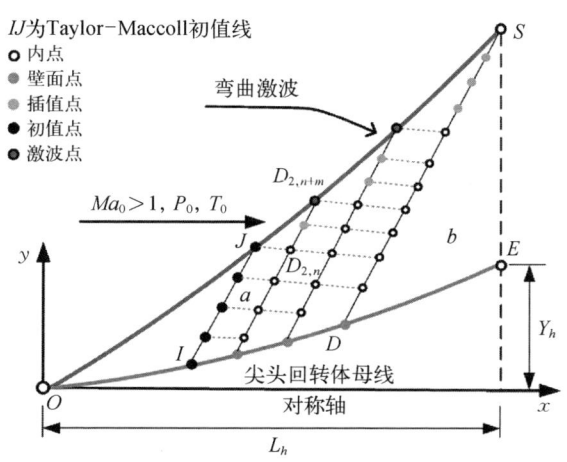

图 3.11 前缘激波依赖区的设计示意图

(2) 多次运用内点过程求解由壁面点出发的左行马赫线上的内点,直至 $D_{2,n}$,其中下标 2 代表所处在第二条左行马赫线,下标 n 代表该马赫线上从下至上顺序的第 n 个点。应用激波点单元过程求解激波点 $D_{2,n+m}$。

(3) 由于激波点 $D_{2,n+m}$ 与点 $D_{2,n}$ 之间的距离随着流向发展逐渐变大,为了保证网格的均匀性,采用插值法求解均匀分布在该两点之间的内点。增加的内点用橙色圆点表示,这样可以有效地提高计算精度且保证特征线网格的密度和质量。

(4) 重复上述(2)~(3)过程,推进计算流场中所有左行马赫线上的点直至最后一个激波点 S 的横坐标到达或越过截止平面 SE,通过插值法确保点 S 完全处于激波和截止平面上,之后完整获得最后一条左行马赫线 DS。

通过上述步骤可完整计算前缘激波依赖区(a 区),获得该回转体流场的完整激波形态和前缘激波依赖区域内离散点的坐标及流动参数。

2. 等熵主压缩区设计

在完成激波依赖区设计的基础上,从左行马赫线 DS 出发,依次求解后续每条马赫线上的离散点。首先应用逆置壁面点过程求解当前马赫线的第一个点(即壁面点);多次使用内点过程求解该壁面点之后的所有内点,并判定内点的轴向坐标 x 是否超出截止平面,若超出,则在最后一个内点及其前一个内点之间进行线性插值,获取当 $x = L_h$ 时的点,即为取代最后一个内点的终止点。如图 3.12 所示,通过判定条件保证所有等熵主压缩区的最后一个内点均等于截止平面处的 x 坐标。需要注意的是,在应用逆置壁面点过程中,应合理布置壁面点以保证流场的求解精度。

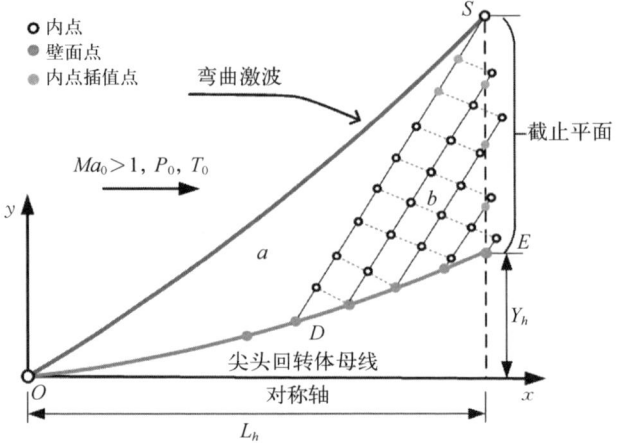

图 3.12 等熵压缩区设计示意图

3.3 流线追踪技术

流线追踪技术被广泛地应用于基准流场的构建和飞行器型面的生成。一般来说,基准流场是乘波体设计过程中的重要参考,人们可以通过分析基准流场,确定飞行器的外形和参数以实现优化设计的目标。流线追踪技术的基本原理是根据连续方程和动量方程,通过追踪流体中微元粒子的运动轨迹来获得相应的流线(图 3.13),其过程可以通过数值方法来实现[3],如图 3.14 所示。

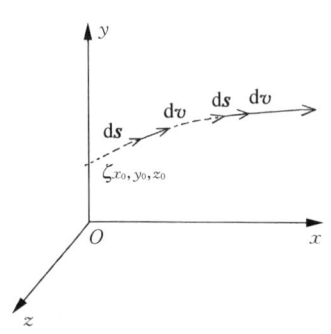

图 3.13 三维流场中流线追踪示意图

流线是在某一固定时刻 t 下空间流场中流体质点所组成的一条曲线,流线上各质点的运动方向都与其切线方向一致。流线方程为

$$\frac{\mathrm{d}\boldsymbol{s}}{\mathrm{d}t} = \boldsymbol{V} = f(\boldsymbol{s}, t) \tag{3.75}$$

式中,$\mathrm{d}\boldsymbol{s}$ 为过该点的流线矢量;$\boldsymbol{V}(u, v, w)$ 为速度矢量。由式(3.75)可得三维流场中的流线方程:

$$\frac{\mathrm{d}x}{u} = \frac{\mathrm{d}y}{v} = \frac{\mathrm{d}z}{w} \tag{3.76}$$

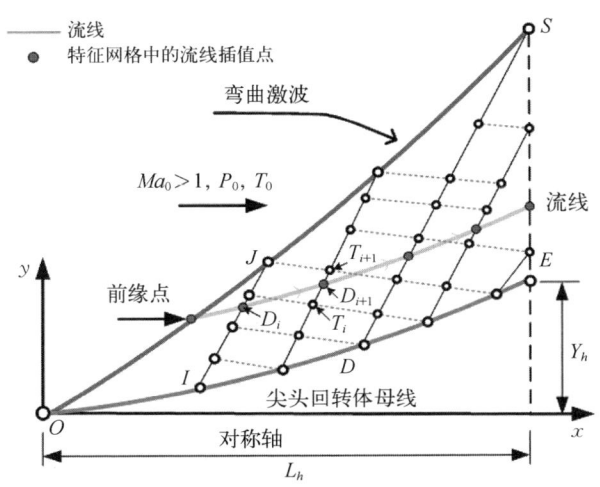

图 3.14　流线追踪数值求解示意图

给定流线 ζ 上追踪起始点坐标 (x_0,y_0,z_0)，根据流线方程(3.76)，便可求得 t 时刻过空间点 (x_0,y_0,z_0) 下游的所有流体质点坐标。

求解流线本质上是求解流线上的一系列离散点，本书采用基于左行马赫线的预估-校正迭代算法。对于任意流线，满足以下关系式：

$$\frac{\mathrm{d}y}{\mathrm{d}x} = \tan\theta = \frac{v}{u} \tag{3.77}$$

$$k_{DD_{i+1}} = \tan(\theta_{D_i}) \tag{3.78}$$

$$r = r_{T_j} + k_{T_j T_{j+1}}(x - x_{T_j}) \tag{3.79}$$

$$k_{T_j T_{j+1}} = \frac{r_{T_{j+1}} - r_{T_j}}{x_{T_{j+1}} - x_{T_j}} \tag{3.80}$$

式中，r 为纵坐标；x 为横坐标；k 为直线段斜率；θ 为速度方向角。假设已知流线上点 D_j 的坐标及流动参数，下面给出下游点 D_{j+1} 的求解步骤。

（1）预估流线上下游点 D_{j+1} 的坐标和流动参数。求解流线上的离散点通过流线与左行马赫线的交点来实现，其中，流线段 $D_j D_{j+1}$ 及左行马赫线 $T_j T_{j+1}$ 视作直线段。将点 D_j 处的速度方向角作为流线段的倾斜角，代入式(3.78)；同样地，左行马赫线上点 T_j 和 T_{j+1} 坐标及流动参数已知（点 T_j 和 T_{j+1} 采用遍历法），相关位置场方程如式(3.77)和式(3.78)所示；然后联立式(3.79)和式(3.80)可以求

解流线点 D_{j+1} 的坐标；最后在左行马赫线 T_jT_{j+1} 上通过线性内插得到点 D_{j+1} 的流动参数（$P_{D_{i+1}}$、$T_{D_{i+1}}$、$\rho_{D_{i+1}}$、$V_{D_{i+1}}$）的预估值。

（2）校正下游点 D_{j+1} 的坐标和流动参数。首先，将点 D_j 和点 D_{j+1} 速度方向角的均值作为式（3.78）的倾斜角的校正值；然后，与步骤（1）类似，联立式（3.79）和式（3.80）得到点 D_{j+1} 位置坐标的校正值；最后，在左行马赫线 T_jT_{j+1} 上通过线性内插得到点 D_{j+1} 流动参数的校正值。

（3）为了提高计算精度，首先，需要将步骤（1）与步骤（2）多次迭代，直到相关的流动参数误差收敛至指定的范围内；其次，还需判定流线点是否超出截止平面，若超出，则在与截止平面 x 坐标相等的左行马赫线上进行线性插值，得到流线终止点所有参数。

3.4 方法验证

为了验证特征线方法的计算精度，采用该方法求解的壁面压力分布与 Taylor-Maccoll 方程求解的结果进行对比，如图 3.15 所示。可以看出，在基准锥母线上，从锥顶至截止平面，两种方法所得压力吻合良好，说明特征线方法具有足够的精度。此外，二阶精度的 MOC 法相比较于四阶精度的 Taylor-Maccoll 方程计算效率更高。因此，MOC 方法可兼顾计算效率和精度，更适合用于乘波体设计中基准流场的求解。

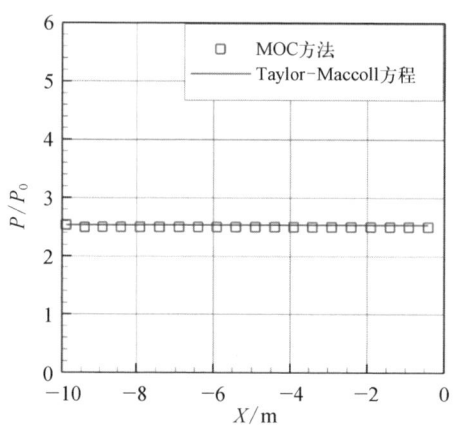

图 3.15 MOC 方法与 Taylor-Maccoll 方程计算的基准锥母线压力分布对比

为了验证基准流场求解方法和流线追踪技术的正确性，将其应用于双后掠乘波体的设计中（设计方法详见本书第 4 章），并检验其乘波特性。给定乘波体设计马赫数为 6，飞行高度 $H = 25$ km，几何参数的选取如表 3.1 所示。分别生成基于凸锥、直锥和凹锥三种曲面锥高超声速流场的双后掠乘波体，其中三种基准锥母线对比图如图 3.16 所示，生成的三种双后掠乘波体外形图如图 3.17 所示。

表 3.1　不同壁面的锥体及双后掠乘波体设计参数表

锥体	X_A/m	δ_A/(°)	X_B/m	δ_B/(°)	λ_1/(°)	λ_2/(°)	L_1/m	L/m	R/m	d/m
凸锥	2	9	8	−4.5	70	50	1.875	3	0.3	0.15
直锥	2	9	8	9	70	50	1.875	3	0.3	0.15
凹锥	2	9	8	18	70	50	1.875	3	0.3	0.15

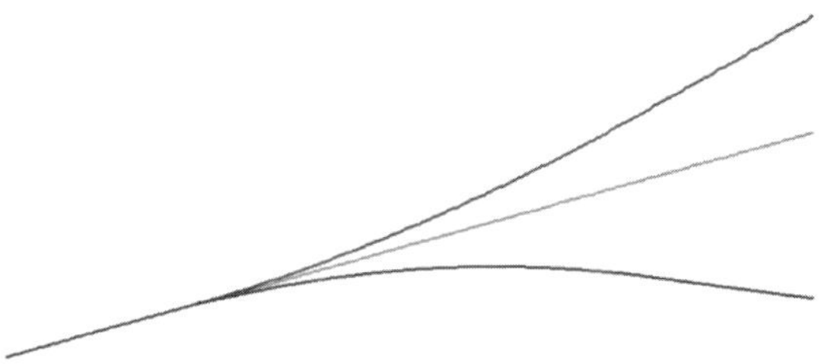

图 3.16　三种基准锥母线对比图

(a) 俯视图

(b) 凸锥乘波体

(c) 直锥乘波体

(d) 凹锥乘波体

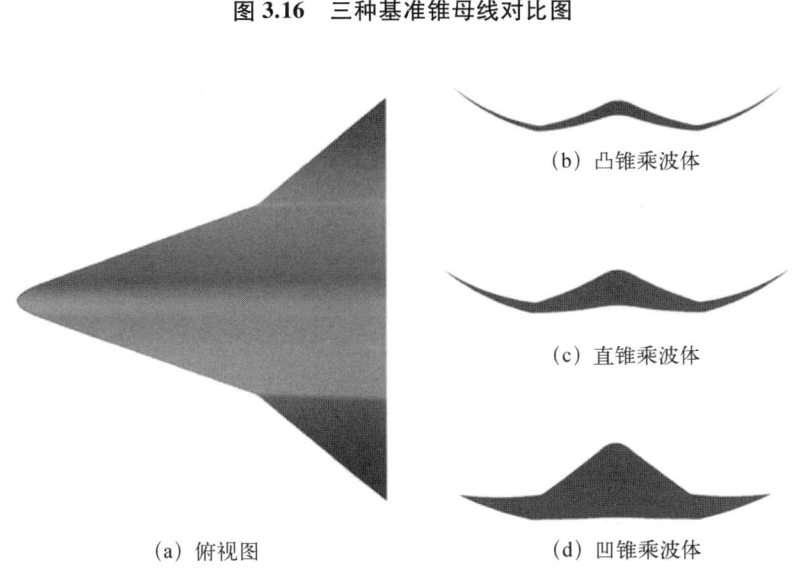

图 3.17　三种双后掠乘波体外形图

采用 CFD 方法计算得到以上三种乘波体外形的流场。图 3.18 展示了三种外形底部截面及等轴侧视图下的多截面压力等值线分布云图，图 3.18(a)、(c)、(e)中的虚线代表特征线方法获得的理论激波型线的形状和位置，图 3.18(b)、(d)、(f)中截面分别选取机体总长 1%、12.5%、25%、37.5%、50%、65.5%、80%、99%处。

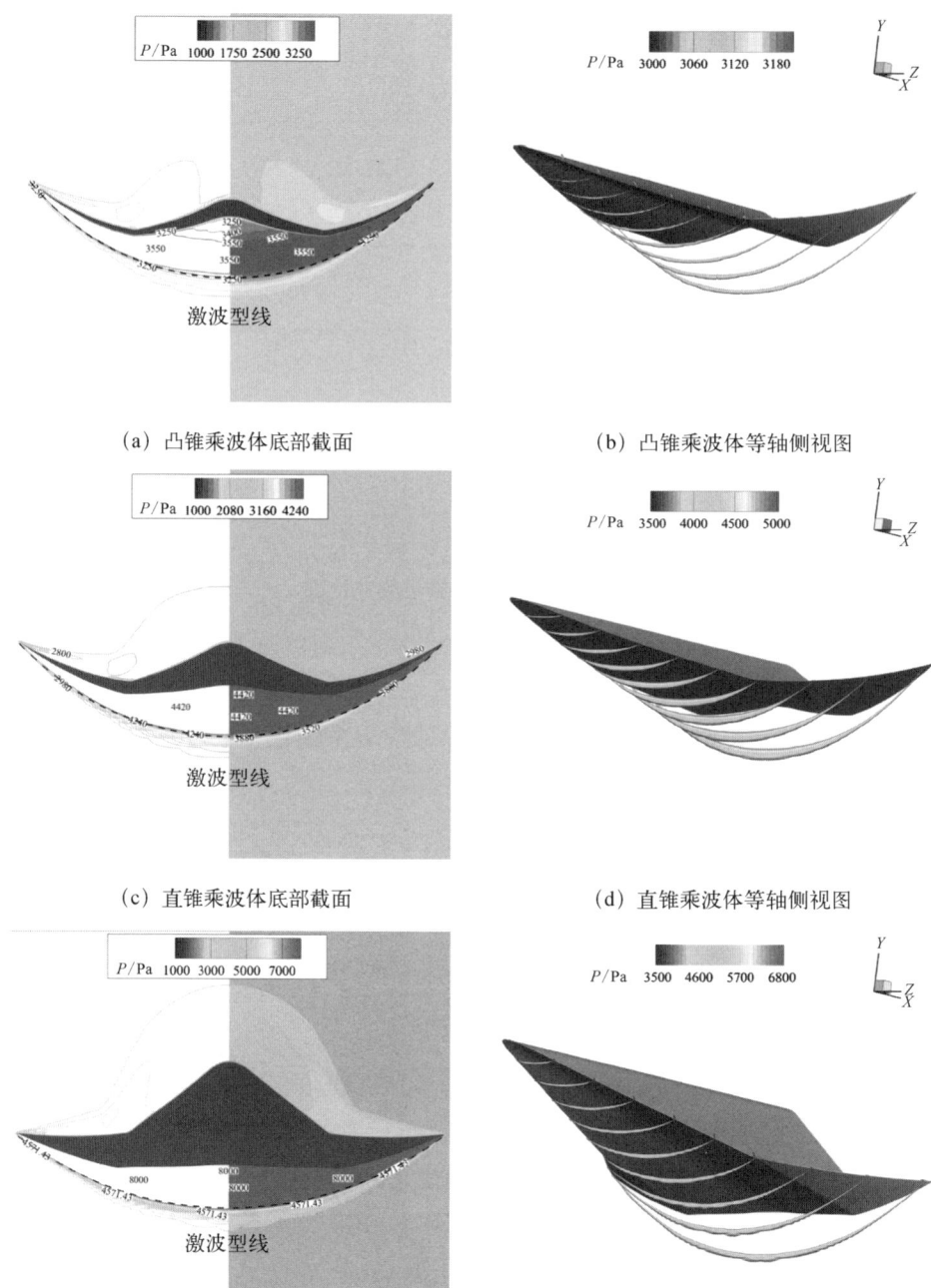

图 3.18 三种乘波体底部截面及等轴侧视图下的压力云图

从图 3.18(a)、(c)、(e)中可见,三种锥体所获得乘波体的激波型线理论解与 CFD 计算结果吻合良好,高压气流被限制在飞行器下表面,前缘无明显溢流现象。值得说明的是,特征线方法求解的激波是一条无厚度的曲线,而 CFD 计算的流场中的激波由具有厚度的一簇曲线组成,这主要取决于所采用的网格密度。上述结果表明,通过特征线方法设计的基准流场中的激波形状和位置精度高,确保了对基准流场的精确高效求解。图 3.18(b)、(d)、(f)中三种乘波体的各截面等值线所表示的激波紧密贴附于乘波体的前缘线上,但也存在极少量溢流,这是由于无黏特征线方法获得的激波型面与真实有黏情况略有差异。

3.5　本章小结

本章基于有旋特征线理论,对应用于超声速流场求解的四种基本单元求解过程进行了介绍。通过求解曲锥轴对称基准流场,验证了特征线方法的可靠性。以双后掠乘波体设计为例,验证了基于基准流场求解方法和流线追踪技术的正确性。本章主要内容总结如下:

(1) 特征线方法用于求解流场内部离散点的坐标和流动参数,由多种单元(内点单元、逆置壁面点单元、激波点单元和直接壁面点单元)求解过程组合而成。

(2) 有旋特征线理论可实现带弯曲激波的曲面锥基准流场设计,其中基准锥母线可通过参数化型线进行定义。计算结果表明该方法精确高效、灵活可控。

(3) 流线追踪技术通过追踪流体中微元粒子的运动轨迹来获得相应的流线,被广泛地应用于基准流场的构建和飞行器型面的生成。基于左行马赫线进行预估-校正迭代实现流线追踪,能够满足乘波体的设计要求。

(4) 乘波体设计的结果表明,采用特征线方法获得的基于不同弯度基准锥设计的乘波体均具有良好的乘波特性,验证了所建立的特征线方法和流线追踪技术。

参考文献

[1] Yu K K, Xu J L, Gong H, et al. Inverse design methodology of cone-derived waverider based on pre-defined shock wave under strong geometric constraints[J]. Acta Astronautica, 2019, 159: 527-539.

[2] Zucrow M, Hoffman J. Gas Dynamics (Vol.1)[M]. New York: John Wiley Sons, 1976.

［3］ Anderson J. Fundamentals of Aerodynamics[M]. New York：McGraw-Hill Education，2017.

［4］ Zucrow M J, Hoffman J D. 气体动力学(上册)[M]. 王汝涌等，译. 北京：国防工业出版社，1984.

［5］ 童秉纲，孔祥言，邓国华. 气体动力学[M]. 2版. 北京：高等教育出版社，2012.

［6］ Zucrow, Joseph M. Gas Dynamics, Vol. 2：Multidimensional Flow[M]. New York：John Wiley and Sons，1977.

［7］ Anderson J D. Hypersonic and High-Temperature Gas Dynamics[M]. 3rd ed. Reston：AIAA，Inc，2006.

第 4 章
宽域双后掠乘波体设计与分析

实现宽速域、大空域飞行是高超声速飞行器的重点发展方向。乘波体根据特定飞行条件设计,通常情况下,由理论方法获得的理想乘波体在设计工况下气动性能良好,但当飞行条件偏离设计工况时气动性能则显著地下降。如何在宽速域范围内维持良好的气动性能,成为乘波构型设计的焦点。双后掠乘波体被认为是一类可以兼顾高速和低速气动性能的乘波构型,但其设计流程相对复杂。本章基于不同基准流场,发展设计流程简便的双后掠乘波体设计方法,分析所设计乘波体的高、低速气动性能,探索双后掠乘波体在宽速域范围的增升机制。

4.1 引言

乘波体宽速域应用研究目前主要分为两个方面:一是仅在高超声速范围内的宽速域,即在非设计点的其他高超声速状态下,期望乘波体也能维持较好的气动性能,目前这一方向的研究相对较多;二是指从低速到高超声速范围的宽速域,包含亚、跨、超、高超速度范围,除关注高超声速气动性能外,也需要重点考虑低速起降状态的气动性能需求。目前针对后者的研究相对较少,比较有代表性的是"涡升力"乘波体。该类乘波体在高超声速阶段利用激波压缩保持良好的气动特性,在低速时借助前缘涡提供低速非线性升力,在很大程度上改善了起降性能,为乘波体应用于宽速域飞行提供了一种新的设计思路,如图 4.1 所示。

双后掠乘波体是比较典型的一类利用"涡升力"来提升乘波体低速气动性能的宽速域乘波体,已受到研究者的重点关注。为简化设计求解流程,本章提出一种基于前缘线投影来设计双后掠乘波体的方法。首先给出基于投影法的双后

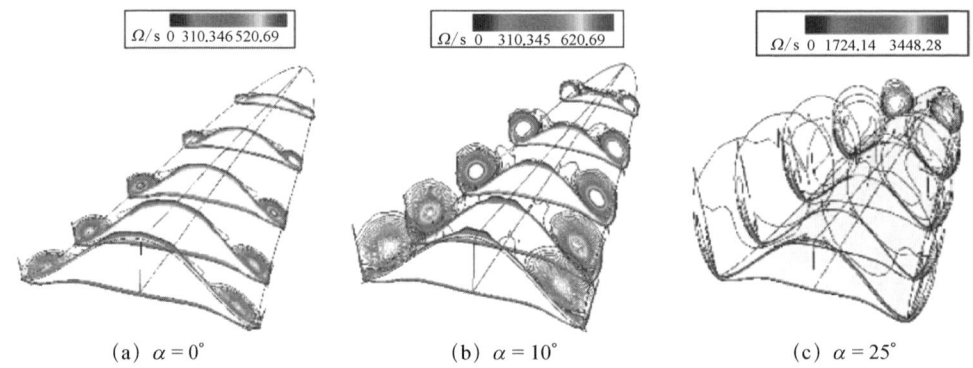

(a) $\alpha = 0°$ (b) $\alpha = 10°$ (c) $\alpha = 25°$

图 4.1　低速(马赫数为 0.3, $H = 1$ km)不同迎角下"涡升力"乘波体涡量等值面图[1]

掠乘波体设计原理与方法,随后采用锥导乘波设计理论、吻切乘波设计理论和曲锥乘波设计理论生成不同类型的双后掠乘波体。采用 CFD 的方法分析前两类设计理论得到的乘波体在高速和低速的气动特性,并对低速涡升力和高速大迎角非线性升力现象进行分析,总结设计参数对性能的影响规律。

4.2　基于投影法的双后掠锥导乘波体设计

4.2.1　设计原理与方法

基于投影法的双后掠乘波体设计首先需要给定乘波体在水平面的投影型线,如图 4.2 所示。假设飞行器纵向长为 l,半展长为 w,前缘线由曲线段 PP_1、直线段 P_1P_2 和 P_2Q_2 三段组成。PP_1P_2 为第一后掠前缘,λ_1 为第一后掠角;P_2Q_2 为第二后掠前缘,λ_2 为第二后掠角;当 $\lambda_1 = \lambda_2$ 时退化为单后掠前缘。钝头前缘 PP_1 采用曲线设计,如圆弧,当无 PP_1 部分时则为尖头前缘。

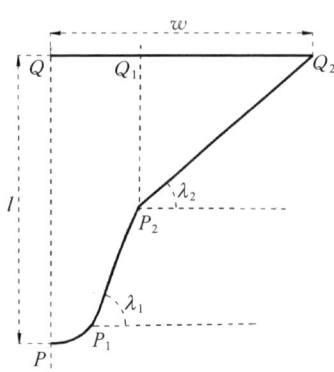

图 4.2　双后掠前缘平面投影几何型线

将乘波体前缘线的水平投影型线向基准圆锥流场的激波面逆向投影即可得到乘波体前缘线,从该前缘线出发,采用流线追踪技术[1]得到乘波体的上表面和下表面,从而完成乘波体的设计。图 4.3 给出了基于投影法的双后掠乘波体设计示意图,具体的设计步骤如下所示。

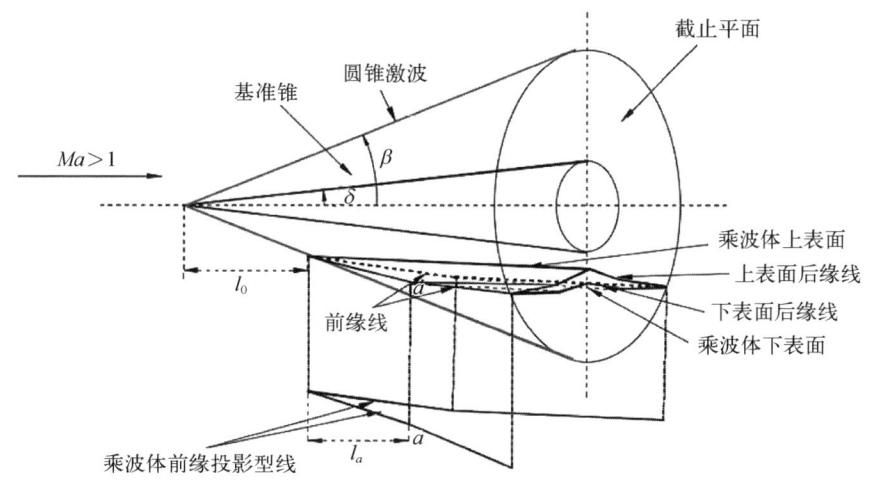

图 4.3 基于投影法的双后掠乘波体设计示意图

(1) 给定平面投影形状的参数,得到乘波体前缘投影型线。

(2) 根据流场特征参数,即来流马赫数 Ma、激波角 β 或基准锥半锥角 δ 得到圆锥激波流场[2]。将步骤(1)设计的前缘投影型线置于圆锥激波正下方,保证投影型线的对称面与圆锥铅锤对称面重合。前缘线顶点与圆锥激波头锥点在水平面上的距离 l_0 决定了圆锥激波流场的截止平面距离圆锥激波顶点的距离 $l+l_0$。

(3) 采用垂直向上投影的方式,将前缘投影型线逆向投影至圆锥激波面上,得到乘波体的前缘线。显然,前缘线投影型线在任意横截面处的展向宽度应小于或等于对应投影位置激波面的展向宽度,才能保证全部投影到圆锥激波面上。以前缘线投影型线上距离顶点距离为 l_a 的 a 点为例,需满足:

$$w_a \leqslant (l_0 + l_a)\tan\beta \tag{4.1}$$

式中,w_a 为前缘线平面形状在 a 点的展向半宽;$(l_0+l_a)\tan\beta$ 为对应投影位置的激波面最大展向半宽。

(4) 将步骤(3)所得乘波体前缘线进行离散,分别从每个离散点出发,对其进行流线追踪便得到下表面的一系列流线,将这些流线光顺连接组成的曲面构成乘波体的下表面。上表面的生成通常采用自由流面法,将离散的前缘线沿自由来流方向追踪至截止平面得到一系列流线,将这些流线光顺连接组成的曲面构成乘波体的上表面。

从以上步骤可以看到,本节发展的投影法克服了定前缘型线法[3-5]的一些缺点。首先,基于投影法获得的双后掠乘波体的前缘线直接将前缘的平面投影反推回设计圆锥激波面获得,无须求解复杂的微分方程组;此外,基于投影法的双后掠乘波体,其激波出口型线事先即可确定,即激波面与截止平面相交的圆弧段,而定前缘型线法的理论与实际激波出口型线可能不一致。然而需要注意的是,由于前缘型线受制于给定的激波面的位置,基于投影法获得的双后掠乘波体仅能控制俯视图形状,较难控制正视图线型,这可能对发动机的安装及外形的优化带来一定的局限。通过引入吻切锥流场进行设计可能获得改善,这将在后续进行探讨。

根据以上设计步骤,选取马赫数为8,激波角 $\beta = 12°$ 的圆锥流场,用投影法设计指定长度 $l = 1$ m、半展长 $w = 0.386$ m、后掠角 $\lambda_1 = \lambda_2 = 70°$ 的单后掠锥导乘波体,如图4.4(a)所示;在相同的基准流场中,设计指定 $\lambda_1 = 70°$、$\lambda_2 = 50°$,长度 $l = 1$ m、半展长 $w = 0.630$ m 的双后掠锥导乘波体,如图4.4(b)所示。其中前缘投影型线顶点距离基准锥顶点的水平距离 $l_0 = 6$ m。由图可见本节设计方法实现了乘波体的双后掠几何特征,且包括单后掠这一特殊情况,符合预期。

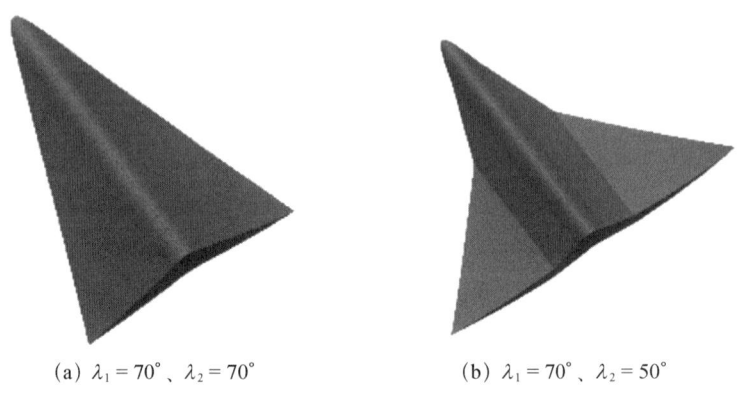

(a) $\lambda_1 = 70°$、$\lambda_2 = 70°$ (b) $\lambda_1 = 70°$、$\lambda_2 = 50°$

图 4.4 基于投影法的双后掠锥导乘波体

4.2.2 高速气动性能分析

1. 设计状态下乘波特性

首先验证用投影法获得的双后掠乘波体在设计状态下的乘波特性。为便于对比,采用与文献[3]相同的两种双后掠前缘线作为前缘平面投影型线。其一为尖头双后掠乘波体,设计高度 $H = 25$ km,马赫数为 5,激波角 $\beta = 14°$,第一后掠角 $\lambda_1 = 70°$,第二后掠角 $\lambda_2 = 50°$,前缘线平面形状如图 4.5(a)所示。其二为钝头双后掠乘波体,设计高度 $H = 30$ km,马赫数为 8,激波角 $\beta = 12°$,第一后掠角 $\lambda_1 = 75°$,第二后掠角 $\lambda_2 = 50°$,前缘线平面形状如图 4.5(b)所示。

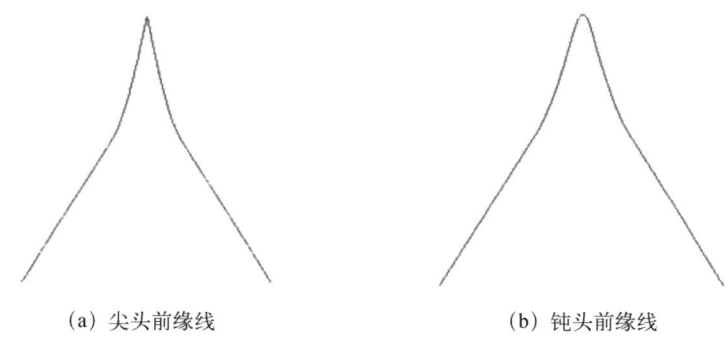

(a) 尖头前缘线　　　　　　(b) 钝头前缘线

图 4.5　双后掠前缘线平面投影型线

选取圆锥激波流场截止平面设计参数 $l_0 = 6l$,获得尖头和钝头双后掠乘波体外形,采用 CFD 方法计算其流场,在设计点双后掠乘波体下表面等压线如图 4.6 所示。从该图可见,基于投影法设计的双后掠乘波体具有很好的乘波效应,激波很好地附着于外形的下表面;同时也注意到,设计过程流场求解采用了无黏方法而此处 CFD 模拟为有黏方法,导致设计外形略有误差,其前缘存在少量溢流。图 4.7 给出了尖头和钝头乘波体设计的理论激波面与 CFD 实际计算激波面的对比,图中黑色虚线为设计激波出口型线。可以看出,乘波体的设计激波与实际激波吻合良好,消除了定前缘型线法在设计激波与实际激波之间的明显偏差,有利于双后掠乘波体的机体/发动机一体化设计。

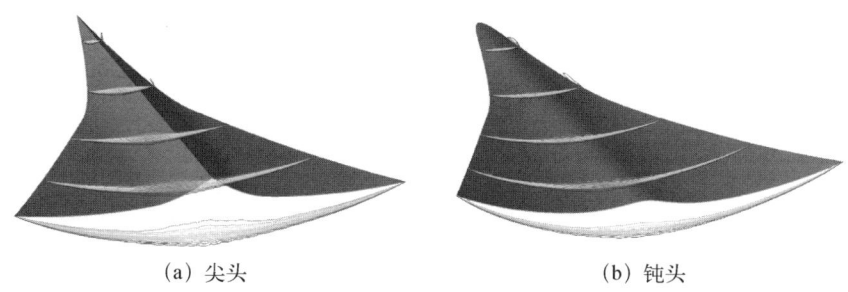

(a) 尖头　　　　　　(b) 钝头

图 4.6　双后掠乘波体下表面等压线(有黏计算)

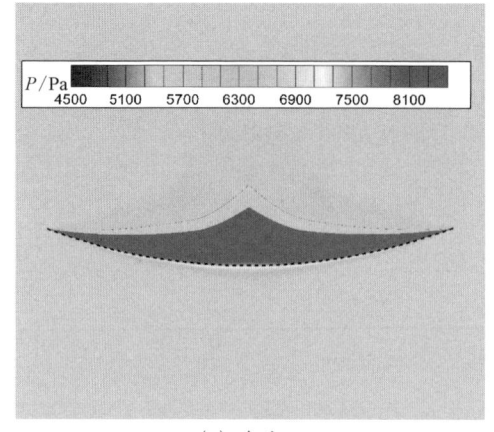
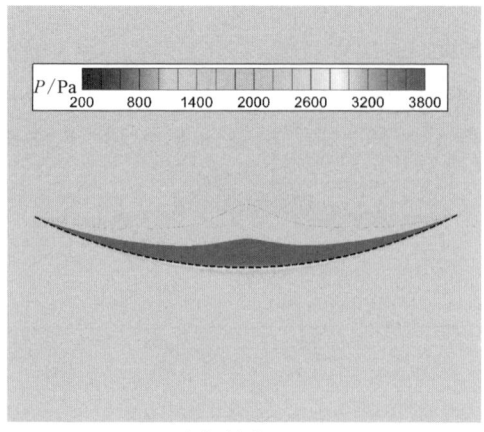

(a) 尖头 (b) 钝头

图 4.7 双后掠乘波体设计激波与实际激波对比

表 4.1 给出用投影法获得的双后掠乘波体与定前缘型线法[3]获得的双后掠乘波体的气动性能对比。与定前缘型线法相比,用投影法获得的尖头双后掠乘波体升阻比低 0.12%,钝头双后掠乘波体升阻比低 1.27%。这表明,在设计状态下,投影法设计的双后掠乘波体在满足乘波特性的同时与定前缘型线法的双后掠乘波体气动性能相当。

表 4.1 两种设计方法下乘波体气动性能对比(马赫数为 8, H = 30 km)

乘波体类型	投 影 法			定前缘型线法[3]
	C_L	C_D	L/D	L/D
尖头	0.008 4	0.001 30	6.471 5	6.479 5
钝头	0.048 2	0.008 69	5.543 7	5.614 9

2. 高速升阻特性

为进一步研究基于投影法的双后掠乘波体在高速设计状态的气动性能,取设计马赫数为 8,高度 H = 30 km,激波角 β = 12°,第一后掠角 λ_1 = 70°,第二后掠角分别为 λ_2 = 30°、40°、50°、60°、70°工况进行探讨。用投影法生成共五种钝头乘波体外形(命名为 Model - 1~Model - 5),如图 4.8 所示,其中取圆锥激波流场截止平面设计参数 l_0 = 6l。表 4.2 给出了所设计的五种双后掠乘波体的气动力和容积率 η,以及按定前缘型线法生成的与之对应的双后掠乘波体的对比。表中,气动力均为 CFD 计算值,下标 1 代表基于投影法的数据,下标 2 代表定前缘型线法的数据。从表 4.2 可见,投影法所设计乘波体与定前缘型线法所设计乘波体的容积率变化趋势一致,均随 λ_2 减小而减小。当第二后掠角 λ_2 为 70°时,前者比后者容积率低 10.92%;随着 λ_2 减小,二者容积率差距逐渐缩小,当 λ_2 减小至 40°和 30°时,二者容积率十分接近。

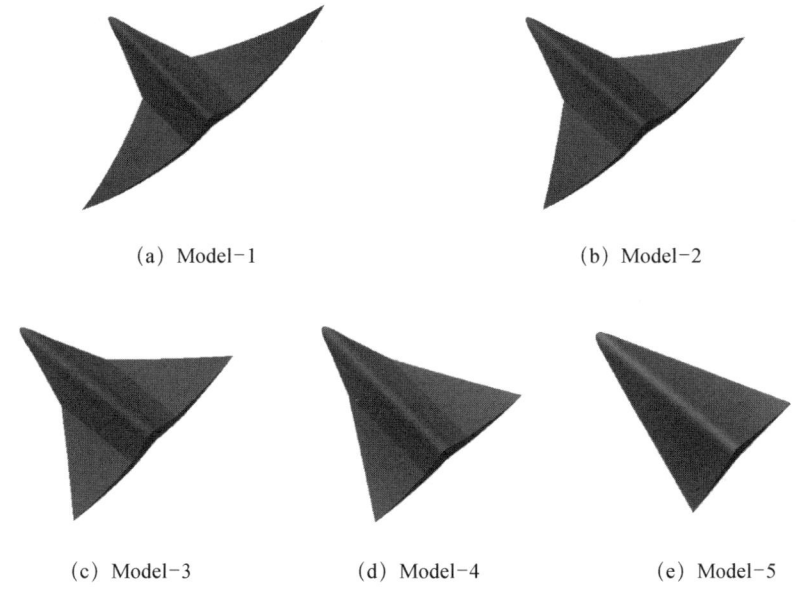

(a) Model-1　　　　　　　　　(b) Model-2

(c) Model-3　　　　(d) Model-4　　　　(e) Model-5

图 4.8　不同后掠组合下的乘波体

表 4.2　设计状态下气动性能及容积率对比(马赫数为 8,H = 30 km,α = 0°)

$\lambda_2/(°)$	70 (Model-5)	60 (Model-4)	50 (Model-3)	40 (Model-2)	30 (Model-1)
$(L/D)_1$	5.703	5.623	5.544	5.448	5.301
$(L/D)_2$	5.344	5.488	5.577	5.640	5.707
η_1	0.155	0.139	0.129	0.120	0.109
η_2	0.174	0.152	0.136	0.121	0.106

从表 4.2 还可以看到,基于投影法设计的乘波体在不同 λ_2 下均具有较大的升阻比,但与定前缘型线法获得乘波体的升阻比随 λ_2 减小而增大的变化趋势不同,前者升阻比随 λ_2 减小而缓慢减小,小的前缘后掠角 Model-1 模型的升阻比

比单后掠 Model-5 低 7.05%。图 4.9 是基于投影法生成的双后掠乘波体的升力系数 C_L 和阻力系数 C_D 随 λ_2 的变化曲线,可以看到 C_L 随 λ_2 增大而增大,C_D 随 λ_2 增大而减小,这是导致升阻比 $(L/D)_1$ 随 λ_2 增大而增大的原因。

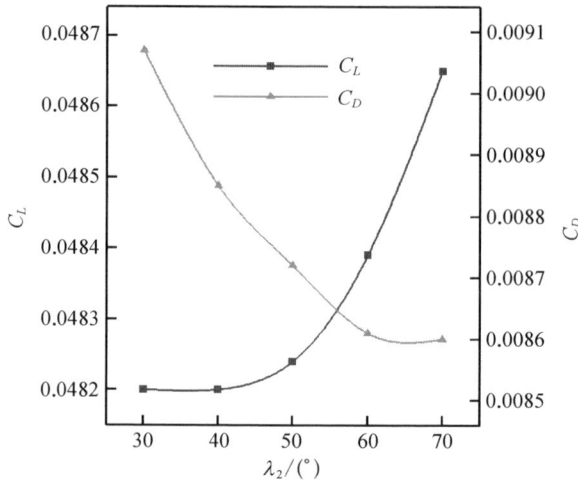

图 4.9 升阻力系数随 λ_2 的变化曲线(马赫数为 8,H = 30 km,α = 0°)

下面以三种不同 λ_2 的 Model-1、Model-3、Model-5 模型为例,给出其在不同迎角下的升阻比,如图 4.10(a)所示。由图可见,各乘波外形的最大升阻比均出现在 0°迎角附近;对于不同的 λ_2,升阻比均随迎角增大而减小;λ_2 越小升阻比越低;随迎角增大,λ_2 对升阻比的影响逐渐减小。

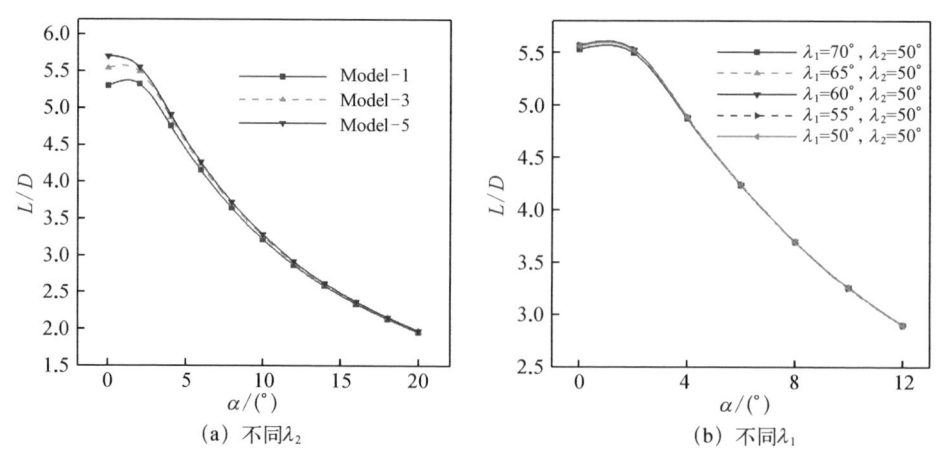

图 4.10 设计状态下不同后掠角组合乘波体的升阻比(马赫数为 8,H = 30 km)

固定 $\lambda_2 = 50°$,以五种不同第一后掠角 λ_1 设计双后掠乘波外形,其在不同迎角下升阻比如图 4.10(b)所示。由图可见,不同 λ_1 的双后掠乘波体的升阻比曲线高度重合。也就是说,在所研究的后掠角范围内,第一后掠角 λ_1 对升阻比的影响可以忽略不计。此外,$\lambda_1 = 50°$、$55°$、$60°$、$65°$、$70°$ 的乘波体对应的容积率分别为 0.119、0.121、0.122、0.124、0.129,容积率随 λ_1 增大而增大,但最大值与最小值相差仅 8.4%,可见 λ_1 对容积率的影响也较小。

为探讨基于投影法和定前缘型线两种设计方法所设计双后掠乘波体的气动特性随 λ_2 变化趋势不同的原因,图 4.11 给出了两种设计方法设计得到的三组双后掠乘波体在 $\alpha = 10°$ 时的下表面压力云图,其中,图 4.11(a)~(c)分别为投影法得到的外形 Model-1、Model-3、Model-5,图 4.11(d)~(f)为定前缘型线方法获得的对应乘波外形。从图 4.11 可见,投影法获得的乘波体在下表面的第一后掠前缘及第一、第二后掠区的交界位置存在高压区,随着 λ_2 增大,交界位置的高压区逐渐与第二后掠的前缘融合,并当两个后掠相同时,高压区融合为一个整体(图 4.11(c))。同时,在第二后掠角增大的过程中,高压区占下表面面积的比值增大,导致大单后掠乘波(图 4.11(c))的升力系数最大,为 0.211,图 4.11(b)次之,为 0.209,图 4.11(a)最小,为 0.204。与之不同的是,定前缘型线法得到的

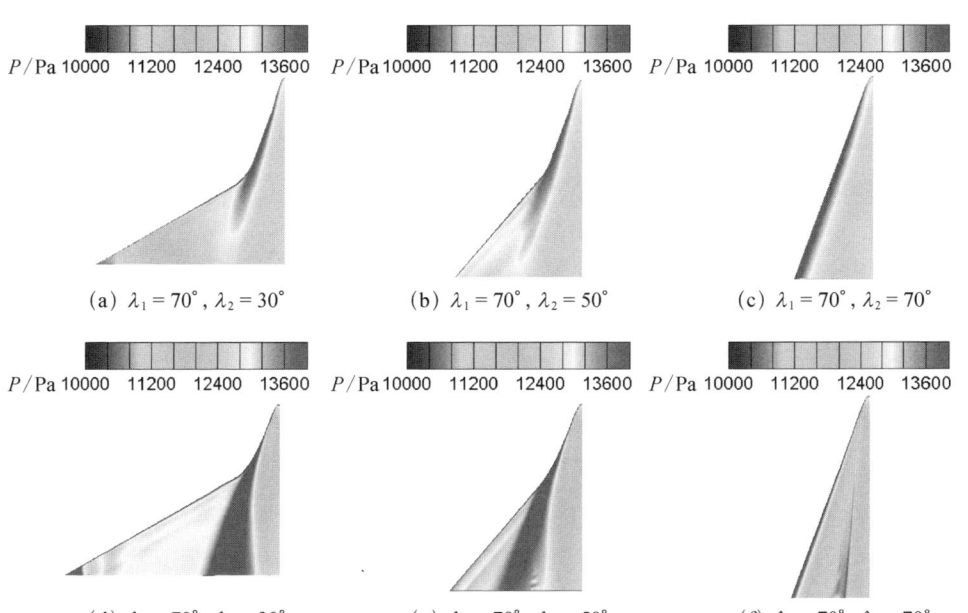

图 4.11 两种方法所设计乘波体的下表面压力云图对比($\alpha = 10°$)

双后掠乘波体,其下表面高压区主要存在于第二后掠区,随 λ_2 增大,第二后掠区域占整个下表面比例减小,直至单后掠的外形(图 4.11(f)),此时下表面甚至未表现出高压区,这导致随着 λ_2 增大乘波体升力系数减小。

通过以上对比发现,两种双后掠乘波设计方法生成的乘波体下表面压强分布随 λ_2 变化存在明显差异,这也是表 4.2 中升阻比随 λ_2 变化时各自变化趋势不同的原因。

3. 大迎角非线性升力

研究表明,在高马赫数飞行条件下,随迎角增大,包括双后掠乘波体在内的诸多高超声速飞行器的升力随迎角的增加呈明显的非线性增长[6-11],这一特点有利于提升高超声速条件下的飞行性能(如机动能力)。下面探讨基于投影法生成的双后掠乘波体的大迎角非线性升力特性。定义非线性增长幅度为大迎角下实际升力相对于线性升力的比值。

图 4.12 给出了前述三种双后掠外形 Model-1、Model-3 和 Model-5 在设计工况(马赫数为 8,H = 30 km)下,α = 0°~20°时的实际升力系数曲线(实线)及它们各自按线性规律增长的假想曲线(虚线)。从该图可见,基于投影法获得的双后掠乘波体均存在非线性升力,在 α = 20°下增幅达到最大值 27%。对于非线性升力增量的来源目前主要有两种观点,第一种主张该非线性升力来源于上表面[5-7,12],即认为该升力增量来源于随着迎角增加而在上表面产生的旋涡增强,而这种"涡效应"的增强会引起上表面局部压力降低,从而产生额外的升力增量;第二种观点认为来源于下表面[8,9],即升力增量来源于前缘附体激波后的压力随迎角非线性增长,即所谓的"波效应"。

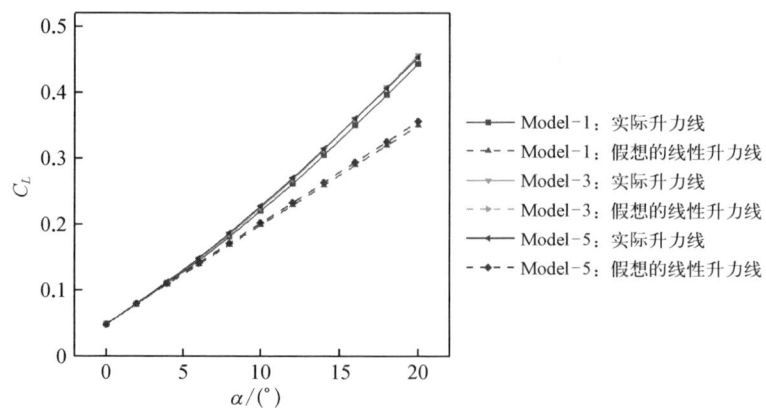

图 4.12　设计状态升力特性曲线

为探究非线性升力增量的来源,图 4.13 给出上述三种模型上、下表面对升力系数的贡献,以及与线性增长曲线的对比。可以看出,乘波体下表面对升力系数的贡献远大于上表面;下表面升力系数从 $\alpha = 4°$ 以后开始出现非线性增长趋势,而上表面对升力系数的贡献在 $\alpha > 4°$ 后的增长率甚至低于线性增长率。从而可以判定全机非线性升力来源于下表面。此外,从图 4.13 可以看到,各外形上表面贡献的升力系数曲线几乎重合,全机升力系数变化趋势与下表面升力系数变化趋势保持一致,这也说明 λ_2 主要影响下表面对升力系数的贡献。由于投影法获得的双后掠乘波体主要由下表面贡献了非线性升力,故该非线性升力应与"波效应"有关。

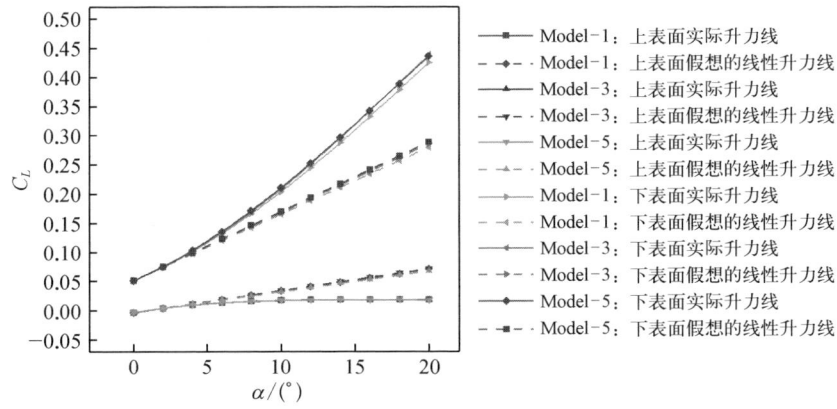

图 4.13 设计状态上、下表面升力系数

为探究基于投影法获得的双后掠乘波体"波效应"的强弱与激波附体程度的关系,图 4.14 分别给出 $\alpha = 10°$ 和 $20°$ 时三种乘波外形在不同横截面上的压力等值线对比。图中看出,当 $\alpha = 10°$ 时三种乘波外形的第一后掠和第二后掠前缘激波均未出现明显脱体现象;而在 $\alpha = 20°$ 时,Model-1 和 Model-3 的第一后掠前缘和 Model-5 的整个前缘激波出现明显的脱体。然而在 $\alpha = 20°$ 时,Model-5 与激波脱体程度较弱的 Model-3 相比,升力系数与非线性升力增量并无明显下降;而激波脱体程度最弱的 Model-1 无论是升力系数还是非线性升力增量都比另两者小。这表明,双后掠乘波体在高超声速时的非线性升力增量并非与前缘激波附着程度显著正相关,其背后原因仍需进一步研究。

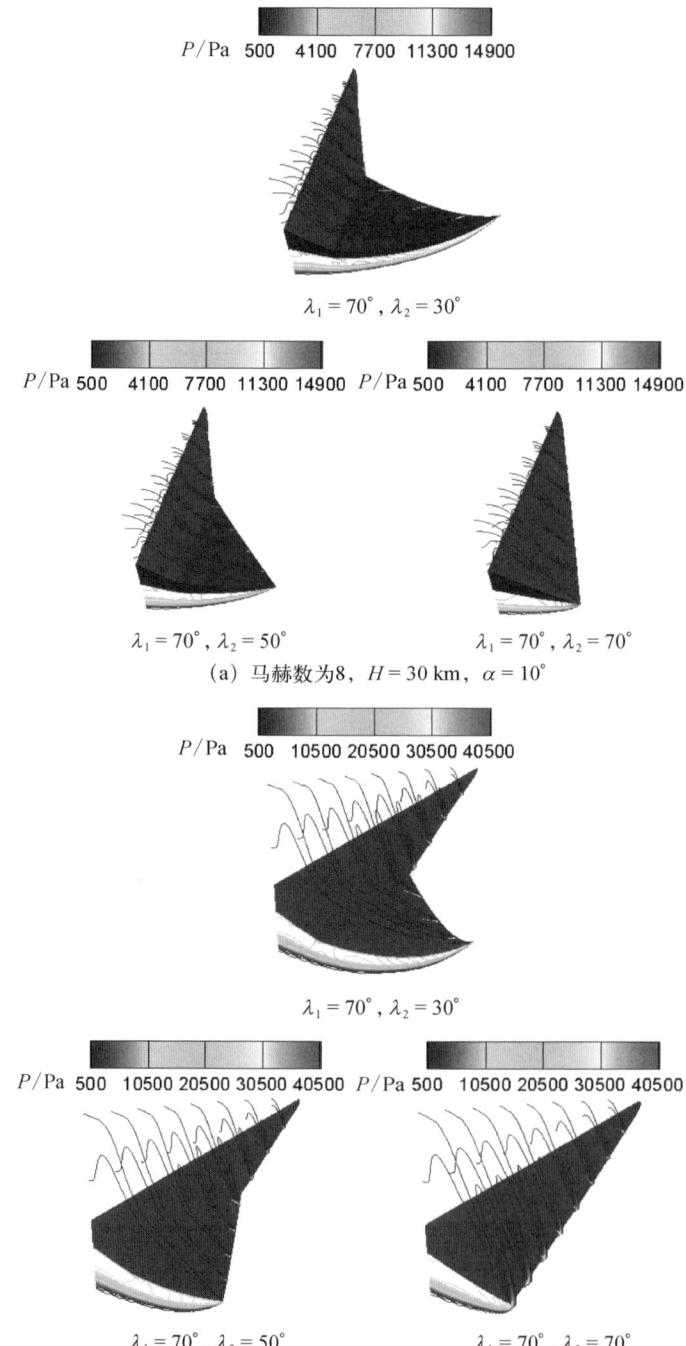

图 4.14 三种双后掠乘波外形横截面压力分布对比

4.2.3 低速气动性能分析

双后掠乘波体设计的初衷是希望利用双后掠前缘产生的"涡效应"[3,5,12-14]提升飞行器的低速气动性能。本节重点分析基于投影法获得的双后掠乘波体的低速"涡效应"特性。

1. 后掠角对低速升阻比的影响

图 4.15 给出了低速(马赫数为 0.4,$H = 0$ km)状态下固定第一后掠角 70°、分别取不同第二后掠角,固定第二后掠角 50°、分别取不同第一后掠角的双后掠乘波体的升阻比曲线。

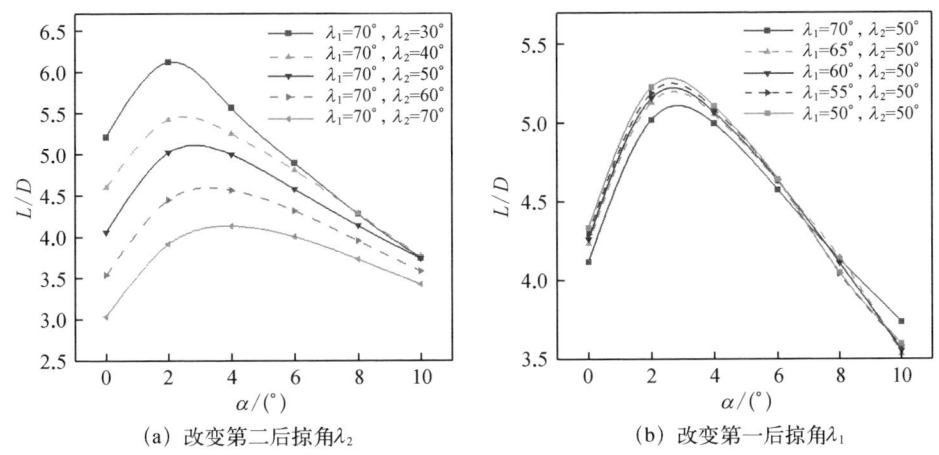

(a) 改变第二后掠角λ_2 (b) 改变第一后掠角λ_1

图 4.15 不同后掠组合对低速升阻比影响(马赫数为 0.4,$H = 0$ km)

由图 4.15(a)可见,当固定第一后掠角时,乘波体的升阻比随第二后掠角 λ_2 的增大而减小,当 λ_2 取最小的 30°时,升阻比最大值达到 6.12。由图 4.15(b)可见,第一后掠角对低速升阻比的影响相对较小;在迎角不大时,升阻比随第一后掠角 λ_1 的增大而减小;在 λ_1 取最大的 70°时最大升阻比达到最小值,但相比 $\lambda_1 = 50°$时减小仅约 3.95%。

2. 低速涡升力

为探讨基于投影法生成的双后掠乘波体在低速状态下的前缘"涡效应",图 4.16 给出了 Model-3 和 Model-5 在低速下(马赫数为 0.4,$H = 0$ km)2°迎角时前缘附近的旋涡结构及上表面的压力分布。

可以看出,单后掠的 Model-5 和双后掠的 Model-3 均在前缘引起明显的旋涡扰动,上表面形成了低压区;二者相比,双后掠的 Model-3 引起的前缘涡更强,影响范围更广,在上表面形成了更大范围、更低压力的区域,从而更有利于提

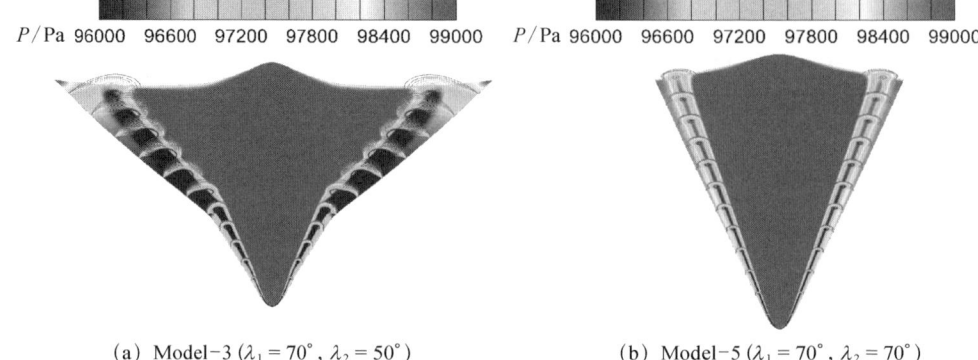

(a) Model-3 ($\lambda_1 = 70°$, $\lambda_2 = 50°$)　　　(b) Model-5 ($\lambda_1 = 70°$, $\lambda_2 = 70°$)

图 4.16　双后掠乘波与单后掠乘波前缘涡结构对比及上表面的压力分布

高升力系数。这种"涡效应"很好地揭示了双后掠乘波体比单后掠乘波体在低速拥有良好气动性能的机理。双后掠乘波体在低速状态也可看成与传统飞行器类似的"边条翼+三角翼"布局,第一后掠区域可看成边条翼,第二后掠区域等同于大三角翼,前后均产生强烈的前缘涡,有效地提升低速升力系数。

4.2.4　不同速度和高度对气动性能影响

为了进一步研究不同飞行速度与飞行高度对双后掠乘波体亚声速气动性能的影响,本节以中等后掠的 Model-3 为例,研究三种不同速度/高度组合对升阻比的影响。三组工况分别为马赫数为 0.4/0 km、马赫数为 0.6/7 km 和马赫数为 0.8/10 km。此外,还将以上三组工况的结果与高超声速设计状态马赫数为 8/30 km 的升阻比进行对比。图 4.17 为以上四种工况下升阻比随迎角的变化曲线,可见在亚声速条件下,随飞行速度与高度的增加,双后掠乘波体的最大升阻比略有降低,相较于马赫数为 0.4/0 km 工况,马赫数为 0.6/7 km 和马赫数为 0.8/10 km 工况的最大升阻比分别下降 1.08% 和 5.37%,说明双后掠乘波体在亚声速条件下,不同飞行速度/高度下依旧能保持较好的气动性能。此外,三组亚声速工况的最大升阻比均优于设计状态

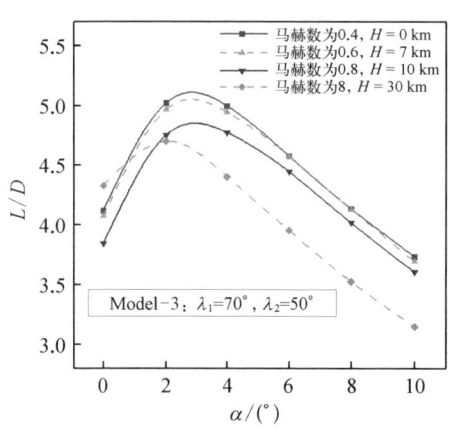

图 4.17　不同速度下升阻比曲线

下的最大升阻比,说明双后掠乘波体在大幅度地偏离高超声速设计工况的低速状态下,其气动性能并未出现明显恶化。

图 4.18 给出四种马赫数 2°迎角下飞行器的涡量等值面,从中可以看出,在三组亚声速工况下产生了明显的前缘涡结构,随着飞行马赫数/高度的增加,前缘涡核有逐渐向内侧转移的趋势,旋涡影响区域和强度逐渐扩大。由此可以推断,双后掠乘波体在全亚声速范围内均能产生较好的前缘涡结构,带来良好的亚声速气动性能。在高超声速下,几乎看不到明显的前缘涡结构,此时激波效应占主导作用。

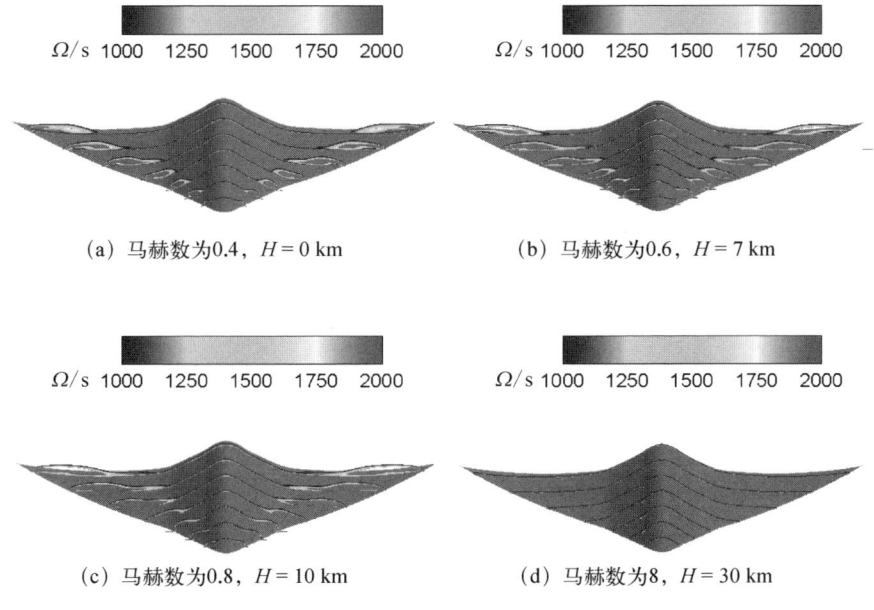

图 4.18 不同飞行速度下涡量等值面($\alpha = 2°$)

4.2.5 投影位置对气动性能的影响

本章基于投影法设计的双后掠乘波体,因采用垂直向上投影的方式得到乘波体的前缘线,故前缘线的轴向投影位置,即圆锥激波流场截止平面位置 $l+l_0$ 不同,得到的乘波外形也就不同。本节研究轴向投影位置对乘波体气动性能的影响。

以 $\lambda_1 = 70°$、$\lambda_2 = 50°$ 组合双后掠乘波体为例,本节讨论投影位置对其高速升阻比、高速大迎角非线性升力、低速升阻比及容积率的影响。圆锥激波流场截止平面位置分别取 5 倍、7 倍和 9 倍乘波体长度,记为 $5l$、$7l$ 和 $9l$,其圆锥激波设计条件和前缘平面型线与前面的 Model-3 保持一致,Model-3 即截止平面取 $7l$ 位置所设计的乘波体外形,$5l$、$7l$ 和 $9l$ 投影位置所设计的双后掠乘波体的容积率分别为 0.129 9、0.129 2 和 0.128 8,可见随着投影位置远离圆锥顶点,容积率略微减小。

图 4.19 给出乘波体在设计状态下升阻比随迎角的变化曲线,可见三种不同前缘投影位置的 $\lambda_1 = 70°$、$\lambda_2 = 50°$ 组合双后掠乘波体的升阻比曲线几乎重合,随着投影位置远离圆锥顶点,升阻比略有增大。以 $\alpha = 0°$ 时的最大升阻比为例,截止平面取 $9l$ 时升阻比最大,为 5.561;$7l$ 次之,为 5.544;$5l$ 最小,为 5.455。三种乘波体在高速下的升力系数随迎角变化如图 4.20 所示,可见非线性升力也随投影位置远离圆锥顶点略有增大。

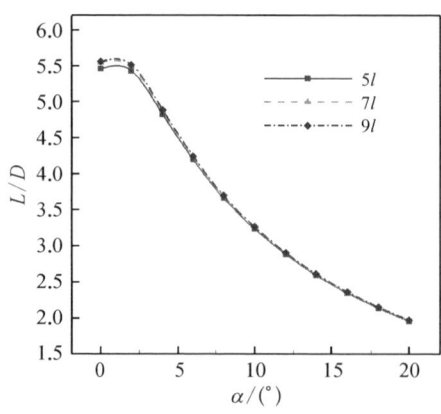

图 4.19 不同投影位置对高速升阻比的影响(马赫数为 8,H = 30 km)

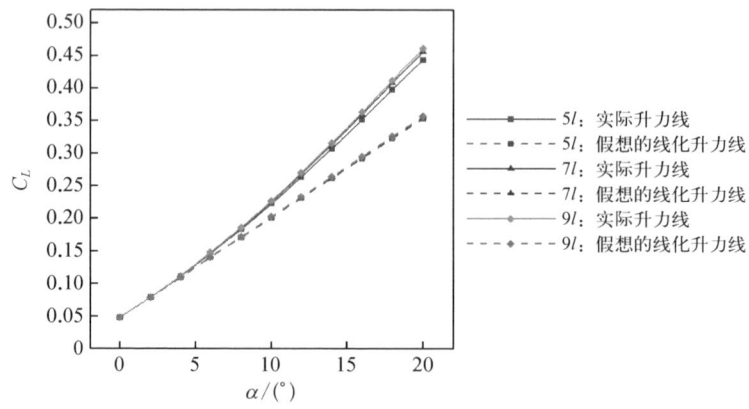

图 4.20 不同投影位置下非线性升力(马赫数为 8,H = 30 km)

不同投影位置设计的乘波外形在低速状态下的升阻比随迎角变化曲线如图 4.21 所示。由图可见 $7l$ 和 $9l$ 位置所设计乘波体的升阻比曲线几近重合,$5l$ 时略低,但其最大升阻比也仅降低 3%。因此,前缘投影位置对低速升阻比几乎无影响。

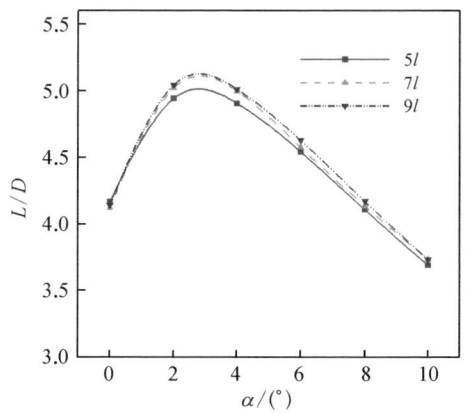

图 4.21　不同投影位置对低速气动性能影响(马赫数为 $0.4, H = 0$ km)

4.3　基于投影法的双后掠曲锥乘波体设计

4.2 节给出了基于投影法的双后掠锥导乘波体设计方法。本节将该方法进一步拓展,用更一般的曲面锥替代直锥作为导波体,提出一种基于投影法的曲面锥导双后掠乘波体的设计方法,拓宽双后掠乘波体的设计自由度。

与 4.2 节类似,本节采用投影法设计乘波体首先需给定前缘线水平投影型线,如图 4.22 所示,其中虚线为对称面。双后掠乘波体的前缘投影型线由四段组成,即 Z_1Z_2、Z_2Z_3、Z_3Z_4 和 Z_4Z_5。Z_3Z_4 为第一后掠前缘,Z_1Z_2 为第二后掠前缘,λ_1 为第一后掠角,λ_2 为第二后掠角,l_0 为后掠角转折点纵向长度,纵向长度为 l,半展长为 w,Z_2Z_3 为后掠角过渡圆弧,Z_4Z_5 为钝头前缘圆弧,弧线宽度为 d。

设计过程大致为:给定设计马赫数 Ma,根据任务需求选择合适的曲面锥基准流场,将双后掠乘波体前缘平面投影型线垂直向上投影至基准流场的激波面上可以得到乘波体前缘线,从前缘线上的每一个离散点出发,采用流线追踪技术得到乘波体的上表面和下表面,由此可以实现基于投影法的曲面锥双后掠乘波体的设计。图 4.23 为基于投影法的双

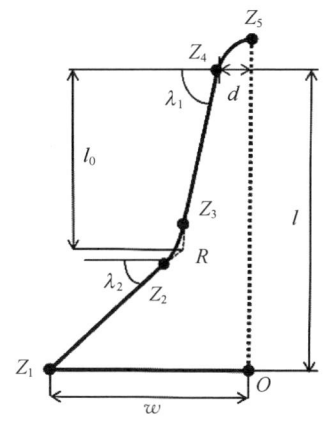

图 4.22　双后掠前缘平面
投影几何关系图

后掠曲面锥乘波体设计原理图,具体的设计步骤如下。

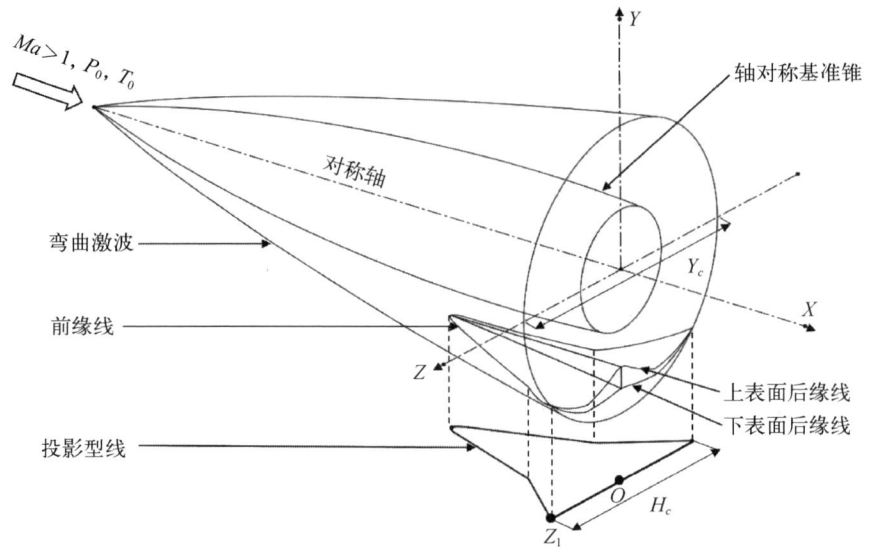

图 4.23 基于投影法的双后掠曲面锥乘波体设计原理图

(1) 给定平面投影型线参数,得到前缘线投影型线。将设计的前缘线投影型线置于曲面锥流场正下方,使投影型线的对称面与曲面锥的垂直对称面重合,且投影型线的后端线段 Z_1O 位于曲面锥流场截止平面内。

(2) 设计曲面锥基准流场。设计如图 4.24 所示的尖头回转体作为产生基准流场的基准锥,基准锥底部半径为 Y_h,对称轴长度为 L_h,回转体母线由 NA、AB 和 BM 三段组成,其中 NA 和 BM 为直线段,AB 为二次曲线段,直线段与曲线段在 A 和 B 点相切。三段曲线方程式为式(4.2)~式(4.4),指定点 A 和点 B 在 x 方向的坐标 x_A 和 x_B 及母线在两点处的倾斜角 δ_A 和 δ_B 可唯一确定尖头回转体外形。为了求解尖头回转体产生的高超声速流场,给定来流马赫数 Ma、静压 P_∞、静温 T_∞,应用 MOC 法可以得到曲面锥轴对称基准流场。

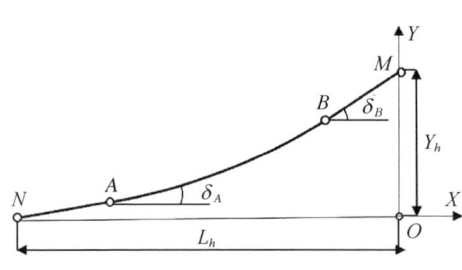

图 4.24 尖头回转体母线参数化

$$NA: y = \tan\delta_A(x + L_h), \quad x \in [0, x_A] \quad (4.2)$$

$$AB: y = ax^2 + bx^2 + c, \quad x \in [x_A, x_B] \quad (4.3)$$

$$BM: y = y_B + (x - x_B)\tan\delta_B, \quad x \in [x_B, x_M] \tag{4.4}$$

（3）将乘波体前缘投影型线进行离散,将离散点垂直向上投影至基准锥生成的曲面锥激波面上,得到乘波体的前缘线离散点。在这一过程中,需确保前缘线投影型线在任意横截面处的展向宽度不大于对应位置圆锥激波面的展向宽度,即

$$H_c \leqslant Y_c \tag{4.5}$$

式中,H_c 为前缘线投影型线在任意横截面处的展向宽度;Y_c 为对应投影位置激波面的展向宽度。图 4.23 以截止平面处为例展示了 H_c 与 Y_c 的相对关系。

（4）生成乘波体表面外形。乘波体由三个表面构成,即下表面、上表面及底面。生成方法如下:在获得前缘线的基础上,通过流线追踪的方法,从前缘线离散点出发,沿流线向下游追踪至底部平面,这些流线通过光顺连接后构成乘波体的下表面。上表面采用自由流面法设计,在基准流场中,通过前缘线沿着自由来流的流线向下追踪至底部平面,从而生成上表面。上、下表面上的相邻流线上点可排列组成三角形单元,以此作为后续气动力估算的基本单元。

由于 4.2 节已对双后掠锥导乘波体的气动性能及其主要影响因素进行了较为详细的分析,本节与 4.2 节设计方法的差异仅为将导波体由直锥变为更一般的曲锥,限于篇幅,本节不再对所生成的双后掠曲面锥导乘波体进行详细分析。

此外,从上述设计原理和步骤可以看出,开展基于投影法的双后掠曲面锥导乘波体的设计需要事先确定更多参数,设计参数不同,得到的外形不同,从而气动性能也不同。本书第 5 章将针对这类乘波体开展参数优化设计,获得若干侧重不同性能的最优外形,并针对典型优化外形进行乘波特性分析和高低速气动性能分析。

4.4 基于投影法的双后掠吻切锥乘波体设计

一般而言,吻切锥乘波体相比锥导乘波体具有更好的设计灵活性。本节将 4.2 节~4.3 节中逆向投影的思想引入吻切锥乘波体的设计,研究基于投影法的双后掠吻切锥乘波体设计方法及其在亚、跨、超、高超声速状态下的气动特性。

4.4.1 设计原理与方法

基于投影法的双后掠吻切锥乘波体设计原理图如图 4.25 所示,给定任意的

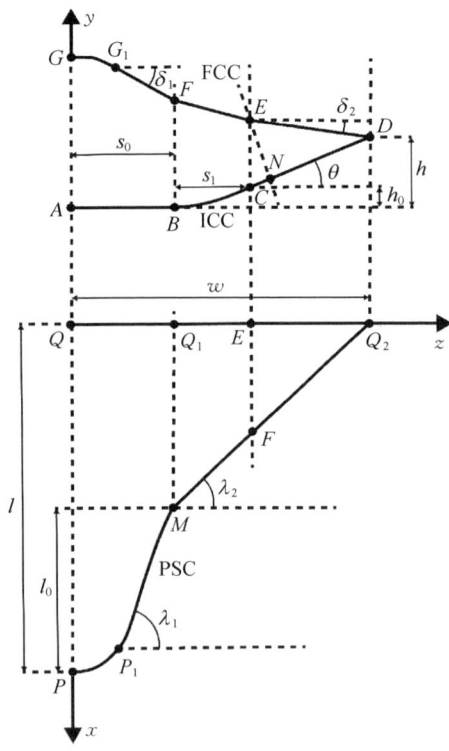

图4.25 基于投影法的双后掠吻切锥乘波体设计原理图

双后掠前缘平面投影线(plane shape curve, PSC),其轴向长为l,半展长为w,PP_1MQ_2为前缘投影型线,其中PP_1为钝头段(无此段时为尖头前缘),P_1M是后掠角为λ_1的第一后掠段,MQ_2是后掠角为λ_2的第二后掠段,当λ_1等于λ_2时退化为单后掠前缘;第一后掠PM和第二后掠MQ_2之间采用曲线过渡,如圆弧,记其半径为r_0。图中ICC为激波出口型线,即曲线$ABCD$,根据吻切锥乘波体设计原理,当ICC曲线给定时,吻切锥流场可唯一确定。为了尽可能地减弱横向流动,ICC曲线的中间段一般采用直线段(图中所示的AB段),其宽度为s_0;CD段是倾角为θ的直线段,BC段采用四次曲线,完成从AB到CD的光滑过渡,其对应的展向宽度为s_1,在坐标轴y方向厚度为h_0。完整的ICC曲线在坐标轴y方向厚度为h,宽度与前缘线宽度一致,为w。

1. PSC曲线参数化

根据以上介绍,选取λ_1、λ_2尖头双后掠前缘,其长度为l,设定第一后掠对应的纵向长度$l_0 = k \times l$,由此可得半宽w与参数l、k、λ_1和λ_2的关系为

$$w = \left(\frac{k}{\tan \lambda_1} + \frac{1-k}{\tan \lambda_2}\right) l \quad (4.6)$$

因此,双后掠前缘的平面投影型线可由参数l、k、λ_1和λ_2四个参数唯一确定。

2. ICC曲线参数化

ICC曲线需满足二阶导数连续,据此可设ICC曲线的方程为

$$y = \begin{cases} z, & 0 \leqslant z < s_0 \\ A(z - s_0)^q, & s_0 \leqslant z < s_1 \\ h_0 + (z - s_1)\tan \theta, & s_1 \leqslant z \leqslant w \end{cases} \quad (4.7)$$

给定 θ、w、s_0、h 四个参数，由连续性关系可得 $s_1 = (-4h/\tan\theta + 4w - s_0)/3.0$，$h_0 = h - (w - s_1)\tan\theta$。又由二阶导数连续性条件可得 $A = h_0/(s_1-s_0)^q$，由于 BC 段采用四次曲线，得 $q = 4$。由式(4.7)可知，θ、w、s_0、h 四个参数唯一确定激波出口型线，其中 w 与 PSC 曲线的半展长保持一致，故还需 θ、s_0、h 三个独立参数就可以唯一地确定 ICC 曲线。

ICC 曲线唯一地确定了吻切锥流场。然后，将给定的前缘线平面投影型线 PSC 垂直向上投影至该吻切锥流场的激波面上，获得具有双后掠特征的乘波体前缘线。根据吻切锥乘波体设计理论，乘波体的其他基本型线和曲面，即上表面后缘线 GG_1FED、乘波体上表面、乘波体下表面和乘波体下表面后缘线也就随之确定。

上表面型线 FCC 由 ICC 曲线和 PSC 曲线确定，若采用自由流面法生成上表面，则其与上表面后缘线完全重合。

3. FCC 曲线与 ICC 曲线、PSC 曲线的数学关系

直角三角形 END 和直角三角形 EFQ_2 的几何关系如图 4.25 所示，有如下关系：

$$\sin(\delta_2 + \theta) = \frac{EN}{ED} \tag{4.8}$$

$$\tan\lambda_2 = \frac{EF}{EQ} = \frac{EF}{ED \times \cos\delta_2} \tag{4.9}$$

考虑到吻切锥关系，得到数学关系：

$$EN = EF \times \tan\beta \tag{4.10}$$

综合式(4.8)~式(4.10)，可得

$$\tan\delta_2 = (\tan\beta\tan\lambda_2 - \sin\theta)/\cos\theta \tag{4.11}$$

同理，也可以推导出 G_1F 段倾角 δ_1 与激波角 β、第一后掠角 λ_1 的数学关系为

$$\tan\delta_1 = \tan\lambda_1\tan\beta \tag{4.12}$$

由式(4.11)和式(4.12)可见，当给定激波角 β、第一后掠角 λ_1、第二后掠角 λ_2 和 ICC 曲线斜线段 CD 的倾角 θ，可唯一确定上表面后缘线 G_1F 段倾斜角 δ_1、ED 段倾斜角 δ_2，FE 为 G_1F 段与 ED 段之间的过渡曲线，其倾斜角介于 δ_1 与 δ_2 之间。由此可见，基于投影法的双后掠吻切锥乘波体设计得到的双后掠乘波体的

上表面后缘型线是可控的。

综上所述,本节基于投影的双后掠吻切锥乘波体设计方法,可实现激波出口型线、前缘线投影型线及上表面后缘型线的准确控制,克服了 4.2 节中基于投影的双后掠锥导乘波体设计方法的不足,且较定前缘型线法更为灵活,PSC 曲线和 ICC 曲线的设计完全解耦。

根据以上方法,本节开展基于投影法的双后掠吻切锥乘波体外形设计。固定第一后掠角 $\lambda_1 = 70°$,第二后掠角 λ_2 分别取 30°、40°、50°、60°、70°;PSC 曲线参数取 $l = 4$ m、$k = 0.45$、$r_0 = 0.3w$ 和 ICC 曲线参数取 $s_0 = 0.267w$、$\theta = 18°$、$h = 0.133w$。在设计来流马赫数为 8、激波角 $\beta = 15°$ 下,本节设计得到如图 4.26 所示的五种不同第二后掠角的双后掠乘波体外形,分别命名为 Model-a、Model-b、Model-c、Model-d、Model-e。可以看出,飞行器的双后掠特征符合预期,展长随 λ_2 的增大而减小。接下来本节对五种双后掠乘波体外形开展从亚声速到高超声速的宽速域范围内的气动性能分析,以及探究气动现象的背后机理。

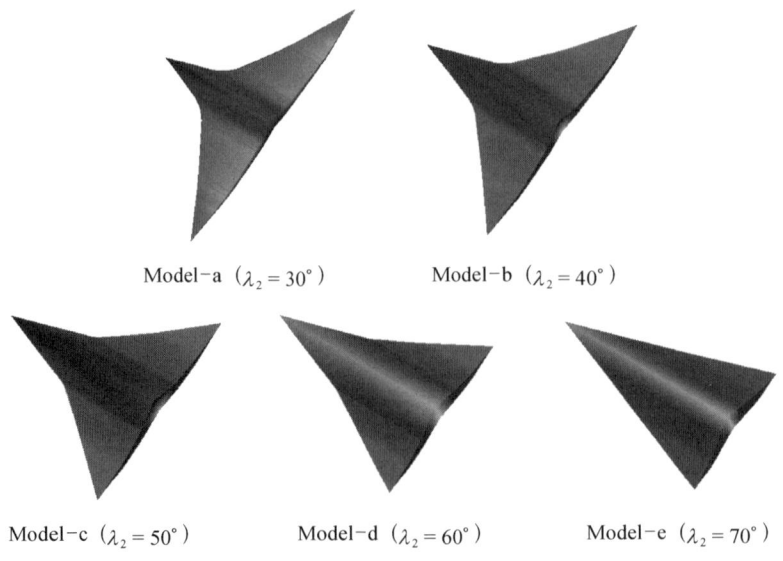

图 4.26　五种双后掠吻切锥乘波体外形($\lambda_1 = 70°, \lambda_2 = 30° \sim 70°$)

4.4.2　高超声速气动性能分析

1. 设计工况的气动特性

对图 4.26 中五种双后掠乘波体进行 CFD 数值模拟,采用结构化网格,网格单元数为 341 万,边界层第一层网格高度为 1.0×10^{-5} m。以 Model-c($\lambda_1 = 70°$、

$\lambda_2 = 50°$)乘波体为例,图 4.27 是设计状态下(马赫数为 8,$H = 30$ km,$\alpha = 0°$)横截面和对称面的压力等值线。由该图可见下表面气流很好地贴附于前缘线,证明外形的乘波特性良好。同时从图中也看到前缘存在少量溢流,这是由于 CFD 数值模拟考虑了黏性,以及用组合二维吻切面近似代替三维流场带来的偏差。图 4.27(a)中带三角形的黑色实线为理论激波出口型线,可见其与实际激波位置吻合良好。激波位置和压力等值线图表明该双后掠乘波体具有良好的乘波特性,说明基于投影法的双后掠吻切锥乘波体设计方法正确有效。

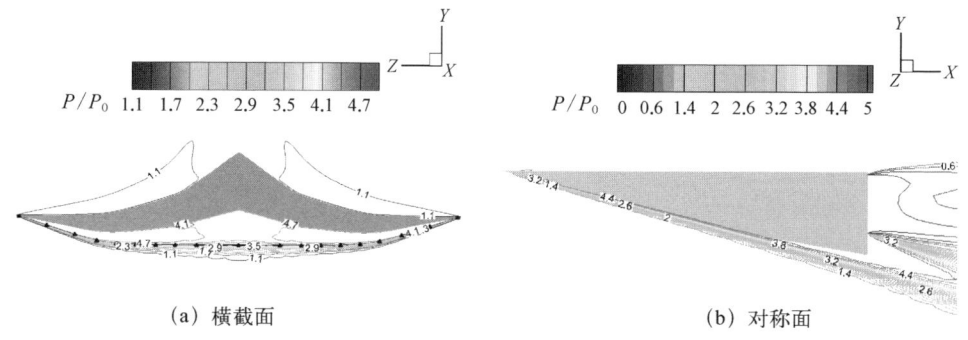

(a) 横截面　　　　　　　　(b) 对称面

图 4.27　双后掠吻切锥乘波体周围压力等值线(Model‑c)

图 4.28 给出了在设计马赫数为 8 下五种乘波体的升阻比(含底阻)随迎角的变化曲线,可见在设计状态下(即 $\alpha = 0°$ 时)升阻比最大,随着迎角增大,升阻比逐渐减小。第二后掠角 $\lambda_2 = 70°$ 的 Model‑e 最大升阻比最大,为 3.950;$\lambda_2 = 30°$ 的 Model‑a 最小,为 3.811,但仅比 Model‑e 小 3.52%。这是由于各外形在高超声速设计状态下均具有良好的乘波特性,最大升阻比差异不大。

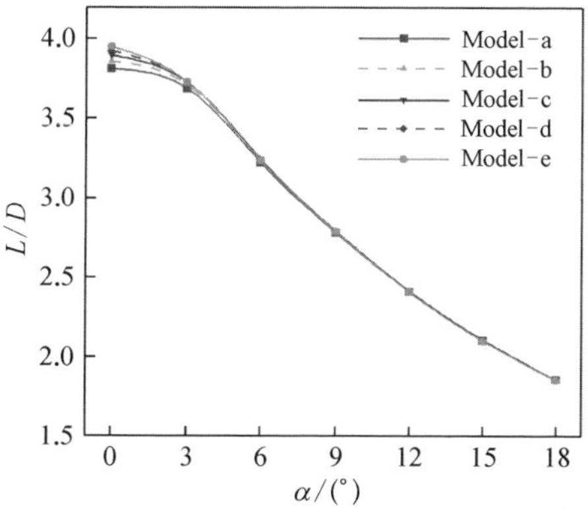

图 4.28　双后掠吻切锥乘波体升阻比随迎角的变化曲线

2. 大迎角非线性升力

本节讨论基于投影法设计双后掠吻切锥乘波体的非线性"涡升力"特性。图 4.29 给出了五种双后掠乘波体在设计状态下的升力特性曲线,可见五种乘波体的线性升力曲线几乎重合,从 6° 迎角开始出现非线性增长,随迎角增大,非线性增量随之增大。以五种乘波外形在 18° 迎角下升力系数作为对比,Model‑a

的升力系数最大,为0.501 80,随λ_2的增大,升力系数随之减小,Model-b、Model-c、Model-d 和 Model-e 分别为 0.500 75、0.487 23、0.490 69 和 0.482 46,整体差异较小。对应的非线性增量分别为15.91%、15.85%、15.49%、14.31%和12.55%。这表明,在大迎角下,双后掠乘波体的非线性升力增量高于单后掠乘波体,且随着第二后掠角的减小,非线性升力增量逐渐增大。

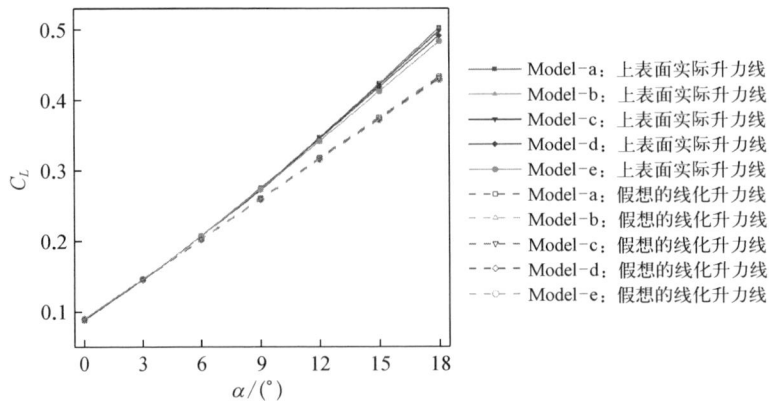

图4.29 设计马赫数下的升力特性曲线

在高超声速下,乘波体下表面作为飞行器的主要升力来源,其压力分布直接反映飞行器的升力表现,图4.30给出了Model-a、Model-c、Model-e三种外形在设计马赫数下9°迎角乘波体下表面压力分布对比。由图中可见,三种乘波外形下表面均有局部高压区,对于双后掠乘波体Model-a和Model-c而言,高压区在第一后掠前缘与第一、第二后掠区的交界位置处,对于单后掠乘波体Model-e而言,整个前缘附近均为高压区。这种高压区分布随第二后掠角变化与基于投影法的双后掠锥导乘波体设计相似(图4.11(a)与(d))。同时,对于三种乘波体外形而言,在靠近对称面有局部低压区。图4.30所示的乘波体下表面随第二后掠角改变而出现明显的压力变化,是导致不同乘波外形升力存在差异的主要原因。

3. 马赫数对气动性能的影响

通常情况下,乘波飞行器在设计马赫数下具有较好的气动性能,一旦偏离设计状态,气动性能难以维持,因此,马赫数是影响飞行器气动性能重要的因素。

图4.31给出了五种乘波外形在马赫数为6、马赫数为8和马赫数为10下的最大升阻比曲线,其中马赫数为6下最大升阻比出现在3°迎角,马赫数为8和马

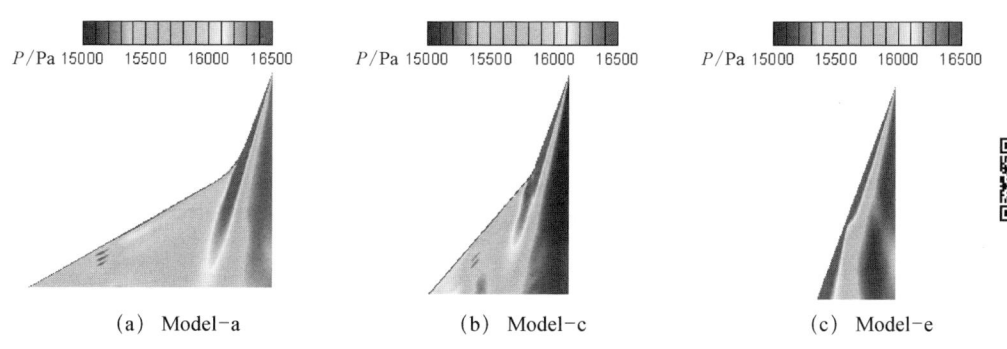

(a) Model-a　　　　(b) Model-c　　　　(c) Model-e

图 4.30　设计马赫数下乘波体下表面压力分布对比($\alpha = 9°$)

赫数为 10 下最大升阻比出现在 0°迎角。由该图看出,五种乘波体的最大升阻比均随着马赫数的增大而增大,以 Model-c 为例,马赫数为 8 下最大升阻比高于马赫数为 6 下最大升阻比 9%,比马赫数为 10 下最大升阻比小 5.24%。在不同马赫数下,各双后掠乘波体的最大升阻比随 λ_2 变化趋势相同,均随 λ_2 的减小而减小,但 λ_2 的变化对最大升阻比影响并不十分显著。

图 4.32 给出不同马赫数下 Model-a、Model-c、Model-e 三种乘波外形的升力系数随迎角变化曲线。可见对于同一乘波外形,随马赫数的增大,升力系数降

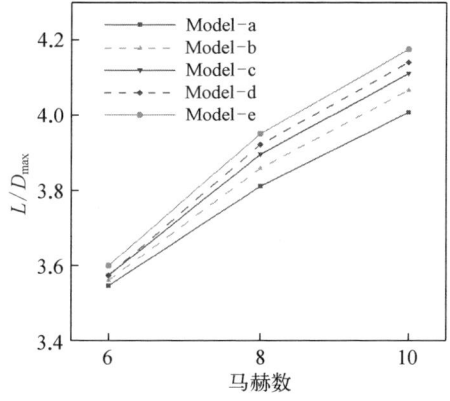

图 4.31　最大升阻比随马赫数的变化曲线

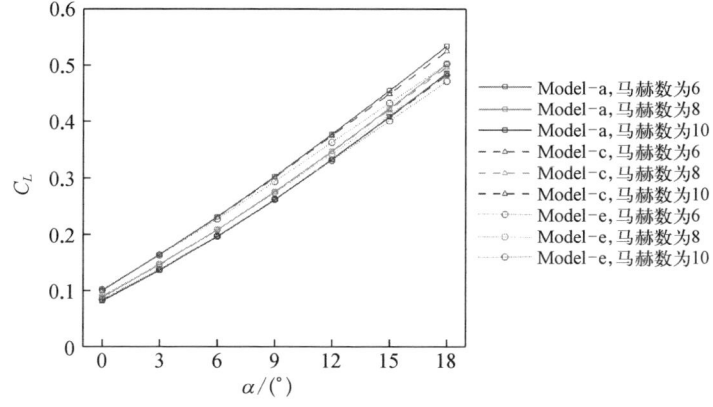

图 4.32　不同马赫数下的升力特性曲线

低,且迎角越大,降低幅度越大。以 Model-c 在 18°迎角为例,马赫数为 6、马赫数为 8 和马赫数为 10 的升力系数分别为 0.524 98、0.497 23 和 0.482 85,马赫数为 8 升力系数比马赫数为 6 升力系数低 5.29%,马赫数为 10 升力系数比马赫数为 8 升力系数低 2.89%。在同一马赫数下,Model-a 升力系数最大,其次,为 Model-c,Model-e 升力系数最小,且在马赫数为 6 升力系数差异最明显,马赫数为 8 次之,马赫数为 10 升力系数差异较小。由此可见,马赫数越大,第二后掠角变化对飞行器升力的影响越小。

4.4.3 低速气动性能分析

与双后掠锥导乘波体类似,本节探讨基于投影法获得双后掠吻切乘波体的低速气动性能。

1. 低速升阻特性

图 4.33 给出五种乘波外形在低速下(马赫数为 0.4,$H = 0$ km)的升阻比随迎角变化曲线。由该图可见,五种乘波体的最大升阻比出现在 3°迎角附近;随 λ_2 增大,最大升阻比减小,Model-a 升阻比最大,为 4.77,Model-b、Model-c 和 Model-d 升阻比分别为 4.37、4.00 和 3.61,单后掠乘波体 Model-e 升阻比最小,为 3.21。各乘波外形随着迎角增大,升阻比迅速降低。

图 4.34 给出了升力系数曲线,可见在失速前,升力系数随第二后掠角增大而减小,以 3°迎角为例,双后掠乘波体 Model-a 的升力系数比单后掠乘波体 Model-e 高 90.7%。Model-a 和 Model-b 在 6°迎角开始呈现非线性增长趋势,

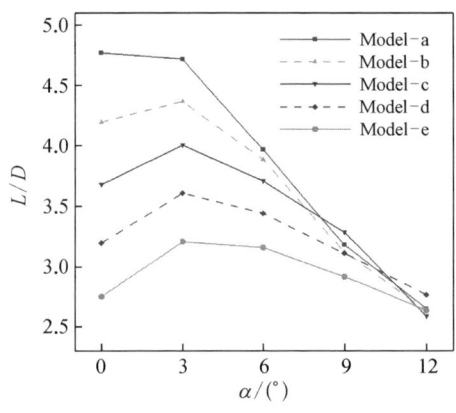

图 4.33 基于投影法的吻切锥乘波体低速升阻比(马赫数为 **0.4**,$H = 0$ **km**)

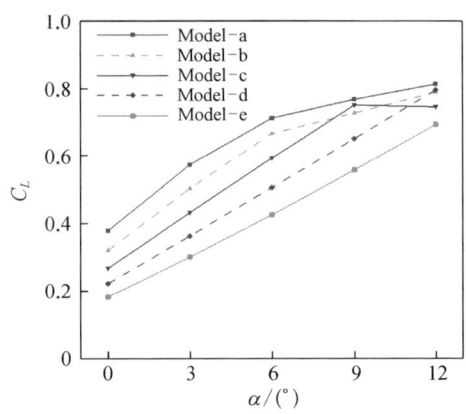

图 4.34 基于投影法的吻切锥乘波体低速升力系数(马赫数为 **0.4**,$H = 0$ **km**)

Model-c 在 9°开始呈现非线性增长趋势,Model-d 和 Model-e 在 $\alpha = 0° \sim 12°$ 均保持线性增长。

综合图 4.33 和图 4.34 可以得出结论:在低速(马赫数为 0.4)、0 km 高度下,相比单后掠乘波体,双后掠乘波体的升阻比和升力系数均明显地提升,且第二后掠角越小,提升幅度越大;此外,第二后掠角较小的乘波外形失速迎角更小。

2. 低速涡升力

与前述基于投影法的双后掠锥导乘波体的低速气动性能类似,本节探讨采用投影法设计的双后掠吻切锥乘波体的低速涡升力表现。

计算结果表明,在低速阶段(马赫数为 0.4),迎角 $\alpha = 0° \sim 12°$ 内,五种乘波体的升力主要来源于上表面,其对升力的贡献占总升力的 70% 左右。图 4.35 给出了 Model-a、Model-c 和 Model-e 三种乘波体在 $\alpha = 3°$ 时的前缘涡结构,可见 Model-a 和 Model-c 的第一后掠前缘涡较弱,而第二后掠前缘涡较强,第二后掠角较小的 Model-a 比第二后掠角较大的 Model-c 在第二后掠区域的前缘涡更强,单后掠乘波体 Model-e 的前缘涡最弱。基于投影法设计得到的双后掠

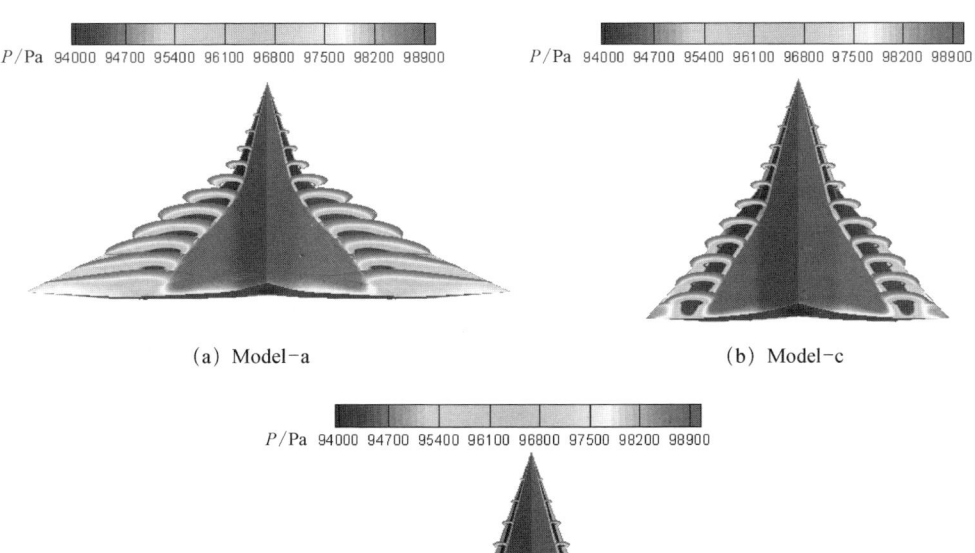

图 4.35 基于投影法的吻切锥乘波体低速前缘涡结构(马赫数为 $0.4, H = 0$ km)

吻切锥乘波体比大单后掠乘波体具有更强的涡效应,在强的前缘涡作用下,飞行器上表面压强更低,从而提升了低速下的升力系数,这也是图4.33和图4.34中双后掠乘波体比大单后掠乘波体气动性能更优的原因。

4.4.4 亚、跨、超声速气动性能分析

水平起降空天飞机等可重复使用高超声速飞行器不仅经历低速起飞和高超声速巡航阶段,还需经历跨声速和超声速加速爬升阶段。本节对比分析基于投影法下的双后掠吻切锥乘波体在跨声速至超声速阶段的基本气动性能,为方便对比,将亚声速(马赫数为0.4)的数据一并加以考虑。

1. 基本的气动特性

图4.36给出了五种乘波外形在马赫数为0.4、马赫数为0.8、马赫数为1.0、马赫数为1.2和马赫数为2的最大升阻比,其中马赫数为0.4对应0 km飞行高度,其他马赫数对应10 km飞行高度。可见在各马赫数下,Model-a升阻比最大,随着第二后掠角增大,乘波外形的最大升阻比逐渐降低,这与图4.33中所示马赫数为0.4下的性能趋势保持一致。在马赫数从0.8增加到2.0的过程中,乘波外形之间的最大升阻比差距逐渐缩小;在马赫数为2下,4种双后掠乘波体最大升阻比总体相当,为2.824~2.916,单后掠的Model-e最大升阻比最小,为2.675,比Model-a最大升阻比小8.26%。当马赫数从0.4变化到2.0时,各乘波外形的最大升阻比随马赫数变化趋势大体相同:马赫数为0.8与马赫数为0.4相比,其最大升阻比降低幅度较小,马赫数从0.8到1.0,最大升阻比大幅度地下降,在声速下最大升阻比达到最小值;马赫数从1到1.2,各乘波外形最大升阻比呈增大趋势;当马赫数从1.2增加到2.0时,Model-a和Model-b的最大升阻比呈下降趋势,Model-c、Model-d和Model-e的最大升阻比呈增长趋势。

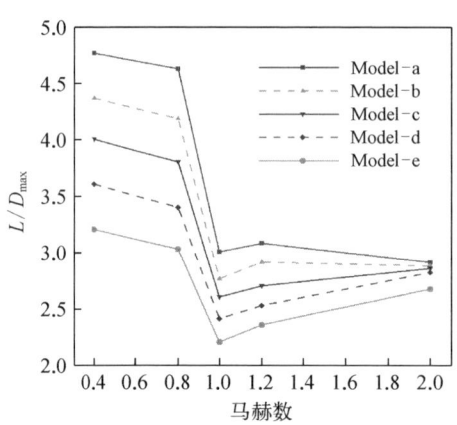

图4.36 五种双后掠吻切锥乘波外形不同马赫数下最大升阻比

为进一步分析该变化趋势,以Model-a、Model-c和Model-e为例,给出其升力系数和阻力系数曲线,如图4.37、图4.38所示。在马赫数为1.0下升力系数、阻力系数均达到最大值,但升力系数增加幅度较小(在失速之前),阻力系数

增长幅度较大。这是由于跨声速出现激波,激波阻力构成总阻力的主要部分,阻力系数的大幅度增加导致声速下最大升阻比大幅度地降低。在马赫数为 1.2~2 内,升力系数和阻力系数均大幅度地降低,此时,激波效应占主导,升力系数随迎角呈线性增长趋势。

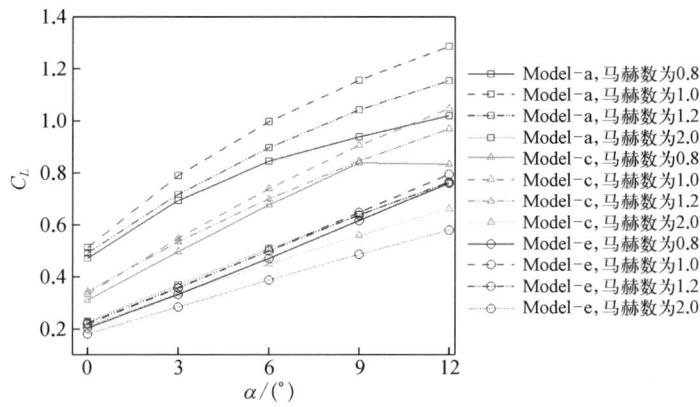

图 4.37　五种双后掠吻切锥乘波外形在不同马赫数下的升力系数

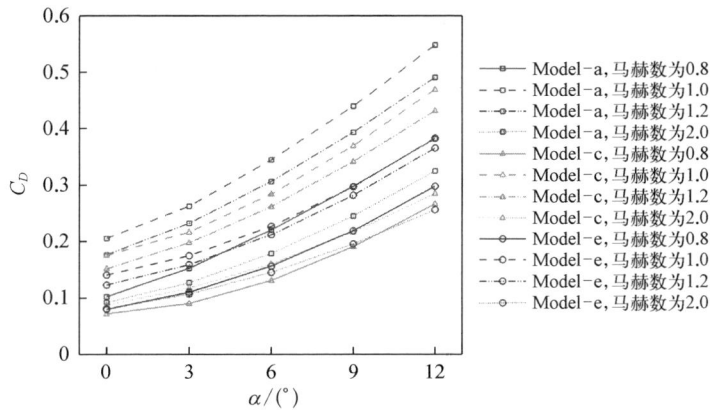

图 4.38　五种双后掠吻切锥乘波外形在不同马赫数下的阻力系数

2. 不同马赫数下的涡升力

以后掠角组合 $\lambda_1 = 70°$、$\lambda_2 = 50°$ 的 Model-c 为例,分析在马赫数为 0.4/高度为 0 km、马赫数为 0.8/高度为 10 km、马赫数为 1.2/高度为 10 km、马赫数为 2.0/高度为 10 km 四个工况下的前缘涡效应。

图 4.39 给出 Model-c 在四个不同马赫数、3°迎角下的涡量图。可以看到,

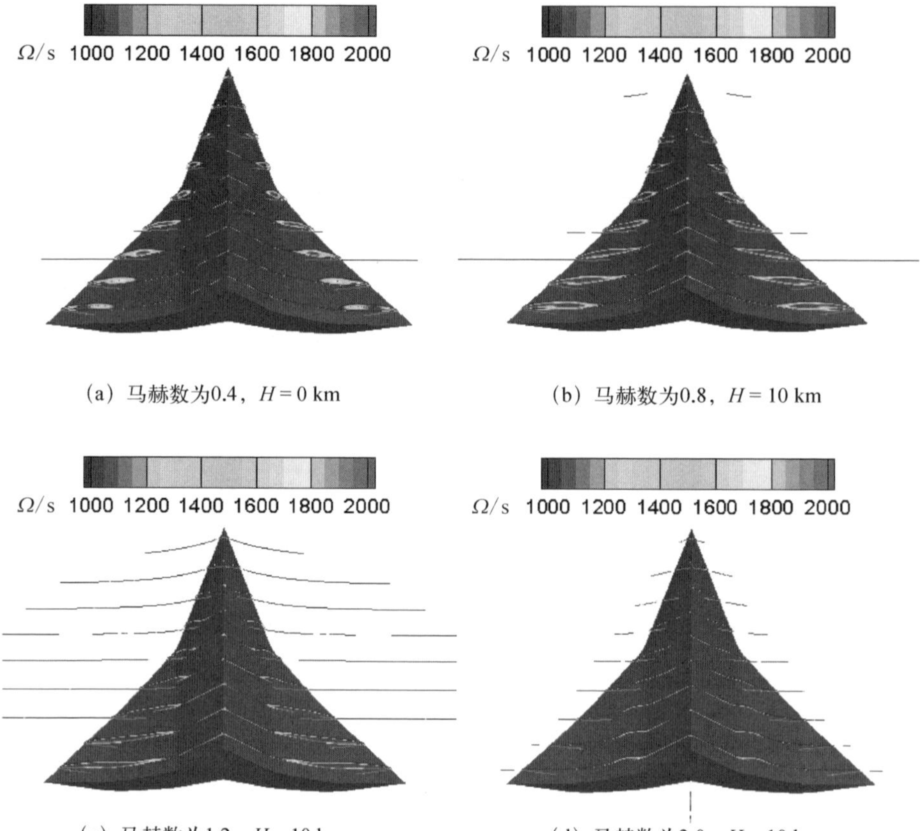

(a) 马赫数为0.4，$H=0$ km

(b) 马赫数为0.8，$H=10$ km

(c) 马赫数为1.2，$H=10$ km

(d) 马赫数为2.0，$H=10$ km

图 4.39　Model－c 外形在不同马赫数下的涡量图（$\lambda_1=70°$，$\lambda_2=50°$，$\alpha=3°$）

在马赫数为 0.4 和马赫数为 0.8 下具有较强的前缘涡，在马赫数为 1.2 下前缘涡向内侧转移，涡强度有所减弱。在马赫数为 2 下，几乎不具有前缘涡效应，此时下表面对升力的贡献占 79.38%，激波效应占主导。

4.5　本章小结

本章采用将前缘型线直接投影到设计激波面的方式实现宽域双后掠乘波体的设计，结合锥导法（直锥）、曲面锥导法、吻切锥导法，分别提出了基于投影法的双后掠锥导、曲锥、吻切锥乘波体设计方法；对双后掠锥导和吻切锥乘波体的宽域气动性能进行了详细分析。本章主要结论如下：

（1）与现有定前缘型线法获得的双后掠乘波体相比，本章基于投影法的双后掠锥导乘波体设计方法有效地改善了理论激波出口型线与实际激波出口型线不一致的问题，在保持了宽速域气动性能的前提下简化了设计过程。

（2）基于投影法生成的双后掠锥导乘波体，在高超声速设计状态，外形具有良好的乘波特性，升阻比不受第一后掠角影响，但随第二后掠角的增大而增大；在低速下，最大升阻比随第一后掠角增大而小幅减小；容积率受第一后掠角的影响较小，随第二后掠角的增大而增大；乘波体前缘线在基准锥流场的轴向投影位置对气动性能及容积率均无明显影响。

（3）本章方法获得的双后掠乘波体，在高超声速下，存在较强的大迎角非线性升力，主要来源于下表面的局部高压，即"波效应"；在低速条件下，具有较强的前缘"涡效应"，从而显著地提高了升力，且该"涡效应"随着第二后掠角的减小而增强。

（4）将直锥流场替换为曲锥流场，提出的基于投影法的双后掠曲锥乘波体设计方法拓展了双后掠乘波体的设计自由度。

（5）基于投影法的双后掠吻切锥乘波体设计实现了双后掠乘波体的激波出口型线和前缘型线同时可控，进一步拓展了设计自由度和适应范围。

（6）基于投影法生成的双后掠吻切锥乘波体，在高超声速下，两级后掠角对升阻比和大迎角非线性升力影响较弱；在低速下，气动性能随第二后掠角的增大而降低，这是由于前缘涡效应随第二后掠角增大而减弱；在亚、跨声速范围，气动性能随第二后掠角增大而降低；涡升力在亚声速时明显，随速度增加前缘涡效应减弱直至消失。

参考文献

[1] 宋赋强,阎超,马宝峰. 一种宽速域乘波体的设计及气动特性研究[J]. 气体物理, 2017, 2(5): 25–36.

[2] Jones J G, Moore K C, Pike J, et al. A method for designing lifting configurations for high supersonic speeds using axisymmetric flow fields[J]. Ingenieur-Archiv, 1968, 37(1): 56–72.

[3] 刘传振,白鹏,陈冰雁. 双后掠乘波体设计及性能优势分析[J]. 航空学报, 2017, 38(6): 120808.

[4] Liu C Z, Bai P, Yang Y J, et al. Double swept waverider from osculating-cone method[J]. Journal of Aerospace Engineering, 2018, 31(6): 06018004.

[5] Liu C Z, Liu Q, Bai P, et al. Planform-customized waverider design integrating with vortex effect[J]. Aerospace Science and Technology, 2019, 86: 438–443.

[6] Rodi P. Vortex lift waverider configurations[C]. The 50th Aerospace Science Meeting, Nashville, 2012: 1238.

[7] 段焰辉, 范召林, 吴文华. 定后掠角密切锥乘波体的生成和设计方法[J]. 航空学报, 2016, 37(10): 3023-3034.

[8] 刘传振, 田俊武, 白鹏, 等. 双后掠乘波体的非线性升力增长[J]. 航空学报, 2019, 40(10): 122864.

[9] Liu C Z, Bai P, Tian J W, et al. Nonlinearity analysis of increase in lift of double swept waverider[J]. AIAA Journal, 2020, 58(1): 304-314.

[10] Zhao Z T, Huang W, Yan B B, et al. Design and high speed aerodynamic performance analysis of vortex lift waverider with a wide-speed range[J]. Acta Astronautica, 2018, 151: 848-863.

[11] Wang F M, Ding H H, Lei M F. Aerodynamic characteristics research on wide-speed range waverider configuration[J]. Science in China Series E: Technological Sciences, 2009, 52(10): 2903-2910.

[12] Wang J F, Liu C Z, Bai P, et al. Design methodology of the waverider with a controllable planar shape[J]. Acta Astronautica, 2018, 151: 504-510.

[13] 刘传振, 刘强, 白鹏, 等. 涡波效应宽速域气动外形设计[J]. 航空学报, 2018, 39(7): 73-81.

[14] 李珺, 易怀喜, 王逗, 等. 基于投影法的双后掠乘波体气动性能[J]. 航空学报, 2021, 42(12): 124703.

第 5 章
乘波体优化设计

基准流场和几何型线决定了乘波体的气动外形,二者均包含若干自由参数,使乘波体设计过程不可避免地存在一些待定设计参数。待定设计参数的增加,一方面给乘波体带来更大的设计灵活度,有利于更好的匹配工程应用;然而,另一方面导致设计空间维度增加,加大了获取最优性能乘波体的难度,需要引入先进的优化设计方法。本章借鉴常规飞行器气动外形优化设计的思想,利用数值优化算法,以乘波设计参数作为变量,开展乘波体外形优化设计,获得乘波外形最优方案,提高乘波体的综合设计质量。

5.1 引言

21 世纪以来,气动外形优化设计技术在亚声速飞行器设计领域得到快速发展,类函数/型函数变换(class function/shape function transformation,CST)参数化[1,2]、变形网格技术[3-5]、代理模型方法[6]等方法得到广泛应用。研究表明,亚声速飞行器的气动优化技术同样适用于高超声速飞行器的优化设计,但需建立飞行器构型参数与性能之间的映射关系。基于反设计理论与流线追踪技术的乘波体构型参数与气动性能之间的联系并不直观,飞行器的几何尺寸、基准流场中的激波角、锥面形状及锥角等设计参数都将影响飞行器的气动性能及容积率。目前针对乘波体这类设计参数进行优化的研究较少,以此类设计参数作为优化变量开展宽速域乘波体的多目标优化设计更是鲜见。

飞行器的气动优化过程需要求解批量外形的气动性能,对于三维复杂外形的优化设计,若直接进行 N-S 方程求解,需要耗费大量计算资源,若采用快速气动估算方法,则可以大幅度地提高优化设计效率,缩短设计周期。当前,在高超声速领域已经发展出多种气动性能快速估算方法,如 S/HABP(supersonic/hypersonic arbitrary body program)、CBAERO(configuration based aerodynamics tool)、HSDT(hypersonic small-disturbance theory)等[7]。陈立立等[8]使用 HSDT 方法评估锥导乘波体的气动性能,误差仅为 5.26%,精度满足要求。Eyi 和 Yumusak[9]基于欧拉法开展高超声速钝头飞行器气动优化设计。李治宇等[10]发展了一种快速气动优化技术,将跨声速融合升力体构型的升阻比改善至满足初步要求。Ueno 等[11]通过风洞实验结合优化方法对高超声速飞行器的底部构型进行优化,发现当高超声速飞行器的底部构型设计为凹型面时能有效地减小底阻,如图 5.1 所示。

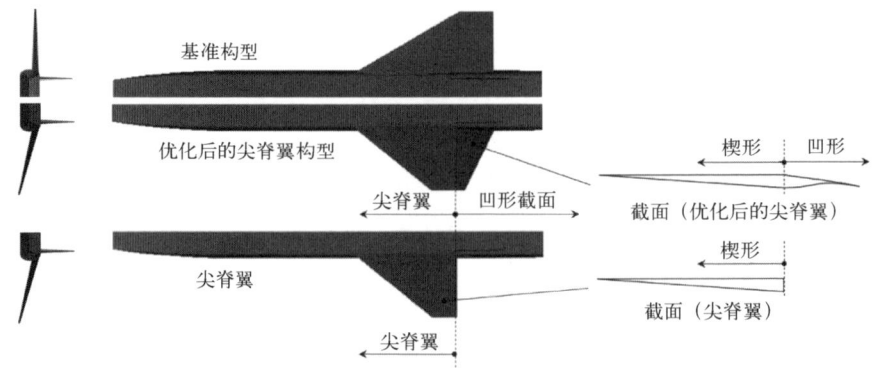

图 5.1 Ueno 等[11]提出的基于凹型面优化外形

Rodi[12]采用遗传算法等对吻切流场乘波体贝塞尔曲线进行优化设计研究,发现四阶贝塞尔曲线能够实现几何灵活性和优化性能的最佳组合,能够在马赫数为 5 时降低乘波体 6.2%的阻力(图 5.2)。Zhang 等[13]采用神经网络对乘波体

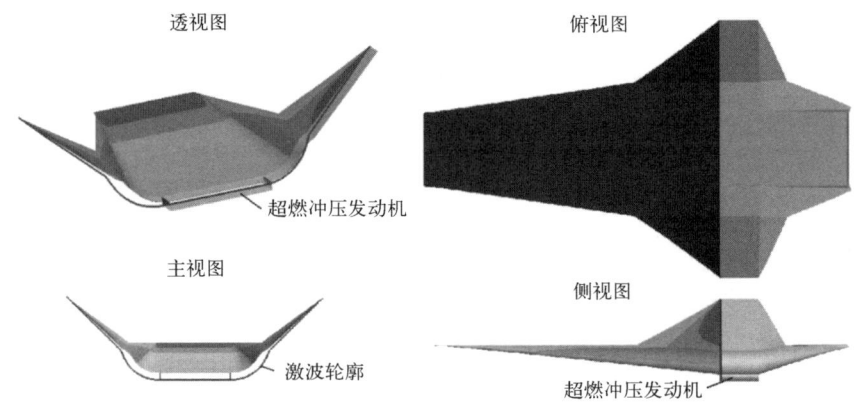

图 5.2 Rodi[12]基于遗传算法对前缘线优化后的乘波外形

进行以升阻比和容积率为多目标的优化设计,能够有效地减少 CFD 计算次数和提高优化效率。吴功名[14]对类 HTV-2 飞行器进行优化设计,以升阻比为优化目标,容积率为约束,进行优化设计,利用全局搜索算法得到了全局最优外形。上述研究以升阻比、容积率等为主要优化目标对乘波体进行优化设计,得到性能提升的乘波体外形。江志国等[15]开展了高超声速飞行器气动布局的多目标优化设计,从总体性能角度改进了气动布局。张龙龙[16]对翼身融合升力体飞行器开展研究,采用较少的设计变量对飞行器构型进行准确地描述,构建了优化设计平台,实现了基于克里金(Kriging)代理模型的遗传算法全局寻优设计。

5.2 乘波体性能快速估算

乘波体外型面由流线追踪方法生成,而流线上的离散点可以组成一系列的三角形单元,如图 5.3 所示。由于流线上各点处的位置和流场信息已知,故各三角形单元上所受的压力在乘波体的设计过程中即可获得,对作用在所有三角形单元上的压力求和,即可获得乘波体的无黏气动力。对于黏性力,则可以采用参考温度法估算。将总的无黏气动力和黏性气动力叠加,可以得到乘波体的升力和阻力,以及升阻比。乘波体的容积、上下表面面积及容积率 η 等几何信息则可以通过表面各点的空间坐标信息计算得到。下面给出容积率和气动力的具体计算方法。

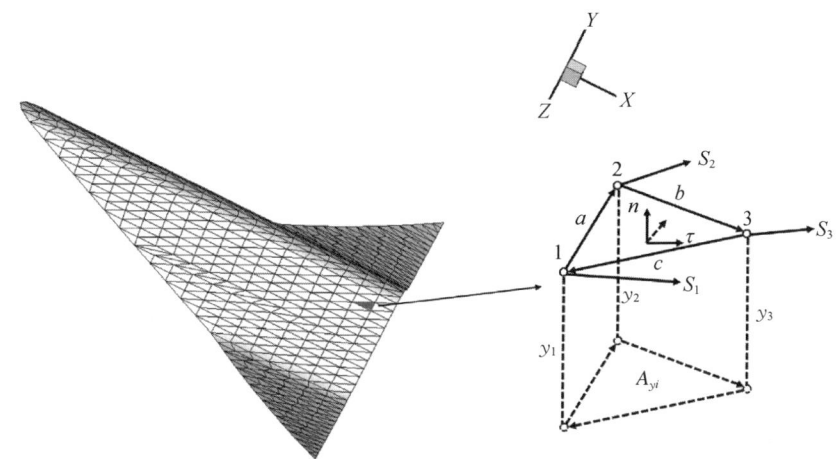

图 5.3 乘波体表面三角形单元排列方式

5.2.1 构建积分单元

首先建立如图 5.3 所示的坐标系,其原点取乘波体头锥顶点;x 轴与自由来流的方向平行,且指向下游方向;y 轴与 x 轴垂直,方向竖直向上;z 轴同时垂直于 x 轴和 y 轴,其指向满足右手法则。

乘波体下表面由若干流线生成,这些流线由流线追踪技术获得的一系列离散点构成,且流线上的各个点处的压力和摩擦力已知。基于这些离散点,可进一步构建面单元,参考杨海江[17]的处理方法,以三角形作为单元,它们处于相邻两条流线之间,从对称面向乘波体翼尖编号 i 依次递增。根据流线的点数差异,构成的三角形单元有三种排列方式,分别以 i 流线上的点数小于、等于或大于 $i+1$ 流线上的点数,如图 5.4 所示。

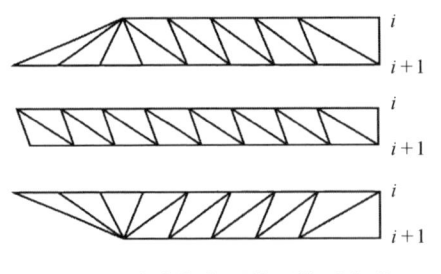

图 5.4 乘波体表面单元排列方式

为了计算气动力,必须明确三角形单元的基本几何参数,如图 5.3 右侧所示构建一个单元,假设三个顶点的坐标 (x_1,y_1,z_1)、(x_2,y_2,z_2) 和 (x_3,y_3,z_3),则可得三条边的矢量表达式:

$$\boldsymbol{a} = (x_2 - x_1)\boldsymbol{i} + (y_2 - y_1)\boldsymbol{j} + (z_2 - z_1)\boldsymbol{k} \tag{5.1}$$

$$\boldsymbol{b} = (x_3 - x_2)\boldsymbol{i} + (y_3 - y_2)\boldsymbol{j} + (z_3 - z_2)\boldsymbol{k} \tag{5.2}$$

$$\boldsymbol{c} = (x_1 - x_3)\boldsymbol{i} + (y_1 - y_3)\boldsymbol{j} + (z_1 - z_3)\boldsymbol{k} \tag{5.3}$$

由此可得三角形单元 i 的面积为

$$A_i = \frac{1}{2} |\boldsymbol{a} \times \boldsymbol{b}| \tag{5.4}$$

乘波体表面总的湿面积为

$$S_w = \sum_{i_{u,l}} A_i \tag{5.5}$$

三角形单元 i 的法向矢量为

$$\boldsymbol{n}_i = n_{xi}\boldsymbol{i} + n_{yi}\boldsymbol{j} + n_{zi}\boldsymbol{k} \tag{5.6}$$

由式(5.6)可得三角形单元面积 A_i 在 x、y、z 三个方向分量为

$$A_{xi} = n_{xi} A_i \tag{5.7}$$

$$A_{yi} = n_{yi}A_i \tag{5.8}$$

$$A_{zi} = n_{zi}A_i \tag{5.9}$$

于是三角形单元在 X-Z 平面的投影构成的棱柱体积为

$$V_i = A_{yi} \times \frac{1}{3}(y_1 + y_2 + y_3) \tag{5.10}$$

由单个三角形单元体体积计算可以得到乘波体体积为

$$V = \sum_{i_u} V_i - \sum_{i_l} V_i \tag{5.11}$$

式中,第一项代表上表面所有三角单位投影得到的棱柱体积之和,第二项代表下表面所有三角形单元得到的棱柱体积之和。进而求得乘波体的容积率为

$$\eta = V^{\frac{2}{3}}/S_w \tag{5.12}$$

5.2.2 无黏气动力计算

由于三角形单元 i 的三个顶点均为流线上的点,故其压力已知,该单元所受的压力可用三个顶点压力的平均值来表示:

$$\bar{p}_i = \frac{1}{3}(p_1 + p_2 + p_3) \tag{5.13}$$

式中,p_1、p_2、p_3 分别为三角形单元每个点的压力值;$\bar{p}_i$ 为单元平均压力。将单元平均压力和单元面积向 x 和 y 方向投影,获得单元 i 所受压力对升力、阻力的贡献:

$$\tilde{L}_{pi} = \bar{p}_i A_{yi} \tag{5.14}$$

$$\tilde{D}_{pi} = \bar{p}_i A_{xi} \tag{5.15}$$

式中,A_{xi} 为三角形单元面积在 x 方向的分量;A_{yi} 为三角形单元面积在 y 方向的分量。

对乘波体表面所有单元进行积分,得到无黏升力和阻力:

$$L_p = \sum_{i_l, i_u} \tilde{L}_{pi} \tag{5.16}$$

$$D_p = \sum_{i_l, i_u} \tilde{D}_{pi} \tag{5.17}$$

从而得到无黏升力系数和阻力系数为

$$C_{L_p} = L_p/(q_\infty S) \tag{5.18}$$

$$C_{D_p} = \sum_{i_l,\,i_u} \tilde{D}_{pi} \Big/ \sum_{i_l,\,i_u} A_{xi} \tag{5.19}$$

式中,q 与 S 分别为来流动压和参考面积,后者取飞行器在水平面的投影面积:

$$S = \sum_{i_l} A_{yi} \tag{5.20}$$

$$q_\infty = \frac{1}{2}\rho_\infty V_\infty^2 \tag{5.21}$$

5.2.3 黏性力计算

1. 摩擦系数计算

假设乘波体的表面为充分发展的湍流,沿乘波体下表面的摩擦力系数采用 Eckert 的参考温度法[18]求解。该方法是基于平板不可压缩黏性流动的摩擦阻力计算公式,采用适当温度下的物性参数来反映可压缩性的影响并评估壁面摩擦系数。该方法通过牺牲一定的计算精度来大幅度地提升计算速度。

参考温度法给出平板上湍流的局部摩擦系数的计算公式为

$$C_f = \frac{0.059\,2}{Re_{x^*}^{0.2}} \tag{5.22}$$

式中,Re_{x^*} 为当地参考雷诺数,定义为

$$Re_{x^*} = \frac{\rho^* U_e x}{\mu^*} \tag{5.23}$$

这里,U_e 是边界层外边界的速度;x 是从前缘点到当地点的沿流线长度;μ^* 是当地参考动力黏性系数;ρ^* 是参考温度下的密度:

$$\rho^* = \frac{p_\infty}{RT^*} \tag{5.24}$$

动力黏性系数由萨瑟兰(Sutherland)公式计算:

$$\frac{\mu^*}{\mu_r} = \left(\frac{T^*}{T_r}\right)^{\frac{2}{3}} \frac{T_r + T_s}{T^* + T_s} \tag{5.25}$$

式中,T_s 是气体特征温度,这里空气温度取 110 K;μ_r 是参考温度下的动力黏性系

数;T_r是参考温度,当 $T_r = 288$ K 时,$\mu_r = 1.789 \times 10^{-5}$ kg/(m·s)。

已知当地边界层的马赫数 Ma、壁面温度 T_w 和主流区温度 T_e,采用式(5.26)求得参考温度 T^*:

$$\frac{T^*}{T_e} = 1 + 0.032 Ma^2 + 0.58\left(\frac{T_w}{T_e} - 1\right) \tag{5.26}$$

2. 黏性力计算

表面三角形单元的黏性力由壁面气流切向速度与摩擦系数相乘求得。三角形单元总的流线速度矢量 s 可由三个顶点处的速度矢量 s_1、s_2 和 s_3 的平均值近似:

$$s_i = \frac{s_1 + s_2 + s_3}{3} \tag{5.27}$$

假设每个密切平面之间的边界层连续,则表面摩擦力的方向与流线方向一致,故三角形单元所受切向速度为

$$\boldsymbol{\tau}_i = \tau_{xi}\boldsymbol{i} + \tau_{yi}\boldsymbol{j} + \tau_{zi}\boldsymbol{z} = \frac{s_i}{|s|} \tag{5.28}$$

每个三角形单元的平均摩擦力系数为

$$\overline{C}_{fi} = \frac{1}{3}(C_{f1} + C_{f2} + C_{f3}) \tag{5.29}$$

式中,C_{f1}、C_{f2}、C_{f3} 为三角形单元顶点的摩擦力系数,计算公式见式(5.22)。

单元 i 对升力和阻力的贡献为

$$\tilde{L}_{\tau i} = \overline{C}_{fi} A_i \tau_{yi} \tag{5.30}$$

$$\tilde{D}_{\tau i} = \frac{D_{\tau i}}{q_\infty} = \overline{C}_{fi} A_i \tau_{xi} \tag{5.31}$$

式中,A_i 为单元面积;τ_{yi} 为单元平均速度在 y 方向的分量;τ_{xi} 为单元平均速度在 x 方向的分量。

将所有单元的升力贡献和阻力贡献求和可得

$$L_\tau = \sum_{i_l, i_u} \tilde{L}_{\tau i} \tag{5.32}$$

$$D_\tau = \sum_{i_l, i_u} \tilde{D}_{\tau i} \tag{5.33}$$

则乘波体表面摩擦力引起总的升力系数和阻力系数为

$$C_{L\tau} = L_\tau/(q_\infty S) \qquad (5.34)$$

$$C_{D\tau} = D_\tau/(q_\infty S) \qquad (5.35)$$

基于此,可以得到乘波体表面总的气动力及力系数:

$$L = L_\tau + L_P \qquad (5.36)$$

$$D = D_\tau + D_P \qquad (5.37)$$

$$C_L = C_{LP} + C_{L\tau} \qquad (5.38)$$

$$C_D = C_{DP} + C_{D\tau} \qquad (5.39)$$

最终得到不考虑底阻的升阻比为

$$L/D = \frac{L_P + L_\tau}{D_P + D_\tau} \qquad (5.40)$$

5.3 乘波体优化算法

5.3.1 常用优化算法

用于乘波体优化设计的优化算法主要有传统优化算法和现代智能优化算法。

传统优化算法包括不使用梯度信息的搜索类算法和使用梯度信息的梯度优化算法,如序列二次规划法、共轭梯度法、拟牛顿法等。该类算法优化效率和精度较高,适用于光滑连续问题和局部优化问题,缺点是易陷入局部最优,难以高效地解决大规模复杂乘波构型参数优化设计问题。

现代智能优化算法主要包括进化算法、群体智能算法、模拟退火算法、禁忌搜索算法和神经网络算法等[19-21]。该类算法通常无须目标函数的梯度信息,具有全局搜索能力,通用性好,并且可直接求解多目标优化问题,若与乘波体气动性能快速估算方法相结合,有望在兼顾效率的同时获得良好的优化质量。表 5.1 列出了一些典型的现代智能优化算法。

表 5.1　一些典型的现代智能优化算法

类　别	适用目标个数	算　法　名　称
进化算法	单目标	遗传算法 差分进化算法 免疫算法
	多目标	SPEA2 NSGA-Ⅱ MOEA/D
	高维多目标	NSGA-Ⅲ HypE RVEA
群体智能算法	单目标/多目标	粒子群算法 布谷鸟算法 蚁群算法
其他	单目标	模拟退火算法 禁忌搜索算法

5.3.2　改进的多目标布谷鸟优化算法

布谷鸟搜索(cuckoo search, CS)算法[22]是一种受自然现象启发的优化算法,拥有强大的全局搜索能力和收敛速度,比传统算法拥有更快的收敛速度。多目标布谷鸟搜索(multi-objective cuckoo search, MOCS)算法[23]是在布谷鸟搜索算法上进一步发展的求解帕累托(Pareto)最优解集的多目标优化算法。然而原始的MOCS算法在算法的收敛精度、收敛速度及Pareto解集的均匀性等方面存在不足。

针对原始MOCS算法的不足,从收敛速度、收敛精度、解的均匀性等多个方面对MOCS算法进行改进,提出改进的多目标布谷鸟搜索(improved multi-objective cuckoo search, IMOCS)算法,主要的改进措施如下[24,25]:

(1) 引入在NSGA-Ⅱ算法中提出的非支配排序和拥挤距离策略来改进解的适应度评估,该策略在NSGA-Ⅱ算法中取得了很大的成功并使NSGA-Ⅱ成为广泛应用的多目标优化算法;

（2）引入改进的自适应丢弃策略来提高算法的收敛速度,该策略将固定的丢弃概率修改为随迭代次数动态调节,且使适应度高的解有较低的丢弃概率,适应度低的解有较高的丢弃概率;

（3）通过改进随机游走策略来提高局部搜索能力,该策略在局部搜索过程中增加了产生新解的随机性,从而增强了子代群体的多样性;

（4）通过加入存档管理机制,来提高解的均匀性,该策略将收敛历程中收敛程度高、分散性好的解存入存档中,从存档中选择得到最终的Pareto解集。

IMOCS算法的流程图如图5.5所示。

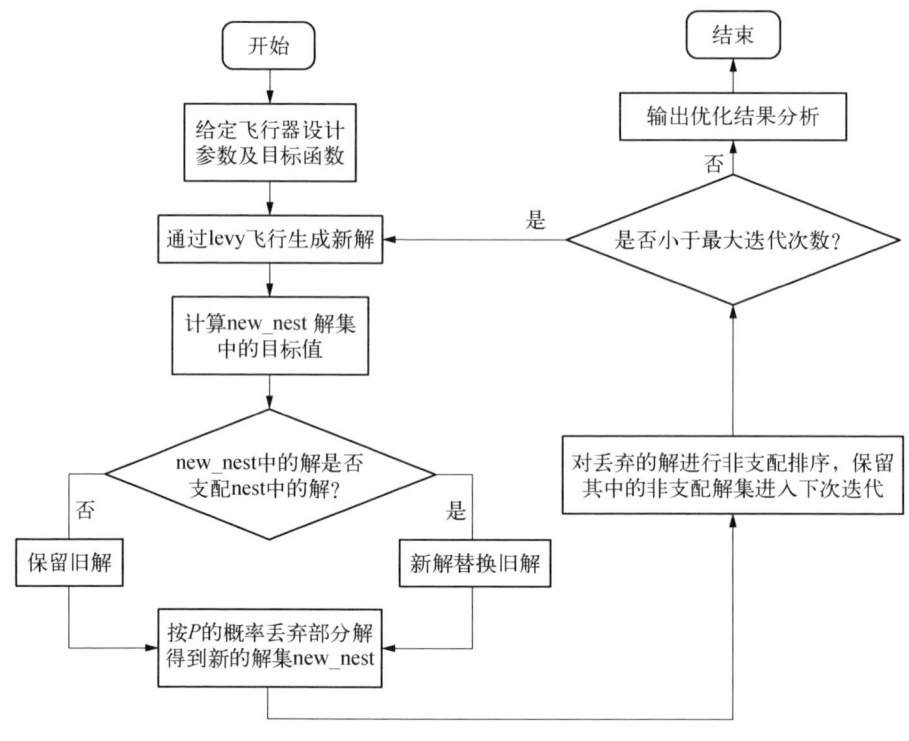

图5.5 IMOCS算法的流程图[24]

为了验证上述IMOCS算法的正确性与优化效果,下面给出了一个典型的多目标算例(式(5.41)),即分别用MOCS、NSGA-Ⅱ和IMOCS算法迭代100步进行优化的结果。图5.6中结果表明,IMOCS算法相较于MOCS算法,明显地提高了收敛速度和解的均匀度,而与主流的NSGA-Ⅱ算法相比,则拥有更快的收敛速度和更高的收敛精度。

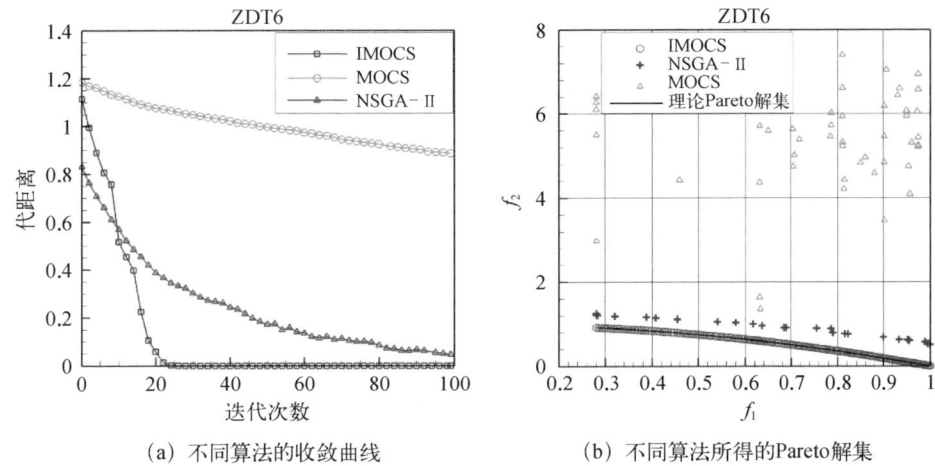

(a) 不同算法的收敛曲线　　(b) 不同算法所得的Pareto解集

图 5.6　采用 IMOCS 算法进行测试函数的收敛速度和收敛精度验证

$$\begin{aligned}\min: f_1(x) &= 1 - \mathrm{e}^{-4x_1}\sin(6\pi x_1) \\ f_2(x) &= g(x)\left[1 - (f_1(x)/g(x))^2\right] \\ g(x) &= 1 + 9\left[\left(\sum_{i=2}^{n} X_i\right)/(n-1)\right]^{0.25} \\ 0 &\leqslant x_1 \leqslant 1 \end{aligned} \quad (5.41)$$

上述数值算例验证了 IMOCS 算法的有效性。本章接下来采用上述优化算法和乘波体性能估算算法分别开展吻切锥乘波体的参数优化设计和双后掠曲面锥导乘波体的优化设计,并对优化外形进行性能分析。

5.4　吻切锥乘波体优化设计

5.4.1　优化问题描述

1. 设计变量

为了设计吻切锥乘波体,需要事先给定两条基本型线,本节给定乘波体的上表面后缘线与激波出口型线并将其作为乘波体的几何设计输入,如图 5.7 所示。

图 5.7 中,w 是乘波体的半展长,H 是乘波体上表面后缘线与激波出口型线在对称面上的距离,L_1 是激波面上直线段的长度,L_2 是上表面后缘线的直线段长度。上表面后缘线与激波出口型线的表达式为

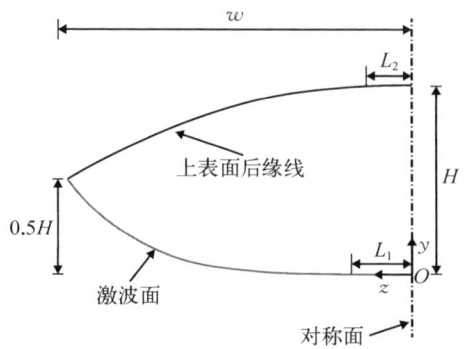

图 5.7　吻切锥乘波体设计基本型线

上表面后缘线：

$$y_1(z) = \begin{cases} A(-z - L_1/2)^q, & -L/2 \leqslant z < -L_1/2 \\ 0, & -L_1/2 \leqslant z \leqslant L_1/2 \\ A(z - L_1/2)^q, & L_1/2 < z \leqslant L/2 \end{cases} \quad (5.42)$$

激波出口型线：

$$y_2(z) = \begin{cases} H + B(-z - L_2/2)^r, & -L/2 \leqslant z < -L_2/2 \\ H, & -L_2/2 \leqslant z \leqslant L_2/2 \\ H + B(z - L_2/2)^r, & L_2/2 < z \leqslant L/2 \end{cases} \quad (5.43)$$

式中，q 和 r 为曲线表达式的指数；A 和 B 是系数，可由翼尖的坐标求出。为了唯一确定上述两条设计型线，需要给定 w、H、L_1、L_2、q 及 r 六个参数，此外，还需给定吻切锥圆锥的激波角 β（或基准锥半锥角）才能完成吻切锥乘波体的设计。本节固定乘波体的展长（w = 500 mm），将其余六个参数作为设计变量并开展优化设计。

2. 优化目标

乘波体的设计马赫数为 6.0，设计飞行高度 H = 30 km。以最大化升阻比 L/D 和最大化容积率 η 为优化目标，应用 IMOCS 算法，进行多目标优化设计，优化问题的表达式如下：

$$\begin{aligned} &\text{Min:} \quad (1) - L/D; \ (2) - \eta \\ &\text{s.t.:} \quad w = 500, \ 10 \leqslant H \leqslant 500, \ 10 \leqslant L_1 \leqslant 20, \ 10 \leqslant L_2 \leqslant 20, \\ &\quad 2 \leqslant q \leqslant 10, \ 2 \leqslant r \leqslant 10, \ 0 \leqslant \beta \leqslant 20 \end{aligned}$$

$$(5.44)$$

5.4.2 优化结果

由于全局智能优化算法通常具有随机性,首先讨论收敛结果的可重复性。图 5.8 显示了重复三次优化过程得到的 Pareto 最优解集(分别标记为 opt_1、opt_2 和 opt_3)。结果表明,虽然三次独立优化获得的最优解不同,但三次优化的结果都收敛到同一 Pareto 前沿,说明采用的 IMOCS 算法求解该问题稳健可靠。

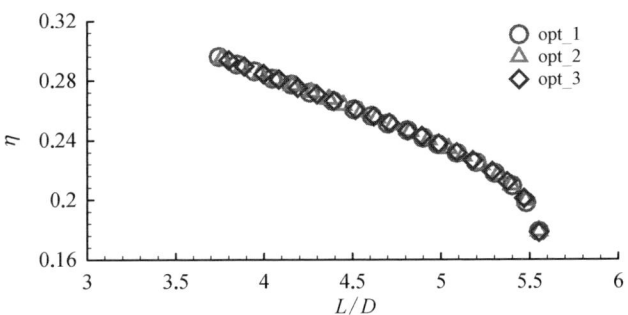

图 5.8 重复三次获得的 Pareto 解集对比

下面以 opt_1 的结果为例,讨论多目标优化的结果,如图 5.9 所示。从结果来看,乘波体升阻比最大与容积率最大的要求相互矛盾。随升阻比的增大,容积率随之下降,反之亦然。此外,当升阻比 L/D 小于 5.2 时,随着升阻比的增加,容积率几乎呈线性减小的趋势,但当升阻比大于 5.2 后,随着升阻比的增加,容积率迅速下降。这说明,在本节给定的设计参数范围内,要想获得升阻比大于 5.2 的外形,必然造成容积率的较大牺牲。

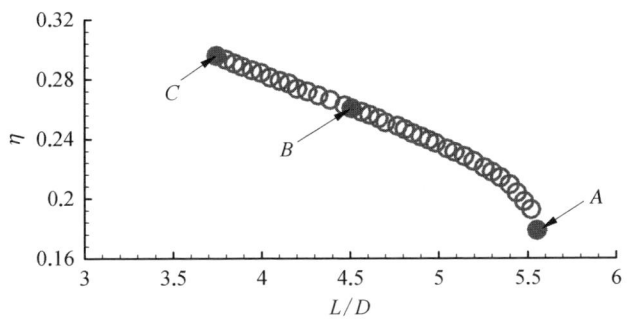

图 5.9 opt_1 的优化结果

在第一次优化获得的 Pareto 前沿上,选取最右端、中间段、最左端的三个最优解 A、B 和 C。它们对应的乘波体外形的升阻比之间的关系为 $A > B > C$,容积

率的关系则为 $A<B<C$。三个外形的俯视图与侧视图如图 5.10 所示。从图中可以看到,从外形 A 到外形 C,乘波体的长度逐渐增加,外形逐渐变得扁平。因此,升阻比逐渐增加,但容积率逐渐变小。

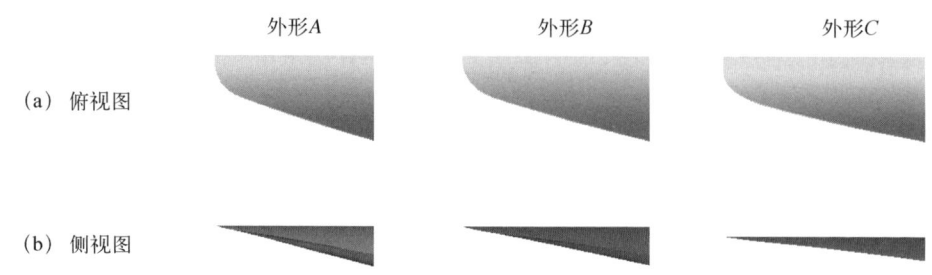

图 5.10 第一次优化获得的 Pareto 前沿上三个典型结果对应的乘波体外形

表 5.2 给出了外形 A、B 和 C 对应的外形参数。从表 5.2 中可以看到,为了获得最优的升阻比与容积率,参数 q、r 和 L_1 几乎不变,都达到取值范围的下限附近,这也说明乘波体的升阻比和容积率对此三个外形参数均不敏感。从外形 A 到 C,激波角 β 的取值逐渐变小,从而使外形的容积率逐渐变小。从表中看出,乘波体的性能主要受厚度 H、上表面后缘线的直线段长度 L_2 及激波角 β 的影响,后续开展优化时,仅需对此三个参数进行优化,从而降低优化设计的复杂度。

表 5.2 三种乘波外形对应的几何参数

外形	q	r	H/mm	L_2/mm	L_1/mm	$\beta/(°)$
A	4.000 8	2.005 5	333.804	43.159	10.080	20.0
B	4.001 7	2.001 1	332.316	25.278	10.077	17.2
C	4.002 8	2.004 5	276.786	94.882	10.056	13.5

图 5.11 对比了外形 A、B 和 C 的下表面压力分布。从图中可以看到,容积率较高的乘波体,其下表面的压力也越高,说明其对来流的压缩作用也越强。这是由于容积率较高的外形厚度较大,从而对来流的压缩作用更强。

表 5.3 对比了三种外形的气动特性数据,其中 C_{L_Total}、C_{L_inv} 和 C_{L_vis} 分别代表总升力系数、由压力(不计黏性)贡献的升力系数及由黏性力贡献的升力系数的大小;C_{D_Total},C_{D_inv} 和 C_{D_vis} 分别代表总阻力系数、由压力(不计黏性)贡献

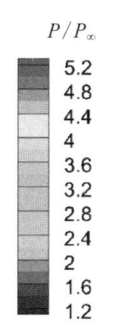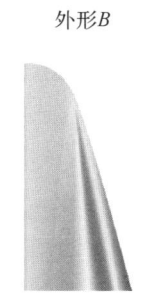

图 5.11　三种外形的下表面压力分布

的阻力系数及由黏性力贡献的阻力系数的大小。从表中数据可以看到,压力对升力的贡献远大于摩擦力对升力的贡献;外形 A 的升力系数最大,外形 C 的升力系数最小,这是由于从外形 A 到外形 C,外形下表面受的压力逐渐减小,这与图 5.11 显示的结果吻合。在优化乘波体外形(从 C 到 A)的过程中,升力系数与阻力系数同时增大,但阻力系数的增长速度高于升力系数,使三个外形的升阻比逐渐减小。这是由于外形 A 的下表面与水平面之间的夹角最大,这不仅增强了对气流的压缩,使表面压力增大,同时还会减小表面压力与阻力之间的夹角,从而显著地增大阻力。因此,外形 A 的升阻比反而最小。此外,从表中的数据还可以发现,虽然黏性阻力对总阻力的贡献不可忽略,但其值对于三个优化外形却几乎相等,即黏性阻力系数对于优化外形并不敏感。

表 5.3　外形 A、B 和 C 气动特性的比较

外形	L/D	η	C_{L_Total} $\times 10^{-2}$	C_{L_inv} $\times 10^{-2}$	C_{L_vis} $\times 10^{-4}$	C_{D_Total} $\times 10^{-2}$	C_{D_inv} $\times 10^{-2}$	C_{D_vis} $\times 10^{-2}$
A	3.746	0.296	16.45	16.49	−4.086	4.385	3.989	0.396
B	4.509	0.261	11.06	11.09	−3.160	2.450	2.059	0.391
C	5.554	0.179	4.910	4.928	−1.827	0.884	0.495	0.389

5.4.3　设计工况对优化结果的影响

本节进一步讨论设计工况对优化结果的影响。首先探讨不同飞行马赫数对多目标优化结果的影响。为此,本节固定设计飞行高度 $H = 30$ km,分别取设计

马赫数为4、6和8,进行以最大化升阻比和最大化容积率为目标的吻切锥乘波体外形多目标优化,优化得到的Pareto解集如图5.12所示。

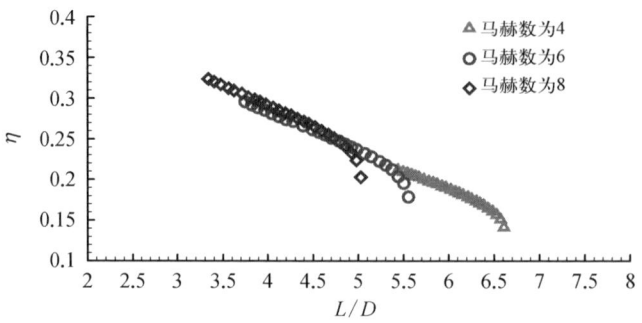

图5.12 不同设计马赫数条件下的Pareto解集

从图5.12中可以看到,随着设计马赫数的提高,优化得到的Pareto前沿逐渐向左上侧移动,即随着马赫数的提高,Pareto前沿能达到的最大升阻比逐渐减小,同时能达到的最大容积率逐渐增加。以上结果说明,随着马赫数的降低,虽然能通过优化获得升阻比更大的乘波体外形,但能够得到的乘波体的最大容积率也随之下降。

接下来探讨不同的设计飞行高度对多目标优化的结果的影响。为此,固定设计马赫数为6,分别取设计飞行高度 H = 20 km、30 km和40 km,进行以最大化升阻比和容积率为目标的多目标优化。优化获得的Pareto解集如图5.13所示。

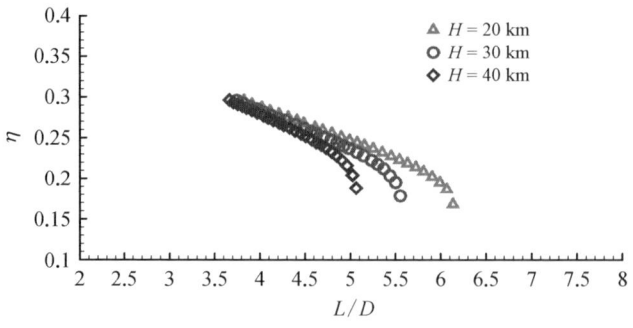

图5.13 不同设计飞行高度条件下的Pareto解集

从图5.13中看出,随着设计飞行高度的增加,优化得到的三组Pareto解集在容积率取最大值附近(Pareto解集的左端)对应的升阻比接近。但随着升阻比的提高,在设计飞行高度较高的情形下,其对应的最优容积率下降明显,且最优升阻比在整个参数空间内能够达到的最大值也明显地小于飞行高度较小的情形。由于飞行高度的变化主要带来的是雷诺数的影响,较高的飞行高度对应于较强的黏性作用(雷诺数较小)。因此,黏性的增加将导致黏性阻力占比的增加,最终导致升阻比的下降。

5.5 双后掠曲面锥导乘波体优化设计与分析

本节将基准锥及乘波体投影型线中的几何参数作为设计变量,仍以最大化升阻比和容积率为优化目标,采用 IMOCS 算法和乘波体气动特性估算方法对 4.3 节所述双后掠曲面锥导乘波体进行多目标优化设计,并对典型优化外形进行气动性能分析及对宽速域性能进行评价。

5.5.1 优化问题描述

双后掠前缘平面投影关系及参数如图 4.22 所示,尖头回转体母线的参数如图 4.24 所示。优化设计变量选取 δ_A(第一壁面倾斜角)、δ_B(第二壁面倾斜角)、λ_1(第一后掠角)、λ_2(第二后掠角)、l_0(后掠角转折点纵向长度)共 5 个设计变量。第一后掠翼和第二后掠翼总长 3 m,第一后掠翼前缘弧线展长 R 为 0.15 m,第一与第二后掠翼过渡圆弧半径 d 为 0.3 m,曲壁面上控制点 A 和 B 的 x 坐标为 $x_A = -8$ m,$x_B = -2$ m。本节以升阻比 L/D 最大和容积率 η 最大为优化目标进行多目标优化。优化问题的数学表达式如下:

$$\text{Min:} \quad (1) - \frac{L}{D}; \quad (2) - \eta$$
$$\text{s.t.:} \quad 9° \leq \delta_A \leq 16°; \ -\delta_A/2 \leq \delta_B \leq 2\delta_A$$
$$60° \leq \lambda_1 \leq 80°; \ 30° \leq \lambda_2 \leq 50°; \ 1\ 125 \text{ mm} \leq l_0 \leq 1\ 875 \text{ mm}$$

(5.45)

5.5.2 优化结果

设定乘波体的设计工况:马赫数为 6,高度 $H = 25$ km。图 5.14 中展示了使用 IMOCS 算法三次独立运行得到的 Pareto 最优解集(分别标记为 Results 1、Results 2 和 Results 3)。结果表明,虽然三次的优化所得解不同(这是由于算法具有随机性),但三次优化结果都近似收敛于同一个 Pareto 前沿,说明采用 IMOCS 算法优化的稳定性良好。

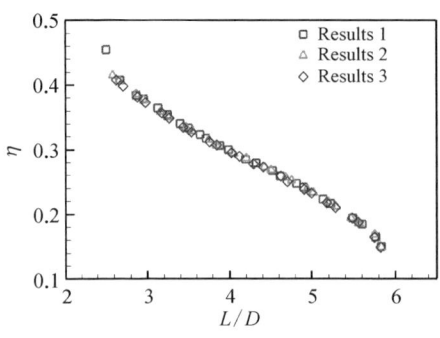

图 5.14 三次 IMOCS 优化所得解分布

由图 5.14 看出,在得到的 Pareto 前沿上,乘波体容积率随着升阻比的增大而减小。在 Pareto 前沿的左端,升阻比的降低会快速地增加容积率;Pareto 前沿中段,容积率与升阻比近似呈线性反比关系;Pareto 前沿右端,升阻比增加会导致容积率的快速下降。若需得到升阻比超过 5.5 或者容积率大于 0.4 的外形,则需要另一性能指标做出较大的牺牲。

在上述基础上,本节针对不同的设计工况开展优化设计并进行对比分析。首先是不同设计马赫数条件的优化分析。固定设计高度 H = 25 km,分别取设计马赫数为 4、6 和 8 并进行多目标优化。

图 5.15 给出了不同设计马赫数下优化所得 Pareto 解集的对比。由该图可见,随着设计马赫数的提高,优化得到的 Pareto 解集区别较小。在容积率方面,马赫数为 8 优化得到的外形容积率参数范围最广,能够达到更大的优化容积率,其他设计马赫数下优化所得的最大容积率略低;在升阻比方面,最大升阻比随设计马赫数的增大而降低,马赫数为 4 下可获得的最大升阻比相对较大,超过了 6,其次为马赫数为 6 和马赫数为 8;在相同容积率情况下,马赫数为 8 下获得的升阻比略高于马赫数为 6 和马赫数为 4。

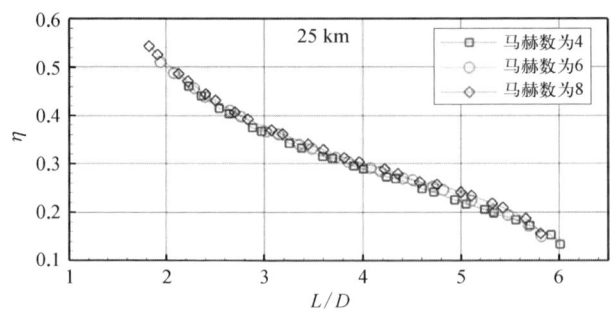

图 5.15 不同设计马赫数得到的 **Pareto 解集对比**(H = 25 km)

此外,固定设计飞行马赫数为 6,分别取设计高度 H 为 20 km、30 km 和 40 km 进行优化,所得 Pareto 解集如图 5.16 所示。由该图看出,随着高度降低,对应 Pareto 前沿位置逐渐向右上方移动,且覆盖范围呈现扩大趋势。Pareto 前沿位置越偏向于图中右上方位置,代表双后掠乘波体优化可达的最优性能越高。在升阻比方面,在相对较低的高度(20 km)可以优化得到更高的升阻比,随高度增加升阻比依次降低。在容积率方面,不同高度下双后掠乘波体可达到的最大容积率趋于极限值 0.4,这与设计变量的取值范围相关,当容积率取最大值时某些设计变量值已达到边界值。

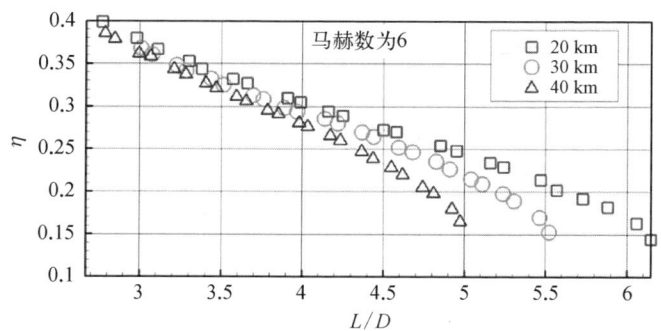

图 5.16　不同设计高度得到的 Pareto 解集对比(马赫数为 6)

5.5.3　典型优化外形气动性能分析

为了研究 Pareto 前沿上不同位置处双后掠乘波体优化外形的气动特性,从前述设计马赫数为 6、高度 $H = 25$ km 的第二次优化所得的 Pareto 解集上均匀选取五个非支配最优解(标记为 A、B、C、D 和 E),将其对应的外形作为典型外形进行气动性能对比分析。图 5.17 给出的是对应的 Pareto 解集和选取的五个最优解,表 5.4 给出了五种外形的设计参数和优化目标值。

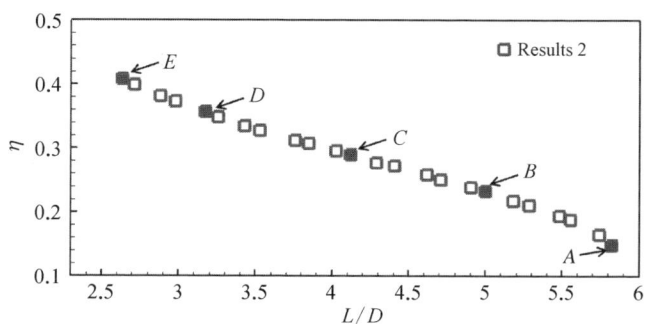

图 5.17　Pareto 解集上选取五个最优解

表 5.4　五种外形的设计参数及优化目标值

外形	$\delta_A/(°)$	$\delta_B/(°)$	$\lambda_1/(°)$	$\lambda_2/(°)$	l_0/mm	L/D（估算）	L/D（CFD）	η
A	10.18	6.69	72.56	49.67	1 874.67	5.992 5	5.992 7	0.161 1
B	15.50	7.38	79.84	49.96	1 827.25	5.147 8	5.192 8	0.229
C	16.00	14.11	79.89	49.96	1 844.63	4.162 8	4.168 4	0.289 8
D	14.92	19.50	79.99	50.00	1 856.04	3.138 3	3.159 5	0.360 5
E	14.17	22.98	79.91	50.00	1 848.07	2.601 0	2.611 2	0.412 8

1. 构型及流场参数分析

五种外形的俯视图、侧视图和底视图如图 5.18 所示。从外形上看,不同外形的底视图差别明显,从 A～E 外形的底部高度逐渐增加;由于后掠角接近,B～E

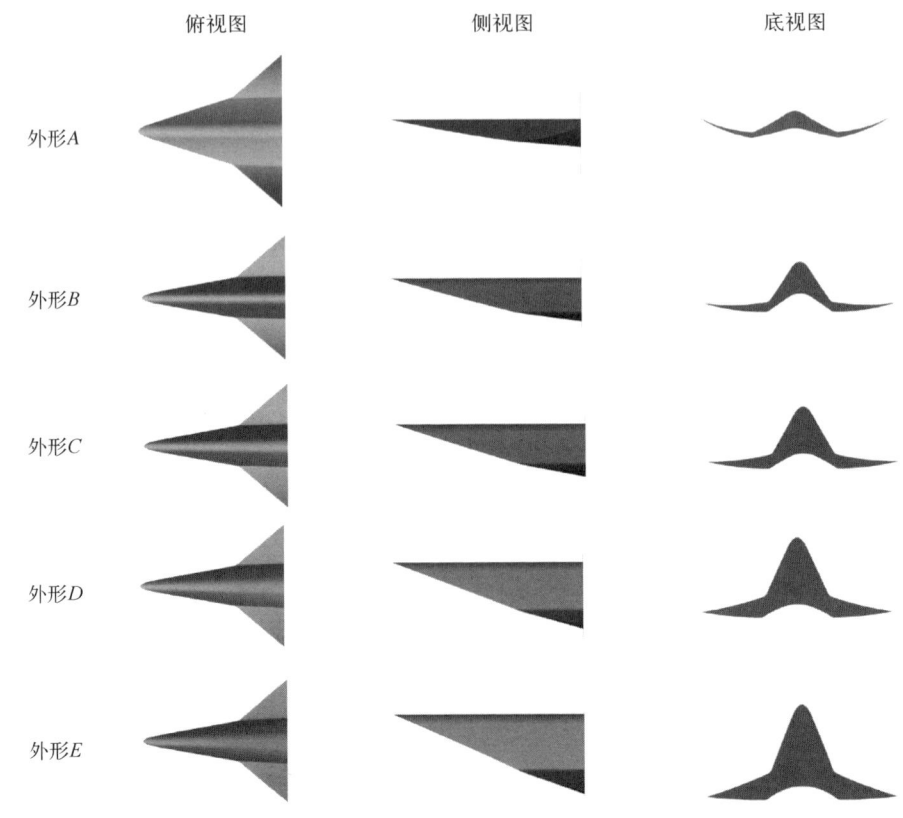

图 5.18　五种外形三视图

外形的俯视图形状相近；外形 A 的第一后掠角较大，展长相对较长，外形也最为扁平。

由表5.4中可以看到，从外形 A 到 E，乘波体的升阻比逐渐减小，容积率逐渐增加。各外形升阻比从大到小依次为 $A>B>C>D>E$，容积率的关系则为 $A<B<C<D<E$。参数 λ_1、λ_2、l_0 的变化幅度较小，几乎均达到了取值范围的上限。从 A 到 E，δ_A 和 δ_B 变化幅度较大，这两个参数均决定了基准锥的母线。此外，对比升阻比的估算值与 CFD 计算值看到，二者十分接近，估算值的误差不超过1%，再次验证了气动特性估算算法具有较高的计算精度。

结合表5.4、图5.18可见，在同样的轴向长度下，基准锥母线的底部截面半径从 A 到 E 逐渐增大，外形 A 到 E 的升阻比逐渐降低，可见基准锥母线底部截面半径越小，获得乘波外形的升阻比越大。图5.19给出了五种外形对应基准锥的母线，从基准锥壁面凹凸性上来看，外形 C 的基准锥母线几乎是直线；外形 A 和外形 B 的基准锥母线为凸曲线，而外形 D、外形 E 的基准锥母线为凹曲线。数据显示了凸的基准锥母线更容易获得升阻比高的外形，与之相反，凹的基准锥母线更容易获得容积率较高的外形。另外，外形 A 的基准锥母线的第一壁面倾斜角明显地小于其余四种外形基准锥母线，这也是造成外形 A 升阻比较高的原因。

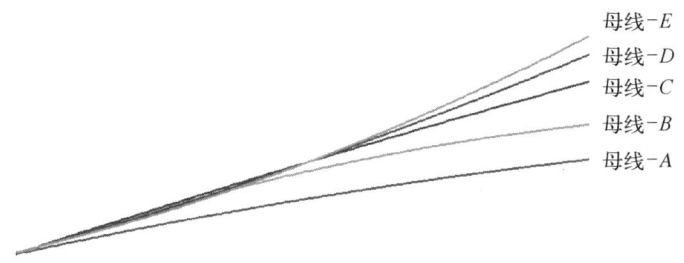

图 5.19 不同外形基准锥母线的对比

为了研究以上五种外形的气动力构成，表5.5给出了外形 A 到外形 E 的压力与黏性力对总的气动力贡献。从外形 A 到外形 E，总的升力系数和阻力系数均逐渐增大，且都主要来源于表面压力；阻力增大的速度大于升力系数增大的速度，故从外形 A 到外形 E 升阻比逐渐降低。

图5.20给出了各外形下表面的压力分布。从该图看到，从外形 A 到外形 E，下表面压力逐渐增加。这是因为外形 A 的基准锥相对更为细长，产生的激波更弱，气流经过较弱的激波后造成下表面压力低于其他外形的下表面压力。外形 C 到外形 E 的基准锥弯曲程度逐渐增大，对来流的压缩作用变强，造成乘波体

表 5.5　五种外形的气动特性数据

外形	L/D	η	C_L $\times 10^{-2}$	C_{Lp} $\times 10^{-2}$	$C_{L\tau}$ $\times 10^{-4}$	C_D $\times 10^{-2}$	C_{Dp} $\times 10^{-2}$	$C_{D\tau}$ $\times 10^{-2}$
A	5.9925	0.1611	4.22	4.24	−1.89	0.703	0.391	0.313
B	5.1478	0.229	7.24	7.28	−3.87	1.407	0.993	0.414
C	4.1628	0.2898	12.72	12.79	−7.28	3.055	2.545	0.509
D	3.1383	0.3605	22.65	22.79	−14.16	7.218	6.563	0.655
E	2.6010	0.4128	32.03	32.25	−21.64	12.31	11.53	0.782

下表面压力逐渐增大。此外,从外形 A 到外形 E,下表面的倾斜角不断增大,也使总的气动力向阻力方向的投影比例额外增加,进而造成升阻比的下降。

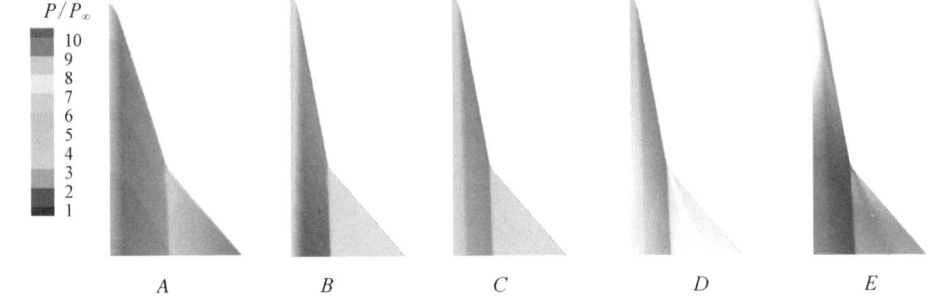

图 5.20　五种外形在 0°迎角时的下表面压力云图

2. 高速性能分析

第 4 章已提到,双后掠乘波体在高马赫数条件下,升力系数随迎角的变化会产生额外的非线性增量,这也被认为是双后掠乘波体的一个优良特性。下面探讨前述通过优化得到的双后掠乘波外形 A 到外形 E 升力系数的非线性特性。通过 CFD 计算马赫数为 6,$H = 25$ km,0°~20°迎角范围内,五种外形的升力系数随迎角的变化曲线如图 5.21 所示。

从图 5.21 看出,五种外形的升力系数随迎角均存在非线性变化关系。外形 A、外形 B 和外形 C 的升力系数在大迎角下的增长率高于其对应线性增长率,产生的是正的非线性升力增量。而外形 D 和外形 E 的升力系数增长率在大迎角时低于其对应的线性增长率,产生的是负的非线性升力增量,这是以往的研究中

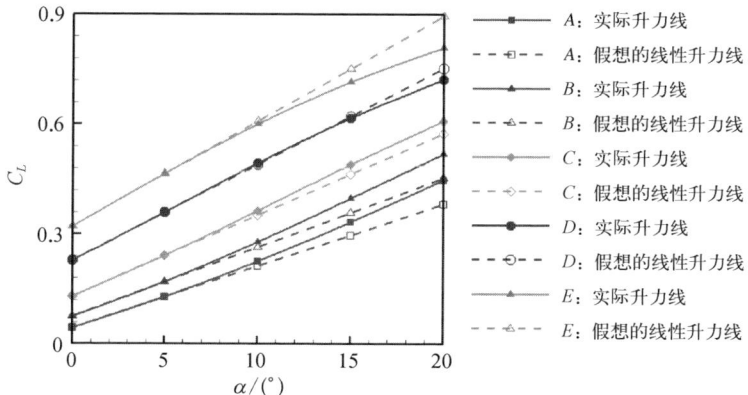

图 5.21　五种外形的实际升力特性曲线与假想线性曲线对比

未发现过的现象。由图 5.21 可以看到，从外形 A 到外形 E，升力系数随迎角增加呈从强非线性增长到近似线性增长，再到强非线性负增长趋势。外形 A 和外形 E 的升力系数最大偏移量（迎角 20°的升力系数差值）均达到 0.15，其次是外形 B，最大偏移量为 0.116，最小的是外形 C 和外形 D 的最大偏移量仅为 0.05。可见基准锥母线弯度越小，外形升力系数越趋近于线性增长。

为了进一步探讨双后掠乘波体非线性升力的来由，将外形 A、外形 C 和外形 E 的上、下表面及底面的升力系数随迎角的变化进行对比，如图 5.22 所示。

从图 5.22 中看出，外形 A 呈现正的升力非线性增长，外形 C 呈现近似线性增长，外形 E 呈现负的非线性增长。由图 5.22 还可以看到，三种外形中的上表面和底面对总升力系数的贡献较小，可以忽略。外形 A 的上表面升力系数占比相对最大，在 20°迎角时，上表面占总升力系数比例也仅为 7.2%。这就说明，在马赫数为 6 下，导致总升力系数非线性变化的原因与上表面的涡结构几乎无关。

升力系数的规律性与外形有密切关系，乘波体较大的底部面积使下表面在零迎角时与来流的夹角较大。相比较于外形 A，外形 E 拥有较大的夹角和迎风面积。更大的迎风面积导致下表面压力也比其他外形更大，因此，从外形 A 到外形 E，下表面升力系数总体上呈现递增的趋势。

与前人研究发现双后掠乘波体升力系数呈现非线性增长不同的是，本节优化所得双后掠乘波体的升力系数不仅出现正的非线性增长，还出现了负的非线性增长及近似线性增长。参考文献[26]的做法，本节运用带后掠的斜激波理论来分析三种外形非线性升力增长趋势表现不同的原因。

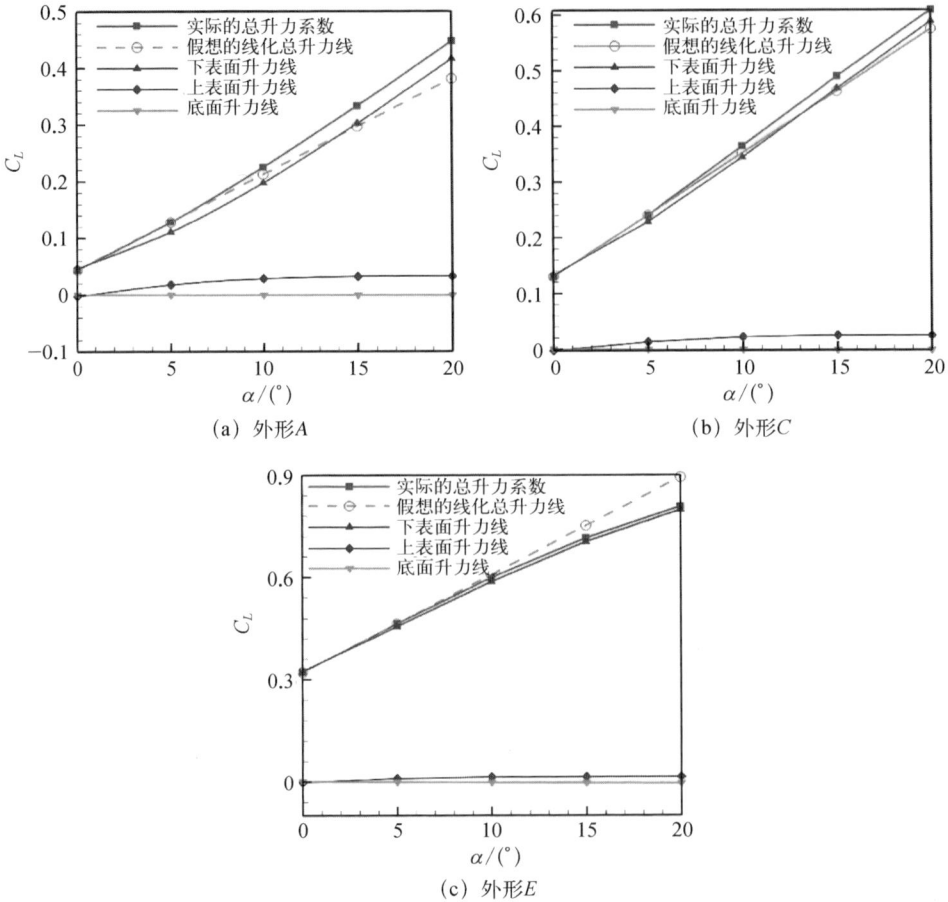

图 5.22 三种外形各部分升力系数随迎角的变化曲线

根据带后掠的斜激波理论,对于后掠角为 λ 的后掠翼,其斜激波关系式为

$$Ma_{\perp} = \cos(\lambda) Ma_{\infty} \tag{5.46}$$

$$\tan\theta = 2\cot\beta \frac{Ma_{\perp}^2 \sin^2\beta - 1}{Ma_{\perp}^2(\gamma + \cos(2\beta)) + 2} \tag{5.47}$$

$$\frac{p_2}{p_1} = \frac{2\gamma}{\gamma + 1} Ma_{\perp}^2 \sin^2\beta - \frac{\gamma - 1}{\gamma + 1} \tag{5.48}$$

式中,θ 为气流偏折角,其为上表面与水平面夹角 θ_0 与迎角 α 的和,即 $\theta = \alpha + \theta_0$;$\beta$ 为激波角;$Ma_{\perp}$ 为来流马赫数的法向分量;γ 为气体比热比。

图 5.23 为气流夹角示意图。

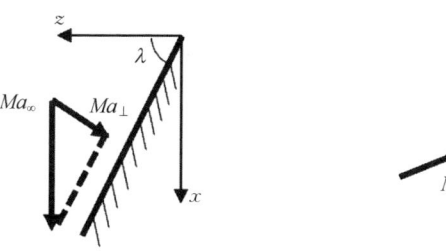
(a) 来流马赫数垂直于前缘的分量

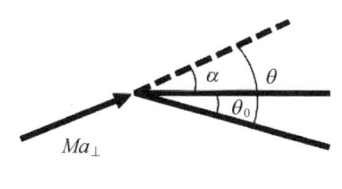
(b) 气流转折角示意图

图 5.23 气流夹角示意图

如图 5.24 所示,当后掠角为 50°时,激波脱离的偏折角 θ 约为 38°。

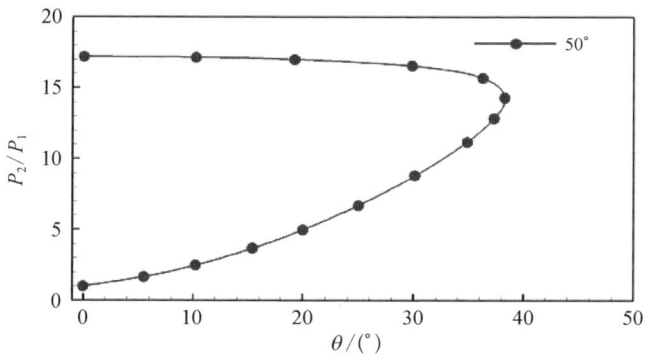

图 5.24 50°后掠角下压比随壁面角的变化

在激波脱离之前,压比随着偏折角的变化具有明显的非线性关系。文献[26]认为,正是这一压力比的非线性造成了双后掠乘波体升力系数随迎角的非线性增长。而偏折角增加,导致激波脱体后,上述非线性关系无法维持。因此,随着迎角的增加,激波越早从前缘脱体,其对应的升力系数的非线性增长往往越弱。偏折角不仅与迎角相关,还与各外形下表面与水平面的夹角相关。图 5.25 所示的是五种外形对称面内下表面与水平面之间的夹角均值对比。

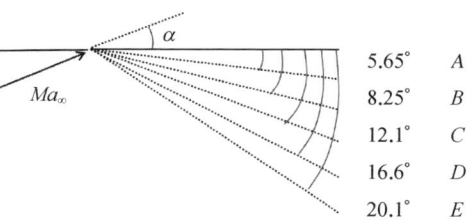

5.65° A
8.25° B
12.1° C
16.6° D
20.1° E

图 5.25 五种外形对称面内下表面与水平面之间的夹角均值对比

尽管不同外形的俯视图接近,但侧视图的高度差别明显,这也体现在上、下表面与气流夹角上,外形 E 夹角最大,达到 $20.1°$,其他外形依次降低,最小的外形 A 为 $5.65°$。因此,在相同迎角下,外形 E 的气流偏折角 θ 最大,这造成外形 E 第二后掠区域在较小迎角的情况下率先出现激波脱体,其次为外形 C 和外形 A。接下来结合流场来验证不同外形在迎角变化时的激波形态。

图 5.26 给出了三种外形在迎角为 $5°$、$10°$ 和 $20°$ 时的多截面压力等值线云图。为了更清楚地展现出在第一后掠区域、第二后掠区域、后掠角转折区及机体尾部的激波附着情况,截取整机总长占比 35%、63%、81%、99% 处的横截面进行分析,图 5.27 展示了迎角为 $10°$ 时机体在第一、二后掠区过渡区域与机体截止平面处的压力等值线图。

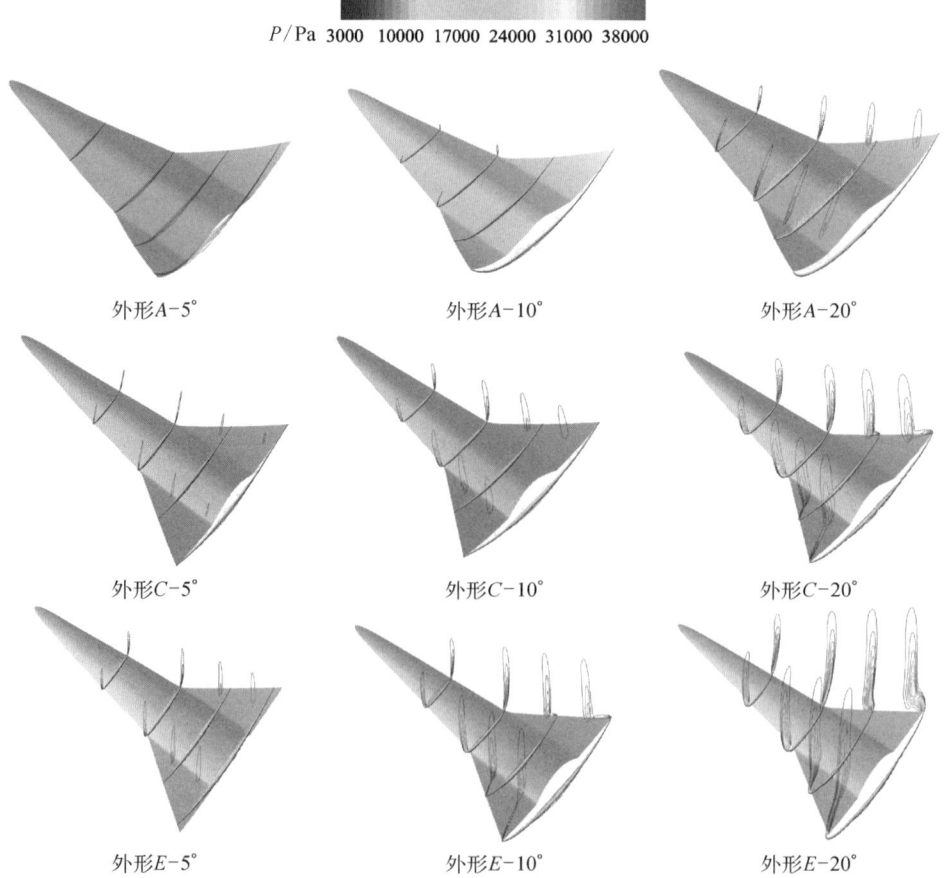

图 5.26 三种外形在迎角为 $5°$、$10°$、$20°$ 时的多截面压力等值线云图

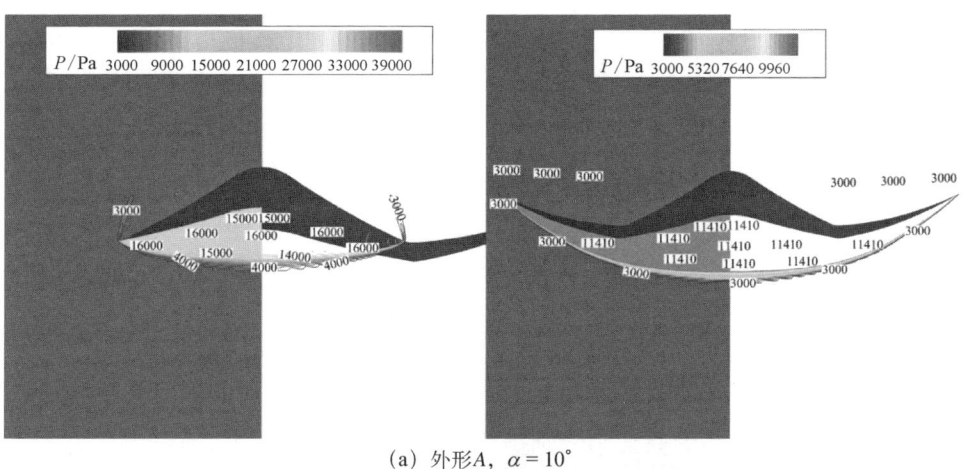

(a) 外形A，$\alpha = 10°$

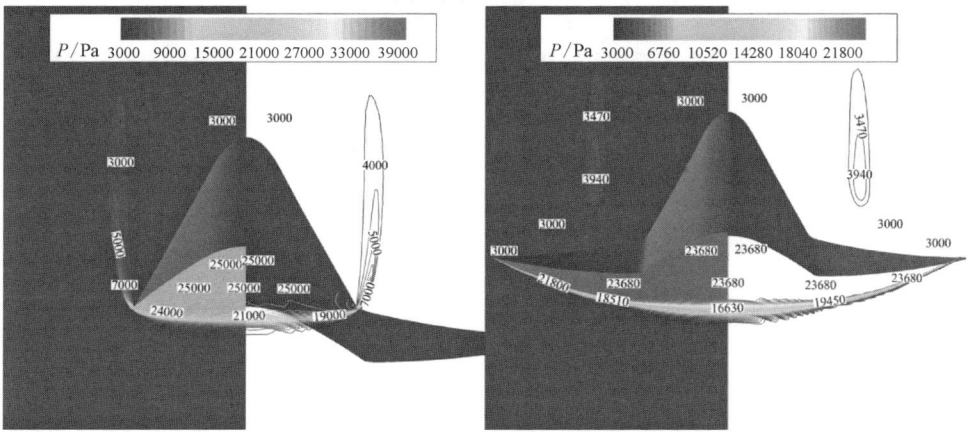

(b) 外形C，$\alpha = 10°$

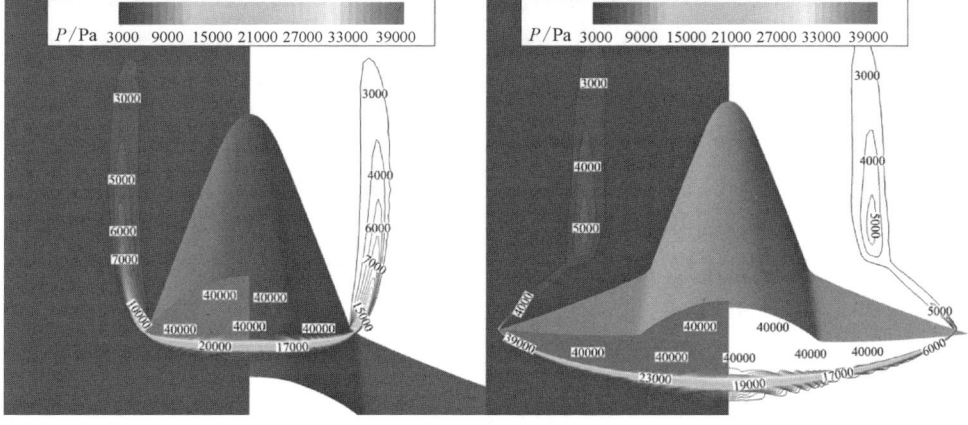

(c) 外形E，$\alpha = 10°$

图 5.27 三种外形的压力等值线图(63%、99%横截面)

由图 5.26 中可见，外形 A、外形 C、外形 E 均随迎角增大出现激波脱体现象，激波先后从第一后掠区、后掠翼转折区、第二后掠区依次脱离。根据上面带后掠角二维斜激波理论分析，外形 E 由于其较大的气流偏折角会率先出现激波脱体。在迎角为 5°时外形 E 的激波脱体程度明显地大于外形 C 和外形 A，在迎角为 10°和 20°时，同样是外形 E 的激波脱体程度更大。综上，出现正的非线性升力增长的外形 A 激波随迎角脱体程度较小，出现负的非线性升力增长的外形 E 激波随迎角脱体程度较大，出现近似线性升力增长的外形 C 激波随迎角脱体程度适中。

虽然上述讨论已证明外形 E 由于上、下表面的夹角最大，激波随迎角的增加最易脱离物体，但仍无法说明外形 E 升力呈负非线性增长的原因。由于生成外形 A、外形 C 和外形 E 的基准锥分别是凸锥、直锥和凹锥，因此，有必要研究基准锥形状对激波附着及波后流动的影响。

图 5.28(a)、(c)、(e)给出了三种典型的基准锥母线作为二维尖楔在迎角为 28°时的压力等值线分布。三种尖楔的下表面取基准锥母线，上表面均为水平直线；在下表面曲线中，第一壁面角均为 15°，第二壁面角分别为 7°、14°和 23°以对应凸、平直、凹三种类型。图 5.28(b)、(d)、(f)为三种二维尖楔升力系数随迎角的变化曲线，图中红色实线为相应尖楔的升力系数，蓝色和绿色虚线为假想的线性对比曲线。由图 5.28 中可见，在迎角为 28°时，三种尖楔的激波均出现脱体现象，其中凹型尖楔的激波脱体程度最强，其次是平直尖楔、凸型尖楔。凹型基准锥也是使外形 E 的激波出现脱体最严重的原因。此外，激波脱体后，不同尖楔的升力系数随迎角的变化趋势也有显著差异。虽然在激波脱体后，各楔体上的升力线斜率均逐渐下降，但总体上看，随着楔体由凸变凹，升力线斜率下降的幅度增加。例如，在图 5.28(f)所示的凹型尖楔对应的升力线斜率在激波脱体后的下降幅度明显地大于图 5.28(b)所示的凸型尖楔对应的升力线斜率下降幅度。这说明，激波脱体后，凹楔体的波后压力的增长幅度显著地小于迎角的增长幅度。

综上所述，凸锥所获得的乘波体在较大迎角范围内激波不易脱体，升力线斜率随迎角的增大而逐渐增加；凹锥所获得的乘波体更容易在较小的迎角时出现激波脱体，在激波脱体后，波后压强随迎角增加而增加的幅度较小，从而升力线斜率随迎角的增加而下降。

3. 低速性能分析

仍然选取前述 $A \sim E$ 五个优化外形，图 5.29 给出的是各外形在高超声速和低速状态下扣除底阻后的升阻比，其中，实心柱代表马赫数为 6、0°迎角状态，空心柱代表马赫数为 0.4、0°迎角状态。

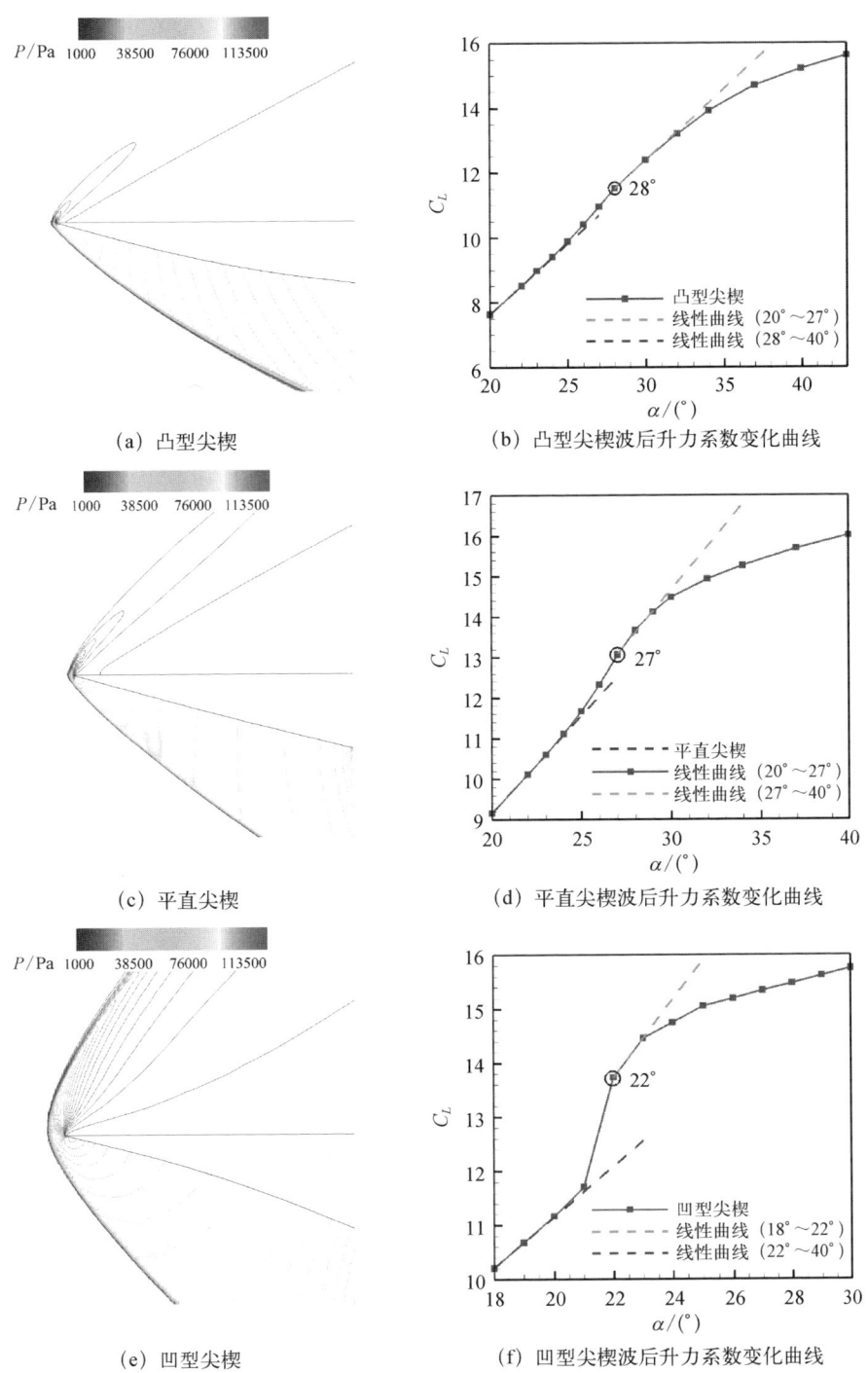

图 5.28 二维尖楔在 28°迎角的压力分布云图及升力系数变化曲线

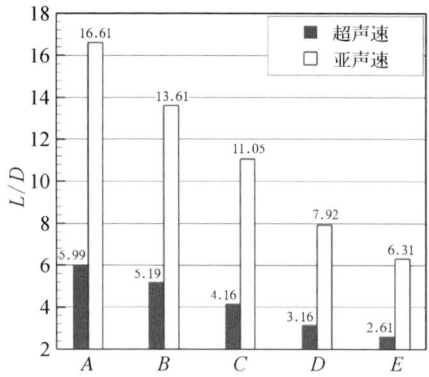

图 5.29 在 0° 迎角下,去除底阻的各外形升阻比对比

由图 5.29 可知,低速时的升阻比从大到小依次为 $A > B > C > D > E$,说明优化外形的低速气动特性与高速状态具有一致性,即在高速状态设计优化出的高升阻比外形在低速时仍然具有良好的气动性能。此外,低速时的双后掠乘波体在去除底阻后的升阻比大幅地高于高速状态的升阻比,有利于兼顾低速性能。

为进一步探究低速的气动特性。图 5.30(a) 展示了在马赫数为 0.4,$H = 0$ km 下,各外形的升阻比随迎角的变化规律,图 5.30(b) 为各外形不计入底阻的升阻比曲线。由图 5.30(a) 可见,在计入底阻时,随着迎角增大,外形的总升阻比具有先增大后减小的趋势,各外形在小迎角时能获得较大的升阻比,较大迎角时升阻比有所下降。例如,外形 A、外形 B 和外形 C 在大约 4° 迎角时获得最大升阻比,而外形 D 和外形 E 在 2° 迎角附近出现最大升阻比。在相同迎角下,从外形 A 到外形 E,其升阻比逐渐下降。外形 A 和外形 B 的升阻比受迎角的影响较为明显,而外形 C、外形 D 和外形 E 的升阻比受迎角的影响较小。由图 5.30(b) 可见,底阻对各外形升阻比的影响显著,当不计入底阻时,各外形的升阻比都有显著提升。虽然在相同迎角下,随着外形从 A 到 E,升阻比仍是逐渐下降,但各外形的升阻比随迎角的变化趋势已与计入底

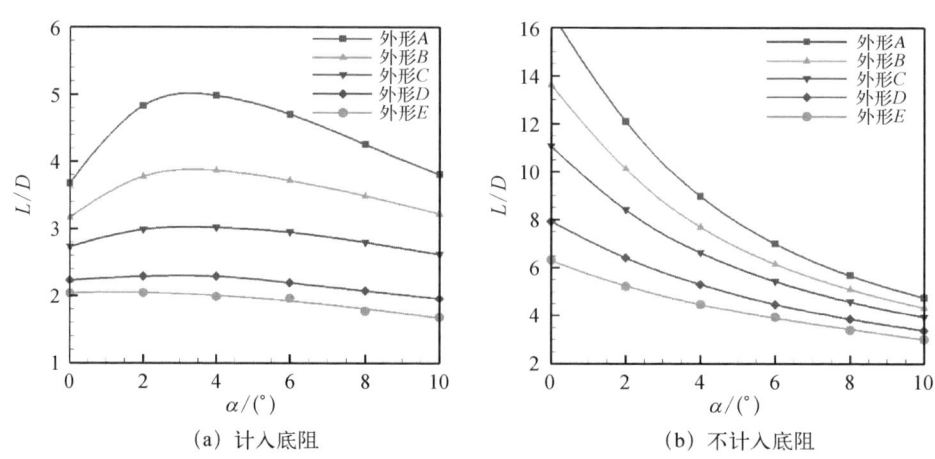

(a) 计入底阻　　　　　　　　　　(b) 不计入底阻

图 5.30 亚声速下不同外形的升阻比变化曲线

阻的情形大不相同。当不计入底阻时,各外形的最大升阻比均出现在 0°迎角,且随着迎角的增加而逐渐下降。

为充分地研究不同迎角下各外形底阻的影响,表 5.6 中对比了在 0°~10°迎角下,五种外形的底阻占总阻力的百分比。从表 5.6 中可见,各外形底阻占比随迎角增加依次降低,如外形 A 的底阻占比从 0°迎角的 77.89%下降到了 10°迎角的 19.25%。各外形底阻随迎角增加降低的幅度不同,外形 A 的降幅最大,达到 58.64%;外形 E 的降幅最小,只有 25.98%。从外形上看,从 A 到 E 的底部面积逐渐增大,具有最小底部面积的外形 A 底阻占比随迎角变化较为明显,其次为外形 C 和外形 E。在小迎角时,外形 E 在五个外形中的底阻占比最小;而在较大迎角时,外形 A 在五个外形中的底阻占比最小,对气动性能影响也最弱。由于乘波体底部形状由上下表面共同决定,为减小底阻的影响,提高设计点的气动性能,需对自由流面法生成的上表面进行改型设计。

表 5.6 不同外形底阻占比

$\alpha/(°)$	外形 A/%	外形 B/%	外形 C/%	外形 D/%	外形 E/%
0	77.89	76.74	75.31	71.80	67.68
2	59.93	62.50	64.19	63.94	60.50
4	44.14	49.32	53.91	56.09	54.67
6	32.26	38.95	44.88	49.76	48.90
8	24.37	30.72	37.74	44.52	45.78
10	19.25	24.58	31.96	39.89	41.70

由前面章节已知,双后掠乘波体在低速时具有明显的涡结构,并通过"涡升力"显著地提升双后掠乘波体的低速气动性能。随着迎角变化,各外形上表面升力系数随迎角的增量具有不同的规律,这是由于该气动布局在低速大迎角的状态下,大后掠角前缘诱导产生的旋涡在第二后掠区的上表面发展并增强。为仔细探讨各外形的涡结构差异,图 5.31 展示了五种外形在马赫数为 0.4、4°迎角时飞行的压力云图,以及四个横截面(分别位于 37%、64%、81%、97%)的压力等值线,涵盖了第一后掠区、后掠翼转折区、第二后掠区和底部截面位置。

由图 5.31 可见,五种外形均产生明显的前缘涡扰动现象:前缘涡从头部一直延伸至乘波体的底面;飞行器第一后掠翼角较大,产生的涡结构影响范围较

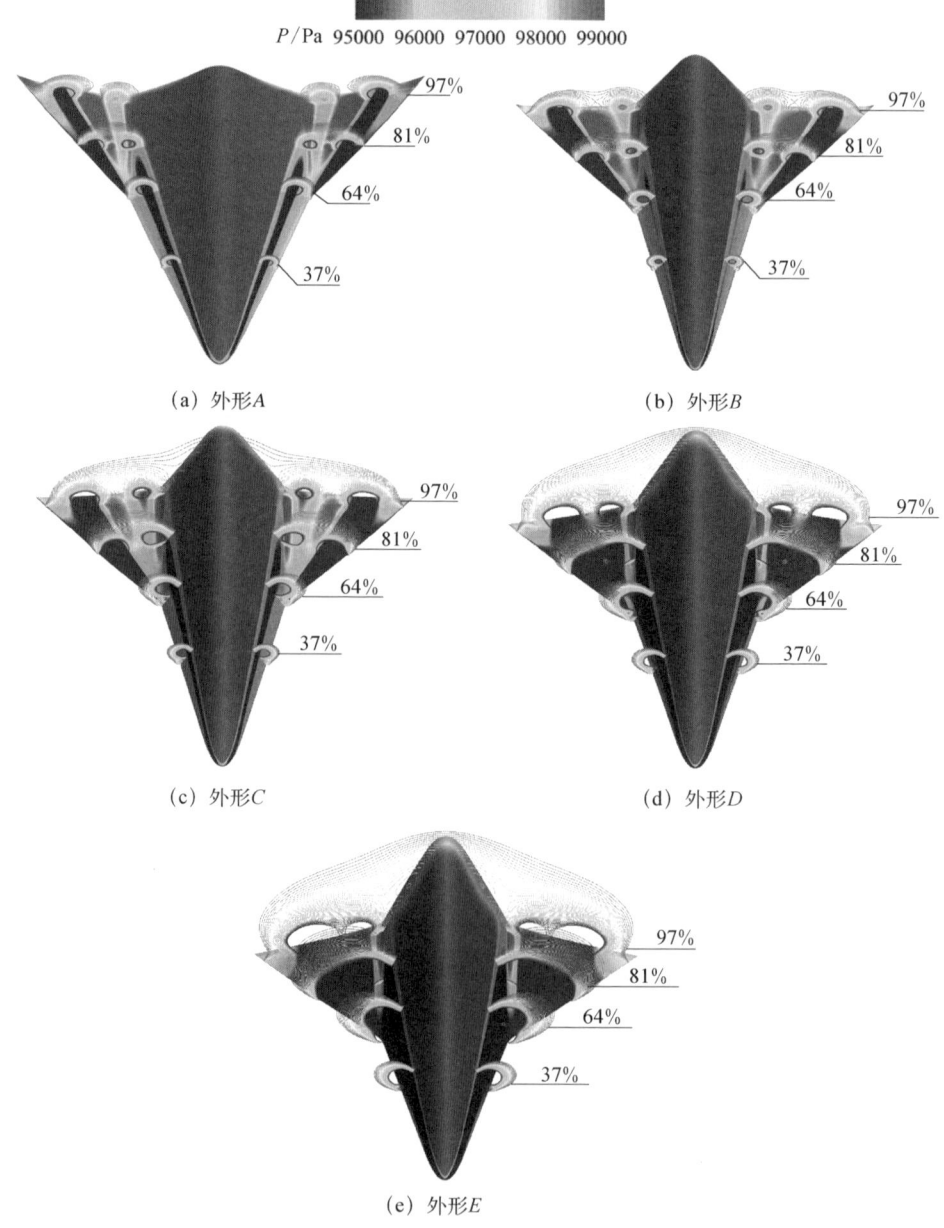

图 5.31　五种外形的低速涡结构图（马赫数为 $0.4, \alpha = 4°$）

小；在后掠翼转折点处，涡扰动得到增强；在第二后掠翼面上还产生了并联式的二次涡结构。从外形 $A \sim E$，前缘涡的扰动范围逐渐扩大，强度逐渐增强。这种"涡效应"使飞行器在低速的飞行性能上得到显著增强，上表面低压区更大的外

形 E 拥有更高的升力系数,低压区域更小的外形 A 具有较小的升力系数。

由前面章节已知,在亚声速状态下,双后掠乘波体的主要升力来源于上表面。为更具体的量化上表面涡结构带来的升力,将各外形上、下表面产生的升力系数和阻力系数做对比,如图 5.32 所示。

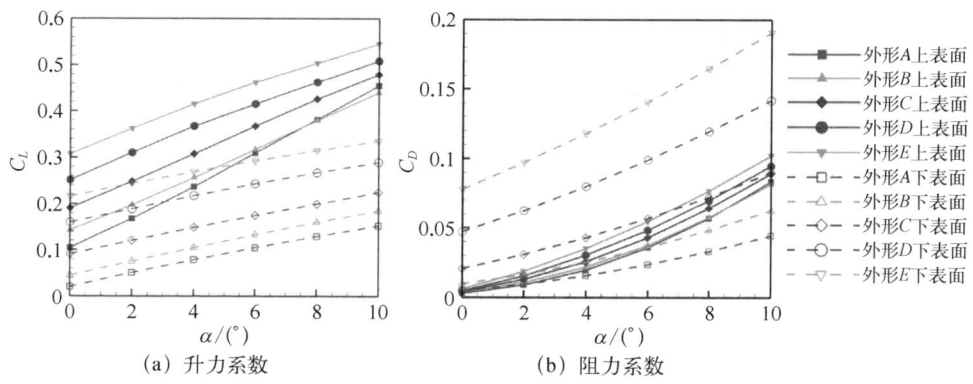

图 5.32 各外形上、下表面的升力系数和阻力系数随迎角变化曲线

由图 5.32(a)看出,同迎角下各个外形上表面对升力的贡献量明显地高于下表面对升力的贡献量;外形从 A 到 E,升力系数依次增大,但升力线斜率逐渐减小。这与图 5.31 展示的涡结构压力云图趋势一致,前缘涡越强,上表面产生的升力系数越大。由图 5.32(b)看出,同迎角下外形 C、外形 D、外形 E 的下表面阻力系数均高于上表面阻力系数;而外形 B 在 $6°$迎角之前上表面阻力系数小于下表面,随迎角增加,二者关系相反;外形 A 的上表面阻力系数始终高于下表面,且随迎角增大上、下表面升力差值逐渐变大。

在 $10°$迎角之后,外形 A 的升力系数反超外形 B 的升力系数,为分析其机理,本节给出 $10°$迎角外形 A 与外形 B 压力分布云图(图 5.33)。在该迎角下,外形 A 的上表面升力系数高于外形 B;外形 A 在第二后掠区存在较大范围的二次涡结构,而外形 B 的第二后掠区尾部小范围低压涡区并未融合。飞行器尾部的低压涡融合形成大范围涡结构,导致上表面的低压区范围变大,这是 $10°$迎角外形 A 升力系数高的原因。图 5.34 给出 $10°$迎角外形 A 与外形 B 涡结构流线图,可以明显地看到外形 A 的上表面较为扁平,由第一后掠区产生的涡结构延伸至第二后掠区,两区域的涡结构在机体第二后掠区域融合发展,诱导产生相对于外形 B 更大的涡区,由此带来的大范围上表面低压区是外形 A 在 $10°$迎角具有较大涡升力的主要原因。

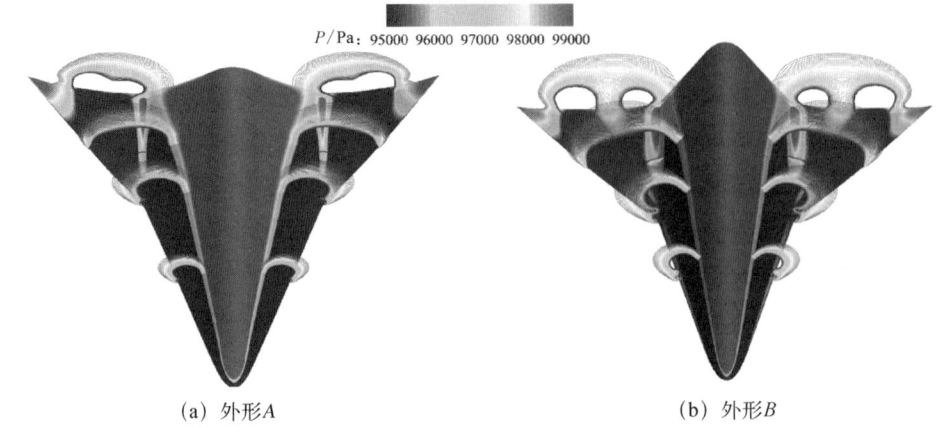

(a) 外形A　　　　　　　　　(b) 外形B

图 5.33　10°迎角外形 A 与外形 B 压力分布云图

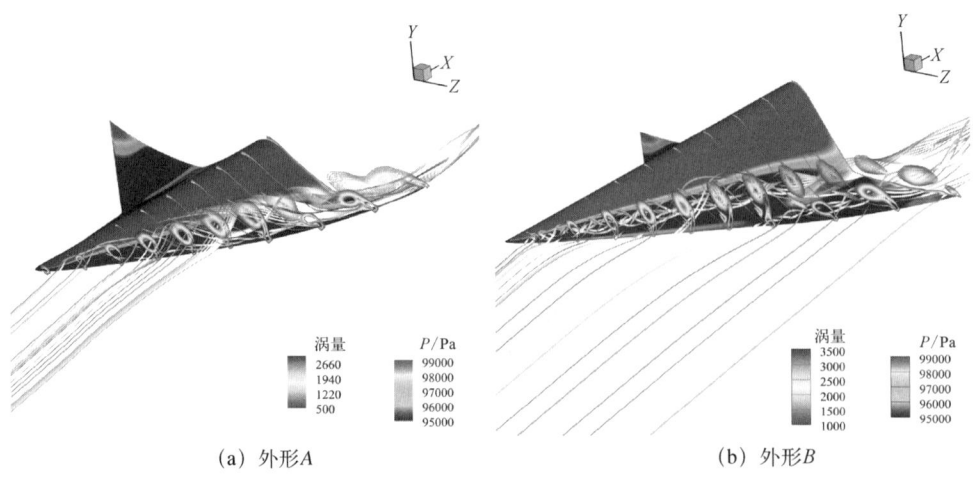

(a) 外形A　　　　　　　　　(b) 外形B

图 5.34　10°迎角外形 A 与外形 B 涡结构流线图

由于双后掠乘波体是一种典型的高超声速气动布局,飞行器的纵向稳定性与平面形状强相关[27-29],尤其是亚声速阶段主导涡流产生的非线性力和力矩对俯仰稳定性的影响并未得到充分研究。图 5.35 是不同外形的俯仰力矩系数随迎角的变化曲线,力矩参考点取重心($0.67L_d$, $0.5H_d$, 0)处,其中,L_d为乘波体总长,H_d为乘波体总高度。

从图中看出,外形从 A~E 的俯仰力矩系数依次降低,在 $0°$~$6°$迎角范围内,B、C、D、E 四种外形的 C_{mz}随迎角增大而降低,维持纵向静稳定状态,随迎角继续增大,外形逐渐趋于纵向中立稳定乃至静不稳定。外形 A 的 C_{mz} 始终随迎角增加而增大,表现为纵向静不稳定。

表 5.7 给出了五种外形的气动中心相对位置和纵向静稳定裕度。可见,从外形 A 到 D,纵向静稳定裕度不断增加,纵向静稳定性逐渐增强;外形 E 相较于外形 D,纵向静稳定裕度略有减小,纵向静稳定性略微下降。外形 A 的气动中心比质心靠前 0.92%,从外形 B 到外形 E 气动中心均在质心之后 1% 以内。

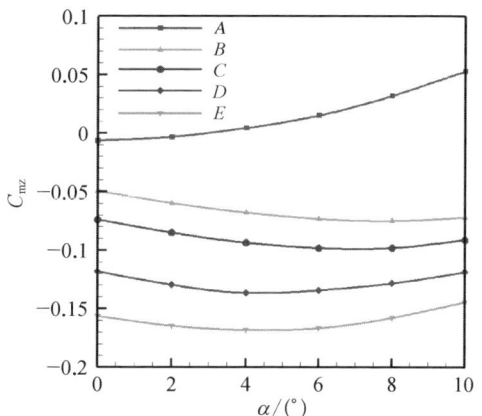

图 5.35 不同外形的俯仰力矩系数随迎角的变化

表 5.7 五种外形的气动中心相对位置和纵向静稳定裕度

外形	A	B	C	D	E
气动中心相对位置/%	66.08	67.25	67.34	67.41	67.14
纵向静稳定裕度/%	-0.92	0.25	0.34	0.41	0.14

综上,本节分析比较了五种外形的低速气动特性。从外形 A 到外形 E,五种乘波体的厚度逐渐增大,从相对扁平(外形 A)逐渐过渡到机身背部有较高的凸起(外形 E),带来的好处是增强了前缘涡的强度和并扩大了其影响范围,增大了涡升力,不利的是厚度增加带来更大的底阻,从而降低了全机升阻比。在纵向静稳定性方面,从外形 A 到外形 E,五种外形的气动中心逐渐后移动,但总体上十分接近。

5.6 本章小结

本章首先介绍了乘波体气动力快速估算算法和一种改进的多目标布谷鸟优化搜索算法,随后以最大化升阻比和容积率为目标开展了一类吻切锥乘波体的多目标优化设计,验证了优化算法的正确性。随后,针对发展的双后掠曲面锥导乘波体开展了设计参数的优化,获得升阻比和容积率的Pareto非劣解集,从中选取典型外形详细分析了其高低速气动性能及流场结构,探讨了双后掠乘波产生低速非线性升力的机理。本章主要结论如下:

(1) 在无黏表面压力的基础上,附加采用参考温度法获得的表面摩擦力作为总的气动力估算值。与CFD算法相比,估算算法具有较高的计算精度,且效率远高于前者,适用于优化设计。

(2) 结合IMOCS算法与气动力估算方法,实现了双后掠曲面锥导乘波体的升阻比与容积率的双目标优化设计。多次重复优化所得的结果均收敛于同一Pareto前沿,验证了优化算法的适用性及稳定性。

(3) 升阻比与容积率是互为矛盾的设计目标,升阻比的提高会带来容积率的下降。设计马赫数越高,优化得到的Pareto前沿更趋近于升阻比变大、容积率减小;设计飞行高度越高,能够获得升阻比的最大值越小。

(4) 在高速条件下,基准锥体的凹凸性对双后掠乘波体的升阻比影响较大,凸锥易于获得高升阻比外形。双后掠乘波体出现非线性升力增长,这与基准锥为主导因素造成的激波附着程度相关:凸锥和直锥设计的乘波体激波附体程度强,出现正的非线性升力;凹锥设计的乘波体激波附体程度弱,出现负的非线性升力。

(5) 在低速条件下,优化外形出现与高速条件下相似的气动特性规律,即高速下升阻比高的外形在低速同样有较高的升阻比。升阻比较低的外形具有较明显的背部拱起但带来的涡结构越强,可以产生更大的涡升力。

参考文献

[1] 王迅,蔡晋生,屈崑,等. 基于改进CST参数化方法和转捩模型的翼型优化设计[J]. 航空学报, 2015, 36(2): 449-461.

[2] 郑传宇,黄江涛,周铸. 飞翼翼型高维目标空间多学科综合优化设计[J]. 空气动力学报, 2017, 35(4): 415-420.

[3] 李静,高正红,赵轲. 基于直接控制FFD参数化方法的跨声速层流翼身组合体稳健性设计[J]. 中国科学: 技术科学, 2015, 45(9): 964-974.

[4] 王丹,白俊强,黄江涛. FFD方法在气动优化设计中的应用[J]. 中国科学: 物理学力学天文学, 2014, 44(3): 267-277.

[5] 陈立立,郭正,侯中喜. 自由变形技术在RAE2822翼型优化设计中的应用[J]. 国防科技大学学报, 2018, 40(5): 45-53.

[6] 韩忠华. Kriging模型及代理优化算法研究进展[J]. 航空学报, 2016, 37(11): 3197-3225.

[7] Kinney D. Aero-thermodynamics for conceptual design[C]. 42nd AIAA Aerospace Sciences Meeting and Exhibit, Reno, 2004: 31.

[8] 陈立立, 郭正, 侯中喜, 等. 组合式高超声速飞行器布局设计与优化分析[J]. 气体物理, 2019, 4(6): 29-39.

[9] Eyi S N, Yumuşak M. Aerothermodynamic shape optimization of hypersonic blunt bodies[J]. Engineering Optimization, 2015, 47(7): 909-926.

[10] 李治宇, 唐志共, 杨彦广, 等. 新概念融合升力体气动布局设计优化方法研究[J]. 空气动力学学报, 2015, 33(1): 48-53.

[11] Ueno A, Imamura S, Taguchi H. Experimental and numerical study on aerodynamic design of hypersonic vehicle[C]. 17st AIAA International Space Planes and Hypersonic Systems and Technologies Conference, San Francisco, 2011.

[12] Rodi P. Optimization of bezier curves for high speed leading edge geometries[C]. 51st AIAA Aerospace Sciences Meeting including the New Horizons Forum and Aerospace Exposition, Grapevine, 2013: 1004.

[13] Zhang F T, Cui K, Yang G W, et al. Optimization design of waverider based on the artificial neural networks[J]. Chinese Journal of Theoretical and Applied Mechanics, 2009, 41(3): 418-424.

[14] 吴功名. 基于 Kriging 代理模型的高超声速飞行器气动外形优化[D]. 南京: 南京航空航天大学, 2018.

[15] 江志国, 唐硕, 车竞. 高超声速巡航飞行器气动布局优化软件设计[J]. 飞行力学, 2008, 26(1): 52-55.

[16] 张龙龙. 基于代理模型的飞行器气动外形快速优化设计[D]. 长沙: 国防科学技术大学, 2015.

[17] 杨海江. 乘波体气动外形设计与计算[D]. 南京: 南京航空航天大学, 2008.

[18] Eckert E R G. Engineering relations for heat transfer and friction in high-velocity laminar and turbulent boundary-layer flow over surfaces with constant pressure and temperature[J]. Journal of Fluids Engineering, 1956, 78(6): 1273-1283.

[19] Poli R, Kennedy J, Blackwell T. Particle swarm optimization[J]. Swarm Intelligence, 2007, 1(1): 33-57.

[20] Kirkpatrick S, Gelatt C D, Vecchi M P. Optimization by simulated annealing[J]. Science, 1983, 220(4598): 671-680.

[21] Goldberg D E. Genetic Algorithm in Search Optimization and Machine Learning[M]. Boston: Addison Wesley Publishing Company, 1989: 2104-2116.

[22] Yang X S, Deb S. Engineering optimisation by cuckoo search[J]. International Journal of Mathematical Modelling and Numerical Optimisation, 2010, 1(4): 330-343.

[23] Yang X S, Deb S. Multiobjective cuckoo search for design optimization[J]. Computers and Operations Research, 2013, 40(6): 1616-1624.

[24] 张鑫帅, 刘俊, 罗世彬. 基于改进多目标布谷鸟搜索算法的翼型气动优化设计[J]. 航空学报, 2019, 40(6): 122550.

[25] Liu J, Wang D, Luo S B. An effective constraint-handling improved cuckoo search algorithm

and its application in aerodynamic shape optimization[J]. IEEE Access, 2020, 8: 139121 – 139142.

[26] Liu C Z, Bai P, Tian J W, et al. Nonlinearity analysis of increase in lift of double swept waverider[J]. AIAA Journal, 2019, 58(1): 304 – 314.

[27] 刘传振, 田俊武, 白鹏, 等. 双后掠乘波体的非线性升力增长[J]. 航空学报, 2019, 40(10): 122864.

[28] 刘传振, 白鹏, 陈冰雁. 双后掠乘波体设计及性能优势分析[J]. 航空学报, 2017, 38(6): 120808.

[29] Bykerk T, Verstraete D, Steelant J. Low speed longitudinal aerodynamic, static stability and performance analysis of a hypersonic waverider[J]. Aerospace Science and Technology, 2020, 96: 105531.

第 6 章

乘波构型扩展设计

前述章节重点介绍了基本乘波体的设计方法,然而这些理论设计过程中并未直接考虑宽速域气动性能、操稳特性和内部容积特性等工程实际需求。飞行器具体应用时不得不以理论外形为基础,进行"修型"设计,因自由度受限,效果往往差强人意。需要将以上因素直接引入乘波体的设计流程,发展面向工程实际的乘波构型扩展设计方法。本章整理了国内外乘波构型扩展设计研究的主要进展,归纳设计原理和方法,以期为宽速域、大容积、增稳乘波构型设计提供借鉴。

6.1 引言

在现实需求推动下,国内外研究者针对乘波构型的扩展设计,开展了大量相关的研究工作,发展出一批设计方法。典型的乘波构型扩展设计方法有组合乘波构型、变马赫数/变激波角吻切乘波构型、后掠角及上下反角可控的乘波构型、脊型乘波构型等,如图 6.1 所示。其中组合乘波构型又包括星型乘波体、外加小

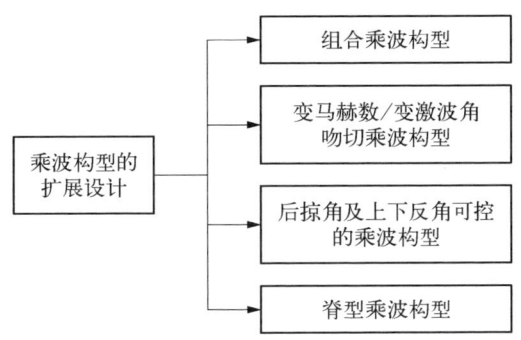

图 6.1 乘波构型的扩展设计

翼乘波体、高压捕获翼乘波体、宽速域组合乘波体等。

组合乘波构型是将不同的基本乘波构型进行组合,或者将基本乘波构型与附加翼面结合,以提升基本构型起降时的低速性能和宽域飞行性能[1-4]。变马赫数/变激波角吻切乘波构型将设计马赫数/变激波角沿展向连续变化,提高吻切乘波构型的宽域飞行性能和容积的控制。后掠角及上下反角可控的乘波构型通过控制后掠角和上下反角,提升乘波构型低速性能和横向稳定性。脊型乘波构型将超声速脊型前体的脊型边缘与乘波体下表面的尖锐边缘相结合,在不破坏下表面乘波特性的前提下改善基础乘波构型的容积率特性。

6.2 组合乘波构型设计

6.2.1 星型乘波体

星型乘波体构型由美国学者 Corda[1] 提出,是一种有别于其他基本乘波构型的新型乘波体。将四个楔导乘波体沿周向进行组合,形成后视图为星型的乘波体,如图 6.2 所示。同时 Corda 还指出,四个楔导乘波体根据设计需求,可以组合成不同的构型,包括设计马赫数全相同的轴对称构型、设计马赫数两两相同的面对称构型、设计马赫数三个相同的非对称构型。对于非对称的星型乘波体,本节

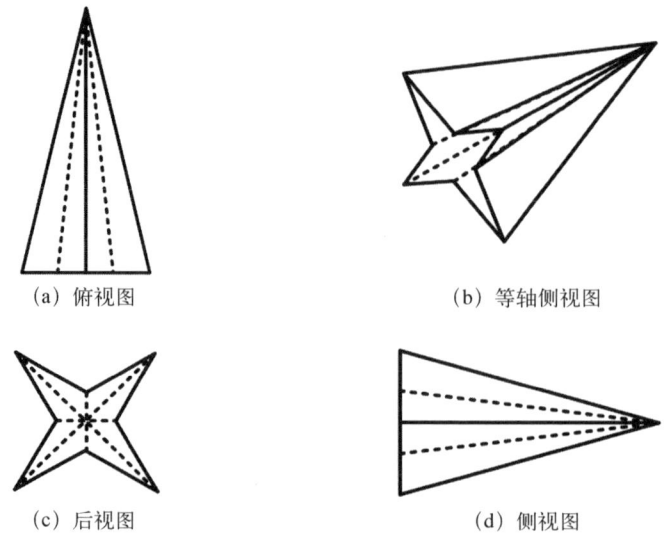

(a) 俯视图　　(b) 等轴侧视图

(c) 后视图　　(d) 侧视图

图 6.2　星型乘波体构型[1]

可以利用其非对称力来产生俯仰、偏航和滚转力矩：俯仰/偏航力矩用于调整飞行中的总迎角；滚转力矩用于实现旋转稳定。Rodi[2]对非对称星型乘波体构型产生的俯仰、偏航和滚转力矩开展了进一步研究，相应构型如图6.3所示。

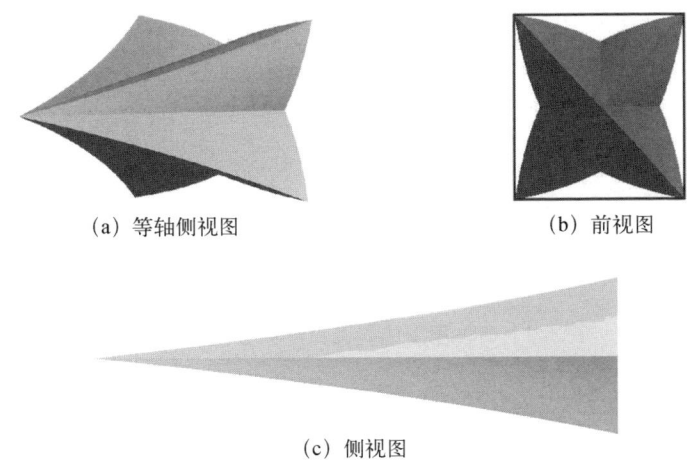

(a) 等轴侧视图　　　　　　　　(b) 前视图

(c) 侧视图

图 6.3　非对称星型乘波体构型[2]

对于星型乘波体，其关键在于先单独完成各个乘波体的设计，然后再根据任务需要将不同的乘波体进行组合，最终形成封闭的星型乘波体构型。其中，各乘波体组合连接处是其上表面自由流面及前缘型线。在设计状态下，各部分乘波体均产生依附于前缘的激波，将各自的高压气流限制在乘波面内，各乘波面之内的气流不会相互干扰，整个星型乘波体具有较好的乘波特性。

此外，研究者将星型乘波体的设计思路进一步推广，将其与锥导、吻切锥、椭圆锥乘波构型设计方法等相结合。例如，Rasmussen[3]提出将楔导乘波体与椭圆锥导乘波体组合，在锥导乘波体上表面形成小垂尾，如图6.4所示。

6.2.2　外加小翼乘波体

在起飞着陆时的低速飞行阶段，乘波体前缘无法产生附体激波，导致其升阻比较低[4]。为此，Takama[5]提出了外加小翼乘波体设计概念，如图6.5所示。

Takama将一对小翼加装在理论锥导乘波体的两侧，并对其低速气动性能和高速气动性能进行分析。结果表明，在低速飞行时，外加小翼能有效地提高飞行器的升阻比；在高速飞行时，整体构型的乘波特性未被破坏，仍具有较好的气动性能。这说明，外加小翼锥导乘波构型应用于宽速域飞行器设计是可行的。但

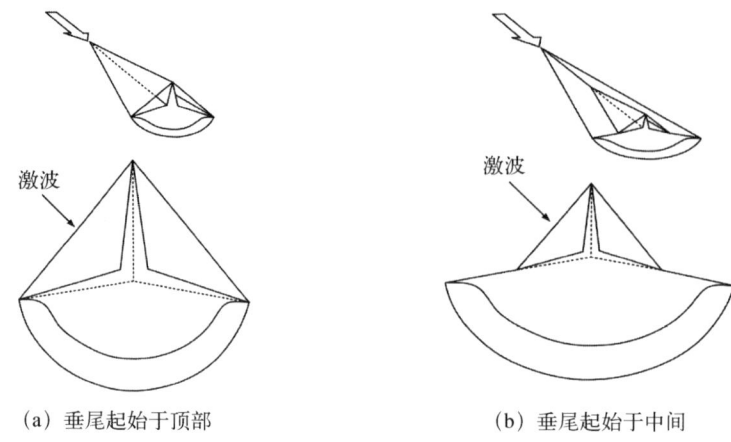

(a) 垂尾起始于顶部　　　　　　　　(b) 垂尾起始于中间

图 6.4　有小垂尾的椭圆锥导乘波体构型[3]

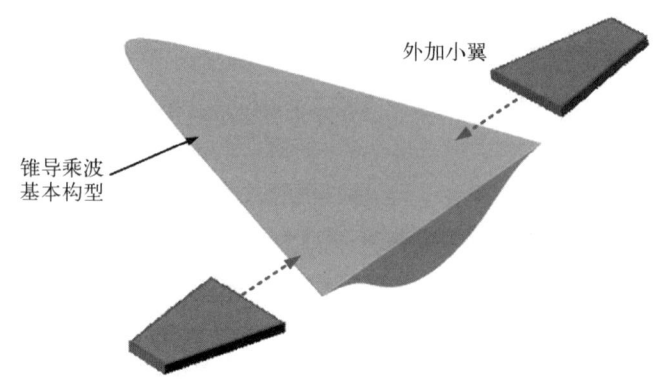

图 6.5　外加小翼锥导乘波构型[5]

是,还需考虑附加小翼与乘波体连接处高压区的影响[5,6]。

6.2.3　高压捕获翼乘波体

一般来说,飞行器的升阻比与容积相互制约,飞行器的容积增大通常会导致其升阻比减小,反之亦然。现有的气动布局方案,往往需要在这两个指标之间进行权衡,选取整体性能较优的折中方案。

针对这一问题,崔凯等[7]提出了一种具有高压捕获翼的新型乘波构型方案,如图 6.6 所示。在飞行器上表面(背风面)合适的位置加装高压捕获翼,用于捕获飞行器上表面的高压区,使高压捕获翼的上、下表面形成较大的压力差,提升飞行器的升力。高压捕获翼是与来流方向平行布置的薄翼结构,产生的阻力小,因此，整个飞行器的升阻比也得到了很大提升。高压捕获翼是乘波概念的一种拓展，为提升高速飞行器的升力提供了新的思路。

此外，可以将高压捕获翼与变形技术结合起来，在不同飞行状态，改变高压捕获翼的位置或其他参数，使飞行器始终工作在最佳位置。另外，也可以将高压捕获翼与乘波面、捕获翼面结合起来，进一步提升飞行器的升阻比。

关于高压捕获翼的气动特性还需进一步探索和研究。

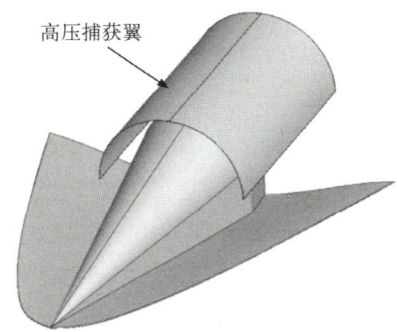

图 6.6　高压捕获翼乘波构型[7]

可能只在设计点具有良好的气动性能，但在非设计点处乘波特性会变差。随着高超声速飞行器朝着宽域飞行的方向发展，要求其在较宽速域具有良好的气动性能，为此需要探索新的乘波设计理念来满足需求。

基于上述思想，提出了一种宽速域串联组合乘波体，如图 6.7(a) 所示。乘波体前段采用相对高速乘波体构型，后段采用相对低速乘波体构型，中间采用适当的过渡结构，使其在较宽的飞行包线内均具有较好的气动性能。基于同样的设计理念，提出另一种宽速域串联组合乘波体，如图 6.7(b) 所示，其前段采用相对低速乘波体构型，后段采用相对高速乘波体构型，

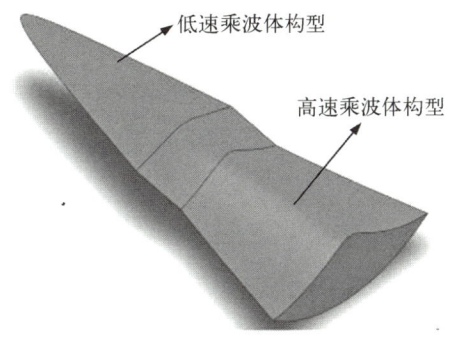

(a) 前高、后低串联组合乘波体　　　　(b) 前低、后高串联组合乘波体

图 6.7　宽速域串联组合乘波构型[8,9]

在宽速域串联组合乘波构型的基础上，Li 等[10]提出了宽速域并联组合乘波构型，如图 6.8 所示。该组合乘波构型将相对高速乘波体和相对低速乘波体沿展向并联组合而成，中部为相对高速乘波体构型，两侧为相对低速乘波构型，三者融合构成并联组合乘波体。结果表明，与单马赫数设计的乘波构型相比，宽速域并联组合乘波构型能够降低飞行过程中的阻力，提高飞行器的升阻比。

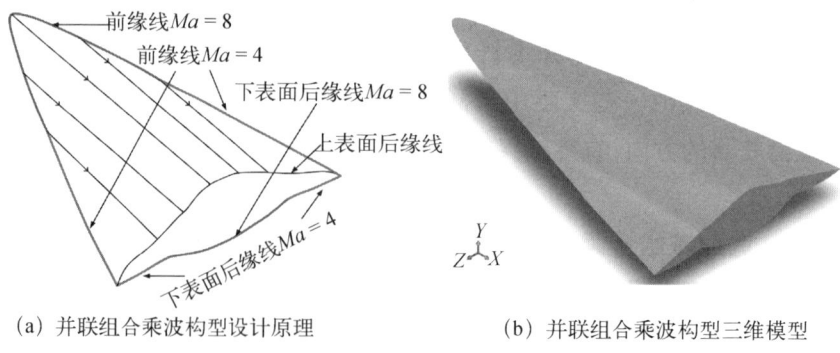

(a) 并联组合乘波构型设计原理　　(b) 并联组合乘波构型三维模型

图 6.8　并联组合乘波构型设计原理和三维模型[10]

为保证乘波体在高速滑翔阶段和相对低速巡航阶段均具有良好的乘波特性，丁峰[11]提出了一种滑翔-巡航组合乘波构型，如图 6.9(a)所示。当处于滑翔

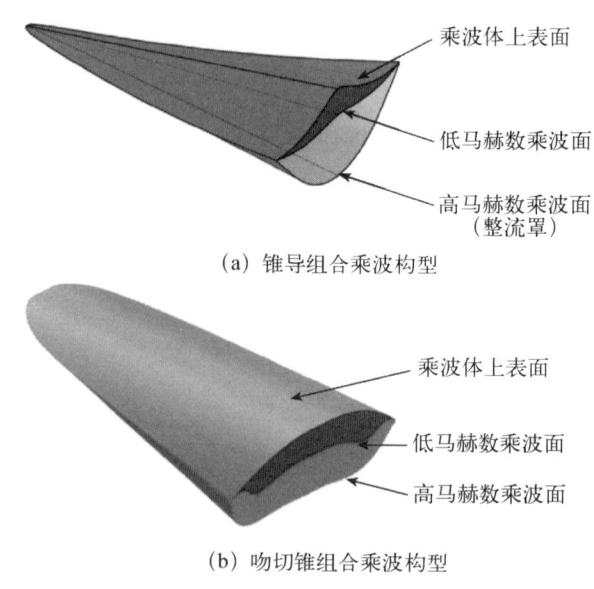

(a) 锥导组合乘波构型

(b) 吻切锥组合乘波构型

图 6.9　滑翔-巡航组合乘波构型[11,12]

阶段时,乘波体依靠具有乘波特性的整流罩实现高速飞行状态下乘波;当处于巡航阶段时,整流罩被抛离,乘波体前体仍然保持乘波特性。王庆文[12]在此基础之上,结合吻切锥乘波设计理论,进一步拓展了滑翔-巡航组合乘波构型设计方法,如图6.9(b)所示。

6.3 变马赫数/变激波角吻切乘波构型

马赫数和流场激波角是吻切乘波构型的主要设计参数,对乘波构型的容积、升阻比等均有较大的影响。以马赫数或激波角作为吻切平面内基准流场的变化参数,学者发展出变马赫数/变激波角吻切乘波构型设计方法。

为提高吻切乘波构型的宽域飞行性能,Zhao等[13]基于吻切乘波设计理论,提出了一种变马赫数吻切乘波构型设计方法。结果表明,与定马赫数吻切乘波构型相比,变马赫数吻切乘波构型在整个飞行剖面内具有更高的升阻比;在保持几乎相同的高速气动性能的同时,具有优越的低速气动性能。为实现变马赫数吻切乘波构型在不同马赫数区间光滑过渡,刘珍[14]在Zhao等[13]等的基础上提出了一种新型变马赫数吻切乘波构型设计方法,实现不同吻切面内的设计马赫数沿展向连续变化,如图6.10所示。结果表明,该方法设计出的乘波构型具有较好的宽速域气动性能。

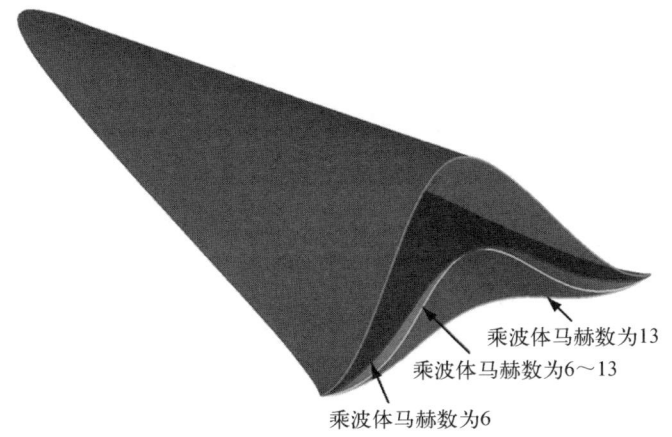

图6.10 变马赫数吻切乘波构型与定马赫数吻切乘波构型对比[14]

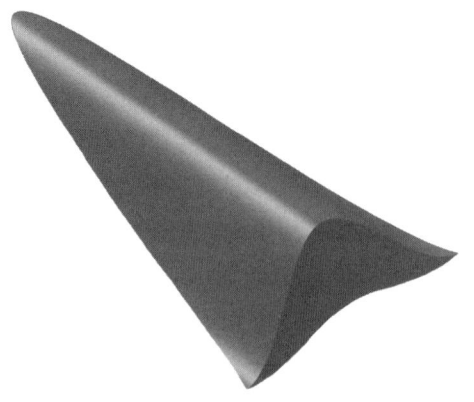

图6.11　变激波角吻切乘波构型[14]

此外,刘珍[14]提出了变激波角吻切乘波构型设计方法,使其在不同的吻切平面内,激波角沿展向连续变化,相应的构型如图6.11所示。同时,她还分析了激波角对吻切锥乘波体性能的影响,发现小激波角可以用于设计较高升阻比的吻切乘波构型,而大激波角可以用于设计较大容积的吻切乘波构型,并研究了激波角沿展向的变化规律对吻切乘波构型性能的影响。

6.4　后掠角及上反角可控的乘波构型

后掠角对宽速域升阻比特性具有关键的影响,而上反角则在飞行器的横向静稳定性中扮演重要角色。遗憾的是,基本乘波构型的设计并未考虑后掠角和上反角,因此,无法对两者进行有效控制。为了满足特定后掠角或上反角的要求,需要发展后掠角及上反角可控的乘波构型设计方法。

洛克希德·马丁公司的Rodi[15,16]最早将可控后掠角乘波构型作为研究对象,并阐明了乘波体的平面形状、上表面后缘型线及激波出口型线之间需要满足的数学关系。此外,Rodi还对定后掠角吻切锥乘波体和定后掠角吻切流场乘波体的几何特征和涡升力特性进行了深入研究。然而,该研究并未从理论设计的角度阐述如何生成具有定后掠角的乘波构型。

在Rodi提出的定后掠角乘波构型的基础之上,Duan等[17]提出了定后掠角吻切乘波构型的生成方法,通过激波型线上的一段直线段来生成具有定后掠角的乘波体前缘型线,相应构型如图6.12所示。此外,Duan还将后掠角、激波角和前缘型线曲率等作为变量,研

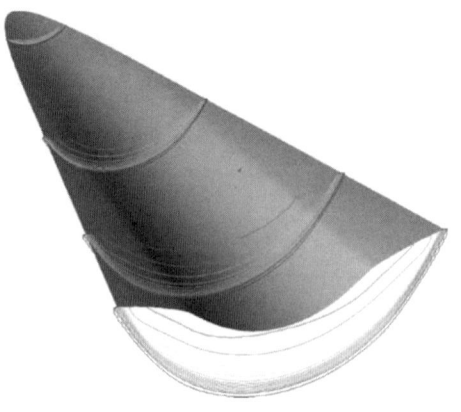

图6.12　定后掠角乘波构型[17]

究其对乘波构型升阻比、容积率等的影响。结果表明,定后掠乘波体表现出良好的乘波特性,在特定迎角下能够在上表面产生稳定的分离涡,改善乘波构型的升力特性。此外,在保持一定容积率的前提下,定后掠乘波体能够实现较高的升阻比。

为克服乘波体在低速下气动性能较差的问题,刘传振等[18]在定后掠角乘波构型的基础上,提出了双后掠乘波构型概念,如图 6.13 所示。在高速飞行时,构型依靠前缘激波压缩具有较高的升阻比;而在低速时,则依靠前缘涡效应来提高升力,因而具有较好的宽域气动性能。

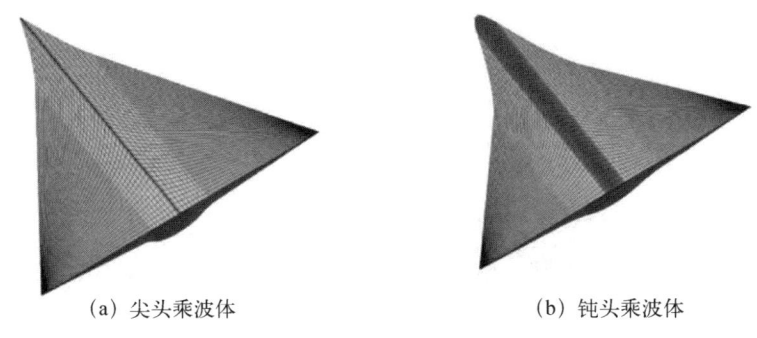

(a) 尖头乘波体　　　　　　(b) 钝头乘波体

图 6.13　双后掠乘波构型[18]

然而,上述定前缘型线的吻切锥双后掠乘波设计方法存在设计过程复杂、激波出口型线与理论值存在一定偏差等问题[19,20]。本书作者团队提出了基于投影法的双后掠锥导、吻切锥、曲面锥导乘波体设计方法,具体见本书第 4 章。

陈韶华[21]将后掠角与上反角同时引入吻切锥乘波体的设计中,提出了后掠角及上反角可控的乘波构型设计方法。将后掠角作为设计参数引入乘波体水平型线方程中,实现了后掠角可控;将上反角作为设计参数引入激波底部型线方程中,实现了上反角可控。在乘波体的设计过程中,通过同时控制水平型线和激波底部型线方程,达到同时控制后掠角和上反角的目的。在此基础之上,设计了不同后掠角吻切锥乘波体和不同上反角的吻切锥乘波体,如图 6.14 所示。通过数值仿真计算,验证了后掠角及上反角可控的乘波构型的乘波特性。同时,根据计算结果和理论角度分析后掠角及上反角对乘波构型最大升阻比和横向稳定性的影响。

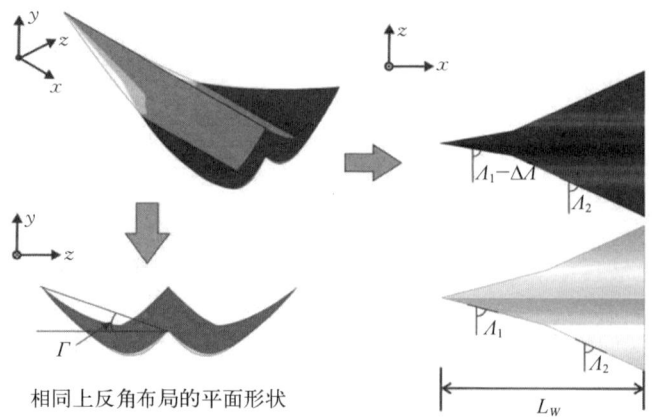

(a) 不同后掠角的吻切锥乘波体

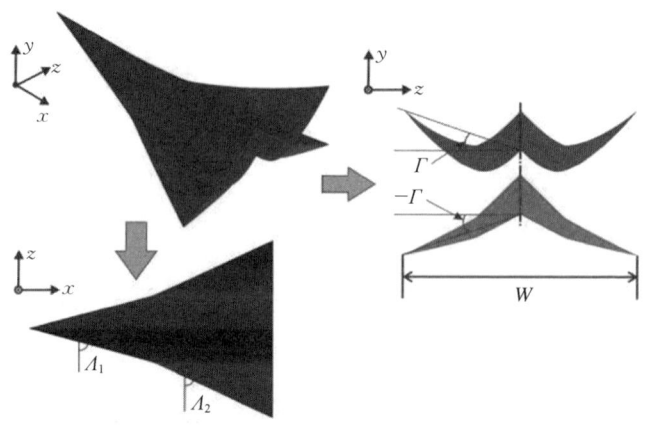

(b) 不同上反角的吻切锥乘波体

图 6.14 后掠角及上反角可控的乘波构型[21]

6.5 脊型乘波构型

乘波体的上表面通常采用自由流面法进行设计,而下表面采用流线追踪法设计。然而,这种设计方式会导致乘波体的上下表面相对平坦,飞行器的容积难以满足需求。为了解决这一矛盾,可在不改变下表面乘波特性的前提下,通过改变上表面的形状来增大容积。

超声速脊型前体可探测性低、超声速大迎角气动性能优良,并具备较好的容积特性。这类前体由脊型边缘和相切的拱型构成,它也被应用在先进的超声速战斗机上,F‑22 超声速战斗机如图 6.15 所示。Roos 等[22,23]研究了圆锥前体、椭圆锥前体和脊型前体性能。研究发现,在任意迎角下,脊型前体产生的法向力高于其他两种前体构型,其背风面产生类似于大

图 6.15　F‑22 超声速战斗机

后掠三角翼的涡结构。此外,相比另两种前体,脊型前体具有更好的航向稳定性。

将乘波构型与超声速脊型前体相结合,可充分地利用超声速脊型前体的优势,并提升基础乘波构型的容积特性,这种新型乘波设计方法称为脊型乘波设计方法[4]。该方法将超声速脊型前体的脊型边缘与乘波体下表面的尖锐边缘相结合,避免了脊型上表面对乘波下表面的影响,因而可以在不破坏下表面乘波特性的前提下改善基础乘波构型的容积特性。

6.5.1　基于超椭圆曲线的脊型吻切锥乘波体设计

Ravi 和 Mason[24]提出利用超椭圆方程对脊型前体进行参数化设计的方法。该方法可以得到脊型前体的横截面曲线,其俯视投影型线由尖拱形和直线组成。超椭圆曲线的数学表达式如下:

$$\left(\frac{z}{b}\right)^{2+n} + \left(\frac{y}{a}\right)^{2+m} = 1 \tag{6.1}$$

式中,a 为超椭圆曲线的高半径;b 为超椭圆曲线的宽半径;m 和 n 为超椭圆方程的自适应参数,m 控制超椭圆曲线在边缘处的斜率,n 控制超椭圆曲线在对称面处的斜率。

利用超椭圆方程生成超声速脊型前体具有如下优点:

(1) 设计方法灵活,有限的参数可以设计出较多的外形;

(2) 具有脊型边缘和光滑拱起等脊型前体的主要特征;

(3) 方程形式较简单,且可对脊型边缘的斜率进行控制。

柳军等[4]将吻切锥乘波体设计方法与脊型前体相结合,提出了超椭圆曲线脊型吻切锥乘波体设计方法。该方法采用超椭圆曲线来设计脊型乘波体的上表面,乘波下表面通过吻切锥乘波理论生成,步骤如下:

(1) 给定总体设计参数,如乘波体的长度和宽度;

(2) 给定乘波体下表面的设计参数和型线,采用吻切锥乘波理论生成下表面;

(3) 给定上表面设计参数,获取前缘线。将前缘线离散,获取离散的前缘点坐标;

(4) 根据获得的前缘线离散点,采用超椭圆方程生成纵向横截面上的上表面轮廓线;

(5) 将上表面轮廓线进行放样,再封闭外形的底部,得到最终的超椭圆曲线脊型吻切锥乘波体。

基于上述方法,柳军等[4]设计了多种不同的超椭圆曲线脊型吻切锥乘波体,其中之一如图 6.16 所示。同时,他们还分析了设计参数对超椭圆曲线脊型吻切锥性能的影响,发现激波角、底部截面的高宽比及超椭圆方程的自适应参数对构型的容积率起决定性作用,前两者还对构型的升阻比有重要的影响。此外,他们将基础吻切锥乘波体和具有相同乘波下表面的超椭圆曲线脊型吻切锥乘波体进行对比分析,发现超椭圆曲线脊型吻切锥乘波体的容积提升了 50%,但两者在高超声速大迎角下升阻比性能接近。

图 6.16　超椭圆曲线脊型吻切锥乘波体外形[4]

6.5.2　基于 CST 方法的脊型吻切锥乘波体设计

为了克服基于超椭圆曲线的脊型吻切锥乘波体设计方法的局限性(临时上表面底部型线为直线),柳军等[4]提出采用设计参数少、适应性强和建模精度高的 CST 方法生成脊型乘波体上表面。CST 方法是一种基于类函数和形状函数的二维或三维几何型面解析方法,可通过较少的设计参数描述较大的设计空间[25]。

CST 方法最早用来对翼型进行拟合,二维翼型的无量纲表达式为

$$\zeta(\varphi) = C_{N_2}^{N_1}(\varphi) \times S(\varphi) \tag{6.2}$$

式中，ζ 为对 z 轴进行归一化之后的无量纲坐标；$\varphi = x/c$，即 x 坐标对翼型弦长的归一化无量纲坐标；$C_{N_2}^{N_1}(\varphi)$ 为类函数，决定翼型的基本几何特征；$S(\varphi)$ 为形状函数，对类函数得到的翼型几何外形进行修正。

类函数的表达式如下：

$$C_{N_2}^{N_1}(\varphi) = \varphi^{N_1}(1-\varphi)^{N_2} \tag{6.3}$$

式中，N_1 和 N_2 是类函数的控制参数。

形状函数一般采用 n 阶伯恩斯坦（Bernstein）多项式，其表达式为

$$S(\varphi) = \sum_{i=1}^{n} b_i B_n^i(\varphi) = \sum_{i=0}^{n} b_i \binom{n}{i} \varphi^i (1-\varphi)^{n-i} \tag{6.4}$$

式中，n 为多项式阶数；b_i 为 Bernstein 系数；$\binom{n}{i}$ 为组合数，$\binom{n}{i} = \dfrac{n!}{i!(n-i)!}$。

二维翼型的无量纲表达式为

$$\zeta(\varphi) = \sum_{i=1}^{n} b_i [C_{N_2}^{N_1}(\varphi) B_n^i(\varphi)] = \sum_{i=0}^{n} b_i \zeta_i(\varphi) \tag{6.5}$$

由形状函数的表达式可以知道，翼型可以通过 n 阶 Bernstein 多项式分解为 $n+1$ 个曲线加权组合的形式，其中，b_i 为每个每条曲线的权重因子，影响整个翼型的形状。

除了对二维翼型进行拟合，Kulfan[26,27]也提出了 CST 方法在机舱、机翼和机身等方面的应用，如图 6.17 所示，展示了 CST 方法强大的几何表达能力。

国内学者也对 CST 方法进行了相应的研究。关晓辉等[28]基于 CST 方法，提出了一种类别形状修正函数变换（category shape rectification transform，CSRT）方法，研究表明，虽然 CSRT 方法解决了 CST 方法局部控制不足的问题，但需要更多的参数来实现相似的控制精度，使优化过程较困难；马洋等[29]基于 CST 方法设计了高超声速滑翔式升力体，并针对设计参数，进行基于克里金（Kriging）代理模型的多目标优化设计；粟华等[30]基于 CST 方法，采用 B 样条函数代替 Bernstein 多项式，并通过引入侧向轮廓描述函数，建立三维飞行器几何外形的完整表达式，引入了分层设计的思想，在保持设计空间的同时，降低了优化的难度，提高了优化设计的效率。

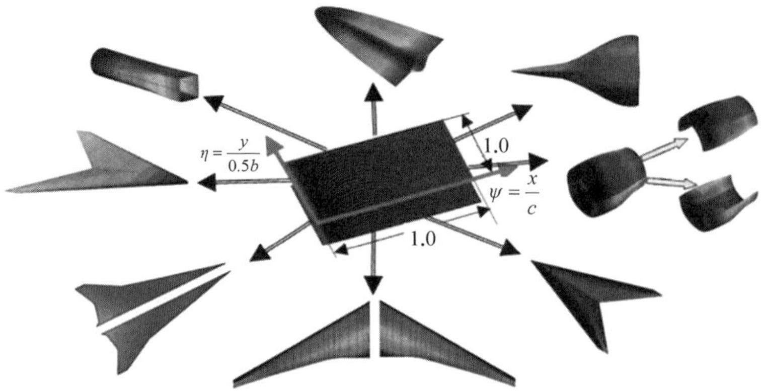

图 6.17 CST 方法的多方面应用[26]

利用 CST 方法强大的几何表达能力,柳军等[4]提出了基于 CST 方法的脊型吻切锥乘波体设计方法。乘波体下表面仍采用吻切锥乘波设计方法生成,用 CST 方法代替自由流面法生成乘波体的脊型上表面。相较于基于超椭圆曲线的脊型吻切锥乘波体设计方法,该方法设计乘波体下表面时乘波体底部型线不受限制,可以根据实际需要进行设计,大大扩展了设计空间。他们还对比了基本吻切锥乘波体和具有相同乘波下表面的基于 CST 方法的脊型吻切锥乘波体(图 6.18)。结果表明:基于 CST 方法的脊型吻切锥乘波体相较于基本吻切锥乘波体,上表面的设计自由度更高,可根据实际容积、气动特性等要求进行上表面的设计和优化;且前者设计的乘波体在边缘处较薄,有利于气动特性的提升,但也会带来热防护和加工制造方面的问题,在进行前缘钝化时,需要考虑采用扩容积的钝化方法。

图 6.18 基于 CST 方法的脊型吻切锥乘波体外形[4]

6.6 本章小结

工程实际应用时,理论设计的乘波体往往不能很好地满足需求,需要进行乘波构型的扩展设计。本章介绍了组合乘波构型、变马赫数/变激波角乘波构型、后掠角及上反角可控的乘波构型及脊型乘波构型等乘波构型扩展设计原理和方法。本章主要内容总结如下：

（1）组合乘波构型包含星型乘波体、外加小翼乘波体、高压捕获翼乘波体和宽速域组合乘波体等。通过将不同的基本乘波体进行组合，或者将基本乘波体与翼面结合，从而提升乘波构型性能，实现乘波体适应工程应用需求的灵活性。

（2）以马赫数作为吻切平面内基准流场的变化参数，提出的变马赫数吻切乘波构型设计方法可使乘波体在保持高速气动性能的同时，拥有较好的低速性能；以激波角作为吻切平面内基准流场的变化参数，提出的变激波角吻切乘波构型设计方法能够平衡乘波构型的容积特性和升阻比性能，使乘波体在保持一定的容积下，仍有较高的升阻比。

（3）后掠角及上反角可控的乘波构型设计方法能够生成指定后掠角或上反角的乘波构型。后掠角可控有利于提升乘波体宽速域升阻比特性；而上反角可控有利于飞行器满足横向稳定性要求。

（4）基于超椭圆曲线的脊型吻切锥乘波体及基于CST方法的脊型吻切锥乘波体设计，通过改进上表面的型线来实现乘波构型的扩容设计。这些设计方法在显著提高内在容积的同时，保持了乘波体在实际迎角下的升阻比性能，具有较强的工程应用潜力。

参考文献

[1] Corda S. Star-body waveriders with multiple design Mach numbers[J]. Journal of Spacecraft and Rockets, 2009, 46(6): 1178-1185.

[2] Rodi P. Non-symmetric waverider star bodies for aerodynamic moment generation[C]. 30th AIAA Applied Aerodynamics Conference, New Orleans, 2012: 3222.

[3] Rasmussen M L. Waverider configurations derived from inclined circular and elliptic cones [J]. Journal of Spacecraft and Rockets, 1980, 17(6): 537-545.

[4] 柳军, 丁峰, 刘珍, 等. 高超声速乘波设计理论[M]. 北京: 科学出版社, 2020.

[5] Takama Y. Practical waverider with outer wings for the improvement of low-speed aerodynamic performance[C]. 17th AIAA International Space Planes and Hypersonic Systems and Technologies Conference, San Francisco, 2011: 2300.

[6] 谢赞, 周灿灿, 赵振涛, 等. 宽速域飞行器发展及研究现状综述[J]. 空天技术, 2022, (4): 28-39, 86.

[7] 崔凯, 李广利, 胡守超, 等. 高速飞行器高压捕获翼气动布局概念研究[J]. 中国科学: 物理学力学天文学, 2013, 43(5): 652-661.

[8] 王发民, 丁海河, 雷麦芳. 乘波布局飞行器宽速域气动特性与研究[J]. 中国科学(E

辑:技术科学),2009,39(11):1828-1835.
[9] 李世斌,罗世彬,黄伟,等.新型宽速域高超声速飞行器气动特性研究[J].固体火箭技术,2012,35(5):588-592.
[10] Li S B, Huang W, Wang Z G, et al. Design and aerodynamic investigation of a parallel vehicle on a wide-speed range[J]. Science China, 2014, 57(12): 128201.
[11] 丁峰.高超声速滑翔—巡航两级乘波设计方法研究[D].长沙:国防科学技术大学,2012.
[12] 王庆文.基于吻切理论的两级乘波体设计[D].长沙:国防科学技术大学,2015.
[13] Zhao Z T, Huang W, Li S B, et al. Variable Mach number design approach for a parallel waverider with a wide-speed range based on the osculating cone theory[J]. Acta Astronautica, 2018, 147: 163-174.
[14] 刘珍.吻切流场乘波气动设计理论和方法研究[D].长沙:国防科技大学,2018.
[15] Rodi P. Geometrical relationships for osculating cones and osculating flowfield waveriders[C]. 49th AIAA Aerospace Sciences Meeting including the New Horizons Forum and Aerospace Exposition, Orlando, 2011: 1188.
[16] Rodi P. Vortex lift waverider configurations[C]. 50th AIAA Aerospace Sciences Meeting Including the New Horizons Forum and Aerospace Exposition, Nashville, 2012: 1238.
[17] Duan Y H, Fan Z L, Wu W H. Generation and design methods of osculating cone waverider with constant angle of sweepback[J]. Acta Aeronautica et Astronautica Sinica, 2016, 37(10): 3023-3034.
[18] 刘传振,白鹏,陈冰雁.双后掠乘波体设计及性能优势分析[J].航空学报,2017,38(6):11.
[19] 李珺,易怀喜,王逗,等.基于投影法的双后掠乘波体气动性能[J].航空学报,2021,42(12):124703.
[20] 罗世彬,张超,刘俊.双后掠乘波体低速性能研究[J].电子技术与软件工程,2022(21):170-173.
[21] 陈韶华.基于吻切理论的高超声速飞行器"全乘波"设计方法研究[D].长沙:国防科技大学,2020.
[22] Roos F, Kegelman J. Aerodynamic characteristics of three generic forebodies at high angles of attack[C]. 29th Aerospace Sciences Meeting, Reno, 1991: 275.
[23] Mange R, Roos F. The aerodynamics of a chined forebody[C]. 29th AIAA, Fluid Dynamics Conference, Albuquerque, 1998: 2903.
[24] Ravi R, Mason W H. Chine-shaped forebody effects on directional stability at high-alpha[J]. Journal of Aircraft, 1994, 31(3): 480-487.
[25] Kulfan B, Bussoletti J. "Fundamental" parameteric geometry representations for aircraft component shapes[C]. 11th AIAA/ISSMO Multidisciplinary Analysis and Optimization Conference, Portsmouth, 2006: 6948.
[26] Kulfan B. A universal parametric geometry representation method-"CST"[C]. 45th AIAA Aerospace Sciences Meeting and Exhibit, Reno, 2007.
[27] Kulfan B M. Recent extensions and applications of the 'CST' universal parametric geometry

representation method[J]. The Aeronautical Journal, 2010, 114(1153): 157-176.
[28] 关晓辉, 宋笔锋, 李占科. CSRT 与 CST 气动外形参数化方法对比[J]. 空气动力学学报, 2014, 32(2): 228-234.
[29] 马洋, 杨涛, 张青斌. 高超声速滑翔式升力体外形设计与优化[J]. 国防科技大学学报, 2014, 36(2): 34-40.
[30] 粟华, 龚春林, 谷良贤. 基于三维 CST 建模方法的两层气动外形优化策略[J]. 固体火箭技术, 2014, 37(1): 1-6, 22.

第7章
乘波构型/进气道一体化设计

吸气式冲压发动机是实现高超声速动力飞行的基础,发动机与飞行器的一体化设计有助于提升发动机推进效率,减小飞行器气动阻力,已成为高超声速飞行器构型设计的主流选择。采用一体化设计,进气道与飞行器前体高度耦合,进气道作为高超声速推进系统的核心部件,承担着来流的高效捕获与压缩功能,进而影响发动机的推进性能;进气道流道型面又是飞行器机体的组成部分,直接影响飞行器的整体气动性能,如升阻特性、配平特性等。本章探讨以乘波构型作为高超声速飞行器机体或前体时,如何与进气道进行一体化设计,使二者几何与气动光滑过渡,降低不利干扰,在兼顾乘波体优异气动性能的同时,获得良好的进气道捕获与压缩性能。

7.1 引言

经过自20世纪60年代以来的高超声速飞行器技术探索,机体/发动机一体化设计已成为实现高超声速飞行的重要技术途径[1]。作为机体/发动机一体化的关键内容之一,前体/进气道的一体化设计更是研究焦点,高效的前体/进气道一体化设计离不开高性能的前体和进气道构型及两者之间的匹配设计[2-4]。

乘波体能依靠前缘激波贴体实现对来流的高效捕获,减小构型下表面气流向上表面的溢流,进而提升飞行器的气动性能[5]。作为前体,既能实现对来流的预压缩,提高进气道的流量系数和总压恢复系数,又可将下表面高压气体紧密"包裹",提高飞行器的升力,进而获得高升阻比[6]。

超燃冲压发动机采用高超声速进气道,作用是为燃烧室提供稳定可靠的流场,确保发动机正常工作[4]。常见的高超声速进气道构型主要包括二维平面压缩进气道、轴对称进气道、三维内收缩进气道及侧压式进气道,并逐渐向壁面参数分布可控的方向发展,图 7.1 给出了几种典型的进气道构型。高超声速进气道经历了从二维向三维构型的转变,压缩效率逐渐提高。

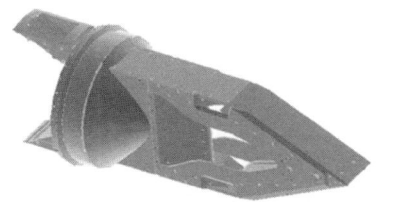

(a) 二维平面压缩进气道

(b) 轴对称进气道

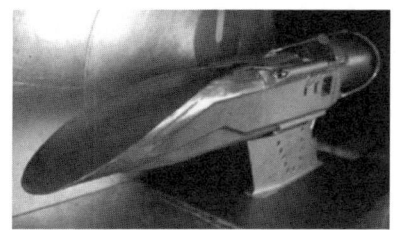

(c) 三维内收缩进气道

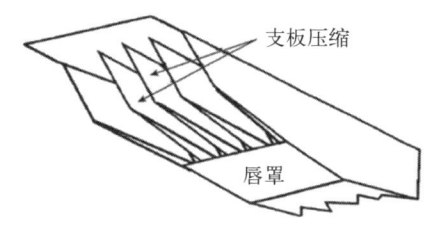

(d) 侧压式进气道

图 7.1 典型进气道构型

7.2 乘波前体/进气道一体化设计

7.2.1 设计内涵

亚声速和超声速飞行器前体与发动机进气道构型一般独立设计,仅针对发动机安装做局部的"整型"设计。高超声速飞行器采取机体/发动机一体化设计,打破了传统飞行器前体和进气道型面的界限,性能相互影响。腹部/背部进气的高超声速飞行器一体化构型如图 7.2 所示。前体/进气道一体化构型不再局限于前体和进气道的独立设计,而是更加倾向于将进气道的外压缩段直接作为飞行器的前体壁面,从而减小前体与进气道的相互干扰。随着一体化布局的演进,两者之间的界限逐渐弱化。如何实现两部件间关于几何和气动的光滑过渡,最大限度地发挥两部件的性能优势,成为当今前体/进气道一体化研究的重点。

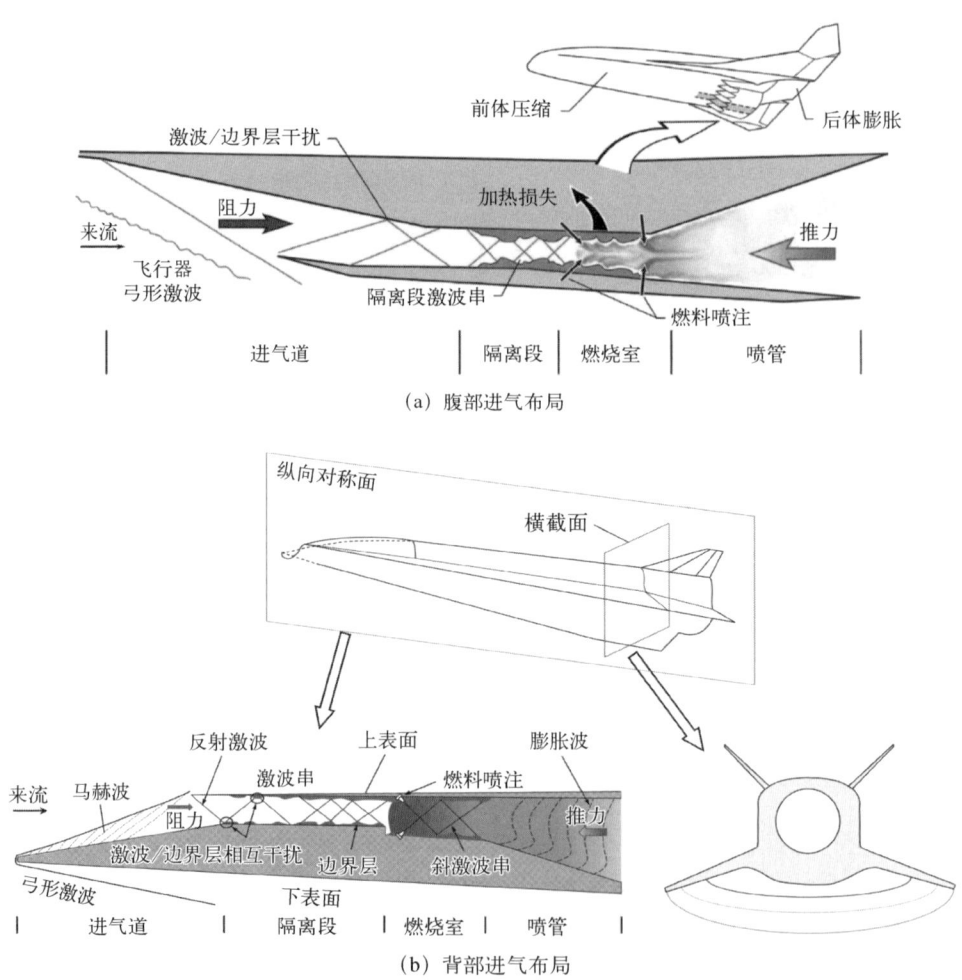

图 7.2 腹部/背部进气的高超声速飞行器一体化构型

最常见前体/进气道一体化构型为腹部进气布置方式,将发动机置于机身腹部,前体下壁面作为进气道的外压缩段,实现对来流的预压缩[1]。经过预压缩的气流进入进气道内再一次被压缩,此时流场变得均匀、稳定。随后空气与燃料在燃烧室内完成高效的混合燃烧。实际中,激波/边界层的相互干扰使得隔离段内出现复杂的激波串[7],降低了进气道的压缩效率。前体和进气道进行一体化设计有助于提高进气道的压缩能力,减小发动机的迎风面积和气动阻力,并利于发动机的模块化集成。除腹部进气布置外,也可将发动机置于机身背部和侧部。

最初的前体/进气道一体化构型,前体与进气道一般沿流向的串联设计,此类构型可实现前体和进气道对来流的双重压缩,提高进气道的压缩效率。但随着飞行器尺度的增加,前体边界层对进气道的干扰越发显著,刘亚洲等[8]和王娇等[9]提出采用锥形前体或 Bump 进气道实现对边界层的排移。随着设计理论的进步及三维内收缩进气道的成熟应用,前体与进气道朝着沿展向并联布置的方向发展,从而弱化前体对进气道的干扰。也可将前体与进气道融为一体,实现进气道对来流的直接压缩,如水滴型内转向进气道。为实现进气道与前体下壁面的完全解耦,近几年发展出高超声速背部进气式布局,最大限度地保留下表面的乘波特性,提高飞行器气动性能。但总体而言,现阶段的高超声速飞行器仍以前体和进气道沿流向串联布置为主,并朝着多元化的布局方式发展。

典型乘波前体/进气道一体化构型的设计流程见图 7.3。首先根据任务需要设计合理的前体、进气道构型,发展设计理论并实现部件的光滑过渡。随后对无黏构型进行考虑黏性效应的优化、边界层修正、真实气体效应修正等,并对乘波前体和进气道的前缘进行钝化处理,使之可以应用于实际工程中。最后采用优化算法对生成的一体化构型进行多目标优化,使之满足一定的容积、气动及压缩效率等要求。

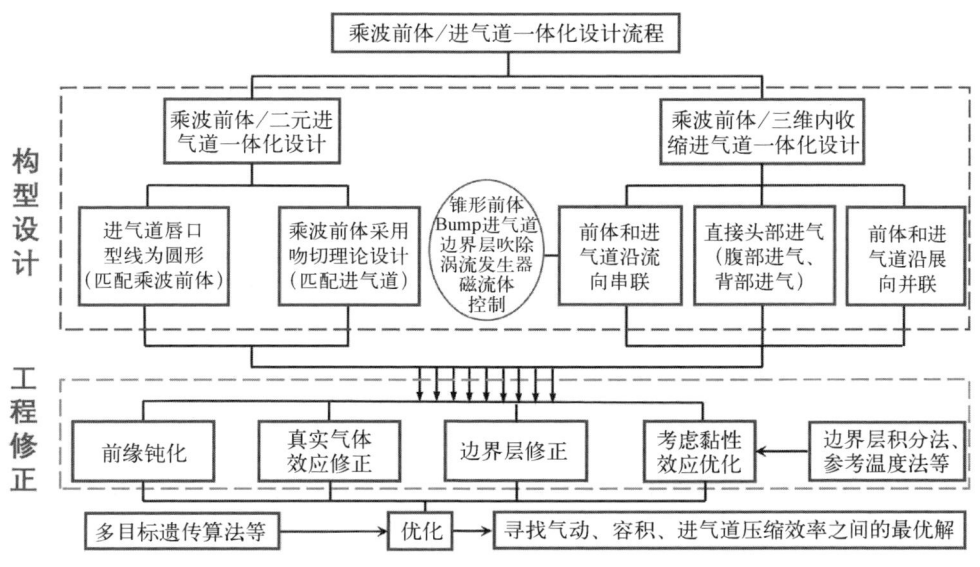

图 7.3 典型乘波前体/进气道一体化构型的设计流程

高效的一体化设计离不开高性能的前体和进气道构型。在一体化方案的发展历程中,进气道构型逐渐由二维压缩向三维内收缩的方向转变,前体设计也逐渐由二维斜楔向三维乘波面过渡。虽然前体/进气道一体化设计已开展了大量研究，但乘波前体/进气道一体化构型设计方法研究仍不充分，研究现状如图7.4所示。如何将两者的优势结合起来并使总体性能最优，是当前的研究热点[10]。

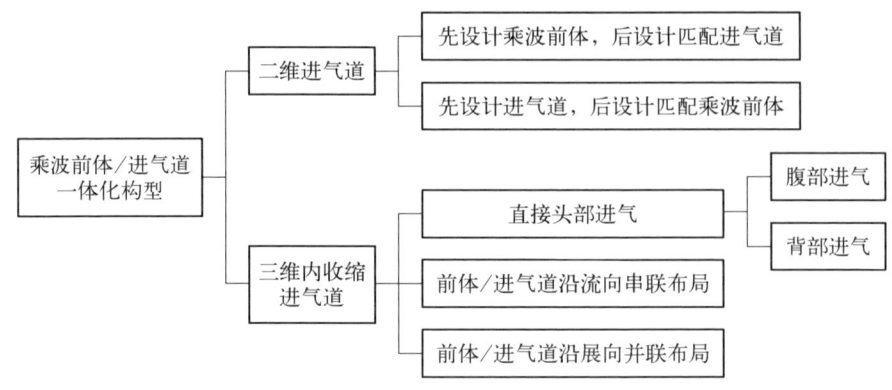

图7.4 乘波前体/进气道一体化构型

7.2.2 乘波前体/二维进气道一体化设计

该一体化构型中的进气道主要为二维平面压缩进气道。在前体/二维进气道一体化设计中，最为简单的是利用多级斜楔或曲面作为飞行器的前体，实现对气流的预压缩。该方案原理和设计过程简单，但对气流的压缩能力不足，易造成较大的总压损失。而乘波体具有较高的压缩能力，且侧向溢流较小，逐渐成为理想的前体类型。

在乘波前体/二维进气道一体化设计中，最为关键的技术为乘波体的出口激波型线与进气道入口型线的匹配设计。马里兰大学的O'Neill和Lewis[11]为匹配锥导乘波前体的激波出口型线，将进气道的唇口型线设计为圆形，并保证进气道入口型线的圆心与前体出口激波型线的圆心重合，如图7.5所示。虽然该进气道便于与锥导乘波前体进行一体化设计，但会导致进气道扁平，且不利于模块化集成。常规二维进气道进口型线多为矩形，为实现乘波前体与进气道匹配设计，Takashima和Lewis[12]基于吻切锥理论设计出激波出口型线中部接近水平、两侧弯曲的乘波前体构型，如图7.6所示。该构型中部区域近似为二维压缩流动，可保证进气道入口流场均匀，并可实现吻切锥乘波体与常规二维进气道的一体化设计。王俊琦等[13]提出了吻切锥乘波体与二元进气道的一体化构型，并将乘波前体作为第一级压缩面；李怡庆等[14]利用曲面压缩前体压力分布可控的特点，设计出具有乘波特性的曲面前体/二元进气道一体化构型,提高了进气道的总压恢复系数。

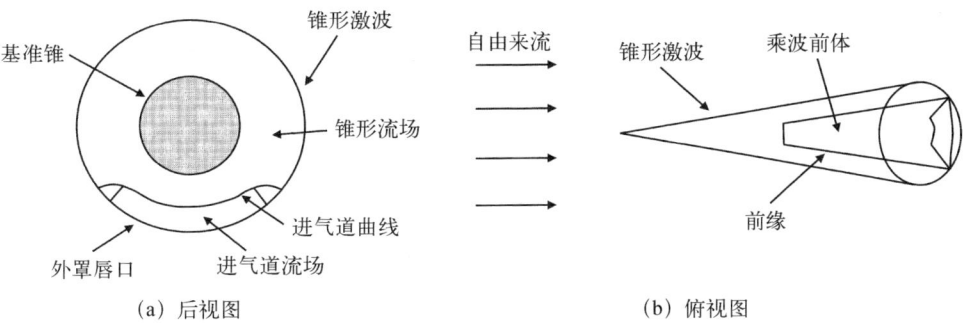

(a) 后视图　　　　　　　　　　　　　　(b) 俯视图

图 7.5　锥导乘波前体/进气道一体化设计[11]

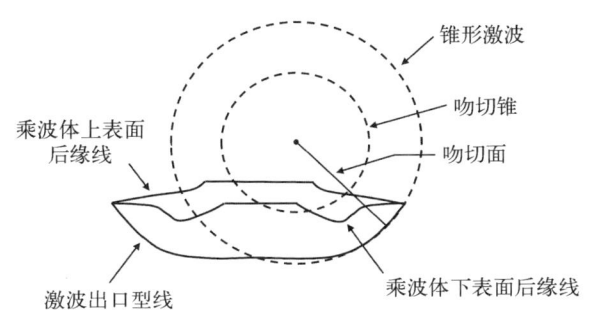

图 7.6　吻切锥乘波前体/二元进气道一体化设计原理

乘波前体/二维平面压缩进气道一体化设计在高超声速演示验证飞行器中应用较为广泛。鉴于二元进气道结构简单、流动易于控制、研究较为充分等优点,美国的 X-43A、X-51A 等飞行器均采用前体与二元进气道的一体化设计。但前体/二元进气道一体化构型可能存在压缩量不足、前体长度较长等缺点,导致进气道的总压恢复系数较低,近年来二元进气道逐渐向三维内收缩进气道方向发展。

三维内收缩进气道的压缩完全在通道内部完成,具有较高的压缩能力和总压恢复系数,可直接对来流压缩并使其满足燃烧室燃烧条件,因此,可直接布置在飞行器头部下方作为一体化布局方式。另外,三维内收缩进气道可通过几何过渡和气动过渡方式与乘波前体进行一体化设计,进一步提高进气道内气流品质,提高发动机性能。

7.2.3 三维内收缩进气道/前体一体化设计

美国与澳大利亚联合开展的 HyCAUSE 项目[15]采用了三维内收缩进气道直接作为前体的一体化构型。进气道前缘直接作为飞行器的前缘,来流经过进气道的压缩后进入燃烧室内。Kothari[16]也提出了类似的将内收缩进气道直接作为前体的一体化设计构型,该构型可减小飞行器的阻力系数,且进气道内流场均匀,如图7.7所示。美国约翰斯·霍普金斯大学研制的 SCRAM 导弹[17]、Astrox 公司设计的单级入轨高超声速飞行器[18]、董昊[19]设计的 HAHC - 2 飞

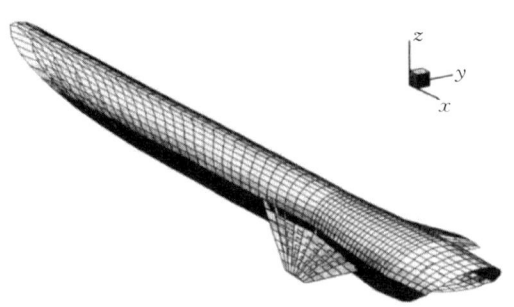

图 7.7 头部内转进气道构型[16]

行器、李永洲[20]设计的前体/进气道一体化飞行器等同样将三维内收缩进气道直接作为飞行器前体。该类飞行器大多具有弹用背景,进气道性能较高。

近年来,为改善高超声速飞行器小迎角巡航下的气动性能,各国开始发展背部进气方案。在背部进气布局中,发动机置于机身背部,进气道直接对来流空气进行压缩,因此,该布局也可视为三维内收缩进气道直接作为前体的一体化设计,相应的外形如图 7.8 所示。背部进气方案可以实现进气道与升力面的完全解耦,最大程度地保留下表面的乘波特性,在小迎角下具有优良的气动性能。常见的背部进气方案包括长期先进推进概念与技术(long-term advanced propulsion concepts and technologies, LAPCAT)-Ⅱ项目高超声速飞行器[21]、高超声速空天全球运输系统(hypersonic space and global transportation system, HSGTS)项目高超声速飞行器[22]、HEXAFLY 项目高超声速飞行器[23]等。

图 7.8 典型的背部进气外形[22,23]

三维内收缩进气道直接作为前体的一体化构型具有较小的阻力,结构质量较轻,且进气道正对来流,可避免前体激波与边界层激波的相互干扰,使得进气道内流场均匀,性能较高,可作为高超声速导弹、空天入轨飞行器的基本构型。但是,该构型进气道会占用较大空间,使得飞行器的有效容积降低,因此,需要综合考量该一体化构型对各性能参数的影响。

三维内收缩进气道与乘波前体沿流向串联布置可充分地发挥前体的来流捕获和预压缩作用,提高进气道的总压恢复系数和压缩效率。构型中乘波前体与进气道沿上下游串联布置,来流经过前体的压缩作用后进入进气道,并在燃烧室内参与燃烧。乘波前体/进气道沿流向串联布置构型设计的关键在于乘波前体类型的选取及前体/进气道的匹配设计,即如何实现乘波前体与三维内收缩进气道之间的几何过渡和气动过渡,保证设计点处性能最佳。

美国和澳大利亚联合开展的锥形高超声速飞行器项目[24]中使用了多模块化的前体/进气道一体化设计,图7.9为其中的一种设计方案。其中,飞行器为尖锥体布局,腹部采用三模块或四模块的 REST(rectangular to elliptical shape transition inlet)进气道围绕机身排布,前体可为进气道提供均匀来流。美国正在研制的 SR – 72 高超声速无人侦察机也采用了乘波前体与三维内收缩进气道一体化串联布局。此外,南向军[25]设计的多模块化前体/进气道一体化构型、向先宏[26]设计的楔导乘波体/Jaws 进气道一体化构型等均属于前体/内收缩进气道串联布局形式。

图 7.9 多模块化的前体/进气道一体化布局

针对乘波前体边界层对进气道产生的不利影响,我们可将圆锥作为预压缩的前体。美国在高速打击武器项目[27]中提出高超声速巡航导弹就是将圆锥前体与三维内收缩进气道串联布置。为实现圆锥前体与三维内收缩进气道流场的良好匹配,杨日炯等[28]提出了一种双模块下颌式内转进气道/圆锥前体一体化设计方法,有效地避免了传统圆锥前体/进气道一体化布局中前体边界层与进气道内部流场之间的相互干扰,从而提高了进气道的总压恢复系数。此外,郑晓刚等[29]提出了曲锥前体/内收缩进气道一体化构型设计方法,可提高一体化构型的流量捕获能力。

众多学者将 Bump 进气道概念引入高超声速飞行器中,通过产生展向压力梯度来实现对上游低能气流的排移[30-32]。Bump 进气道设计的原理是沿展向布置不同压缩量的密切面流场,使得进气道在对称面处对气流的压缩作用强,在两侧对气流的压缩作用弱,从而产生展向压力梯度,实现对低能边界层的排移。在实际设计中,可以通过函数关系确定不同压缩强度的壁面型线沿展向的分布,使前体壁面形成 Bump 形状。研究发现,Bump 进气道/前体一体化构型不仅具有良好的边界层排移效果,而且会减小进气道阻力,极大地改善高超声速进气道的起动性能。Bump 进气道/前体一体化构型如图 7.10 所示。

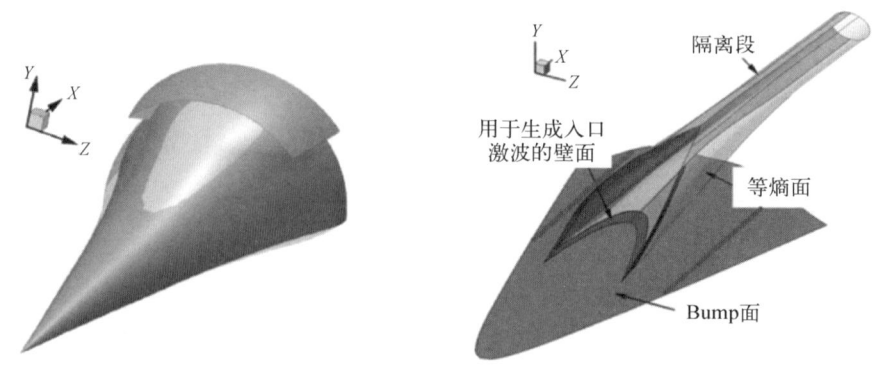

图 7.10 Bump 进气道/前体一体化构型[30,31]

针对串联布局中前体压缩气流均匀性较差问题,另一种解决方法是创新进气道设计理论。李永洲等[33]考虑前体边界层及前缘弯曲激波产生的非均匀流场,结合有旋特征线方法和流线追踪技术发展出一种非均匀来流下马赫数分布可控的内转向进气道设计理论。研究发现此类一体化布局的进气道在非均匀来流条件下可以实现全流量捕获,具有较高的总体性能。

此外,还可以通过边界层吹除[34-36]、涡流发生器[37-39]、等离子发生器[40-43]等方式缓解前体边界层对进气道的干扰(图 7.11)。由于高超声速进气道内气流温度较高,边界层吹除会造成能量损失和附加阻力,因此,该方法发展较为缓慢。涡流发生器的原理是强制边界层转捩,从而抑制前体的流体分离,目前已成功地应用于 X-43A 高超声速飞行器中[44]。磁流体控制的原理是将磁场应用于等离子体中以改变气流方向,近年来引起学者的广泛关注,在高超声速领域具有广阔的应用前景。

乘波前体/三维内收缩进气道一体化串联布局可以充分地利用前体的预压缩作用,提高进气道的压缩效率和总压恢复系数,改善发动机性能,在高超声速

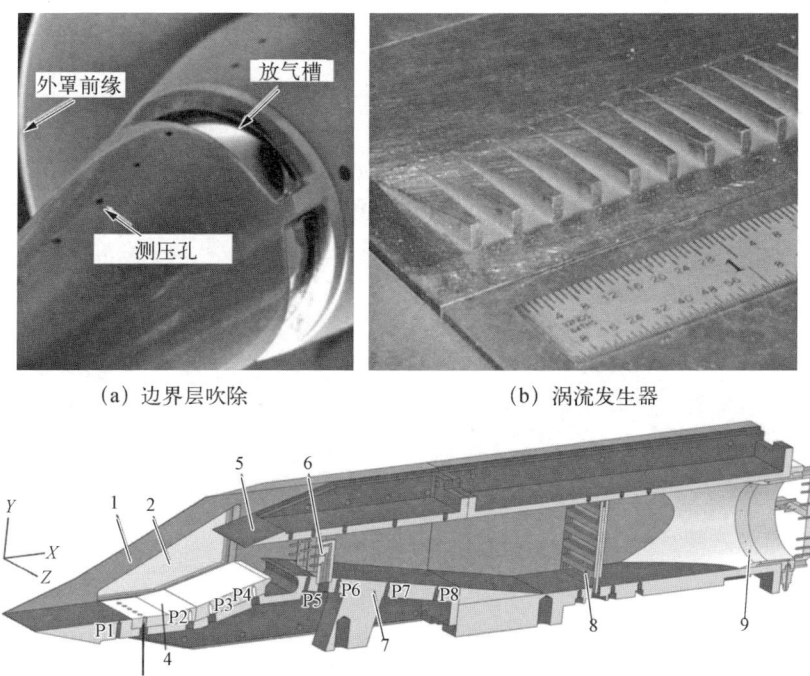

图 7.11 典型的边界层控制装置

1-侧板;2-光学窗口;3-等离子体发生器电极排;4-陶瓷绝缘嵌件;5-唇罩;
6-梳状压力探针;7-中心体;8-节流格栅;9-测量喷管

飞行器项目中应用较广。但该一体化构型中前体与进气道之间的干扰较为严重,过厚的前体边界层容易对进气道内的流场参数产生不利影响,需要探索新的设计方法。

三维内收缩进气道与前体沿展向并联布置可充分利用乘波前体对来流的压缩作用,同时避免前体边界层对进气道的影响。该布局通过气动过渡或几何过渡的方式将前体和进气道并联拼接,前体对气流压缩进而提高飞行器升阻比,三维内收缩进气道对来流压缩以提高燃烧室内的流场品质。并联布局的优势在于前体和进气道可以分别独立乘波,降低了两者之间的相互影响,更容易实现前体流场和进气道内流场在高马赫数下的相互独立,改善发动机性能。

美国 Falcon 项目的 HCV 飞行器[45]采用的就是乘波前体和进气道并联的一体化布局。飞行器前方两侧进气道采用近似水滴形的投影形状,将乘波体前缘和进气道前缘共同作为飞行器前缘,达到前体外乘波和进气道内乘波的效果,保证进气道内流场的均匀。该项目的 HTV-3X 飞行器也采用了乘波前体和进气道并联布局。南向军等[46]仿照 Falcon 项目飞行器构型设计了"类水滴形"前体/进气道并联布置的一体化构型,实现了前体外流场和进气道内流场在高马赫数下的独立乘波。You 等[47]利用吻切锥理论,将唇口横截面激波型线的曲率沿展向连续变化,设计出"双乘波"一体化构型,如图 7.12 所示。随后,Li 等[48]拓展了"双乘波"设计理论,其设计的构型也采用前体/进气道一体化并联布局形式。

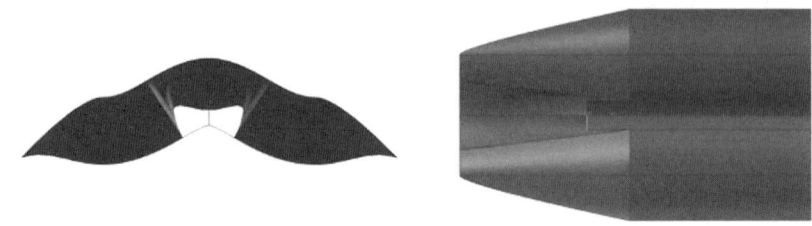

图 7.12 "双乘波"一体化构型[47]

乘波前体/三维内收缩进气道并联布局的一体化构型可缓解串联布局中前体与进气道激波相互影响的问题,实现前体与进气道的分别独立乘波,改善进气道内流场性能,在高超声速飞行器中具有广阔的应用前景。然而,前体的横向流动同样会对进气道产生干扰。该构型的关键仍是前体/进气道过渡方法实现,如何实现前体和进气道在几何上和气动上的过渡,使进气道的性能最优,还需进一步研究。

7.3 乘波机体/进气道一体化设计

在前述乘波前体/进气道一体化设计的基础上,部分学者尝试将乘波体一体化概念拓展至飞行器全机构型的设计中。这些方法绝大部分是基准流场、流线追踪、几何拼接或融合的交叉应用,设计思路和流程包括:首先在基准流场中通过流线追踪生成乘波体,并作为吸气式高超声速飞行器全机的基准构型;然后在乘波机体的约束范围内,应用流线追踪或其他技术生成进气道;最后将进气道挂载、嵌入或融合进乘波机体的腹部或两侧,从而实现整个乘波机体与进气道的一体化设计。

从基准流场的角度考虑乘波机体与进气道的一体化设计,主要有基准流场包容式、相交式、全乘波一体化设计等三类方法,其一体化程度依次升高,集成优势也越发明显,但同时也降低了设计自由度。

7.3.1 基准流场包容式一体化设计

基准流场包容式一体化设计是指在设计乘波机体基准流场时就考虑了进气道的安放位置,从而使得其他方法设计的进气道能够完全包容在乘波机体的激波之内,有助于避免或减弱乘波机体产生的激波对进气道的干扰。

例如,O'Neill[49]、O'Neill 和 Lewis[11,50]发展出一系列吸气式高超声速一体化乘波构型,如图 7.13(a)所示。他们的构想是乘波前体、楔面和进气道都被同一个圆锥激波面所包裹(图 7.13(b)),激波能够基本附着在飞行器全机前缘上,即全机构型"乘坐"在圆锥激波面上。该方案的预期目标是既能够发挥乘波前体高效捕获预压缩气流的优势,又能发挥乘波全机的高升阻比特性。但由于它是通过几何修型的方式将发动机布置在机体腹部的(图 7.13(c)),破坏了机体的乘波特性。

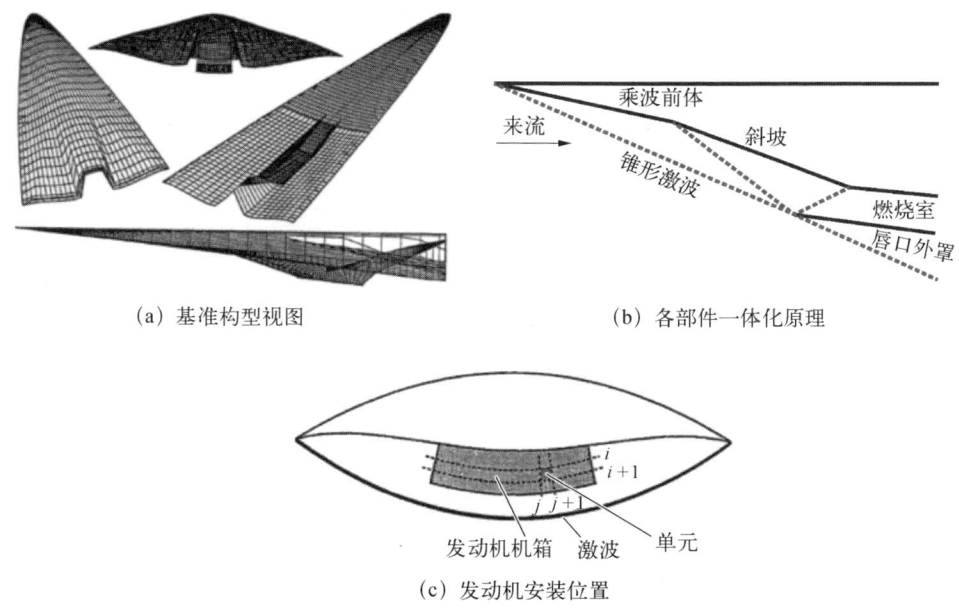

(a) 基准构型视图　　(b) 各部件一体化原理

(c) 发动机安装位置

图 7.13 被圆锥激波包裹的锥导乘波机体/进气道一体化构型及发动机安装位置[49]

如图 7.14 所示,Tarpley 和 Lewis[51,52]将发动机布置于楔导乘波机体下表面,以期同时发挥楔导乘波前体捕获气流优势和楔导乘波机体的高升阻比优势。

7.3.2 基准流场相交式一体化设计

在基准流场相交式一体化设计中,乘波机体与进气道两者之间的几何关系由两者的基准流场相交特性决定,即将两者基准流场激波面的交线作为共用型

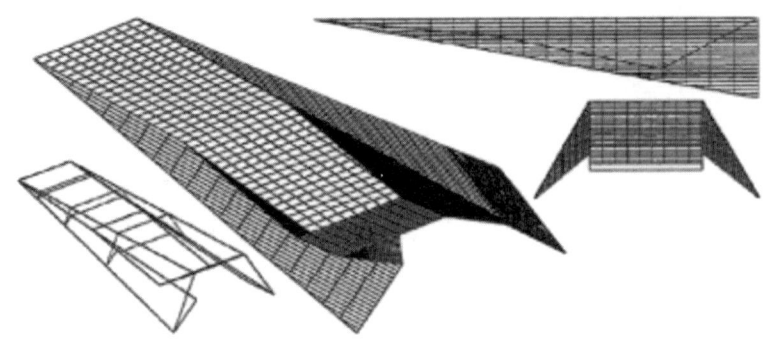

图 7.14 楔导乘波机体/进气道一体化构型及发动机安装位置[51,52]

线,将该共用型线作为前缘线或部分前缘线并设计生成进气道,此时的乘波机体与进气道通过这条共用型线融合在一起。

例如,Smith 和 Bowcutt[53]将外压缩圆锥激波面与内收缩圆锥激波面的交线作为机体前缘线和进气道前缘线的共用段,发展出乘波机体/两侧内收缩进气道一体化设计方法,由于两者的前缘线光滑过渡,外乘波机体与内收缩进气道可以实现较好的融合,如图 7.15 所示。

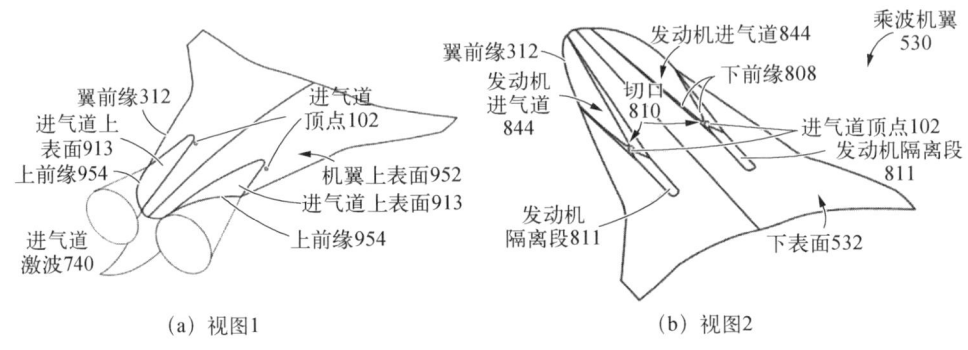

(a) 视图1　　　　　　　　　　(b) 视图2

图 7.15 基准流场相交式机体/进气道一体化设计[53]

7.3.3 "全乘波"一体化设计

乘波体作为一种极具潜力的高超声速飞行器气动布局,近年来应用于巡航飞行器工程实践中的案例越来越多[54]。宽速域高超声速飞行器设计中关键技术"乘波机体/进气道一体化设计"的有效解决方案之一是"全乘波"气动布局。Ding 等[55-57]提出了内外流一体化基准流场设计方法,并基于有旋特征线法和流线追踪技术实现了锥导"全乘波"飞行器构型设计,如图7.16所示,实现飞行器全迎风面乘波特性。研究表明,该方法能够确保激波面完整贴附在飞行器前体前缘、进气道唇口和机翼前缘上,减小了高压气流的泄漏,达到了提高飞行器整体气动效率的目的。陈韶华[58]在前人的基础上继续推动内外流一体化"全乘波"技术的发展,基于吻切锥方法,实现了非圆弧型线的水滴形进气道的设计,完成了基于水平型线和组合型线的构型设计,如图7.17所示。

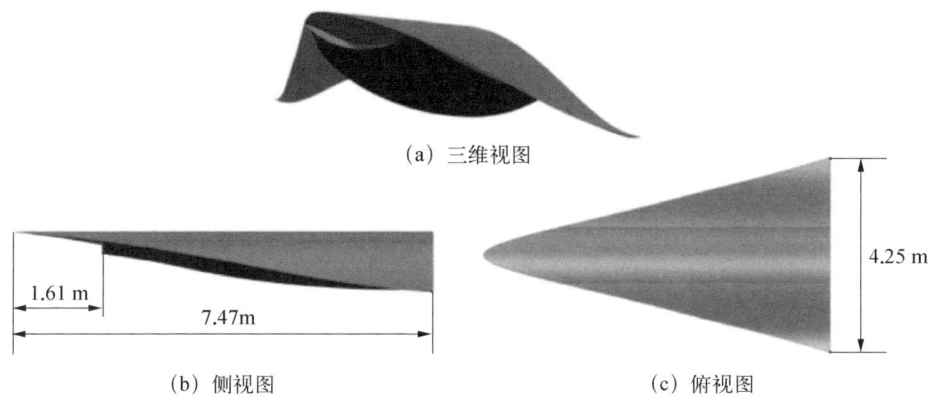

图 7.16 "全乘波"飞行器几何外形[57]

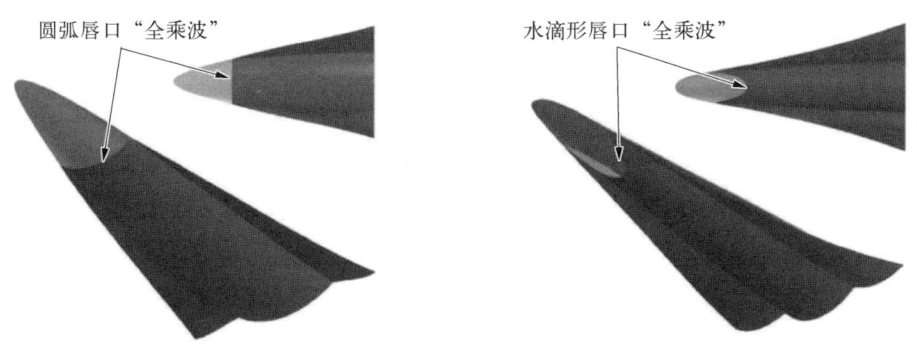

图 7.17 两种进气道"全乘波"方案[58]

Li 等[59]在现有飞行器机体/进气道一体化设计方法的基础上,提出"双乘波"一体化设计理念,基于吻切锥法实现内外流沿展向的一体化设计。如图7.18所示,该构型在同一流场中进行反设计,兼顾内外流特性,并在此基础上提出了给定壁面压力分布的"双乘波"设计方案。

Zhang 等[60,61]基于锥导乘波设计理论,提出一种如图7.19所示具有锥形头

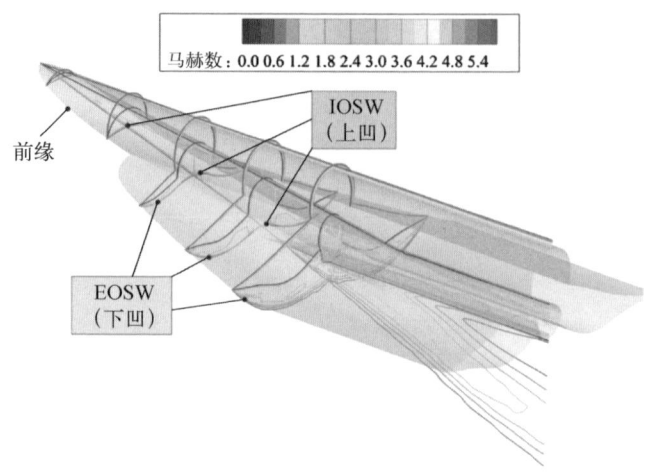

图 7.18 "双乘波"飞行器马赫数云图[59]

部与乘波机身的一体化构型设计方法。为验证所设计飞行器是否具有预期的全乘波特性,在设计点采用数值模拟进行验证,并通过工程估算方法计算飞行器在不同状态下的气动性能。研究表明设计马赫数的增加会导致升阻比降低,升力和阻力主要来源于机体的中心部分。该设计方法在保证机体乘波的同时,提升了飞行器的有效容积。

图 7.19 容积扩展"全乘波"外形[60]

王旭东等[62,63]为了进一步实现高超声速水平起降及内部荷载要求,基于特征线方法改进了宽速域内外流一体化"全乘波"气动布局设计方法,并将其应用于涡轮基组合循环(turbine-based combined cycle,TBCC)发动机设计中,实现两侧进气"全乘波"气动布局设计,相关飞行器如图 7.20 所示。数值模拟结果表明,三维流场中吻切面内激波位置及壁面压强曲线与特征线方法得到的结果高度吻合,且与腹部进气"全乘波"气动布局相比具有更大的升力系数、更小的阻力系数和更大的升阻比。该方法进一步拓展了"全乘波"布局的设计自由度,更适合应用到工程中。

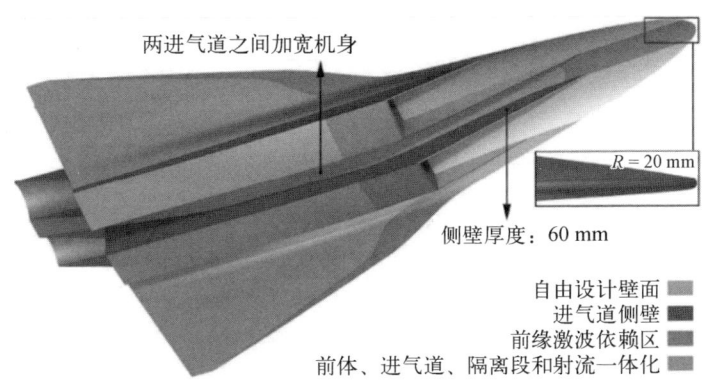

图 7.20　水平起降吸气式"全乘波"气动布局方案[62,63]

7.4　内乘波进气道一体化设计

7.4.1　内乘波进气道基本概念

如前所述,高超声速进气道主要包括二维平面压缩进气道、侧压式进气道、轴对称进气道和内转式进气道[64]。二维平面压缩进气道和侧压式进气道具有结构简单、尺寸小、出口流场均匀、技术成熟度高等优点,但也存在压缩能力和空气捕获能力不强、总压损失高、低马赫数下起动难等问题。轴对称进气道采用周向布置的压缩曲面来实现对来流的压缩,具有比维元平面压缩进气道更高的压缩效率,但该进气道的阻力较大,且难以与前体进行一体化设计,通常被用于头部进气的旋成体布局中。

内转式进气道可实现"内乘波",其压缩过程完全在流道内部完成,具有较高的压缩能力和较小的浸润面积,是目前高超声速进气道领域的研究热点[65-68]。图 7.21 展示了三维内转式进气道设计原理示意图。首先,内转式进气道在设计点下的前缘激波贴体,在无黏条件下可实现全流量捕获,极大地提升了高超声速进气道的空气捕获能力。其次,内乘波基准流场大范围采用了等熵压缩方式,压缩损失小,隔离段出口截面的总压恢复系数远高于常规进气道。最后,三维内转式进气道可实现"反设计",即可预先设计进气道壁面马赫数分布或压力分布,再采用流线追踪得到进气道壁面,也可先设计出进口或出口形状再用流线追踪得到相应的内转式进气道壁面。

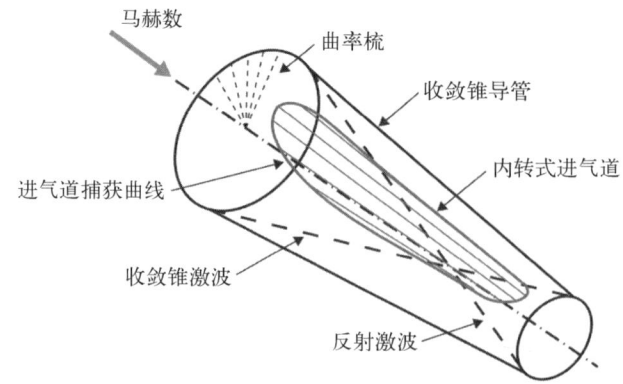

图 7.21 三维内转式进气道设计原理示意图

根据生成内转式进气道的基准流场及进气道型面融合设计类型的不同,可将其分为以下几类[69]。

1) 直接流线追踪内转式进气道

直接流线追踪进气道也被称为"内乘波"进气道,Busemann 进气道是其中的典型之一。

1942 年,Busemann 提出了一种等极角线上流动参数相等的内锥形基准流场,即 Busemann 流场,而 Busemann 进气道就是基于 Busemann 基准流场流线追踪得到的[70]。在这种进气道中,气流经过汇聚于一点的马赫波压缩后,流向发生偏转,最后经过反射锥形激波后流向与来流平行,如图 7.22(a)所示。与外压缩进气道相比,Busemann 进气道具有总压恢复系数高、阻力小、隔离段抗反压能力强及黏性损失小等优点。

20 世纪 60 年代,Molder 等在 Busemann 内锥形基准流场中利用流线追踪生成了 Busemann 进气道,图 7.22(b)给出了该进气道的风洞实验图。然而,Busemann 进气道压缩长度较长,边界层发展较厚,边界层与唇口反射激波相互作用,导致在低马赫数下很难起动。为此,可采用抽吸、唇口切除、变几何喉道、黏性修正、进气道截短等方式改善进气道的起动性能[69,70]。

基准流场的设计在很大程度上影响着进气道性能,后续众多研究都集中在内收缩基准流场的设计方法研究上。尤延铖等[66,71]基于直内锥基准流场流线追踪得到了内转式进气道,并研究了内锥角和中心体半径对基准流场压缩性能的影响。Barkmeyer 等[72]将倒置等熵喷管作为基准流场,并通过流线追踪设计出压力分布均匀的内转式进气道。南向军[25]设计了沿程压力分布可控的内转

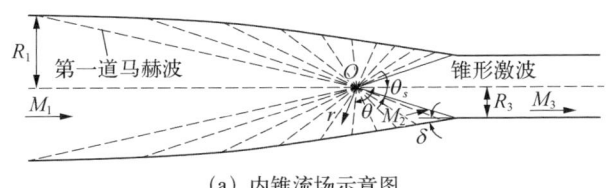

(a) 内锥流场示意图

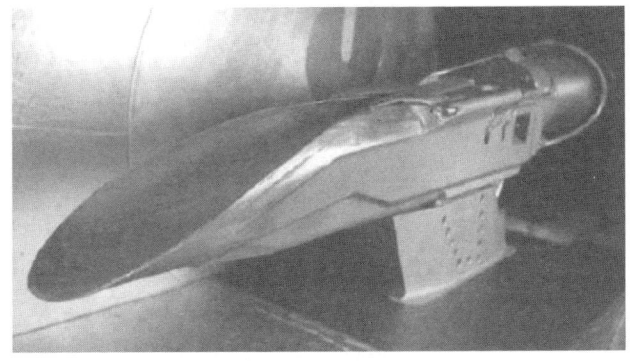

(b) 风洞实验图

图 7.22 Busemann 进气道

式进气道构型,壁面压升规律包括三次曲线压升规律和反正切压升规律,并对其进行了各设计参数的影响程度分析,结果表明:采用反正切曲线压升规律的内收缩进气道迎角特性良好,顶板沿程压力分布在设计点具有反正切曲线的特征,进气道性能优良。李永洲[20]提出了沿程马赫数分布可控的内收缩轴对称基准流场,并通过流线追踪、黏性修正设计出内转式进气道,发现这种进气道出口流场较均匀、压缩效率较高。同时,该进气道构型可抑制边界层内的流动分离,且有利于与前体进行一体化匹配。

2) Jaws 进气道

Malo-Molina 等[73]以四道平面斜激波三维流场作为基准流场,设计出一种矩形截面进口的三维内收缩进气道。在该进气道中,形成的四道斜激波能在俯仰和偏航方向对来流进行压缩。来流经过四道激波压缩后,又变成水平方向,且较为均匀。在此基础上,Barkmeyer 等[72]又发展出另一种四激波三维进气道构型,即 Jaws 进气道。与矩形四激波三维进气道不同的是,Jaws 进气道为椭圆转圆形构型,可较好地与燃烧室匹配,如图 7.23 所示。

虽然 Jaws 进气道的形状与常规的高超声速内转式进气道有着较大区别,但该进气道型面能够保持原内收缩流场中相同位置处气流的流动特性,具有浸润

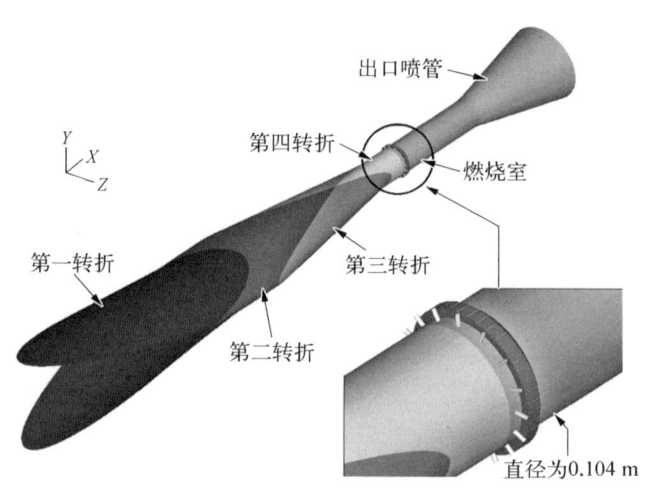

图 7.23　Jaws 进气道[69]

面积小、边界层厚度较低、激波边界层干扰较弱、流动能量损失较小等优点[69]，被用于头部进气旋成体弹用布局的模块化构型。

3）变截面进气道

直接流线追踪三维内收缩进气道虽然具有较高的压缩效率，但固定的截面形状难以实现一体化布局和发动机性能的同时改善。从一体化布局的角度看，矩形截面进气道便于模块化安装；从发动机性能看，圆形燃烧室可减小浸润面积和提高结构质量，在热防护方面显著地优于矩形燃烧室。因此，需要对方转圆变截面三维内收缩进气道的设计方法进行研究。

矩形入口转椭圆形出口的高超声速进气道设计概念最早由美国兰利研究中心的 Smart[74] 提出，该进气道采用倒置的等熵喷管流场作为基准流场，采用截面渐变函数对方形入口进气道与圆形入口进气道进行型面融合，从而得到矩形进口转椭圆形出口的进气道构型。Taylor 和 van Wie[75] 提出另外一种流线融合方式来实现方转圆进气道的设计。设计过程中以 Busemann 流场为基准流场，并采用了线性函数、幂函数、指数函数及三角函数等多种函数形式作为流线的加权平均系数，对两种进气道的流线进行融合来得到方转圆进气道构型，如图 7.24 所示。由于上述变截面进气道的壁

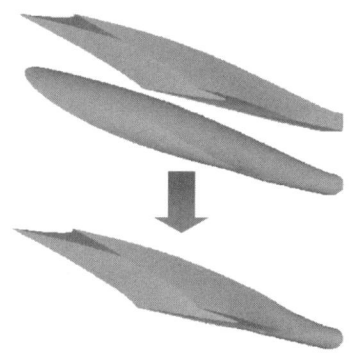

图 7.24　方转圆进气道构型[75]

面均采用几何过渡方式,破坏了原有的流线型状,故融合设计的进气道在设计状态无法实现完全乘波。

7.4.2 内乘波进气道设计实例

内乘波进气道的设计过程主要包括:① 采用有旋特征线方法设计内收缩基准流场;② 在基准流场中通过流线追踪生成进气道型面。其中有旋特征线方法求解流场的过程在第 3 章已做介绍。

在基准流场中本节采用流线追踪技术设计出三种典型入口形状的内转式进气道型面。图 7.25 给出了三种进气道的捕获型线和出口型线在内收缩流场中的投影,其中,水滴形内转式进气道的捕获型线采用式(7.1)进行设计,式中 $a = 713.15$ mm。三种进气道捕获面积均为 0.2 m^2,喉道面积为 0.021 m^2,隔离段长度取 7 倍喉道当量直径,为 1.17 m,进气道总长 3.49 m,总收缩比 $R_{ct} = 9.52$,内收缩比 $R_{ci} = 2.41$,大于坎特罗维茨(Kantrowitz)限制($R_{ci} \geq 1.34$)。最终设计得到的三种内转式进气道构型如图 7.26 所示。

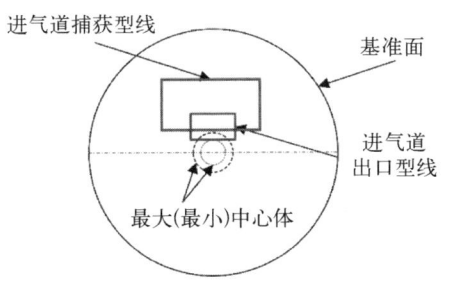

(a) 方形入口捕获型线与出口型线的投影

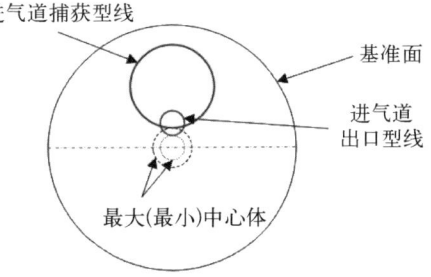

(b) 圆形入口捕获型线与出口型线的投影

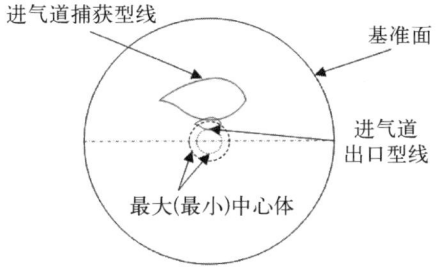

(c) 水滴形入口捕获型线与出口型线的投影

图 7.25 三种不同入口形状内转进气道的捕获型线与出口型线在内收缩流场中的投影

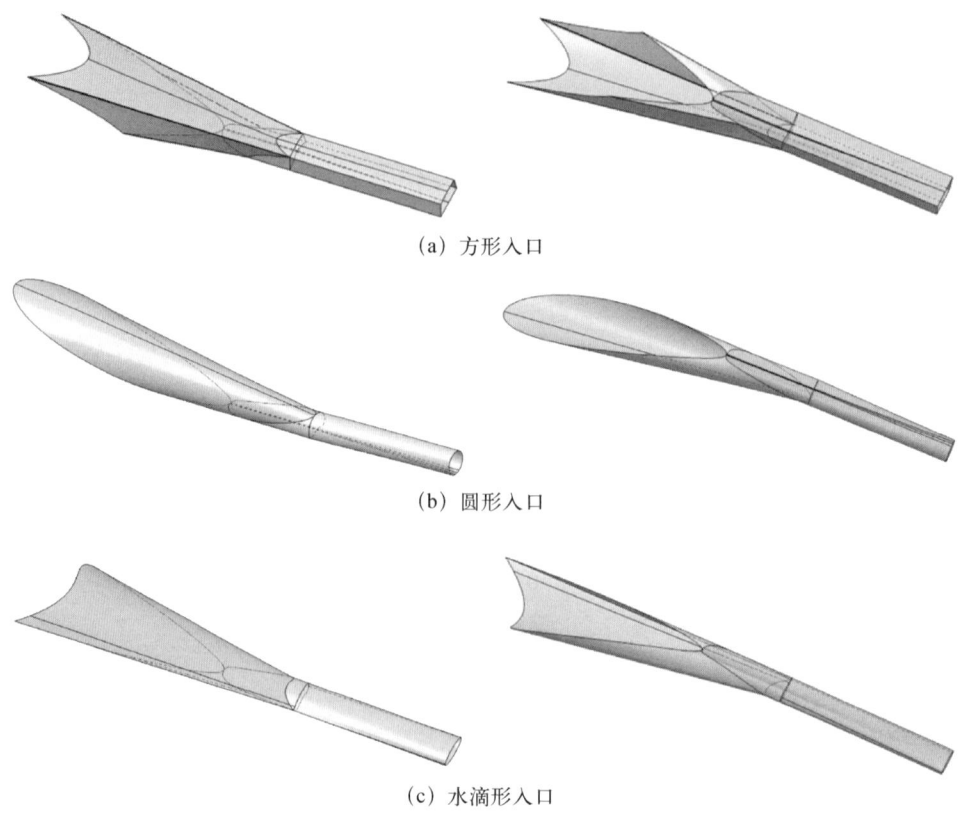

(a) 方形入口

(b) 圆形入口

(c) 水滴形入口

图 7.26　三种不同入口形状内转式进气道构型(含隔离段)

$$\begin{cases} \rho^2 = a^2\cos(2\theta) & (双纽线函数第一象限) \\ \rho = a\cos(3\theta) & (三叶草函数第二象限) \end{cases} \quad (7.1)$$

图 7.27 给出了设计点下(马赫数为 7,$\alpha = 0°$)方形入口进气道对称面马赫数等值线图。在设计点下,进气道前缘贴体弓形激波恰好入射到距唇口前方很近的位置,仅有唇口反射激波打在肩点处,等熵压缩区内马赫数分布与基准流场基本吻合,说明设计方法是合理的。同时,反射激波串与顶板滑移层、唇口板边界层发生强烈的干扰。图 7.28 给出了设计点方形入口进气道沿程马赫数分布情况,可以看到,前缘贴体激波实现了"封口",进气道内气流分布均匀;在进气道左右肩点处,边界层堆积较为严重,下洗气流在左下角及右下角(图 7.28 中的视角)形成小范围涡流区,并向下游发展。图 7.29 与图 7.30 给出了方形入口进气道喉道截面和隔离段出口截面总压恢复系数分布。主流区总压恢复系数均大于 0.4,最大值为 0.585,左右分布对称;低能量的气流主要分布在隔离段的左上

角及右上角,总压恢复系数仅为 0.09,原因为上述角区位置的激波/边界层干扰耗散了大部分能量。

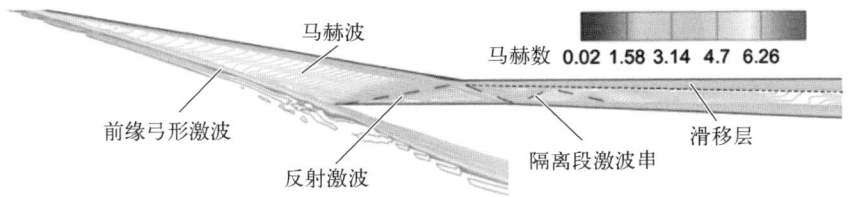

图 7.27　方形入口进气道对称面马赫数等值线图

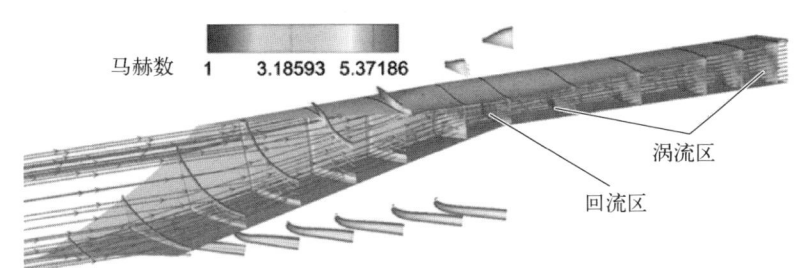

图 7.28　方形入口进气道沿程横截面马赫数等值线云图及空间流线

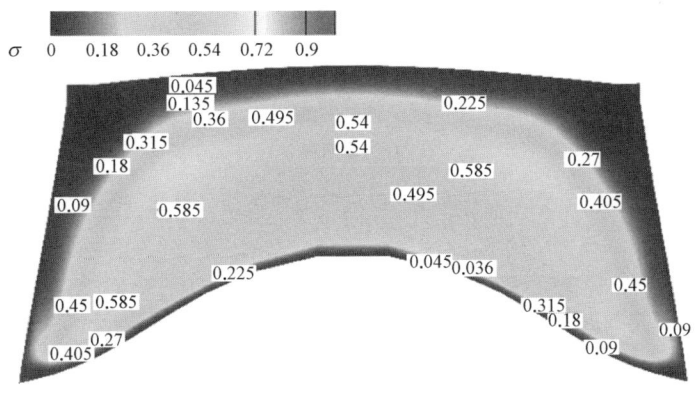

图 7.29　方形入口进气道喉道截面总压恢复系数分布

图 7.31 给出了设计点下圆形入口进气道对称面马赫数等值线分布。该进气道外压段的流场结构与方形入口内转式进气道基本相同,不同点在于前者肩点处形成的回流区面积更大,并在贴近隔离段的对称面两侧形成了大面积对涡。图 7.32 为圆形入口内转式进气道沿程横截面的马赫数等值线分布图,下洗气流(downwash airflow)集中在肩点后方并在顶板滑移层内形成了对涡结构。图 7.33

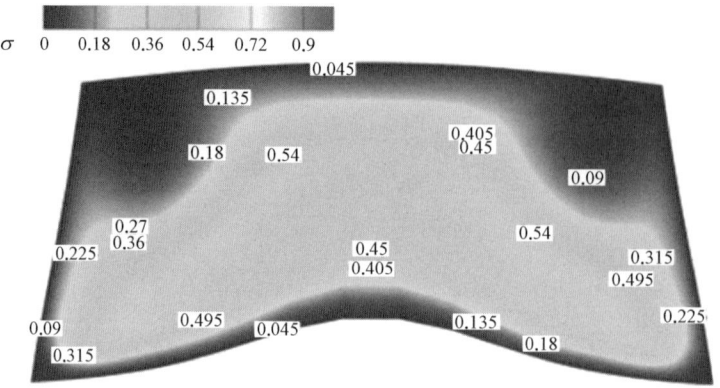

图 7.30　方形入口进气道隔离段出口截面总压恢复系数分布

和图 7.34 给出了圆形入口进气道喉道截面及隔离段出口截面的总压恢复系数分布。由图中可以看到,进气道内的流场左右对称,总压恢复系数最高为 0.6;对涡结构在进气道上方诱导形成了较大范围的低能耗散区,该区域的总压恢复系数仅为 0.08~0.12;此外,隔离段总压恢复系数较方形入口略高,推测原因如下:虽然对涡消耗能量,但其隔离段滑移流的面积更小,对涡对能量的消耗不如滑移层。

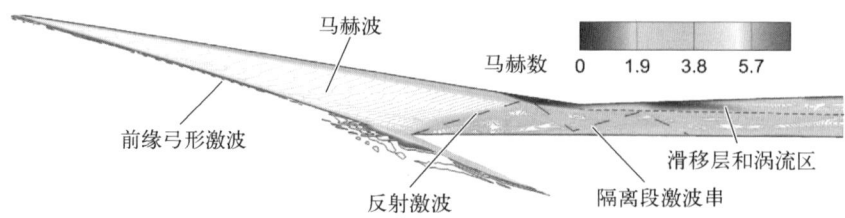

图 7.31　设计点下圆形入口进气道对称面马赫数等值线分布

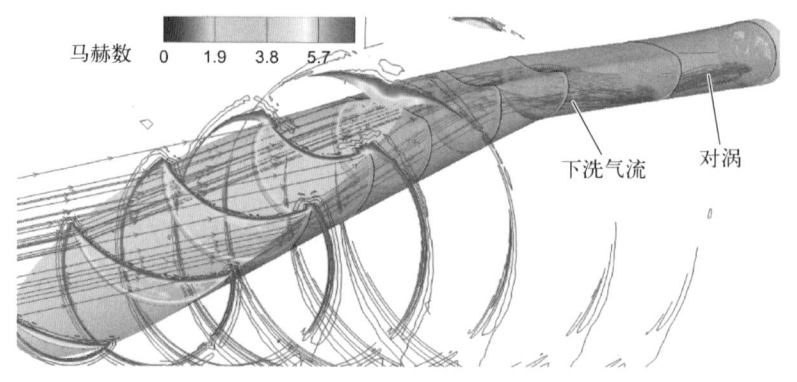

图 7.32　圆形入口内转式进气道沿程横截面的马赫数等值线分布图

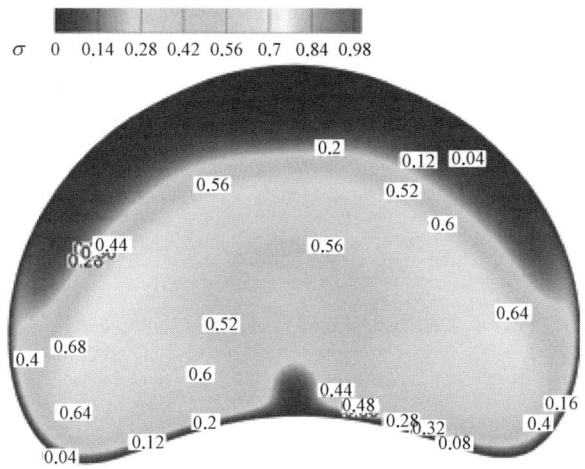

图 7.33 圆形入口进气道喉道截面总压恢复系数分布

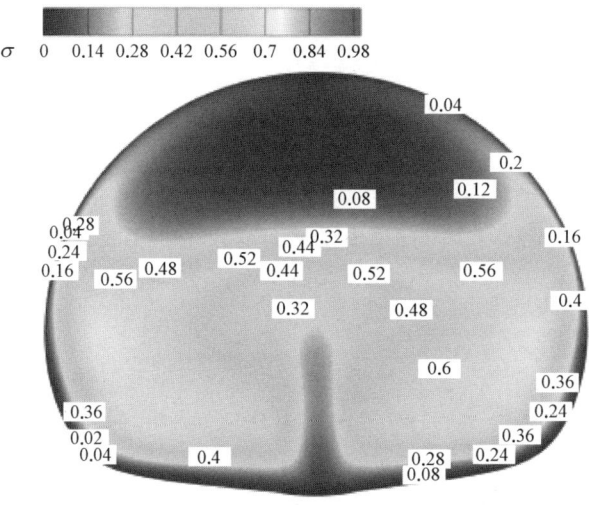

图 7.34 圆形入口进气道隔离段出口截面总压恢复系数分布

图 7.35 给出了设计点下水滴形入口内转式进气道对称面马赫数等值线分布。该进气道肩点处的回流区域面积最小,隔离段内滑移层厚度与圆形入口相近,主流区气流分布均匀,同时非对称的入口形状有效地消除了隔离段内复杂的对涡。然而,其内部空气存在向左侧流动的趋势(图 7.36 中的视角),导致隔离段顶板左侧的滑移层厚度大于右侧。图 7.37 与图 7.38 给出了水滴形入口进气道喉道截面及隔离段出口截面总压恢复系数分布。进气道中心面左右两侧的流

场不对称,导致顶板左侧的滑移层厚度要大于右侧;隔离段出口总压恢复系数最高为 0.5,低能流区域总压恢复系数为 0.1。

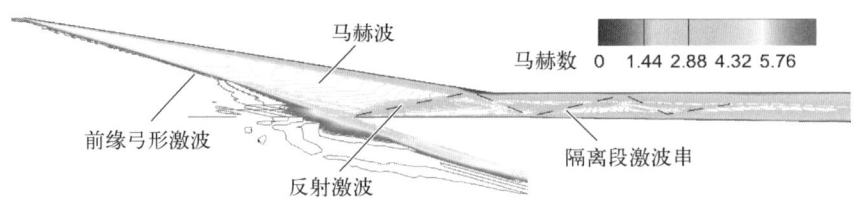

图 7.35　设计点下水滴形入口内转式进气道对称面马赫数等值线分布

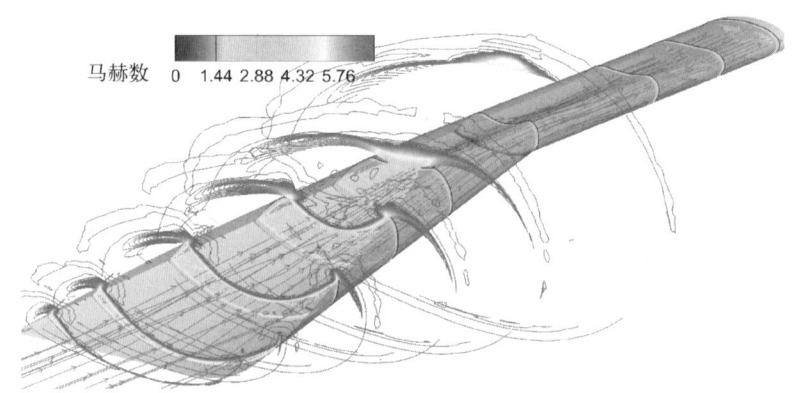

图 7.36　水滴形入口进气道沿程横截面马赫数等值线云图及空间流线

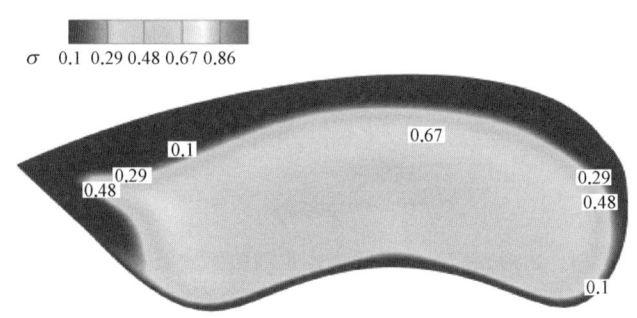

图 7.37　水滴形入口进气道喉道截面总压恢复系数分布

表 7.1 给出了三种内转式进气道总体性能的对比,表中 D 代表流场均匀度;φ 为进气道流量系数;σ_t 与 σ_e 分别代表喉道截面和隔离段出口截面的总压恢复系数;$(P/P_0)_t$ 与 $(P/P_0)_e$ 分别代表喉道截面和隔离段出口截面的压比;Ma_t 与 Ma_e 分别代表喉道截面和隔离段出口截面的平均马赫数。由计算结果可以看

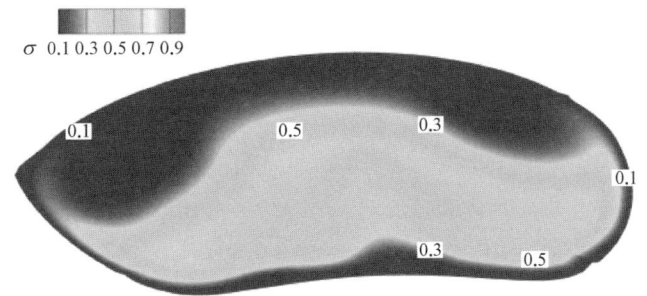

图 7.38 水滴形入口进气道隔离段出口截面总压恢复系数分布

出,三种进气道的喉道截面总压恢复系数 σ_t 与隔离段出口截面总压恢复系数 σ_e 均相差 0.08~0.09,说明三种进气道隔离段的能量损失几乎相同,推测原因如下:圆形入口进气道下洗气流在隔离段入口处会产生不断发展的对涡,对涡与隔离段反射激波串、边界层相互作用导致较大的能量耗散;方形入口进气道顶板大面积的滑移流和反射激波相互作用,同样导致了较大的能量耗散;水滴形入口进气道虽然有效地避免对涡的产生,但在隔离段内存在侧向滑移流,使得靠近左侧的边界层发展迅速,同样也导致较大的能量损失。此外,在所设计的三种内转向进气道中,圆形入口进气道的压缩效率最高,总压损失最小,出口马赫数最低,捕获效率最高,虽然对涡的形成导致其出口流场畸变程度最大,但综合看来性能最优。

表 7.1 设计点有黏条件下进气道总体性能参数表

进气道类型	φ	喉道截面			隔离段出口截面			
		σ_t	$(P/P_0)_t$	Ma_t	σ_e	$(P/P_0)_e$	Ma_e	D
方形入口	0.95	0.43	37.69	3.02	0.35	29.91	3.03	1.14
圆形入口	0.95	0.47	37.66	3.08	0.39	42.85	2.85	1.33
水滴形入口	0.91	0.48	34.31	3.12	0.39	38.82	2.93	1.03

7.5 宽速域乘波机体/进气道一体化设计实例

为充分地发挥乘波体高升阻比的气动性能优势,同时最大限度地结合发动机进行一体化设计,本节针对吸气式高超声速飞行器,开展一种基于投影法的曲面锥导双后掠"全乘波"理论和设计方法研究。与第4章所述双后掠乘波体相同的是,"全乘波"双后掠乘波体同样基于基准流场进行反设计,全机身具有乘波特性[59],区别是基准流场具有内外流一体化的特征,从而实现机体/进气道一体化设计。

7.5.1 设计过程

首先,介绍双后掠"全乘波"内外流一体化基准流场及构型的设计方法。"全乘波"飞行器的基本组成包括乘波前体-进气道和机体腹部乘波面等,两者基于同一基准流场生成,即内外流一体化基准流场。图7.39中展示了流场的主要构造,分为两个基本区域:前体-进气道流场($O-C-D-G-E$)和后体流场(EIH)。区域内包含三道激波和四条壁面型线,其中激波型线包括前体激波OE、反射激波EC和后体激波EH;壁面型线包括前体压缩面型线OC、内流场上壁面CD、内流场下壁面EG和后体型线EI。下面详细地介绍相关设计步骤。

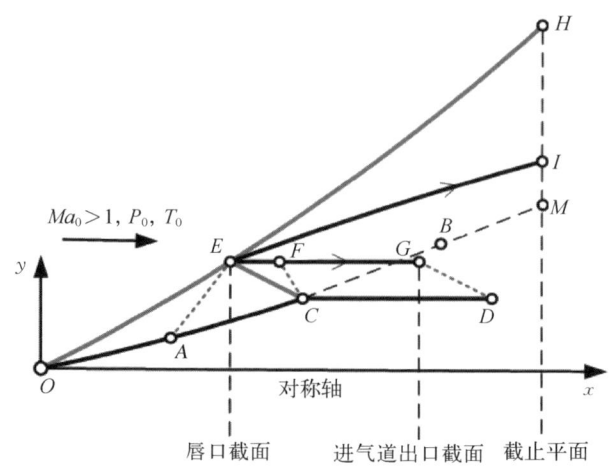

图7.39　内外流一体化流场构造原理图

EH-后体激波;OE-前体激波;EI-机体腹部流线;EG-内流场下壁面;
EC-反射激波;CD-内流场上壁面

(1) 设计轴对称旋成体流场。图7.39中基准锥母线OM是由三段线条组成的,包括直线段OA、二次曲线段AB、直线段BM,其方程式可由$OABM$四点的坐标及倾斜角唯一确定。在此基础上给定来流参数($Ma_0 > 1, P_0, T_0, \rho_0, \mu_0$),通过有旋特征线理论求解母线$OM$与激波$OH$之间的轴对称流场,值得注意的是,步骤(1)所实现的流场为纯外流场。

(2) 构造如图 7.42 所示双后掠"全乘波"机体投影曲线。式(7.2)~式(7.5)为组成双后掠"全乘波"机体前缘型线,分别为前缘钝化圆弧、第一后掠曲线、过渡圆弧和第二后掠曲线。其中,相关圆弧的作用是连接第一、第二后掠翼,并保证机体前缘钝化。为了实现机体/进气道一体化设计,同时指定在前缘线上选取进气道唇口的安装位置,式(7.6)表示进气道唇口距离机体头锥的距离,参数 δ_1 表示进气道长度相对机体总长的占比。

$$x = x_{10} - \sqrt{z_{10}^2 - z^2} \tag{7.2}$$

$$x = \tan\theta_1(z - d) - L \tag{7.3}$$

$$x = X_0 + \sqrt{R^2 - (z - Z_0 - d)^2} \tag{7.4}$$

$$x = \tan\theta_2(z - L_1/\tan\theta_1 - d) + L_1 - L \tag{7.5}$$

$$\text{INT} = \delta_1 L \tag{7.6}$$

$$X_0 = L_1 - L - \frac{R\sin((\pi - \theta_1 - \theta_2)/2)}{\sin((\pi - \theta_1 + \theta_2)/2)} \tag{7.7}$$

$$Z_0 = L_1/\tan\theta_1 - \frac{R\cos((\pi - \theta_1 - \theta_2)/2)}{\sin((\pi - \theta_1 + \theta_2)/2)} \tag{7.8}$$

$$x_{10} = d/\tan\theta_1 - L \tag{7.9}$$

$$z_{10} = -\sqrt{d^2 + (-L - x_{10})^2} \tag{7.10}$$

$$R = L/50 \tag{7.11}$$

$$d = L/10 \tag{7.12}$$

$$L_2 = 5L/8 \tag{7.13}$$

以上表达式中,(x, y) 代表投影曲线段上方程式的坐标;(x_{10}, z_{10}) 与 (X_0, Z_0) 分别表示头部驻点 T_1 和转折圆弧圆心 T_2 的坐标;θ_1 与 θ_2 分别代表第一后掠角和第二后掠角;d 和 R 分别代表钝头化圆弧的横向半展长和转折圆弧的半径;L、L_1、L_2 分别表示飞行器纵向长度、第一后掠区长度和第二后掠区长度。

(3) 构建内外流一体化流场,首先是反射激波与前体激波依赖区的设计。在设计点下,乘波体的唇口与激波 OH 相交,形成反射激波 EC。具体地,在飞行器前缘投影型线确定的基础上,可以得到反射激波的交点 E 坐标,从 E 点出发的反射激波与特征线网格存在一系列离散交点,根据斜激波关系式(7.14),已知波前流动角且指定波后流动角,可唯一求解反射激波当地激波角,波后流动角分布如式(7.15)所示。从点 E 出发依次求解对应波前特征线网格点的波后参数,可得到反射激波 EC 的位置和完整形状,直至与壁面 OM 相交于肩点 C。由 OE、EC、OC 所构成的流场区域为前体激波依赖区。

$$\tan(\theta_{EC,1} - \theta_{EC,2}) = 2\cot\beta \frac{(M_{EC,1})^2 \sin^2\beta - 1}{(M_{EC,1})^2(\gamma + \cos(2\beta)) + 2} \quad (7.14)$$

$$\theta_{EC,2} = \theta_{EC,2}(x), \ x \in [x_E, x_C] \quad (7.15)$$

式中,$\theta_{EC,1}$、$\theta_{EC,2}$ 分别表示反射激波波前与波后流动方向角;$M_{EC,1}$ 为反射激波波前当地马赫数;β 为反射激波当地激波角。

(4) 求解进气道内部流场中的反射激波依赖区流场,如图7.40中的 EFC 区域所示。该区域受反射激波与机体进气道下壁面所影响,求解过程为:首先运用有旋特征线理论流线点单元过程求解反射激波上点 $n_{i,1}$ 的流线与下游点 $n_{i+1,1}$ 的右行马赫线的交点 $n_{i+1,2}$;然后,按顺序求解反射激波 EC 上所有激波点与下游点右行马赫线的交点;最后,求解至最后一个激波点,形成完整 EF 流线。此时由反射激波 EC、流线 EF、特征线 FC 包络形成的反射激波依赖区 EFC 求解完成。

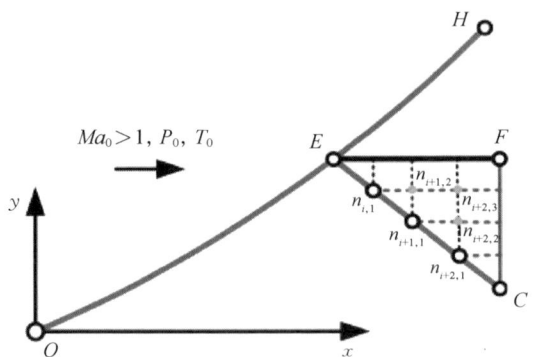

图 7.40 内部流场 $ECDG$ 区域求解示意图

OE -前体激波;EC -反射激波

(5) 求解进气道内部流场区域中的稳定流场区($FCDB$ 区域)。稳定流场区域内离散点参数的求解需要两条初值线参数已知来启动计算过程,即右行马赫线 FC 和中心体壁面曲线 CD,其中,FC 参数已知,根据沿流线相容性方程,需要

给定 V、ρ、P 中一类参数即可确定 CD 曲线上其余参数。给定沿中心体壁面的马赫数分布与倾斜角分布即可确定曲线的坐标和流动参数,如式(7.16)~式(7.18)所示。

$$\begin{aligned} \rho V \mathrm{d}V + \mathrm{d}p &= 0 \\ \mathrm{d}p - a^2 \mathrm{d}\rho &= 0 \end{aligned} \tag{7.16}$$

$$\theta_{CD} = \theta_{CD}(x), \ x \in [x_C, x_D] \tag{7.17}$$

$$M_{CD} = M_{CD}(x), \ x \in [x_C, x_D] \tag{7.18}$$

需要说明的是,进气道内部实现消波处理可以有效地提高进气道的总压恢复系数,故中心体壁面点 C 处的倾斜角需要与当地流速角一致,这可以实现理论上的消波处理。综合运用有旋特征线理论可以求解在给定壁面曲线 CD 长度下的进气道内部稳定区流场的参数求解,直至求解到 FG、GD、CD、FC 曲线将稳定区流场完全封闭。

经过上述步骤可以将进气道内部流场完整求解,其中,流线 EG 可以作为飞行器进气道的下表面流线,流场内由反射激波上任意一点出发的离散点在进气道内部流场追踪成的流线作为飞行器进气道上表面流线。

最后,与前面所述外流双后掠乘波体的方法相同,将"全乘波"机体的俯视水平几何型线投影至内外流一体化的流场中,最后通过流线追踪获得全机外形,如图 7.41 所示。图 7.42 展示了"全乘波"机体的水平投影型线在实体三维模型

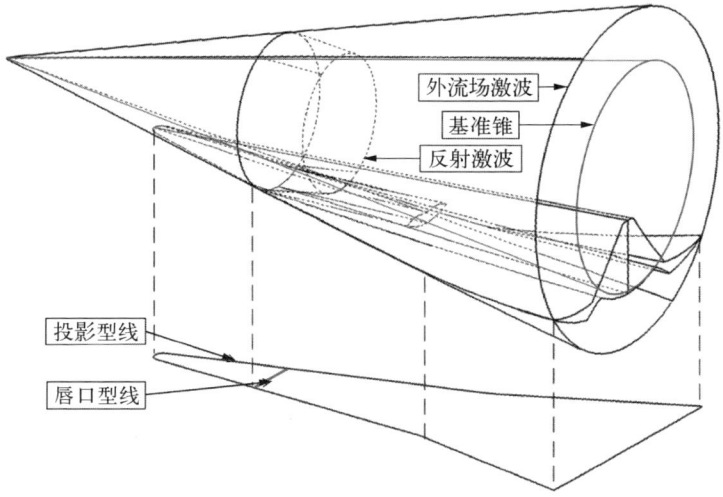

图 7.41 双后掠全乘波生成方法示意图

上的对照图,其中,L 是全机长度,L_1 是第一后掠区纵向长度,L_2 是第二后掠区长度,INT 是前体压缩面长度,θ_1 是第一后掠角,θ_2 是第二后掠角,d 是机体前缘钝化长度,R 是转折圆弧半径。

按上述方法设计的双后掠全乘波飞行器外形如图 7.43 所示,全机分为如下部件:机体上表面、前体压缩面、进气道(包括上、下壁面)、机腹下表面及飞行器底面。需要说明的是,该飞行器并未考虑隔离段后段、燃烧室、喷管和舵面的设计。

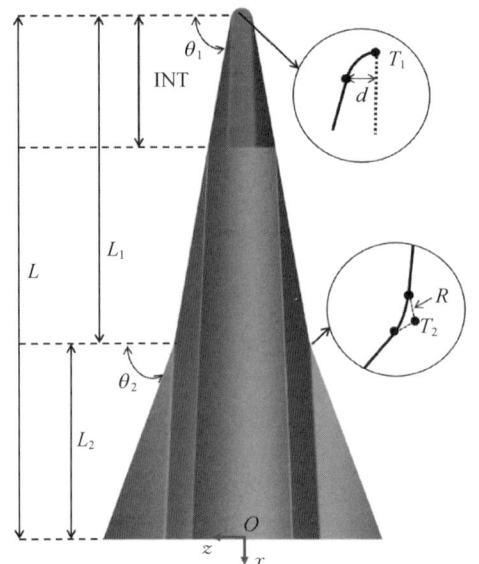

图 7.42 俯视投影型线三维视图

图 7.43 双后掠全乘波飞行器外形
1-机体上表面;2-机体下表面;3-前体;4-进气道

7.5.2 基准流场模型及方法验证

7.5.1 节给出了基于投影法双后掠乘波体的设计原理,下面验证设计方法的正确性。基准流场作为乘波体设计的核心,需要在指定的飞行条件下构建。此处设计点:飞行马赫数为 6.0,巡航高度为 25 km,迎角为 0°。在 25 km 高度,来流大气静压为 2 549.22 Pa,静温为 221.552 K。

构建的基准流场示意图如图 7.44 所示,其中红色曲线代表弯曲激波,红色虚线代表反射激波,绿色实线代表对称面处的飞行器壁面型线。图中 X_A、X_B、X_M、X_N、X_E 分别对应基准流场模型中的第一壁面点、第二壁面点、截止平面壁面点、飞行器对称面处前缘点和飞行器对称面处唇口点。表 7.2 展示了内外流一体化轴对称基准流场外形参数。符号 θ_A 与 θ_B 代表基准锥母线的第一壁面角和第二壁面角，$\theta_{EC,2}$ 代表反射激波后流动方向角，θ_{CD} 与 M_{CD} 分别代表中心体壁面的倾斜角和马赫数分布，X_{EG} 代表进气道出口截面与肩点之间的横向距离。

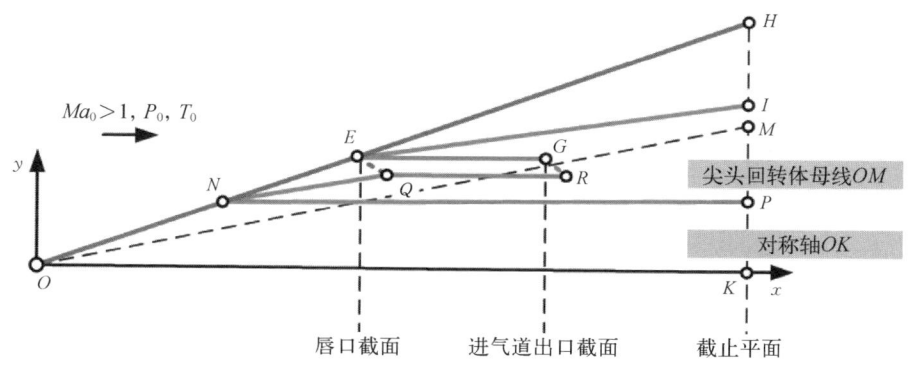

图 7.44 基准流场示意图

NP-上表面流线；NQ-前体压缩面流线；QR-进气道上壁面；EG-进气道下壁面；EI-下表面流线

表 7.2 内外流一体化轴对称基准流场外形参数

参数	Ma_0	X_A/m	X_B/m	X_M/m	X_N/m	X_E/m	θ_A/(°)	θ_B/(°)	$\theta_{EC,2}$/(°)	θ_{CD}/(°)	M_{CD}	X_{EG}/m
取值	6.0	2.0	8.0	10.0	2.5	4.375	10.0	6.0	3.0	3.0	MC	2.0

表 7.3 为全乘波双后掠飞行器模型参数。飞行器总长 7.5 m，前体长 1.875 m，进气道长 2 m，第一后掠区长度为 4.687 5 m，第二后掠区长度为 2.813 m，第一后掠角为 80°，第二后掠角为 70°，钝化头部半展长 0.15 m，转折圆弧半径为 0.75 m。

表 7.3 全乘波双后掠飞行器模型参数

参数	L/m	L_1/m	L_2/m	L_{fore}/m	L_{inlet}/m	θ_1/(°)	θ_2/(°)	d/m	R/m
取值	7.5	4.687 5	2.812 5	1.875	2	80	70	0.15	0.75

在"全乘波"基准流场中，内流道反射激波波前流场是外流道基准流场的一部分。采用无黏 CFD 方法对飞行器对称面处的二维内外耦合流场进行数值模拟，通过对比特征线方法输出的结果，分析相关壁面的压力分布及流场特征。图 7.45 给出的是用于 CFD 计算的二维结构化网格，网格单元数约为 42 万，将边

界 Inlet 定义为压力远场,边界 Outlet 定义为压力出口,对称轴 Axis 定义为轴对称边界条件。自由来流条件包括:飞行马赫数为 6,高度 H = 25 km,迎角 0°,来流静压为 2 549.22 Pa,静温为 221.552 K。

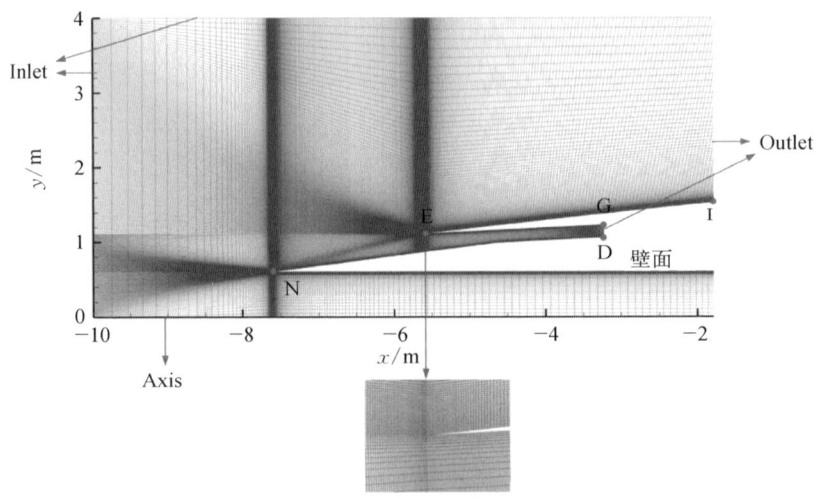

图 7.45　对称面二维结构化网格划分

利用无黏 CFD 方法和特征线理论分别计算得到的基准流场如图 7.46 所示。在图 7.45 中的前体-进气道流场区域中,ND 为从前缘点 D 出发的流线,也是飞

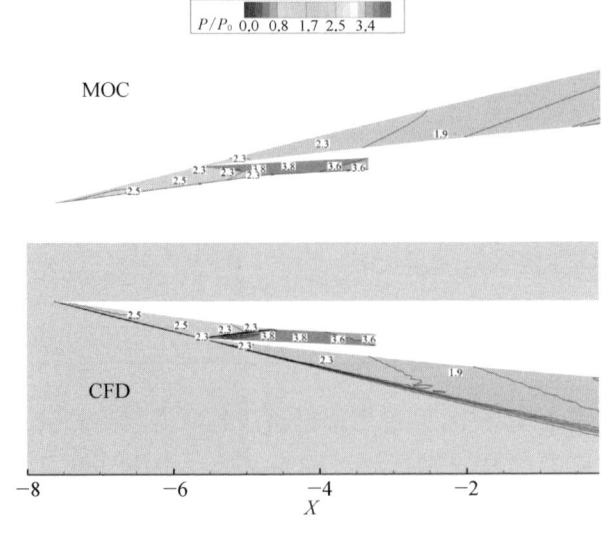

图 7.46　MOC 与无黏 CFD 流场结构对比

行器中的前体压缩面及进气道上壁面,特征线流场中 ND 流线以下的流场区域并未参与飞行器的流线追踪过程,因此,在图 7.46 中只对两种方法的流场重合部分进行对比。图中可见,MOC 与无黏 CFD 计算的结果中流场结构基本一致,弯曲激波打到唇口点 E 上形成的反射激波刚好落在肩点上,在无黏的情况下实现进气道内部的消波,未形成进气道内部的一系列反射激波串。压力等值线分布结果表明两种计算方法的全局或局部流场均基本一致,但激波形态有所区别,MOC 法计算得到的激波没有厚度,是一条光滑的曲线;而 CFD 技术得到的激波厚度与网格尺寸相关,由一簇曲线构成。

流场中各段壁面上的压力分布对比如图 7.47 所示,监测壁面包括前体压缩面及进气道上壁面 ND、进气道下壁面 EG 和机体下壁面 EI,其中,虚线框代表

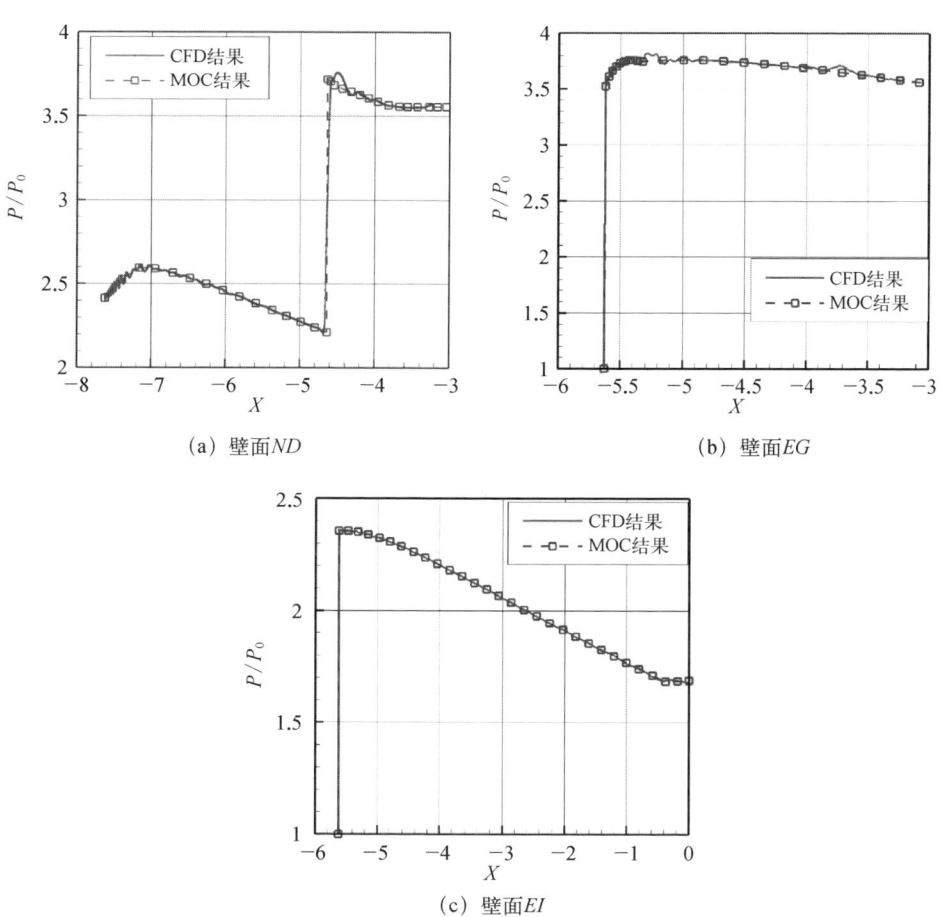

图 7.47　MOC 与无黏 CFD 计算得到的无量纲压力分布对比

MOC 求解得到的压力分布,实线代表通过无黏 CFD 得到的壁面压力分布。由图 7.47(a)中壁面 ND 处的压力分布可知,两种计算方法在求解前体压缩区及进气道内部稳定区的压力分布十分相近,但在肩点位置略有出入,其原因是激波附近流动复杂,参数变化剧烈,以及网格密度不够高。图 7.47(b)展示了进气道下壁面 EG 处的压力分布曲线,规定激波后的流速角为 3°,唇口处激波恰好打在壁面上。由图可以看出,采用 MOC 求解的进气道内部压力分布结果与 CFD 结果十分吻合。图 7.47(c)展示了机体下壁面 EI 处的压力分布。结果表明,由于激波打到唇口点处,压力发生突跃,两种方法计算得到的压力分布依然吻合得较好,验证了 MOC 方法构建流场的正确性。

图 7.48 展示了基于无黏和有黏 CFD 计算得到的飞行器对称面处的二维流场。结果表明,有黏计算结果中的激波位置与无黏条件下略有不同,在进气道内部形成了一系列的反射激波,这与黏性作用及边界层的干扰有关[24],进气道内部的无量纲压力等值线显示激波强度相对较弱。在无黏条件下,进气道内部并未出现激波串,能量损失也相应减小。上述结果表明在无黏条件下设计的二维流场对比无黏 CFD 结果具有较高的吻合度;若考虑空气的黏性,需要进行边界层黏性修正才能达到相应的设计目标,这将在后续的研究中加以考虑[25,26]。

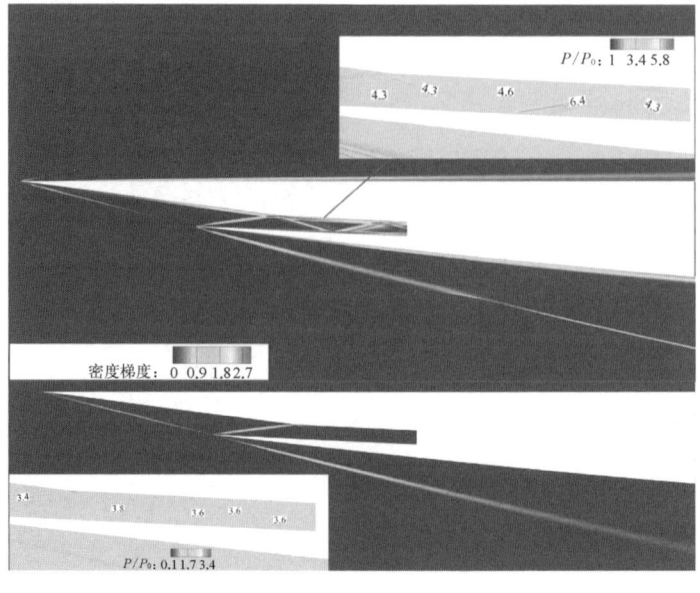

图 7.48 对称面处飞行器的有黏(上)与无黏(下)CFD 的密度梯度云图对比

7.5.3 全乘波飞行器性能分析

本节采用 CFD 方法对双后掠"全乘波"飞行器的高超声速流场和低速流场进行了黏性数值模拟,采用的求解方法、湍流模型与前面相同,其中高速计算的网格单元数约为 1 995 万,低速计算网格单元数约为 2 086 万。图 7.49 给出了飞行器的网格划分图。

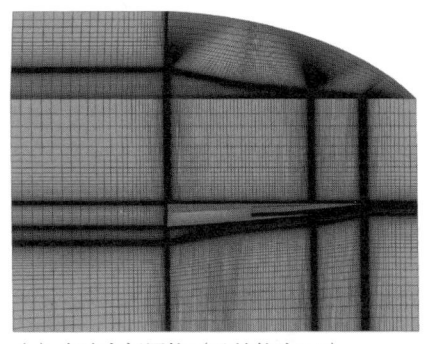

(a) 高速空间网格(马赫数为6.0)

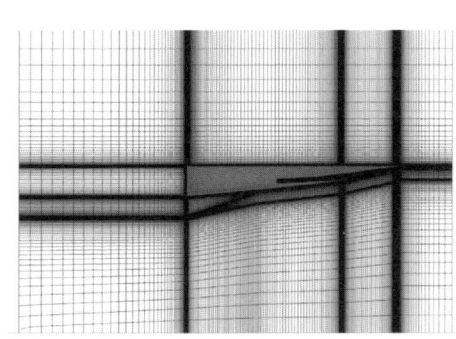

(b) 高速对称面网格

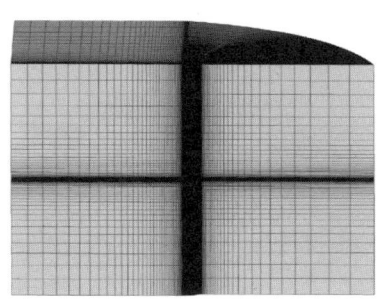

(c) 低速空间网格(马赫数为0.4)

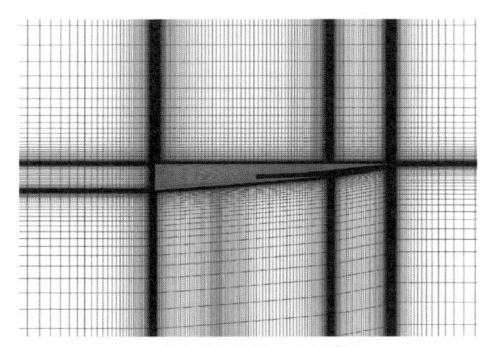

(d) 低速对称面网格

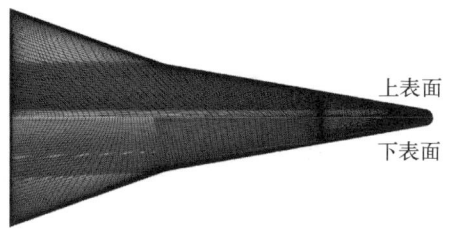

(e) 表面网格

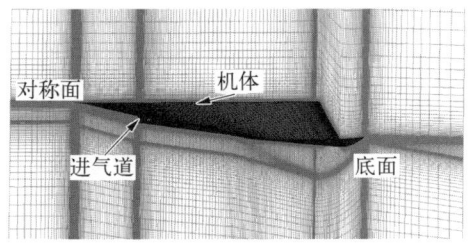

(f) 近壁面处加密网格

图 7.49 飞行器的网格划分图

设计点飞行器下唇口横截面、底部横截面和对称面处的压力分布如图 7.50

所示,图中虚线代表激波形状和位置。由图7.50(a)可以看出,展向激波贴附在前体压缩区的前缘线上,数值模拟的激波形状与位置与设计值十分吻合,且唇口下表面的高压气体只发生轻微溢流,说明黏性效应对无黏条件下设计的"全乘波"飞行器的空气捕获特性的影响程度有限。在图7.50(b)中,黑色虚线描绘了机体底部截面处展向激波的位置和形状的设计值,其与该截面处的数值模拟结果十分吻合,全机溢流特性并不明显。图7.50(c)展示了飞行器对称面处的无量纲压力分布,可以明显地看到,对称面处纵向激波的设计值同样与数值模拟的结果一致。与二维流场的激波分布一致,飞行器的三维模型在唇口处同样与对称面处的激波交汇,设计值与数值模拟结果高度吻合。这些结果表明双后掠"全乘波"飞行器在前体和后体均具有很好的乘波特性,且三维流场的设计值与数值模拟结果高度一致,即该设计方法获得的飞行器具有良好的"全乘波"特型及高压气流捕获能力。

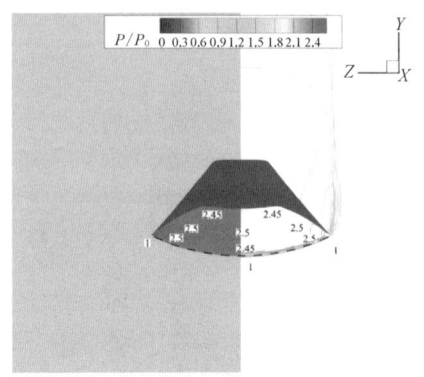

(a) 唇口横截面

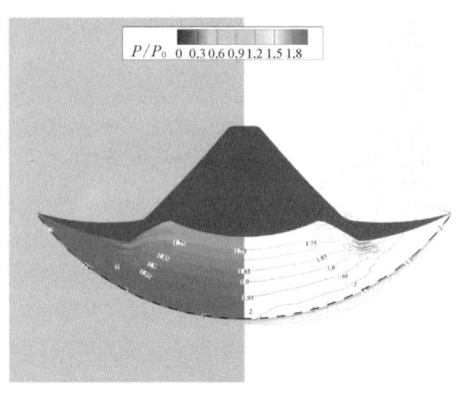

(b) 底部横截面

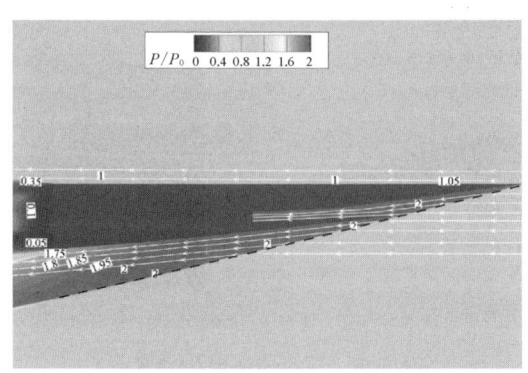

(c) 对称面

图 7.50　不同截面处的理论激波型线对比 CFD 模拟结果

图 7.51 展示了有黏 CFD 计算得到的锥导双后掠"全乘波"飞行器马赫数等值线图。由图可以看出,飞行器各纵向截面内的激波型线基本贴附在其前缘,即飞行器全机实现乘波,特别在进气道唇口截面内,激波型线与唇口型线高度重合,实现了对来流空气的高效捕获。然而,在黏性作用下,纵向截面内出现不同程度的溢流,并在壁面附近产生低速边界层流动,随着边界层沿壁面逐渐发展,溢流现象也越发显著。

图 7.51　有黏 CFD 计算得到的锥导双后掠"全乘波"飞行器马赫数等值线图

由前面章节已知,双后掠外流乘波体飞行器在高速大迎角状态下,升力系数随迎角出现非线性变化。本节探讨内外流耦合的吸气式双后掠乘波飞行器的这一特性。图 7.52 展示了设计工况下飞行器的气动力参数随迎角的变化曲线。图 7.53 展示了所研究迎角范围内的机体多截面压力等值线图。

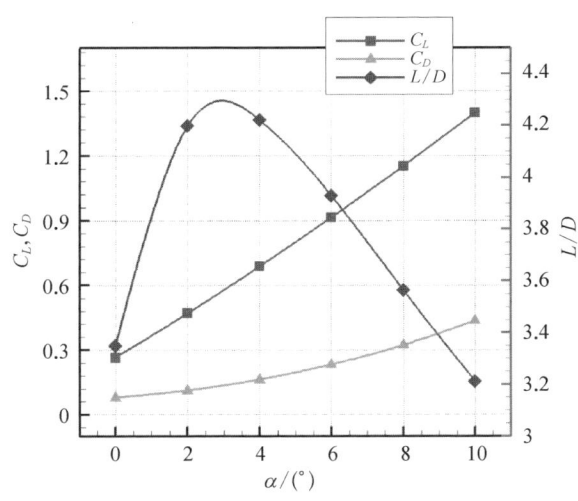

图 7.52　设计工况下飞行器的气动力参数随迎角的变化曲线

由图 7.52 可知,在 0~10°迎角范围内,飞行器的升力系数近似呈线性增长趋势;阻力系数近似二次增长;升阻比随迎角先增大后减小,并在 2°~4°迎角范围内达到最大值 4.3。从图 7.53 看到,在设计点工况(0°迎角)下,飞行器各截面压力等值线分布表明机体前缘上的激波贴体程度较高,即使在黏性效应影响下,溢流特征也并不明显。在 2°和 4°迎角时,第一后掠区相继出现激波脱体,此时的第二后掠区并未出现。在 6°迎角时,分离区域越过后掠角过渡区,第二后掠区出现可见的激波脱体。在 8°~25°迎角范围内,激波脱体越发显著,直至完全脱离飞行器,整机失去乘波特性。保持良好的发动机性能需要对来流进行压缩捕获,这也需要飞行器的巡航迎角不能过大,在 2°~4°迎角范围内飞行器能够获得最大升阻比,压力分布云图展示其在这一迎角范围内激波并未出现较大范围的脱体,理论上在满足良好进气性能条件下,具有较高的气动性能。

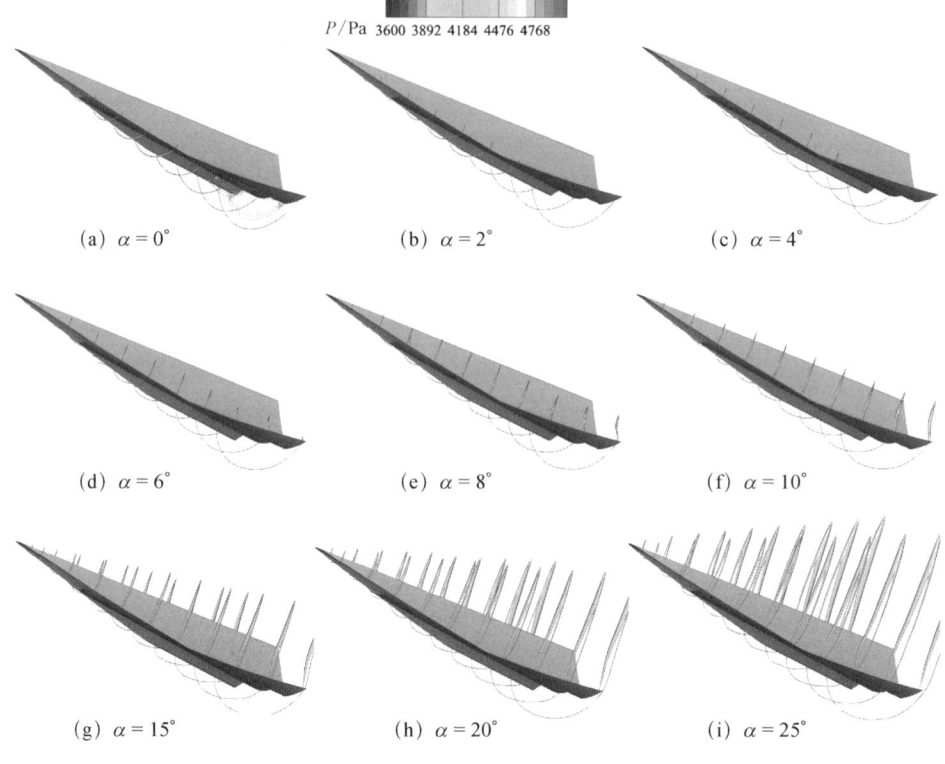

图 7.53　不同迎角下压力等值线图

图 7.54 中展示了双后掠"全乘波"飞行器的升力系数随迎角的变化曲线,图中圆形实线代表按照 0°~2°迎角的斜率拟定的假想线性变化曲线,方框实线代表 CFD 数值模拟获得的飞行器的升力系数变化曲线。可以看出,在小迎角范围内(0°~6°),飞行器的升力系数变化曲线斜率近似恒定;当升力系数高于 0.9 时,表现出较为明显的非线性增长趋势;随着迎角逐渐增大,升力系数变化曲线

与假想线性变化曲线之间的差值越来越大,其非线性特征更为明显。通过升力系数随迎角变化曲线进一步验证了双后掠"全乘波"飞行器具有明显的高速大迎角非线性升力特性,与外流双后掠全乘波体的这一特性一致。

双后掠"全乘波"飞行器通过内外流耦合的方式实现了一种机体/进气道一体化的布局设计,初衷是为实现宽速域起降一体化的巡航乘波飞行器设计,研究结果表明,该飞行器具有良好的气动

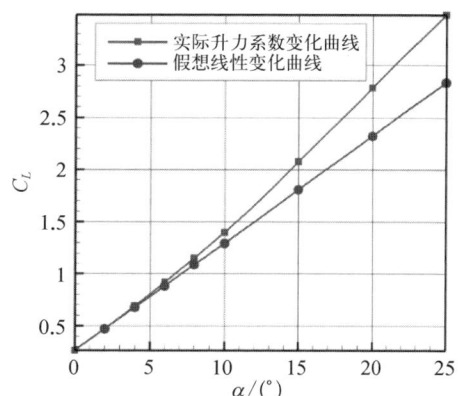

图 7.54 实际升力系数变化曲线与假想线性变化曲线的对比

性能,高超声速设计马赫数的最大升阻比达到 4.3,且存在明显的高速大迎角非线性升力特性。

飞行器内流道构型通过耦合流场反设计实现。图 7.55 展示了进气道性能参数变化曲线,其中,$P_{e,t}/P_{0,t}$ 表示隔离段出口截面气流加权平均总压与来流总压的比值,P_e/P_0 表示隔离段出口截面气流平均静压与来流静压的比值,$\dot{m}$、M_e 分别表示隔离段出口处质量流率与平均马赫数。

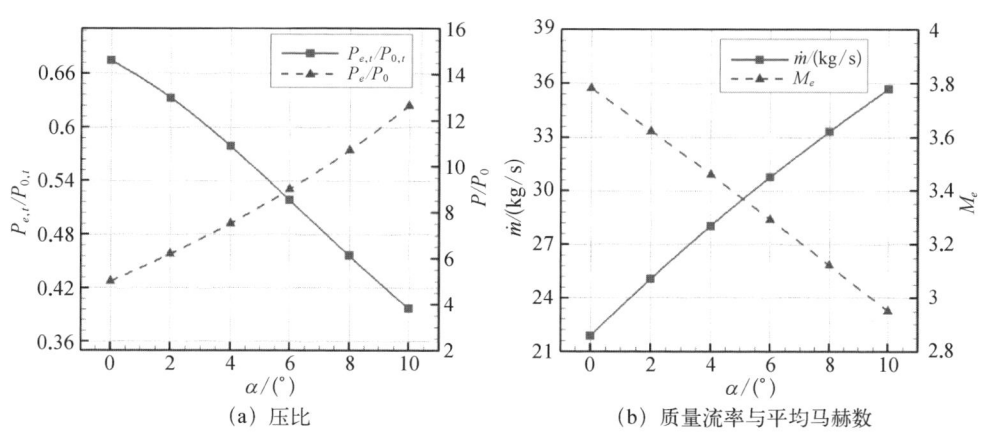

(a) 压比 (b) 质量流率与平均马赫数

图 7.55 进气道性能参数变化曲线

由图 7.55 可知,飞行器隔离段出口截面的 $P_{e,t}/P_{0,t}$、M_e 随迎角的增加逐渐降低,P_e/P_0 和 $\dot{m}$ 随迎角增加逐渐增大。这是因为,随着迎角的增加,前体激波强度逐渐增加,激波与边界层干扰加剧,造成了更大的能量损失。而前体激波强度

的增加使进气道内部压缩能力提高,但同时消耗一部分动能使气流流速降低。此外,随着迎角增加,飞行器迎风面捕获面积逐渐增大,使更多的气流进入进气道内,流量进一步提升。并未进行边界层黏性修正,导致前体激波相较于唇口位置发生向下的微小偏移,造成溢流损失,从而使质量流率降低。反射激波与肩点边界层之间相互干扰,在肩点处发生流动分离,造成气流能量损失,导致 $P_{e,t}/P_{0,t}$ 降低。激波在肩点处发生进一步反射,在内流道形成激波串,捕获的气流经过进一步压缩,可能会导致 P_e/P_0 增加,M_e 减小。

图 7.56 展示了飞行器在低速下的气动特性,其中红色曲线代表飞行器的气动力系数,蓝色曲线代表去除底部表面后的气动力系数。可以看到,底部对全体的升力影响较小。对于阻力系数,在小迎角时,底部占全机阻力的 68.16%,若不

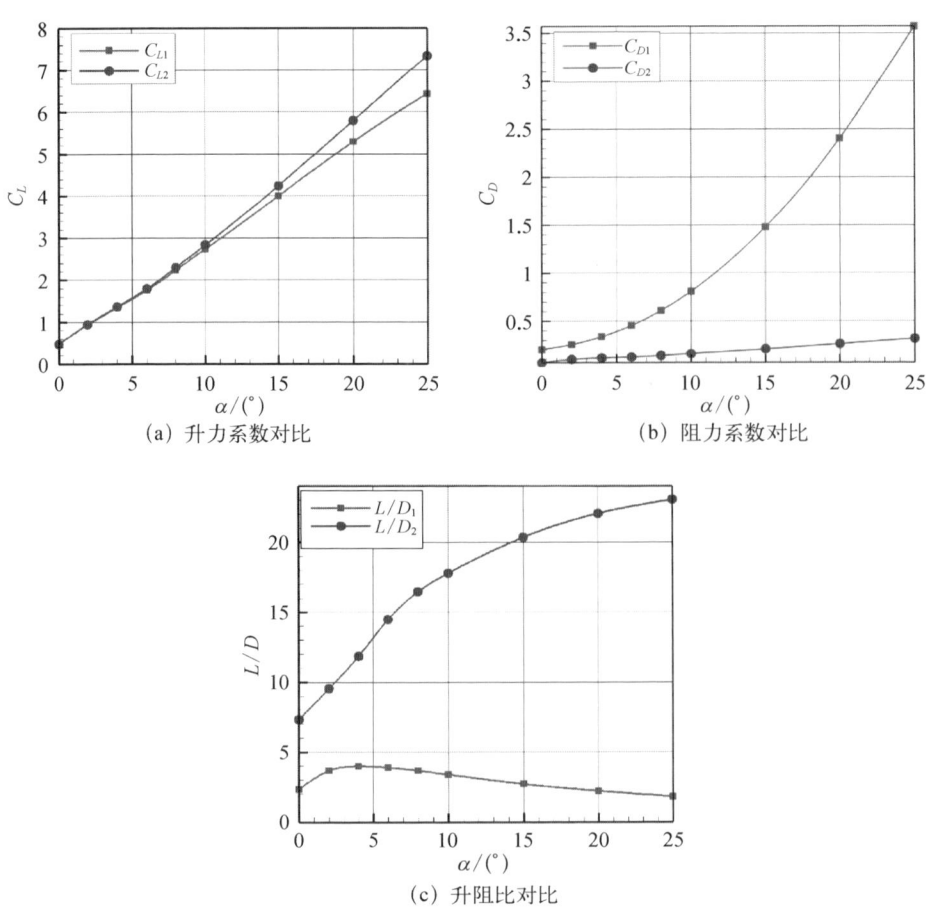

图 7.56 气动力参数随迎角变化曲线(马赫数为 0.4)

对其进行减阻修型,底部对全机的气动性能带来较大的负面影响。在低速条件下,不考虑底部气动力的升阻比始终随迎角增大而增大,但增长率逐渐降低;考虑底部气动力的升阻比随迎角先增大后减小,并在 4°迎角下达到最大值 3.98。

图 7.57 展示了低速条件下飞行器的多截面压力等值线分布云图。在 0°迎角时,飞行器上表面压力较高,并未出现明显的前缘涡结构,这是由于上表面基于 0°迎角的自由流面法设计所得。当迎角为 2°时,第二后掠区域出现大范围的低压区,从压力等值线也能明显地看到具有大范围的涡结构区域,此时的第一后掠区域具有较小的涡结构,导致这一区域的上表面低压范围远小于第二后掠区域。当迎角增大到 4°时,上表面的低压区域变得非常明显,但第一、第二后掠区之间还是存在明显的间隔。随着迎角从 6°增大到 20°,飞行器的不同后掠区域

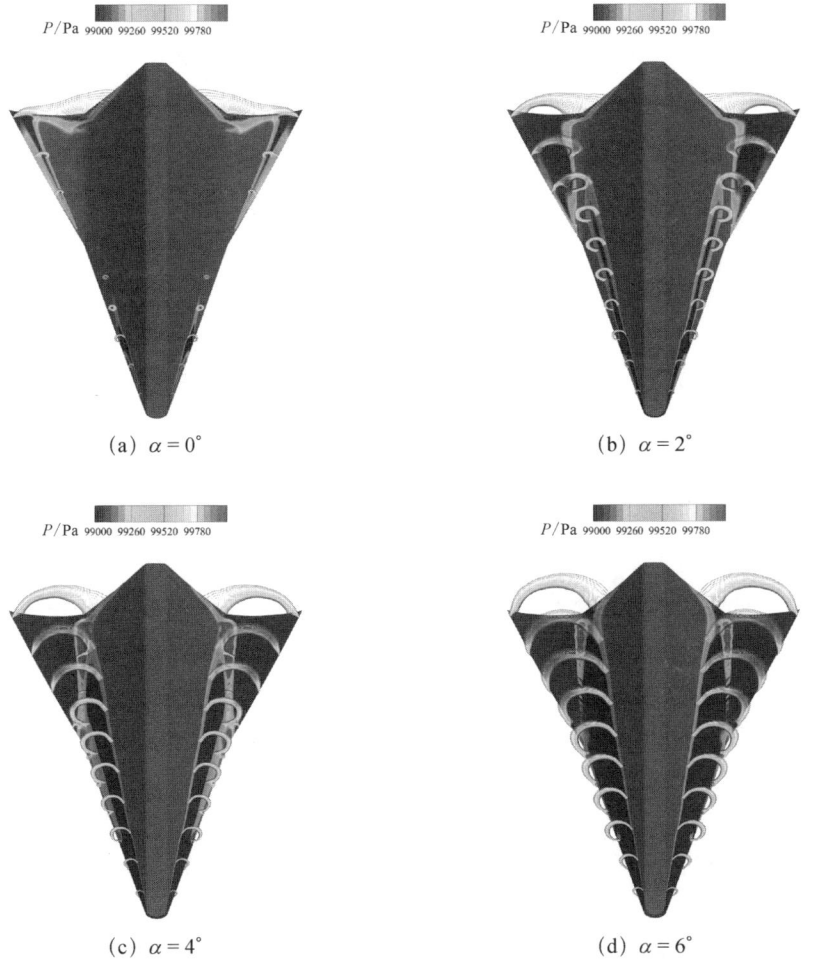

(a) $\alpha = 0°$ (b) $\alpha = 2°$

(c) $\alpha = 4°$ (d) $\alpha = 6°$

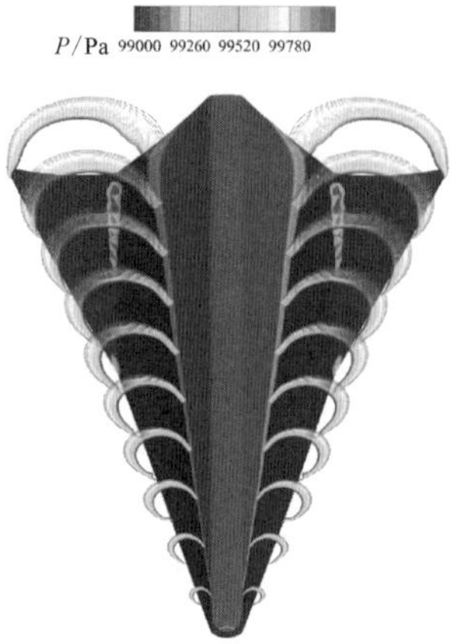

(e) $\alpha = 8°$

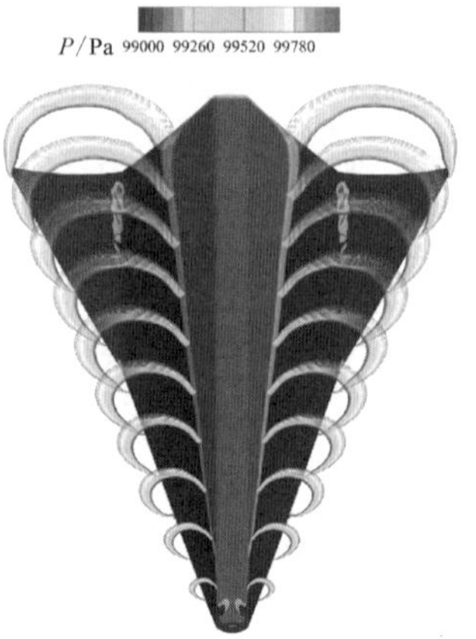

(f) $\alpha = 10°$

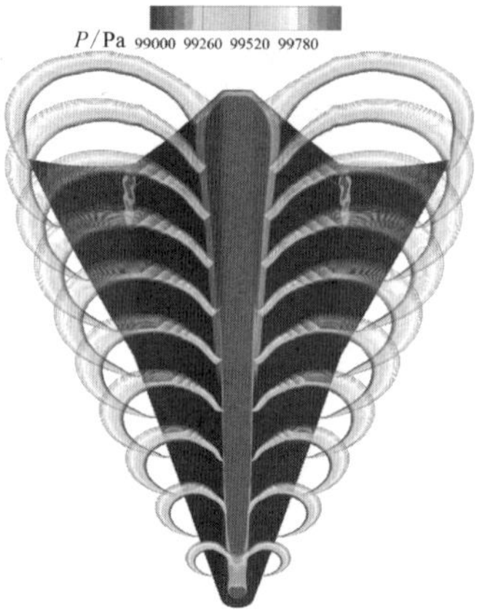

(g) $\alpha = 15°$

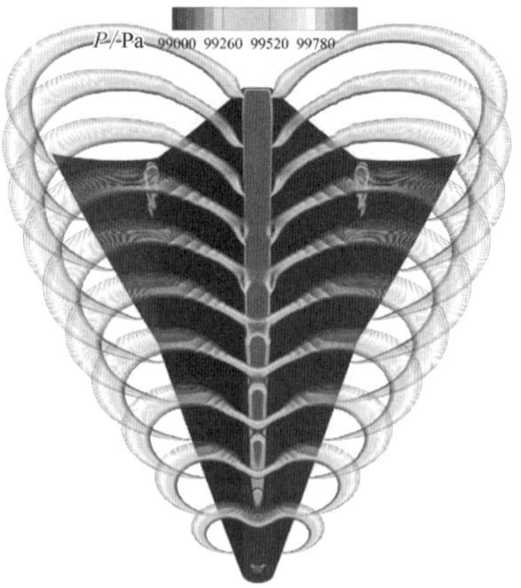

(h) $\alpha = 20°$

图 7.57　0~20°迎角下飞行器的多截面压力等值线分布云图(马赫数为 0.4)

的低压区域完全融合,形成的涡结构随着迎角的增大而变大,导致上表面的低压区范围明显变大,这一"涡效应"为飞行器的升力系数提升带来较大的贡献,相比于传统乘波飞行器,这可以带来可观的升力增量,使得飞行器在低速下具有明显的气动性能优势。

7.6　本章小结

高超声速乘波构型呈现二维向三维方向发展趋势,进气道构型也逐渐由二元平面压缩转向三维内收缩。机体和进气道构型的转变导致两者之间的匹配设计难度加大。需要优化乘波前体(或机体)与高超声速进气道的耦合设计方法,实现两者在几何与气动上的光滑过渡,改善一体化构型的宽速域性能。本章主要结论如下:

(1) 乘波前体/进气道一体化设计主要包括三种布局方式,分别为三维内收缩进气道直接作为前体、前体与进气道沿流向串联布置、进气道与前体沿展向并联布置的一体化设计。第一种布局阻力系数小,结构质量轻,但会降低飞行器的有效容积和升阻比;第二种布局可以利用前体对来流的捕获和预压缩,但前体边界层给进气道带来不利影响;第三种布局可以实现前体和进气道的独立乘波,降低了两者之间的干扰。

(2) 乘波机体/进气道一体化构型根据基准流场的不同,可以分为包容式、相交式和"全乘波"三类,其一体化程度依次升高,集成优势逐渐增强。

(3) "内乘波"进气道具有较高的压缩能力和较小的浸润面积,是当前高超声速进气道领域的研究热点。相比方形入口和水滴形入口内转向进气道,圆形入口内转向进气道的压缩效率最高,压缩损失最小,综合性能最优。

(4) 以曲锥基准流场为基础,构建了机体/进气道一体化"全乘波"流场,结合基于投影的双后掠乘波体设计方法,完成了宽速域双后掠"全乘波"一体化气动布局设计。该一体化气动布局能利用"涡波效应",兼顾了高、低速气动性能。

参考文献

[1] 罗世彬. 高超声速飞行器机体/发动机一体化设计[M]. 北京: 科学出版社, 2018.
[2] 赵桂林, 胡亮, 闻洁, 等. 乘波构形和乘波飞行器研究综述[J]. 力学进展, 2003, 33(3): 357-374.
[3] Ding F, Liu J, Shen C B, et al. Novel approach for design of a waverider vehicle generated from axisymmetric supersonic flows past a pointed von Karman ogive[J]. Aerospace Science and Technology, 2015, 42: 297-308.
[4] 孟宇鹏, 杨晖, 满延进. 高超声速进气道飞行器一体化设计技术的发展[J]. 气体物理, 2021, 6(4): 66-83.
[5] Nonweiler T R F. Aerodynamic problems of manned space vehicles[J]. The Journal of the Royal Aeronautical Society, 1959, 63(585): 521-528.
[6] Ding F, Liu J, Shen C B, et al. An overview of waverider design concept in airframe/inlet integration methodology for air-breathing hypersonic vehicles[J]. Acta Astronautica, 2018, 152: 639-656.
[7] 黄河峡, 谭慧俊, 庄逸, 等. 高超声速进气道/隔离段内流特性研究进展[J]. 推进技术, 2018, 39(10): 2252-2273.

[8] 刘亚洲,谭慧俊,黄河峡,等.不同波系配置的鼓包压缩面流动特性实验研究[J].推进技术,2019,40(8):1752-1758.

[9] 王娇,谭慧俊,黄河峡.Bump进气道中鼓包诱导的激波/边界层干扰特性[J].航空动力学报,2018,33(1):97-107.

[10] 李永洲,张堃元.基于马赫数分布可控曲面外/内锥形基准流场的前体/进气道一体化设计[J].航空学报,2015,36(1):289-301.

[11] O'Neill M K L, Lewis M J. Design tradeoffs on scramjet engine integrated hypersonic waverider vehicles[J]. Journal of Aircraft, 1993, 30(6): 943-952.

[12] Takashima N, Lewis M J. Wedge-cone waverider configuration for engine-airframe interaction [J]. Journal of Aircraft, 1995, 32(5): 1142-1144.

[13] 王俊琦,赵海刚,任智勇.乘波体与二元高超声速进气道一体化设计研究[J].燃气涡轮试验与研究,2018,31(1):13-17,23.

[14] 李怡庆,韩伟强,尤延铖,等.压力分布可控的高超声速进气道/前体一体化乘波设计[J].航空学报,2016,37(9):2711-2720.

[15] Walker S H, Rodgers F C. Hypersonic collaborative Australia/United States experiment (HyCAUSE)[C]. 13th International Space Planes and Hypersonics Systems and Technologies Conference, Capua, 2005.

[16] Kothari A P. Designs of and methodology for inward or outward, and partially inward or outward turning flow hypersonic air-breathing and rocket-based-combined-cycle vehicles: U. S. Patent 6164596[P]. 2000-12-26.

[17] Billig F S. SCRAM-A supersonic combustion ramjet missile[J]. Journal of Propulsion and Power, 1995, 11(6): 1139-1146.

[18] Dissel A F, Kothari A P, Lewis M J. Comparison of horizontally and vertically launched airbreathing and rocket vehicles[J]. Journal of Spacecraft and Rockets, 2006, 43(1): 161-169.

[19] 董昊.高超声速咽式进气道流场特性和设计方法研究[D].南京:南京航空航天大学,2010.

[20] 李永洲.马赫数分布可控的高超声速内收缩进气道及其一体化设计研究[D].南京:南京航空航天大学,2014.

[21] Steelant J, Varvill R, Walton C, et al. Achievements obtained for sustained hypersonic flight within the LAPCAT-II project[C]. 20th AIAA International Space Planes and Hypersonic Systems and Technologies Conference, Glasgow, 2015: 3677.

[22] Bowcutt K, Bowcutt K, Smith T, et al. The hypersonic space and global transportation system: A concept for routine and affordable access to space[C]. 17th AIAA International Space Planes and Hypersonic Systems and Technologies Conference, San Francisco, 2011: 2295.

[23] Viola N, Fusaro R, Vercella V. Technology roadmapping methodology for future hypersonic transportation systems[J]. Acta Astronautica, 2022, 195: 430-444.

[24] Gollan R J, Smart M K. Design of modular shape-transition inlets for a conical hypersonic vehicle[J]. Journal of Propulsion and Power, 2013, 29(4): 832-838.

[25] 南向军. 压升规律可控的高超声速内收缩进气道设计方法研究[D]. 南京：南京航空航天大学，2012.
[26] 向先宏. 基于三维内收缩进气道的高超声速飞行器一体化概念设计[D]. 南京：南京航空航天大学，2011.
[27] 武卉，牛文. 美国积极发展高超声速武器[J]. 飞航导弹，2014(8)：6-9.
[28] 杨日炯，郑晓刚，施崇广，等. 双模块下颌式内转进气道/圆锥前体一体化布局研究[J]. 推进技术，2021，42(11)：2455-2464.
[29] 郑晓刚，李中龙，李怡庆，等. 曲锥前体/内转进气道一体化设计与试验研究[J]. 实验流体力学，2019，33(5)：29-36，49.
[30] Xu S C, Wang Y, Wang Z G, et al. Design and analysis of a hypersonic inlet with an integrated bump/forebody[J]. Chinese Journal of Aeronautics, 2019, 32(10)：2267-2274.
[31] Huang G P, Zuo F Y, Qiao W Y. Design method of internal waverider inlet under non-uniform upstream for inlet/forebody integration[J]. Aerospace Science and Technology, 2018, 74：160-172.
[32] 蔡佳，黄河峡，唐学斌，等. 展向压力分布可控的前体/压缩面气动设计方法及其流动特性[J]. 空气动力学学报，2022，40(1)：66-76.
[33] 李永洲，孙迪，王仁华，等. 非均匀来流的马赫数可控内收缩进气道设计[J]. 航空学报，2023，44(12)：127857.
[34] 钟翔宇，黄伟，钮耀斌，等. 高超声速飞行器激波/边界层干扰控制方法综述[J]. 飞航导弹，2021(6)：42-48，62.
[35] 杨乐天，杜绵银，刘斌，等. 超声速二元混压进气道边界层吸除方案设计与试验[J]. 实验流体力学，2012，26(6)：79-82，95.
[36] 孙润鹏，朱卫兵，黄舜，等. 吹除法对斜激波/边界层干扰控制数值模拟[J]. 哈尔滨工程大学学报，2012，33(2)：166-173.
[37] 陈逊. 高超声速进气道内激波/边界层干扰及射流式涡流发生器的流动控制方法研究[D]. 长沙：国防科学技术大学. 2012.
[38] 张悦，谭慧俊，王子运，等. 进气道内激波/边界层干扰及控制研究进展[J]. 推进技术，2020，41(2)：241-259.
[39] Siconolfi L, Camarri S, Fransson J H M. Stability analysis of boundary layers controlled by miniature vortex generators[J]. Journal of Fluid Mechanics, 2015, 784：596-618.
[40] 高婉宁，张悦，谭慧俊，等. 超声速条件下等离子体合成射流对鼓包诱导流场的影响[J]. 推进技术，2021，42(3)：532-539.
[41] 张传标，梁华，郭善广，等. 高能电弧等离子体激励控制双压缩拐角激波/边界层干扰实验研究[J]. 推进技术，2022，43(10)：213-228.
[42] Huang H X, Tan H J, Sun S, et al. Letter：Transient interaction between plasma jet and supersonic compression ramp flow[J]. Physics of Fluids, 2018, 30(4)：041703.
[43] Falempin F, Firsov A A, Yarantsev D A, et al. Plasma control of shock wave configuration in off-design mode of M = 2 inlet[J]. Experiments in Fluids, 2015, 56(3)：54.
[44] Berry S, Daryabeigi K, Wurster K, et al. Boundary-layer transition on X-43A[J]. Journal of Spacecraft and Rockets, 2010, 47(6)：922-934.

[45] Walker S, Tang M, Morris S, et al. Falcon HTV-3X-A reusable hypersonic test bed[C]. 15th AIAA International Space Planes and Hypersonic Systems and Technologies Conference, Dayton, 2008: 2544.

[46] 南向军, 张堃元, 金志光. 乘波前体两侧高超声速内收缩进气道一体化设计[J]. 航空学报, 2012, 33(8): 1417-1426.

[47] You Y C, Zhu C X, Guo J L. Dual waverider concept for the integration of hypersonic inward-turning inlet and airframe forebody[C]. 16th AIAA/DLR/DGLR International Space Planes and Hypersonic Systems and Technologies Conference, Bremen, 2009.

[48] Li Y Q, An P, Pan C J, et al. Integration methodology for waverider-derived hypersonic inlet and vehicle forebody[C]. 19th AIAA International Space Planes and Hypersonic Systems and Technologies Conference, Atlanta, 2014: 3229.

[49] O'Neill M K L. Optimized scramjet engine integration on a waverider airframe[D]. Baltimores University of Maryland College Park, 1992.

[50] O'Neill M K L, Lewis M J. Optimized scramjet integration on a waverider[J]. Journal of Aircraft, 1992, 29(6): 1114-1121.

[51] Tarpley C, Lewis M. The optimization of an engine-integrated waverider with steady state flight constraints[D]. Baltimores: University of Maryland College Park, 1995.

[52] Tarpley C, Lewis M. Optimization of an engine-integrated waverider with steady state flight constraints: AIAA-1995-0848[R]. Reno: AIAA, 1995: 848.

[53] Smith T R, Bowcutt K G. Integrated hypersonic inlet design: USA, 08256706[P]. 2012-09-04.

[54] 徐大军, 蔡国飙. 高超声速飞行器关键技术量化评估方法[J]. 北京航空航天大学学报, 2010, 36(1): 110-113.

[55] Ding F, Liu J, Shen C B, et al. Novel inlet-airframe integration methodology for hypersonic waverider vehicles[J]. Acta Astronautica, 2015, 111: 178-197.

[56] Ding F, Shen C B, Liu J, et al. Influence of surface pressure distribution of basic flow field on shape and performance of waverider[J]. Acta Astronautica, 2015, 108: 62-78.

[57] 丁峰. 吸气式高超声速飞行器内外流一体化"全乘波"气动设计理论和方法研究[D]. 长沙: 国防科学技术大学, 2016.

[58] 陈韶华. 基于吻切理论的高超声速飞行器"全乘波"设计方法研究[D]. 长沙: 国防科技大学, 2020.

[59] Li Y Q, Zheng X G, Shi C G, et al. Integration of inward-turning inlet with airframe based on dual-waverider concept[J]. Aerospace Science and Technology, 2020, 107(4): 106266.

[60] Zhang T T, Yan X T, Huang W, et al. Design and analysis of the air-breathing aircraft with the full-body wave-ride performance[J]. Aerospace Science and Technology, 2021, 119: 107133.

[61] 张天天. 吸气式宽速域巡航飞行器多学科设计优化技术研究[D]. 长沙: 国防科技大学, 2020.

[62] 王旭东. 吸气式高超声速飞行器内外流一体化乘波气动布局设计技术研究[D]. 南京: 南京航空航天大学, 2020.

[63] Wang X D, Wang J F, Lyu Z J. A new integration method based on the coupling of mutistage osculating cones waverider and Busemann inlet for hypersonic airbreathing vehicles[J]. Acta Astronautica, 2016, 126(9): 424-438.

[64] 刘小勇, 杨晖. 高超声速进气道发展研究[J]. 空天技术, 2022(3): 62-70.

[65] Qiao W Y, Yu A Y, Gao W, et al. Design method with controllable velocity direction at throat for inward-turning inlets[J]. Chinese Journal of Aeronautics, 2019, 32(6): 1403-1415.

[66] 尤延铖, 梁德旺. 内乘波式进气道内收缩基本流场研究[J]. 空气动力学学报, 2008, 26(2): 203-207.

[67] 李永洲, 孙迪, 张堃元, 等. 进口型线水平投影可控的变截面内收缩进气道设计[J]. 航空学报, 2017, 38(5): 120-128.

[68] Zhang K Y. Progress of hypersonic inlet inverse design based on curved shock compression system: AIAA-2015-3647[R]. Reston: AIAA, 2015: 3647.

[69] 徐锦, 罗金玲, 戴梧叶. 高超声速进气道发展研究[J]. 战术导弹技术, 2016(5): 25-32.

[70] 孙波, 张堃元. Busemann 进气道风洞实验及数值研究[J]. 推进技术, 2006, 27(1): 58-60.

[71] 尤延铖, 梁德旺, 黄国平. 一种新型内乘波式进气道初步研究[J]. 推进技术, 2006, 27(3): 252-256.

[72] Barkmeyer D, Starkey R P, Lewis M J. Inverse waverider design for inward turning inlets[C]. 41st AIAA/ASME/SAE/ASEE Joint Propulsion Conference and Exhibit, Tucson, 2005: 3915.

[73] Malo-Molina F J, Gaitonde D V, Ebrahimi H B, et al. Three-dimensional analysis of a supersonic combustor coupled to innovative inward-turning inlets[J]. AIAA Journal, 2010, 48(3): 572-582.

[74] Smart M K. Design of three-dimensional hypersonic inlets with rectangular to elliptical shape transition[J]. Journal of Propulsion and Power, 1999, 15(3): 408-416.

[75] Taylor T, van Wie D. Performance analysis of hypersonic shape-changing inlets derived from morphing streamline traced flowpaths[C]. AIAA International Space Planes and Hypersonic Systems and Technologies Conference, Dayton, 2008: 2635.

第8章
两级入轨乘波构型设计

两级入轨空天飞机是当前最有潜力的新一代天地往返运输系统方案之一,具有水平起降和可重复使用等优势,技术难度相对较低,已成为各航空航天强国的重要研究方向之一。在执行天地往返飞行任务的过程中,空天飞机需面对多种流态,跨越多个速域,面临复杂且剧烈变化的飞行环境,且两级之间存在严重的气动干扰。在进行空天飞机气动构型设计时,开展两级气动布局的融合设计是解决或缓解上述问题的有效途径之一。本章以基本乘波体为基础,建立两级融合的乘波气动布局设计方法,探讨设计参数对融合布局气动性能的影响规律,以期为两级入轨空天飞机的气动布局设计提供参考。

8.1 引言

空天飞机主要分为单级入轨和两级入轨两种类型。研究表明,单级入轨方案系统紧凑,可靠性高,但以目前的动力、结构等技术发展水平难以在短期内实现。相对于单级入轨,两级入轨方案的技术难度相对较低,设计和操作更为灵活[1,2]。各国已将可重复使用天地往返运输系统的研究重点从单级入轨转到两级入轨,图 8.1 给出了几种典型的两级入轨空天飞行器方案。在两级入轨方案中,下面级负责携带上面级从地面水平起飞,当加速到预定高度和速度时两级分离,上面级携带有效载荷继续加速进入近地轨道,下面级则返回地面。

作为新一代天地往返运输系统,空天飞机在气动布局设计过程中,始终伴随着气动性能和热防护设计的矛盾。空天飞机在大气层内进行长时间高超声速飞行,面临剧烈的气动加热和气动载荷。为获得尽可能高的升阻比,飞行器需要设计尖锐的前缘,但这种前缘由于受热集中而容易被烧毁,不利于维形和重复使

(a) 德国桑格尔空天飞机

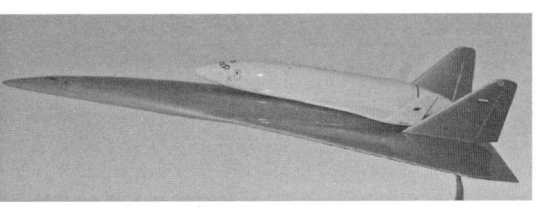
(b) 俄罗斯两级入轨MAKS

(c) 美国Quicksat两级入轨方案

图 8.1　典型的两级入轨空天飞行器方案

用。同时,为使气动性能最佳,飞行器外形往往趋于扁平,内部有效容积偏低,导致气动性能与装载效率存在矛盾。此外,单一设计点具有优越升阻特性的乘波构型气动布局,往往在偏离设计点时升阻比急剧降低。如何将特定设计点优异的升阻特性与宽速域飞行气动特性需求结合起来,需要综合权衡与优化。与单级入轨不同,两级入轨方案还面临两级之间的激波干扰问题。蒋海军和阎超[3]对三角翼下面级和球头-圆柱上面级的组合体在高超声速下的流动进行仿真。研究表明,两级入轨空天飞机的上面级气动加热严重,主要是由于两级激波间的相互干扰,其流场结构示意图如图 8.2 所示[4]。因此,两级

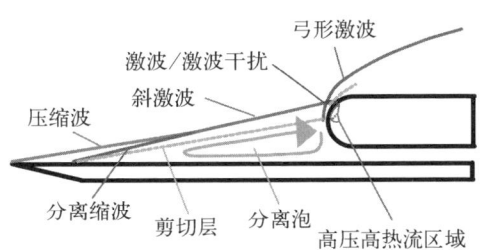

图 8.2　两级干扰流场结构示意图[4]

入轨空天飞机的气动布局融合设计对降低两级之间的气动干扰至关重要。

8.2　基于锥导乘波体的两级融合设计

8.2.1　设计原理

典型的两级入轨空天飞机飞行剖面如图 8.3 所示,这里分别定义两级为下面级(第一级)和上面级(第二级)。其中,下面级作为两级入轨的第一级,主要

任务是将上面级从地面运送到固定高度和速度。两级分离后,上面级作为载荷加速进入地球轨道。类似的定义方法可以参考文献[5]。研究表明,组合飞行阶段两级之间的气动干扰是影响飞行器性能的重要因素,为提高空天飞机在高超声速飞行段的升阻比,应尽可能地避免两级之间的气动干扰[6]。

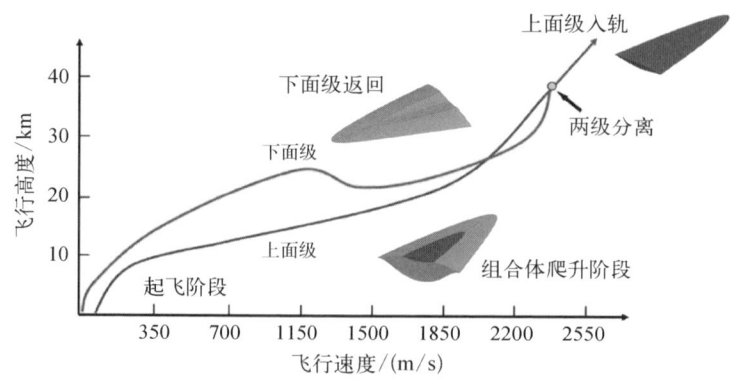

图8.3 典型的两级入轨空天飞机飞行剖面

基于单一马赫数条件设计得到的乘波构型无法满足空天飞机的宽速域飞行需求,在锥导乘波体设计方法基础上本节提出一种将不同设计马赫数的乘波体融合的两级融合乘波体设计方法。两级融合锥导乘波体设计原理如图8.4所示,通过共用同一上表面后缘线使两级在组合飞行阶段上表面能融合成完整的乘波体上表面。下面级为低设计马赫数的锥导乘波体,上面级为高设计马赫数的乘波体。

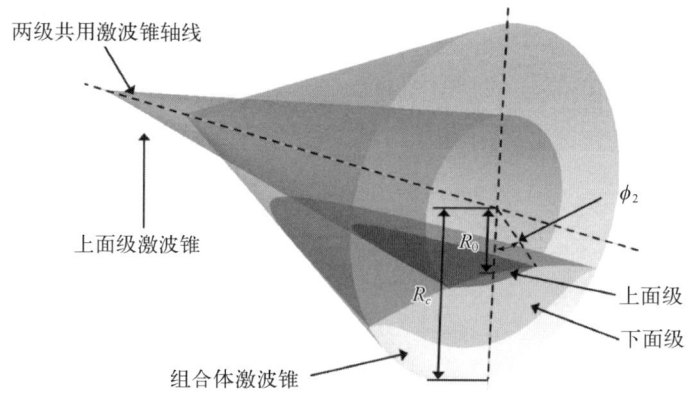

图8.4 两级融合锥导乘波体设计原理

两级融合锥导乘波体设计流程如图 8.5 所示,设计方法过程较为简单。两级均采用锥导乘波体,且相对独立,可根据各自的飞行马赫数需求分别设计,具有一定的设计灵活性。

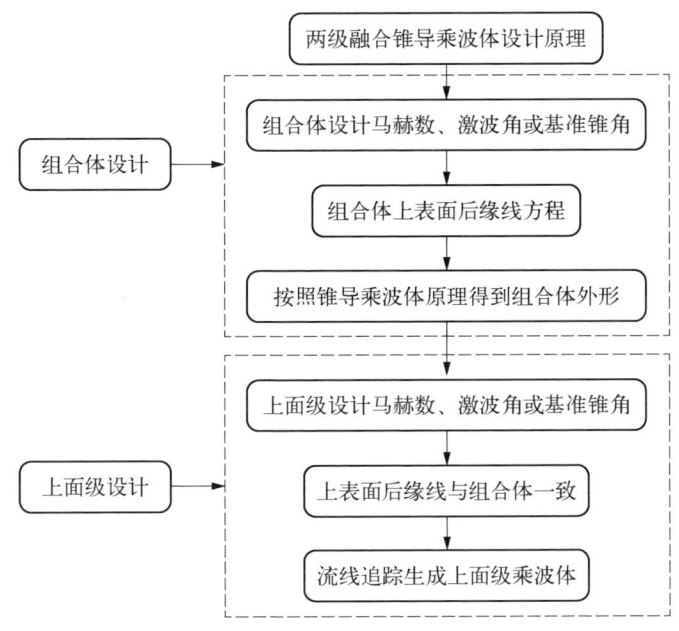

图 8.5　两级融合锥导乘波体设计流程

下面详细介绍两级融合乘波体的设计过程。

组合体的设计类似于标准的锥导乘波体,设计原理如前面章节所述。乘波体底面的外形参数如图 8.6 所示,约定乘波体上表面后缘线中点 B 距离基准锥轴线的距离 OB 为 R_0,将 OK 与 x 轴的夹角定义为乘波体的半展角 ϕ_1,选择二次曲线 $X = R_0 + A_0 Y^2$ 作为上表面后缘型线。通过给定设计马赫数 Ma_1、基准锥的半锥角 δ_1、基准锥长度 L_1 和半展角 ϕ_1,即可得到基准流场和组合飞行阶段的乘波体外形。规定此乘波体长度为 l_1,激波锥的半锥角为 β_1。

在得到组合体后,进行上面级乘波体设计,原理如图 8.7 所示。在组合体的上表面后缘线 BK 上确定一点 M,该点即为上面级前缘线与后缘线的交点,故上面级的上表面后缘型线为 BM。由此可知,上面级与组合体的上表面后缘型线部分重合。进一步,令组合体的基准锥与上面级的基准锥轴线重合,于是点 M 的位置可以通过给定上面级的半展角,即 OM 与 x 轴夹角 ϕ_2 确定,由图中的几何关系可知 $\phi_2 < \phi_1$。

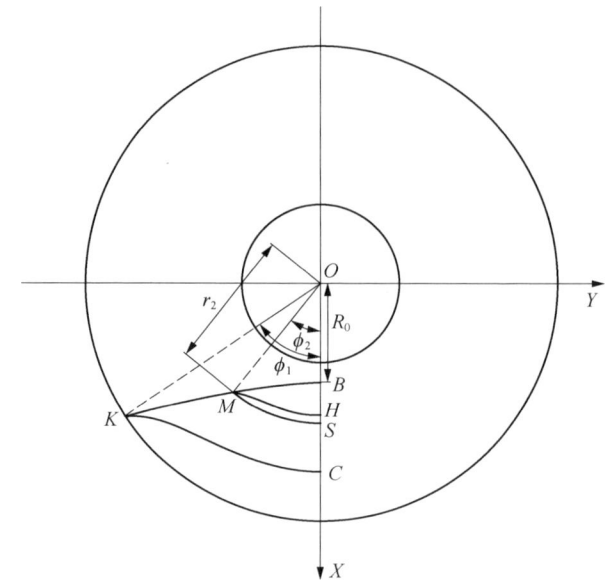

图 8.6 乘波体底面的外形参数

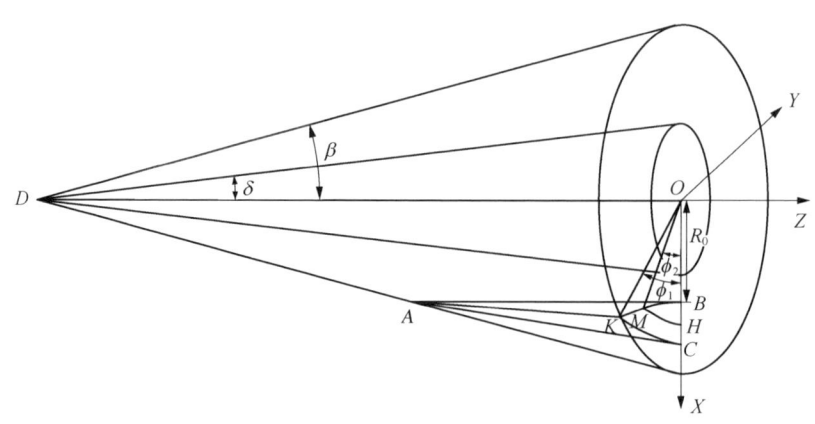

图 8.7 两级融合设计原理三维示意图

确定点 M 后，OM 即为上面级的激波锥在截止平面上投影圆的半径，以 r_2 表示。以 O 为圆心，r_2 为半径做圆弧，交纵向对称面于点 S。再给出上面级乘波体的长度 l_2，即纵向对称面上线段 BG 的长度，如图 8.8 所示，然后连接点 S、G，并将其延长交基准锥的轴线于点 N，于是 SN 与基准锥轴线的夹角 β_2 即为上面级乘波体基准锥的半激波角。由上面级的设计马赫数 Ma_2、半激波角 β_2 就能计算出该乘波体的基准锥半锥角 δ_2。在获得上面级的基准锥和基准流场后，通过上面级的上表面后缘型线 BM，由锥导乘波设计理论得到上面级乘波体外形。

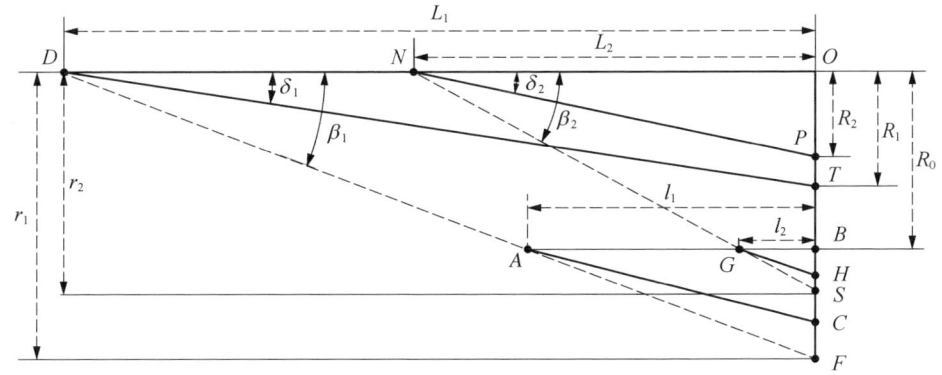

图 8.8　两级融合设计原理正视图

下面给出一个设计实例。选取如表 8.1 所示的设计参数，其中 R_c 为组合体的激波锥在截止平面上的投影圆半径。经过上述设计过程得到的两级融合锥导乘波体外形如图 8.9 所示。

表 8.1　组合体与上面级设计参数

构　型	Ma	$\phi/(°)$	R_0	$\delta/(°)$
组合体	6	60	$0.38 R_c$	13
上面级	15	40	/	6.1

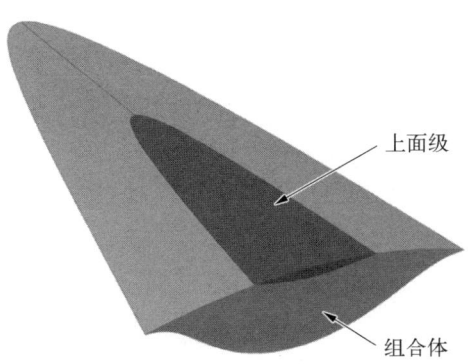

图 8.9　两级融合锥导乘波体外形图

以升阻比作为评价锥导乘波体气动性能的指标,其公式如下:

$$\frac{L}{D} = \frac{L}{D_w + D_f + D_b} \tag{8.1}$$

式中,L是乘波体的升力;D_w是乘波体的波阻;D_f是黏性阻力;D_b是乘波体的底阻。为简单起见,暂不考虑两级空天飞机的动力形式,忽略底阻。

由于空天飞机将作为下一代天地往返运输系统,对两级的容积有一定的要求,因此,设计过程中还要考虑容积率。

8.2.2 设计方法验证

理想乘波体是在无黏流场中设计得到的,真实的飞行环境存在黏性干扰。为验证组合体与上面级在各自的设计马赫数下的乘波特性,对两种外形分别进行数值模拟。以图 8.9 所示的两级融合锥导乘波体外形为例,进行有黏和无黏条件数值模拟。两种表面网格如图 8.10 和图 8.11 所示,空间网格如图 8.12 所示。

图 8.10 组合体表面网格

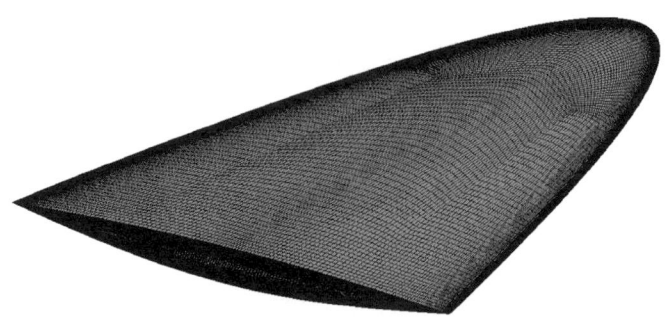

图 8.11 上面级表面网格

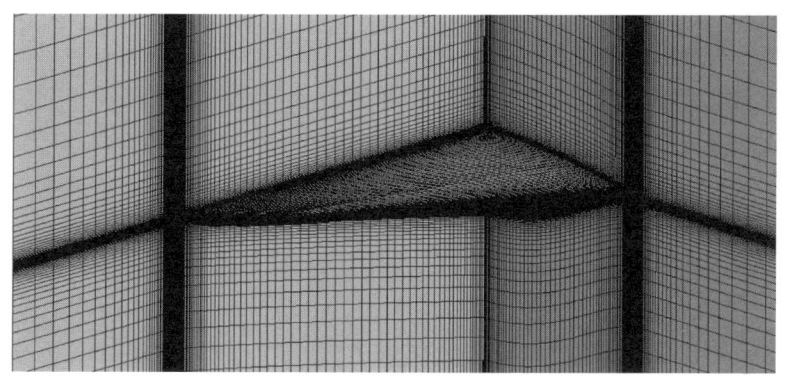

图 8.12　空间网格

图 8.13 为无黏与有黏条件下上面级乘波体的底部横截面压力云图,图中的红色虚线为激波的设计位置。由图可知,无黏条件下的上面级具有良好的乘波特性,两侧基本无溢流,激波位置与设计位置吻合较好,表明设计方法正确有效。在有黏条件下,由于黏性影响,上面级存在一定程度的溢流,改变了下表面的压力分布。上面级相较于组合体,尺寸更小,飞行高度更高,导致上面级气流的雷诺数较小。快速增长的边界层导致激波位置向下偏移距离增加,黏性效应对乘波特性的影响也比组合体更为严重。一般而言,飞行器在高空、高马赫数飞行时,黏性、高温、稀薄等效应对气动性能有重要影响。实际应用时,上面级必须考虑黏性效应的影响。

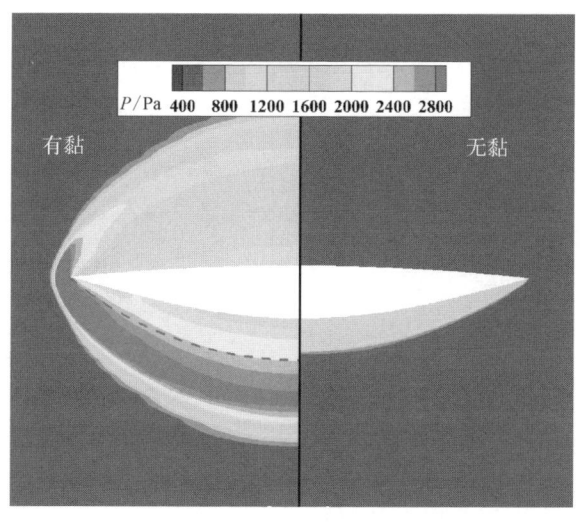

图 8.13　无黏与有黏条件下上面级乘波体的底部横截面压力云图

8.2.3 设计参数灵敏度分析

选取 $X = R_0 + A_0 Y^2$ 作为上表面后缘线方程。由于 R_0/R_c 决定乘波体在基准流场中相对于基准锥轴线的位置,故 R_0/R_c 确定后,A_0 由组合体半展角 ϕ_1 确定。又由于 R_0/R_c 与 A_0 的变化会引起组合体和上面级外形改变,并对气动性能产生影响,需要着重考察这两个参数。当组合体确定后,为选取升阻比与容积都合适的上面级,还需探究不同半展角 ϕ_2 对上面级气动性能的影响规律。

1. R_0/R_c 对两级性能的影响

为研究有黏条件下 R_0/R_c 对组合体和上面级的气动特性影响,需保证其他相关参数不变。因此,本节使 A_0 的值如表 8.2 所示,并设定组合体与上面级的长度比为 2∶1,半展角之比为 3∶2。将不同的 R_0/R_c 代入上表面后缘线方程中,并与组合体的激波锥在截止平面上的投影圆方程联立求得交点坐标,从而得到组合体的半展角,根据锥导乘波体设计原理可以生成组合体外形。不同 R_0/R_c 对应的上面级可以通过两级之间的各参数比例关系得到。

表 8.2 组合体与上面级设计参数

构 型	Ma	A_0	R_0/R_c
组合体	6	0.004 32	0.3,0.4,0.5,0.6
上面级	15		

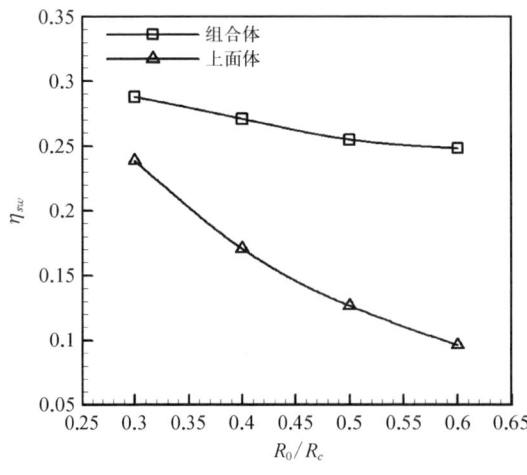

图 8.14 容积率随 R_0/R_c 的变化曲线

图 8.14 为容积率随 R_0/R_c 的变化曲线。由图可知,随着 R_0/R_c 的增加,组合体和上面级的容积率都逐渐降低,且上面级变化更为明显。这是因为,在保持 A_0 不变的条件下,随着 R_0/R_c 的增加,乘波体的厚度越来越小,故容积率减小,如图 8.15 所示。又因为规定上面级相对于组合体的长度比和宽度比不变,故上面级的激波角随 R_0/R_c 的增加而逐渐减小,加快了上面级容积率减小的趋势。

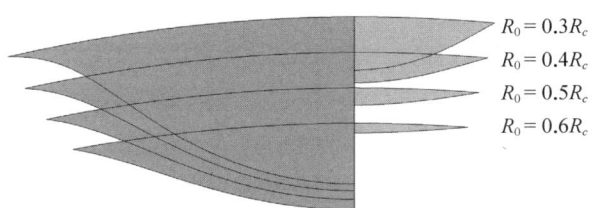

图 8.15　两级截止平面形状随 R_0/R_c 的变化规律

不同 R_0/R_c 的组合体与上面级的气动性能随迎角变化规律如图 8.16 所示。由图可知，二者的升阻比随迎角的增加先增加后减小，组合体在 0°附近达到最大值。组合体最大升阻比随 R_0/R_c 的增加而增加，当 $R_0/R_c = 0.6$ 时，最大升阻比达到 5 左右。上面级最大升阻比随 R_0/R_c 的增加而增加，当 $R_0/R_c = 0.6$ 时，在 4°附近达到最大升阻比（接近 5.5）。由图 8.14 和图 8.16 可知，上面级的厚度越

(a) 组合体升力特性

(d) 上面级升力特性

(b) 组合体阻力特性

(e) 上面级阻力特性

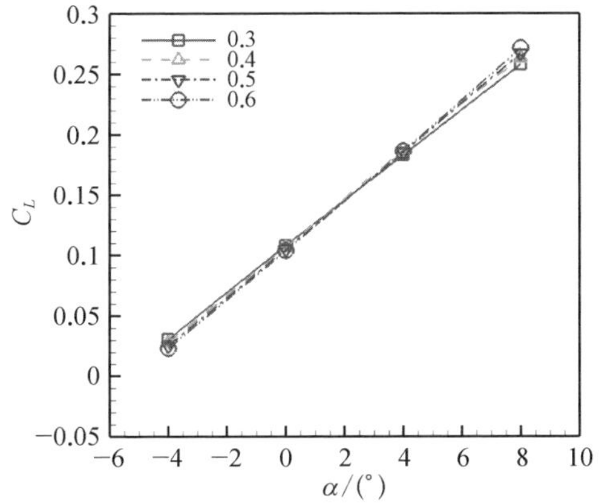

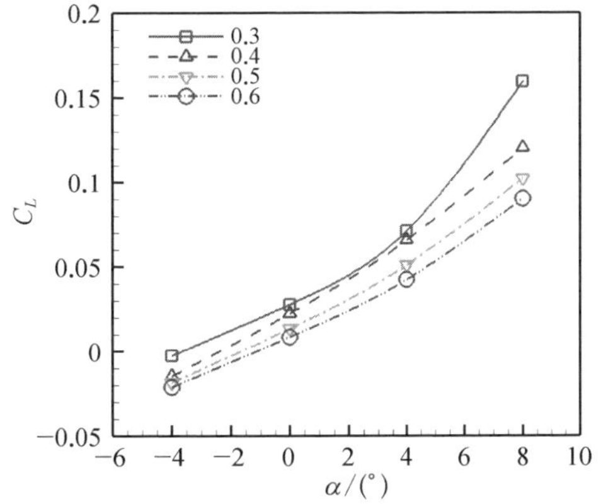

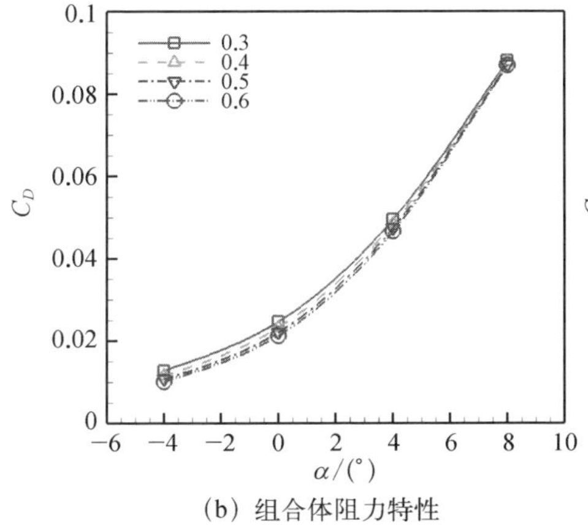

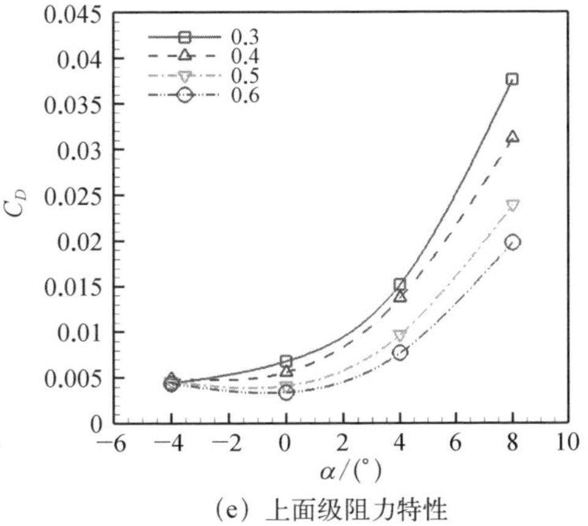

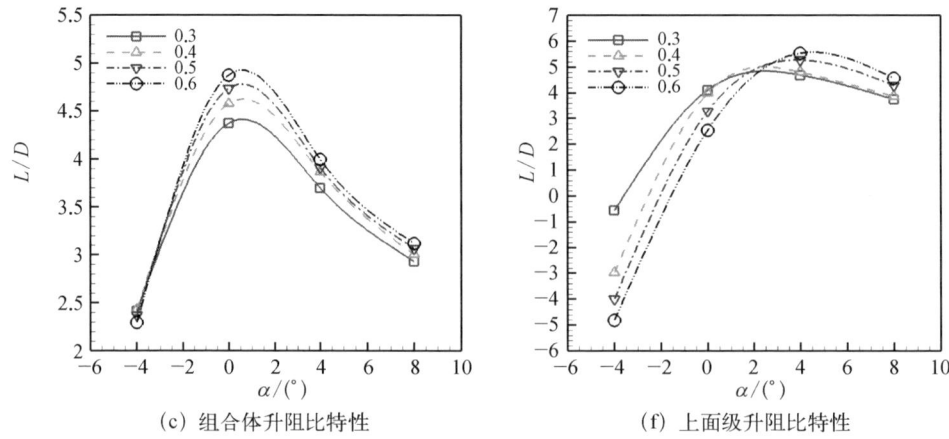

图 8.16 不同 R_0/R_c 的组合体与上面级的气动性能随迎角变化规律

小,升阻比的最大值越大,对迎角的变化也更越敏感。

由上述结果可知,上面级的容积率和升阻比受 R_0/R_c 的影响更明显。由图 8.16 可知,组合体的两种指标变化趋势相反,R_0/R_c 的增加意味着更高的升阻比和更低的容积率,而上面级的两种指标随 R_0/R_c 的增加都表现出下降的趋势,因此,为了使上面级有较好的气动性能和较大的容积,需要选择较小的 R_0/R_c。

2. A_0 对两级性能的影响

本节讨论两级乘波构型的升阻比和容积率随参数 A_0 的变化规律,所有算例中 $R_0/R_c = 0.4$,上面级与组合体的长度比和宽度比保持不变。

组合体与上面级容积率随 A_0 的变化规律如图 8.17 所示。由图可知,两级容积率随 A_0 呈现明显的线性关系,其中组合体的容积率随 A_0 的增加而增加,上面级的容积率随 A_0 的增加而降低。

图 8.18 显示了 A_0 从 0.004 增加到 0.02 过程中对应的两级气动性能随迎角的变化规律。由图可知,组合体在 0°附近达到最大升阻比,上面级最大升阻比对应的迎角比组合体略大。随着 A_0 的增加,两级的最大升阻比逐渐变大,但变化幅度较小,A_0 对二者的气动性能影响较小。这是因为 A_0 并没有改变乘波体在基准流场中的位置,当来流条件不变时,根据流线追踪得到的外形厚度也没有改变,因此,对两级的气动特性没有明显的影响。然而,A_0 的增加会改变上表面后缘线的弯度,使外形的前缘变得更为尖锐。由于 A_0 的变化对组合体外形的影响更大,故 A_0 对组合体的升阻比有更大的影响。

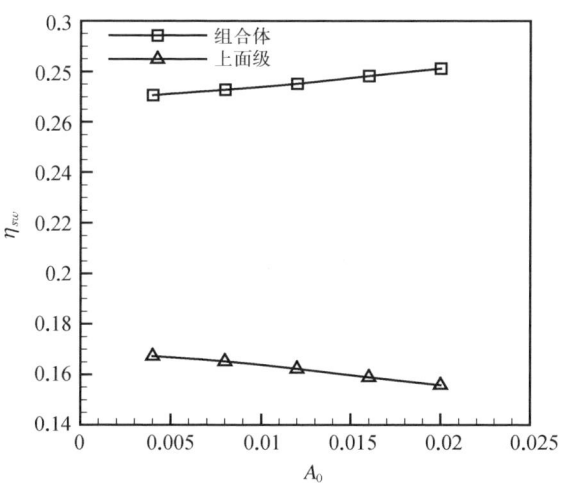

图 8.17 组合体与上面级容积率随 A_0 的变化规律

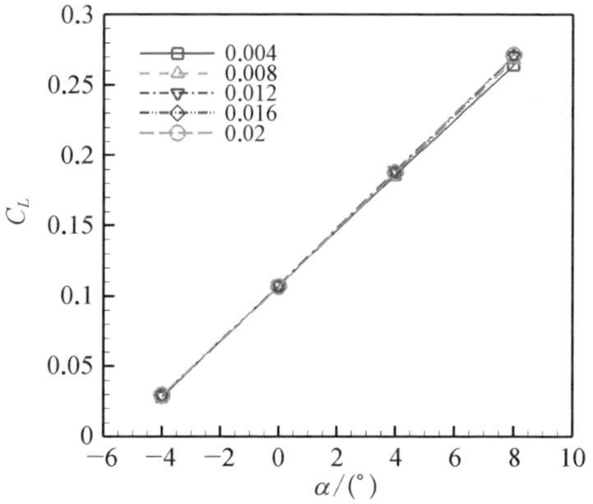

(a) 组合体升力系数变化规律

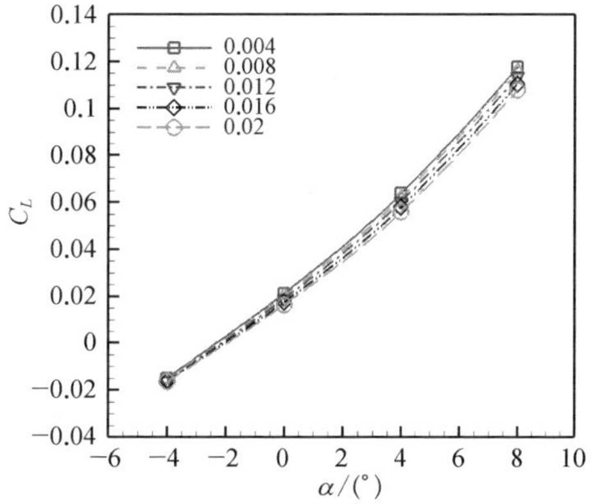

(d) 上面级升力系数变化规律

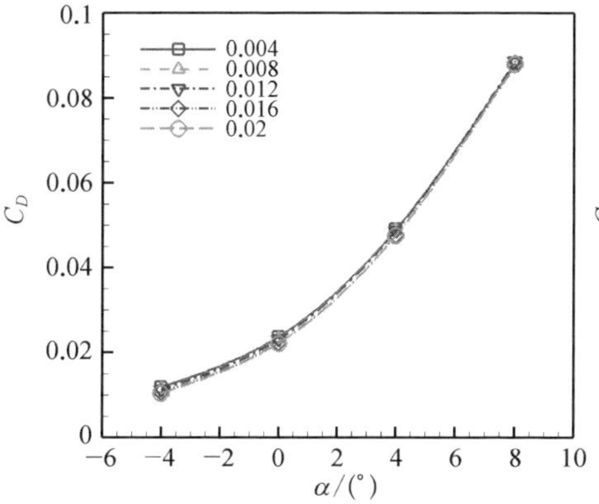

(b) 组合体阻力系数变化规律

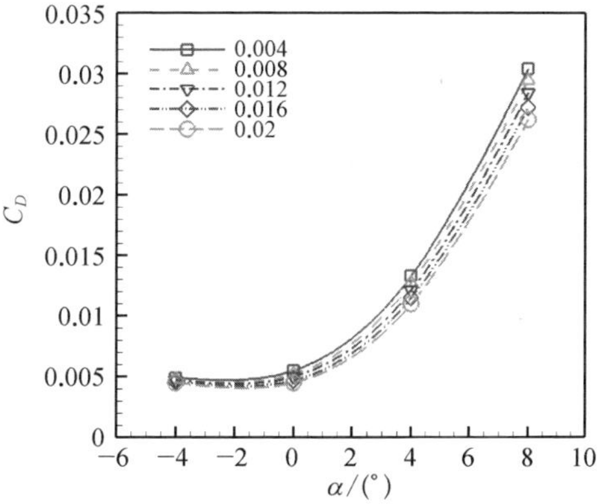

(e) 上面级阻力系数变化规律

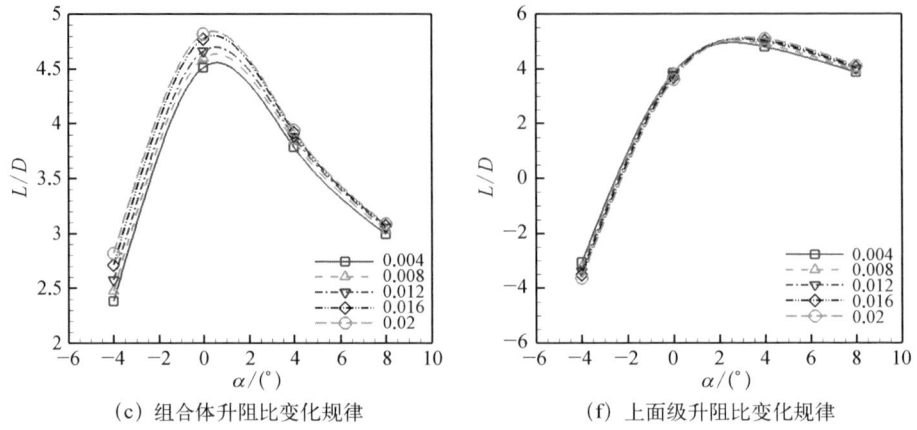

(c) 组合体升阻比变化规律　　　(f) 上面级升阻比变化规律

图 8.18　组合体与上面级的气动性能随迎角变化规律

由图 8.17 和图 8.18 可知,A_0 的增加会使组合体的容积率和升阻比提高,使上面级的两种指标均降低,因此,在选择 A_0 时需要折中考虑两级的气动性能。

3. ϕ_2 对上面级性能的影响

本节以 ϕ_2 为研究对象,在保持上表面后缘线和上面级乘波体长度不变的情况下,探讨 ϕ_2 从 40°增加到 50°过程中上面级气动特性的变化规律。

由图 8.19 可知,随着 ϕ_2 的增加,上面级的最大升阻比逐渐降低,当 ϕ_2 = 40°时,在 4°迎角附近取得最大值(约为 5)。随着 ϕ_2 的增加,上面级的气动性能随迎角的变化逐渐变得平缓。这是由于半展角的增加使上面级的激波锥角增大,气流经过激波后的折转角变大,从而使上面级的厚度变大。而厚度越大,迎角对乘波体升阻比的影响也越小。此外,负迎角时的升阻比随 ϕ_2 的增加而增大。这是因为乘波体下表面倾斜,相当于自带了一定的迎角,随着 ϕ_2 增加,下表面倾斜角变大使其在负迎角时仍然能产生一定的升力。

通过以上结果可知,ϕ_2 对上面级的影响较大,随着 ϕ_2 的增加,上面级的容积率逐渐提高,但升阻比先增加后减小。因此,当组合体一定时,为了提高上面级的气动性能可选择升阻比出现极大值时的 ϕ_2。

4. 组合体与下面级的低速气动性能

由图 8.3 可知,低速起降是空天飞机天地往返任务中的重要一环,良好的低速气动性能对空天飞机设计具有重要的意义。此外,上面级分离后加速入轨,使飞行器下面级的上表面出现部分区域凹陷,而起飞阶段两级组合在一起构成乘

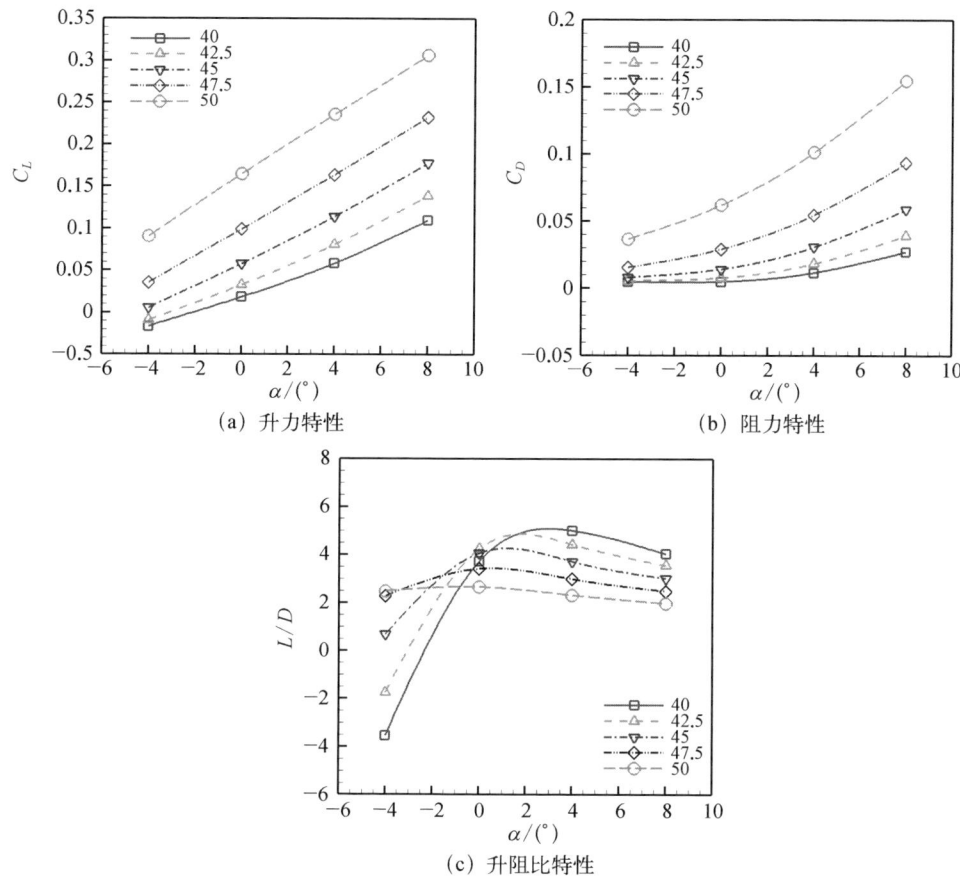

图 8.19 上面级气动特性随迎角变化规律

波构型,此时的飞行器上表面平行于自由来流,因此,着陆时的构型与起飞时不再相同。本节将流海平面(马赫数为 0.3)作为计算工况,对组合体及下面级在迎角 0°~20°范围内进行了数值模拟。计算网格远场长度约为乘波体长度的 20 倍,网格单元总数约为 200 万。

图 8.20 显示了组合体及下面级的升力系数随迎角的变化。当迎角为 0°时,升力系数极小,这是由于在迎角为零时,产生的前缘涡较小,气流如同流过夹角很小的楔形体,上、下表面的压强差小,如图 8.21 所示。下面级的升力系数比组合体更大,这是因为分离后,下面级上表面产生凹陷,气流流经该处时出现膨胀压力减小的现象,从而导致上、下表面的压力差变大,使升力系数比组合体更大,如图 8.22 和图 8.23 所示。

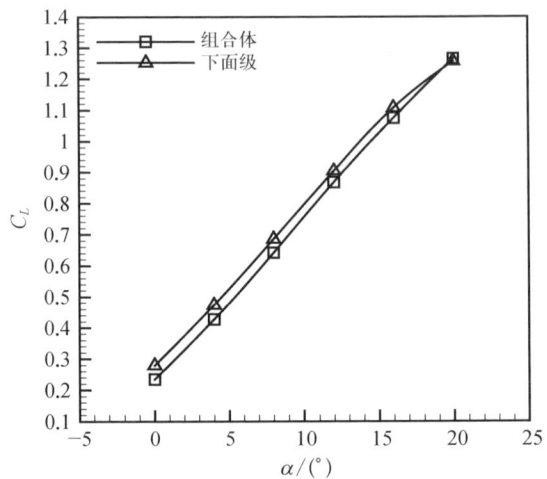

图 8.20　组合体与下面级在马赫数为 0.3 时的升力系数曲线

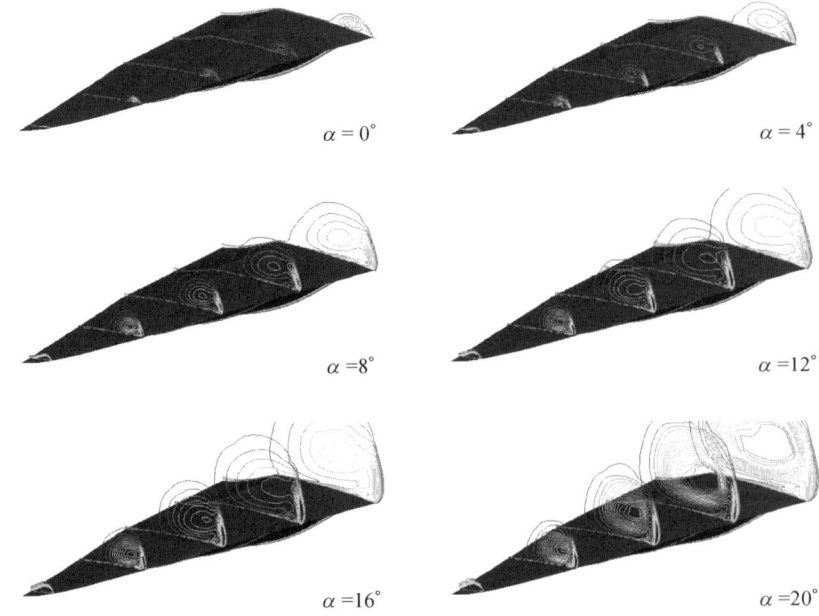

图 8.21　组合体不同迎角下面级涡量等值面图

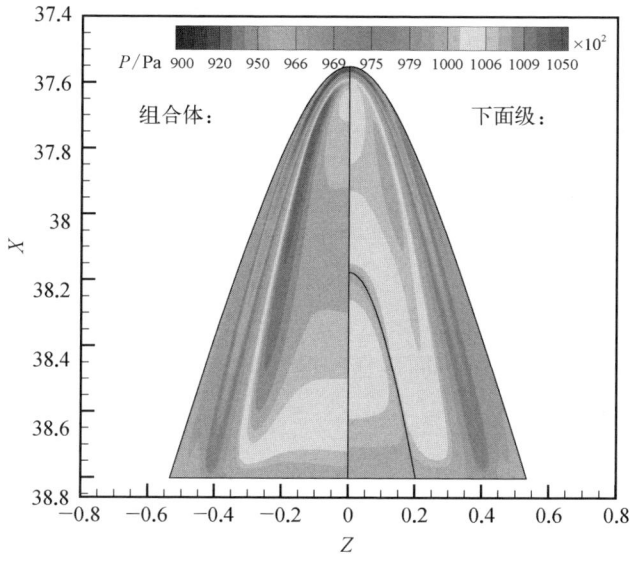

图 8.22 组合体与下面级上表面压力分布($\alpha = 4°$)

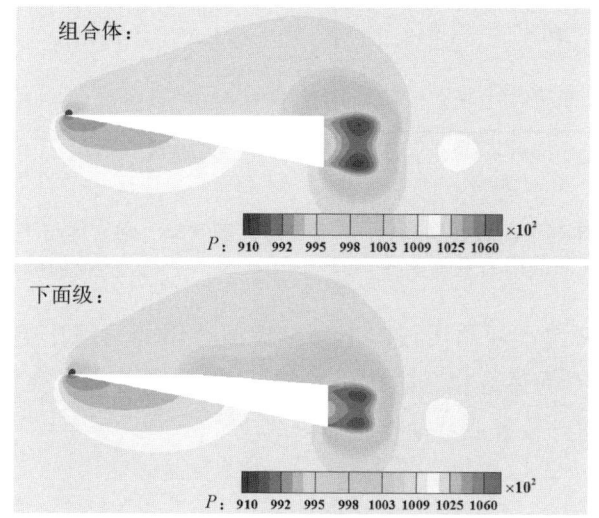

图 8.23 组合体与下面级对称面压力分布($\alpha = 4°$)

此外,两级的升力曲线在 0°~16°范围内具有线性变化趋势,但当迎角超过 16°后,下面级的升力线斜率开始减小,而组合体仍保持线性。这是由于随着迎角的增加下面级上表面的前缘涡增强,使凹陷区影响减弱,其带来的升力增量逐渐消失。

如图 8.24 所示,组合体与下面级的阻力系数随着迎角的增加而增大,且阻力系数的斜率逐渐提高。组合体与下面级的阻力系数基本相同。前缘涡的诱导阻力起主导作用。当前缘涡增强时,除了改变上表面压力分布,还影响乘波体尾迹的流场。在黏性作用下,诱导阻力快速增加,迎角越大越明显。

组合体与下面级在马赫数为 0.3 时的升阻比曲线如图 8.25 所示。由图可知,两级升阻比随迎角的增大先增加后减小,下面级在小迎角飞行时升阻比比组合体更大,当迎角超过 15°时,升阻比基本相同。这是由于在小迎角下,下面级的升力系数比组合体大,而在大迎角下二者相当。两种外形的阻力系数在所研究的迎角范围十分接近。故下面级在小迎角飞行时表现出更大的升阻比。

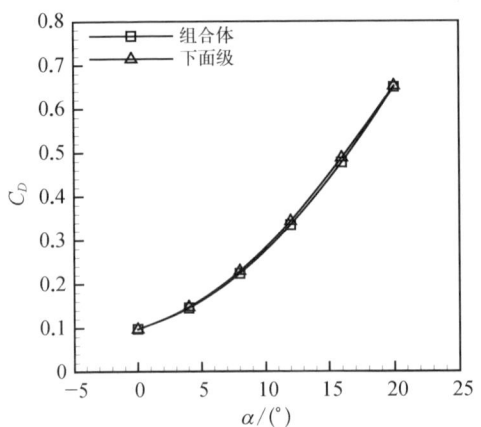 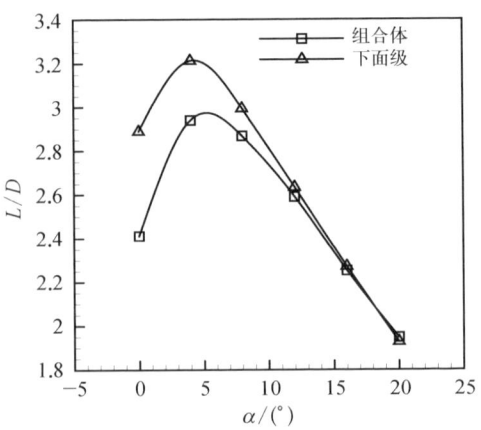

图 8.24 组合体与下面级在马赫数　　　图 8.25 组合体与下面级在马赫数
　　　为 0.3 时的阻力系数曲线　　　　　　　　为 0.3 时的升阻比曲线

综上所述,低速小迎角飞行时下面级比组合体的升阻比更高,低速性能更好。但下面级的升力系数和升阻比仍然较低,在着陆时可能存在较严峻的升力不足,需要采用增升装置或其他措施加以解决。

8.3 基于吻切锥乘波体的两级融合设计

锥导乘波体由于其基准流场为圆锥流场,激波出口型线仅限为圆弧形,故气流流经下表面时产生横向流动,不利于发动机的高效工作。圆弧形的激波出口型线也限制了发动机进气道入口的形状,降低了飞行器设计的自由度。吻切锥乘波体设计方法的提出解决了这类问题,极大地拓展了乘波体在展向的设计自由度,是一种更为适合应用于空天飞机气动外形的设计方法。

本章以吻切锥乘波体设计方法为基础,将两级融合设计原理推广至吻切锥乘波体,建立两级融合的吻切锥乘波体设计方法。本节首先对设计过程进行介绍,随后分析组合体宽度、组合体高度和上面级宽度对外形气动性能的影响规律。

8.3.1 设计原理

吻切锥乘波体是在锥导乘波体的基础上发展而来的,其激波形状可根据需求自行设计,在展向上有更大的设计自由度,与锥导乘波体相比,更适用于和机体进行一体化设计。基于吻切锥乘波体设计理论的两级融合吻切锥乘波前体设计示意图如图 8.26 所示。

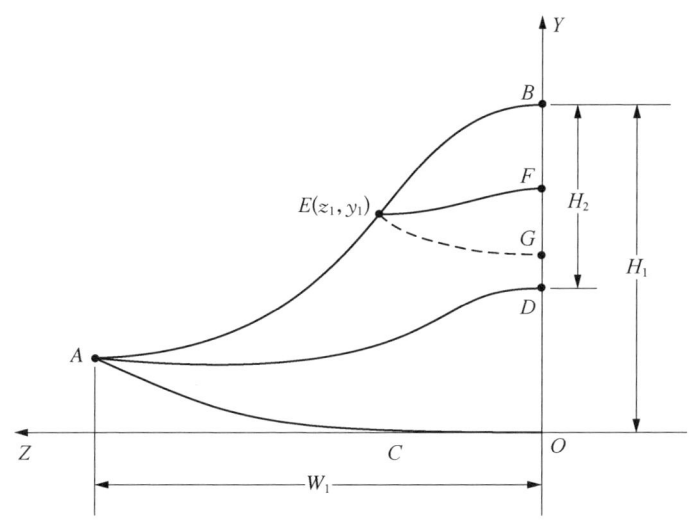

图 8.26　基于吻切锥乘波体设计理论的两级融合吻切锥乘波前体设计示意图

两级融合吻切锥乘波体的设计流程如图 8.27 所示,与前述两级融合的锥导乘波体设计一致,第一步设计组合体外形,第二步设计上面级外形。组合体外形 OAB 的设计过程为低设计马赫数的吻切锥乘波体设计。曲线 AB 为上表面后缘线,曲线 OCA 为乘波体的激波出口型线,由直线段 OC 和曲线段 CA 组成的曲线 AD 为根据流线追踪得到的乘波体下表面后缘线。H_1 为上表面后缘线中点距离激波出口型线的距离,其作为输入参数用于确定乘波体的上表面后缘线方程。在得到组合体外形后,输入上面级设计参数进而得到与下面级完全融合的上面级乘波体构型。

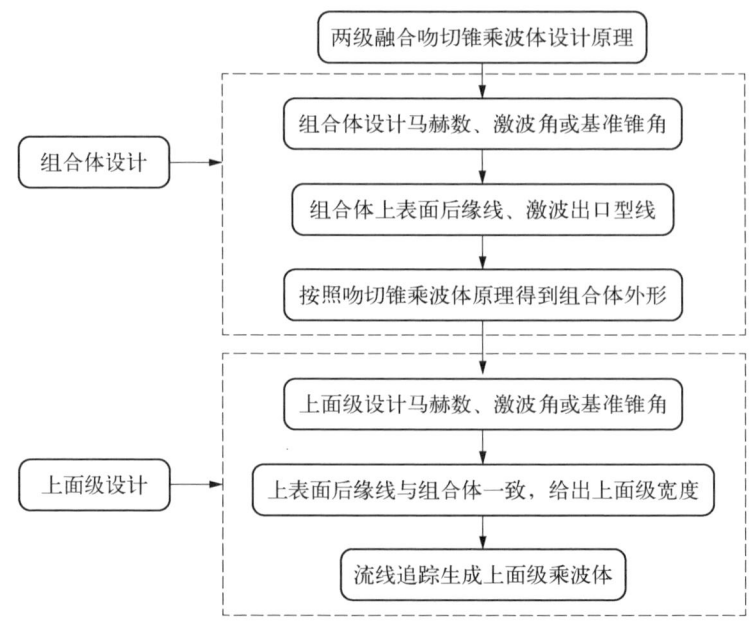

图 8.27 两级融合吻切锥乘波体的设计流程

上面级设计步骤如下:

首先,为了减小两级在组合飞行阶段的气动阻力,在设计时两级共用上表面后缘线,即上面级的上表面后缘线 BE 为组合体后缘线 AB 的一部分,按设计要求给定上面级宽度便能确定点 E 位置。

然后,给定上面级乘波体的激波出口型线 EG。由于空天飞机上面级的主要任务是运送有效载荷等进入地球轨道,通常采用火箭发动机,无须像组合外形那样考虑吸气式发动机的安装,故上面级的激波出口型线 EG 的设计以提高上面级容积作为设计目标。

最后,将上面级激波出口型线进行离散,并给出上面级乘波体的激波角和设计马赫数,通过流线追踪方法生成上面级的下表面。

8.3.2 设计方法验证

以吻切锥乘波体作为组合体,设计马赫数为 6,上面级的设计马赫数为 15,翼展为 0.6 m,长度为组合体的 1/3。使用两级融合吻切锥乘波体设计方法得到两级的外形,并对组合体与上面级进行结构网格划分,其表面网格如图 8.28 和图 8.29 所示,组合体空间网格如图 8.30 所示。

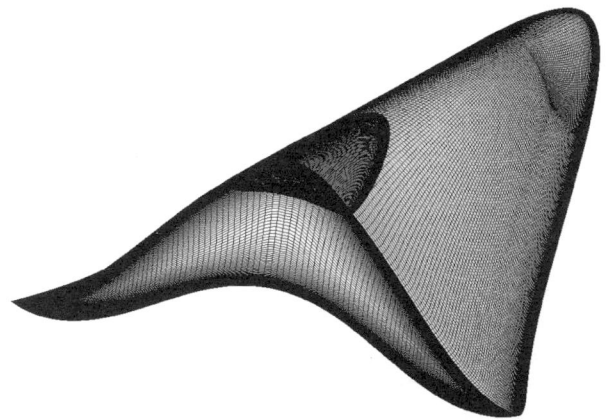

图 8.28　组合体表面网格

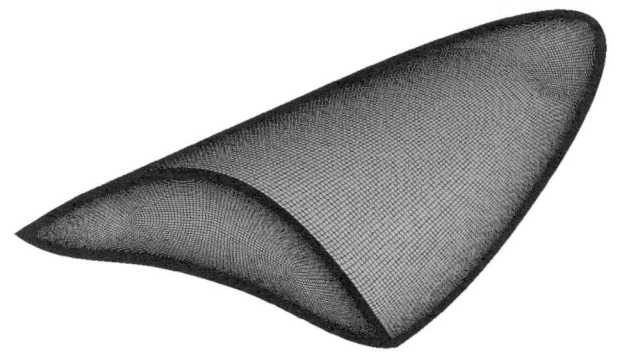

图 8.29　上面级表面网格

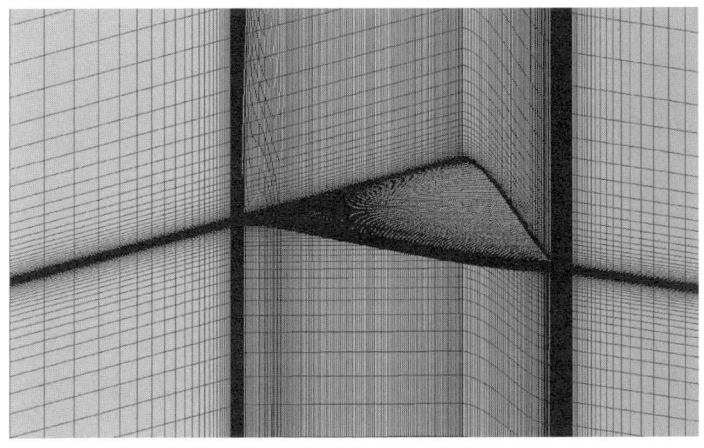

图 8.30　组合体空间网格

上面级在设计状态下的横截面压力云图如图 8.31 所示。由图可知,上面级的乘波特性良好,高压气流基本被限制在乘波体下表面以下;同时看到,在黏性作用下,上面级乘波体前缘存在一定程度的溢流现象。仿真结果表明所建立的两级融合吻切锥乘波体设计方法正确有效。

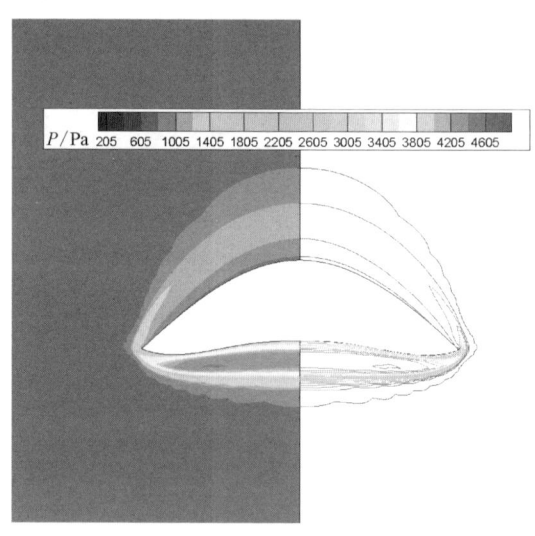

图 8.31　上面级在设计状态下的横截面压力云图

8.3.3　设计参数灵敏度分析

由图 8.26 可知,上面级乘波体的宽度 Z_1、上表面后缘线到激波出口型线的距离 H_1 和组合体吻切锥乘波体的宽度 W_1 是影响两级乘波外形的主要因素。为了研究这些关键设计参数对组合体及上面级气动性能的影响规律,本节分别以此三个参数为变量,对两级构型进行数值模拟,分析其对两级乘波体气动性能的影响。

1. Z_1 对上面级性能的影响

保持组合体外形不变,以上面级的宽度 Z_1 为变量,探讨其对上面级气动性能的影响规律,对上面级在马赫数为 15、高度为 31.7 km 的不同迎角飞行状态下进行数值模拟,所得气动特性曲线如图 8.32 所示。

由图 8.32 可知,随着迎角的增加,上面级的升力系数呈线性增加趋势,并随 Z_1 的增加,升力系数随迎角变化的斜率也逐渐变大。上面级的阻力系数随迎角的增加呈现近似二次增长的趋势。此外,随着上面级宽度的增加,阻力系数逐渐

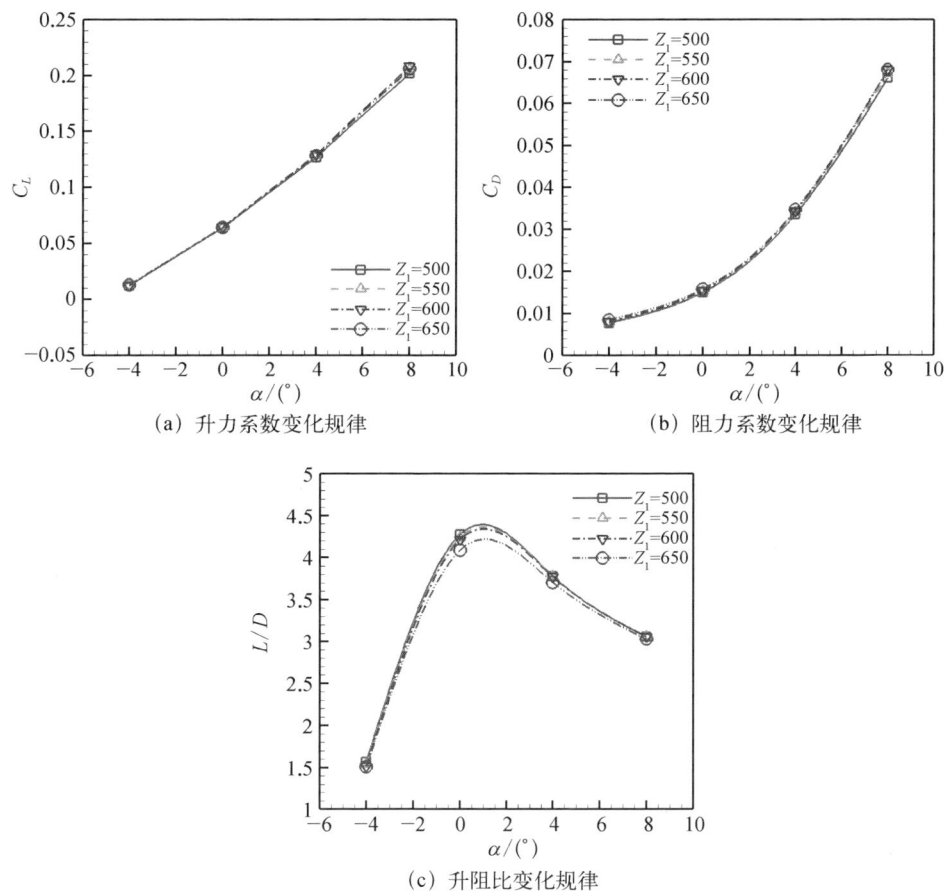

图 8.32 上面级乘波体气动特性随迎角变化规律

变大,这是由宽度的增加导致乘波体的迎风面积变大。上面级的升阻比随着迎角的增加,先增加后减小,在0°迎角附近达到最大值,并且随着宽度的增加最大升阻比逐渐地降低,最大升阻比为4~4.5。

2. H_1 对组合体与上面级性能的影响

H_1 为组合体的上表面后缘线至激波出口型线的距离,在点 A 不变的条件下,H_1 越大则乘波体上表面曲率越大,反之则越平缓。本节在保持其他参数不变的前提下,以 H_1 为变量,得到不同的组合体与上面级外形,并对这些外形进行了结构网格划分和不同迎角状态下的数值模拟,所得组合体与上面级的气动性能如图 8.33 所示。

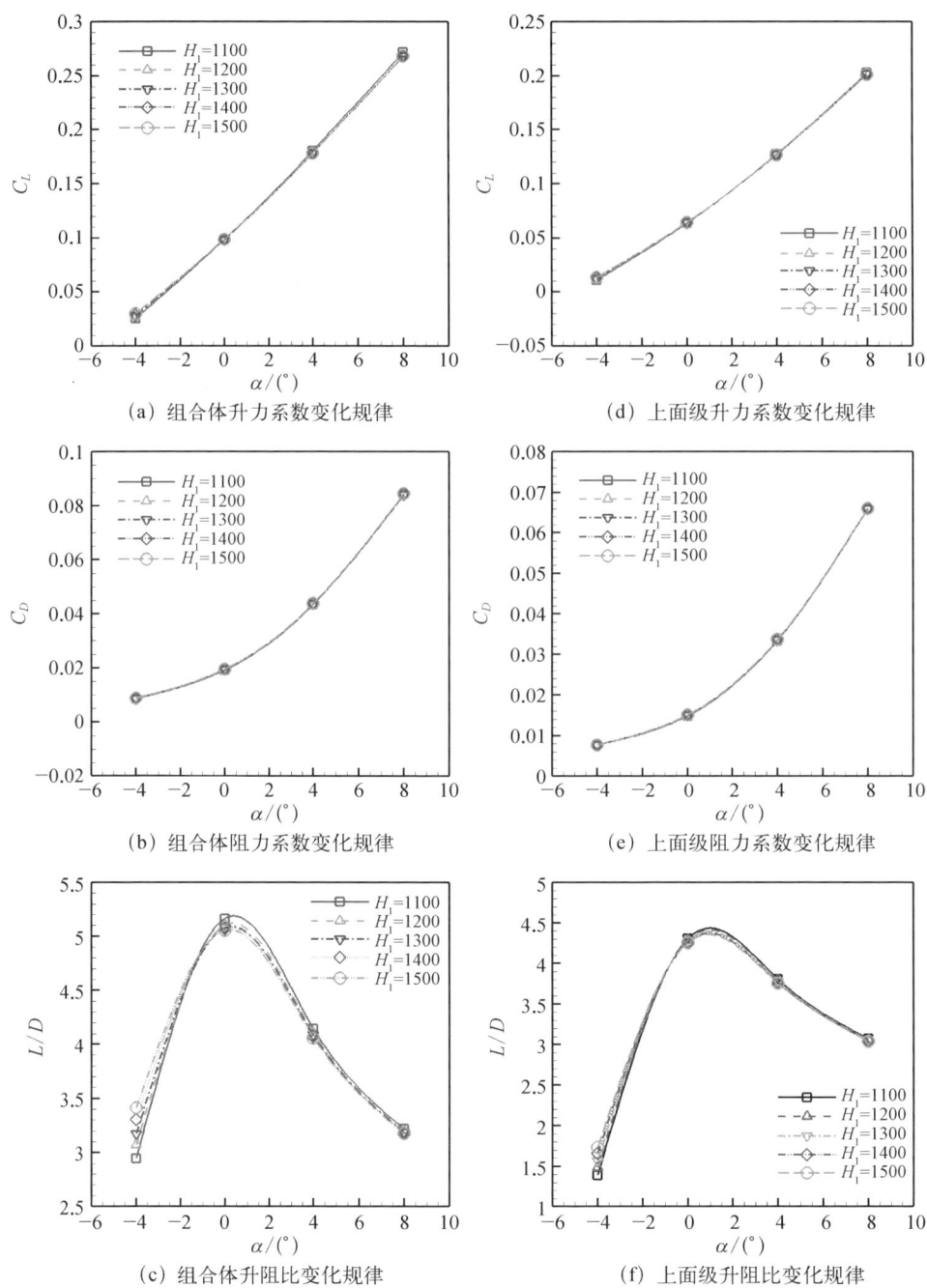

图 8.33 组合体与上面级气动性能随迎角变化规律

由图 8.33 可知,组合体的升力系数随迎角的增加线性增加,且随着 H_1 的增加,升力线斜率略微减小。组合体的阻力系数随迎角的增加呈近似二次增长,且随 H_1 的变化几乎不变,这是由于 H_1 的改变并没有明显地增加组合体的迎风面积。组合体的升阻比随着迎角的增加先增加后减小,在 0°迎角附近达到最大值(5~5.3),且最大升阻比随 H_1 的增加而逐渐减小,但是当迎角为-4°时,升阻比随着 H_1 的增加而逐渐变大,这说明 H_1 的增加虽然使最大升阻比降低,但是却能够改善乘波体在负迎角的气动性能。

上面级气动参数随迎角的变化规律与组合体一致,但是升力系数和阻力系数随 H_1 的变化均无明显变化,升阻比随 H_1 的变化也较小,这是由于 H_1 的改变并没有对上面级产生较大的影响。由于上面级乘波体的上表面后缘线为组合体的一部分,H_1 的变化仍然会对上面级的气动特性产生一定的影响,即随着 H_1 的增加,上面级在负迎角条件下的升阻比特性会有小幅提高。

3. W_1 对组合体与上面级性能的影响

W_1 为组合体在截止平面上的宽度,在 H_1 不变的条件下,它的改变会同时改变激波形状和上表面后缘线的形状,从而可能对两级的气动性能产生影响。本节以 W_1 为变量,讨论其变化对组合体与上面级气动特性的影响。将不同 W_1 设计的组合体与上面级气动外形进行结构网格划分和数值模拟,所得的气动特性曲线如图 8.34 所示。

由图可知,组合体的升力系数随着迎角的增加线性增加,随着 W_1 的增加,升力线斜率略微增大。组合体的阻力系数随迎角的增加近似二次增长,但 W_1 的改变未对阻力系数产生明显影响,这是由于 W_1 的变化改变了激波出口型线的形状,在激波角不变的情况下,乘波体迎风面积没有明显变化。组合体的升阻比随迎角的增加先增加后减小,在 0°迎角附近达到最大值(4.9~5.2)。组合体的最大升阻比随 W_1 的增加逐渐提高,而在负迎角时,升阻比则随着 W_1 的增加逐渐减小,这表明组合体宽度的增加能提高其最大升阻比,但是却会降低其在负迎角条件下的气动性能,即较宽的乘波体不利于在负迎角飞行。

从图 8.34 还看出,上面级的升力系数随迎角具有明显的线性增长规律,阻力系数随着迎角近似二次增长。上面级的升力系数和阻力系数随 W_1 的增加没有明显的变化,最大升阻比也没有明显的变化,为 4.4 左右,但是上面级在负迎角下的升阻比随 W_1 的增加而降低,说明 W_1 对组合体与上面级在负迎角下的气动性能会产生较大的影响,组合体的宽度越大越不利于负迎角飞行。

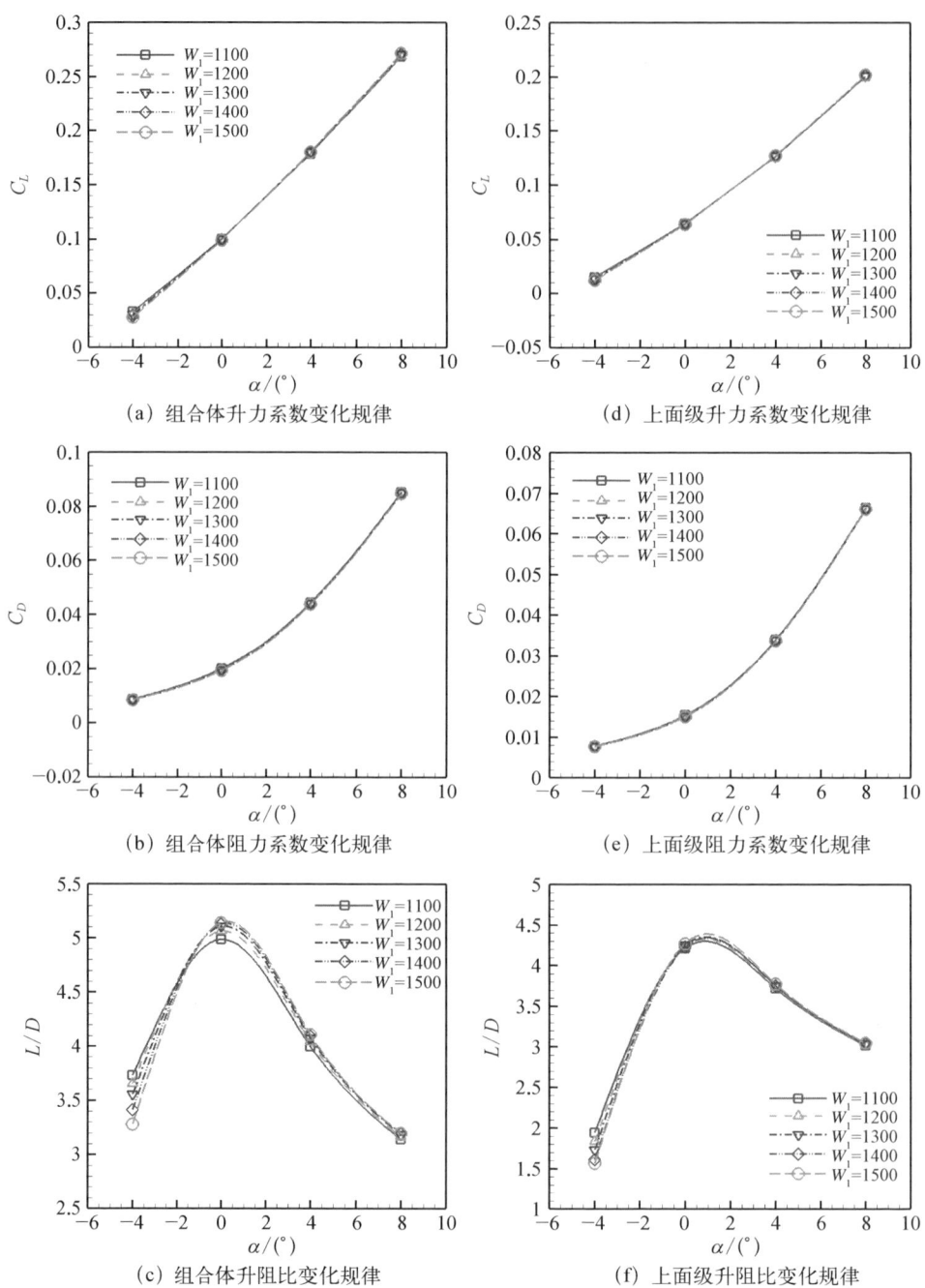

图 8.34 不同截止平面宽度的组合体与上面级气动性能随迎角变化规律

8.4 两级入轨空天飞机气动布局初步设计

两级入轨空天飞机的结构重量高于单级入轨,故对升阻比的要求更高。翼身组合体、翼身融合体、升力体等气动布局在高超声速飞行时面临升阻比屏障,乘波体气动布局成为提高空天飞机升阻比的有效方式之一。两级入轨空天飞机的两级之间通常按照各自的性能指标分别设计并通过并联方式进行连接,在飞行过程中两级形成的激波相互干扰,使上面级头部产生严重的气动加热。

本节采用两级融合吻切锥乘波体作为空天飞机的前体,对空天飞机的气动布局进行初步设计,对分离前的组合体和分离后的上面级的基本气动性能、俯仰特性和操纵特性进行仿真分析,以期为两级融合的空天飞机设计提供参考。

8.4.1 两级融合乘波飞行器设计方案

以吻切锥乘波体分别作为两级的前体,组合体机身由前体的截面形状沿 x 轴方向拉伸得到,上面级由于需要考虑足够的容积,机身与前体之间通过过渡段连接,设计得到的气动布局如图 8.35 所示。

图 8.36 给出了组合体气动布局图,组合体总长 7.9 m,翼展为 6.83 m。由于空天飞机从地面水平起飞,在低速飞行阶段乘波前体提供的升力有限,故下面级需要展弦比较大的机翼为飞行器提供

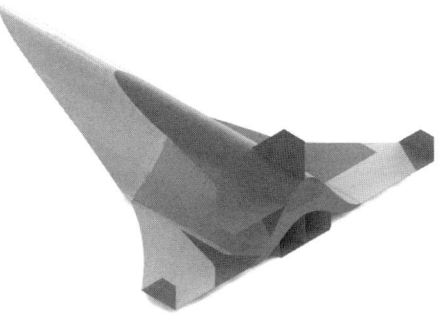

图 8.35 两级入轨空天飞机气动布局

足够的升力,下面级的翼根弦长 3.1 m,梢弦长 0.92 m。

图 8.37 为上面级气动布局,长度为 5 m,翼展为 3.8 m,翼根弦长 3 m,梢弦长 0.45 m;第一后掠角为 75°,目的是减小机翼对前体产生激波形状的破坏,从而减小对前体乘波特性的影响;第二后掠角为 30°,目的为增加机身两侧舵面的距离,提高飞行器对滚转的操纵特性。由于分离后上面级加速进入轨道,飞行速度比下面级更高,乘波前体成为升力的主要来源,机翼则用来控制飞行器的姿态,因此,上面级采用小展弦比的机翼。此外,两级飞行器机翼的翼型均采用适合高速工况的双圆弧翼型。

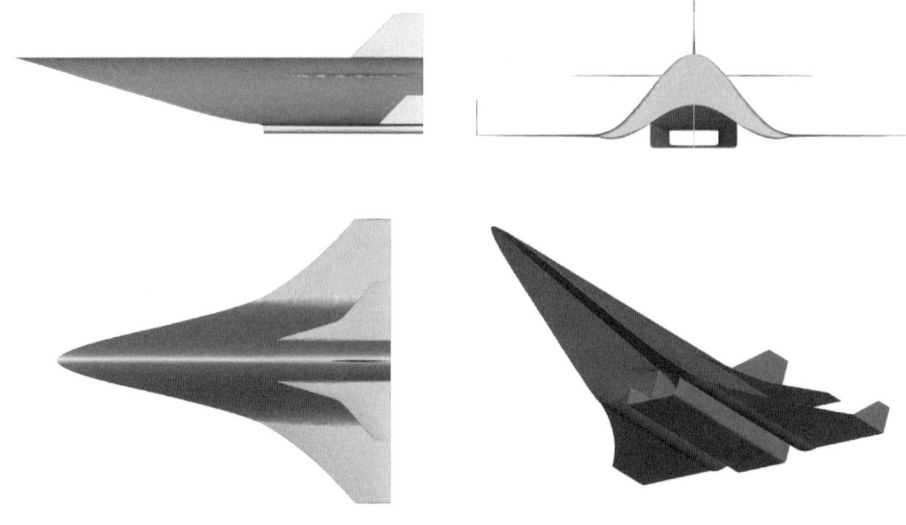

图 8.36 组合体气动布局图

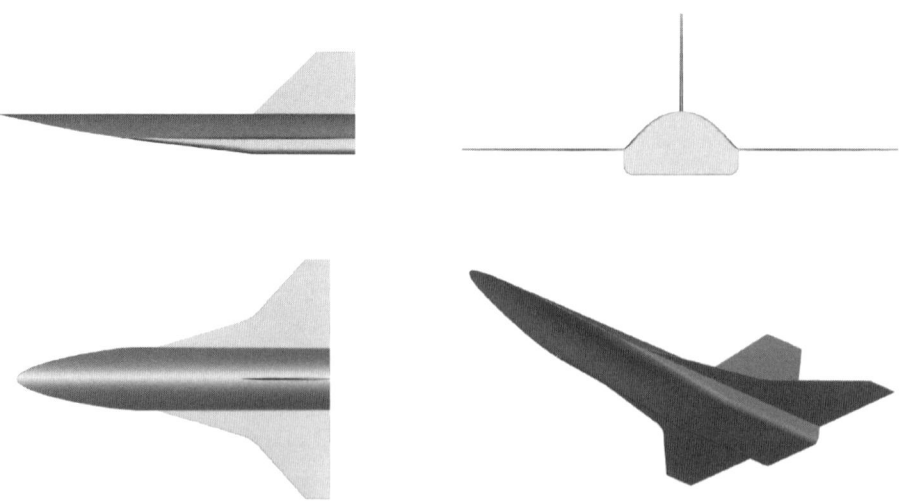

图 8.37 上面级气动布局

图 8.38 和图 8.39 为组合体与上面级的表面非结构网格,图 8.40 为组合体空间网格。如图所示,在前缘、垂直尾翼和舵面处对网格进行加密,组合体的体网格单元数约为 300 万,上面级体网格单元数约为 200 万。参考面积取飞机的俯视投影面积,上面级的参考面积为 3.84 m^2,组合体的参考面积为 11.18 m^2。

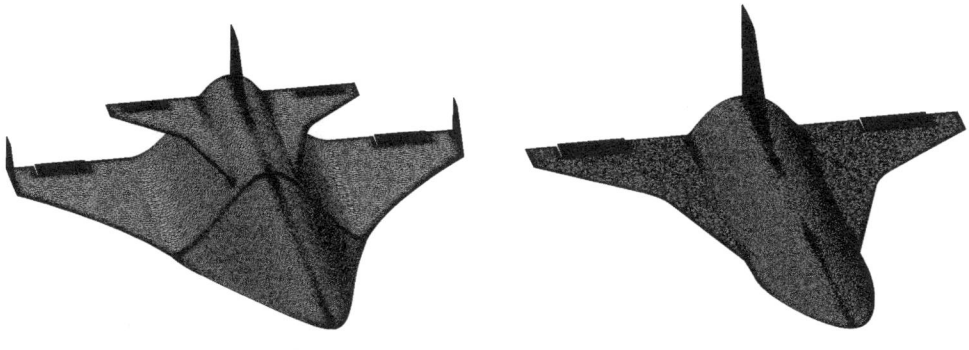

图 8.38　组合体表面非结构网格　　　　图 8.39　上面级表面非结构网格

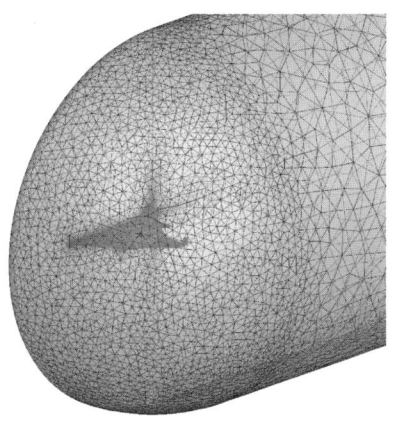

图 8.40　组合体空间网格

8.4.2　组合体气动特性分析

当马赫数为 6,飞行高度为 25.1 km,俯仰舵偏角为 ±10°、±5° 和 0° 时,本节对组合体的气动性能进行数值模拟,所得的气动特性曲线如图 8.41 所示。约定俯仰力矩参考点(飞行器质心)为从头部开始至 53% 机身长度的位置,抬头力矩为正。由图 8.41 可知,升力系数、阻力系数和俯仰力矩系数随迎角的增加而增加,且增加速率逐渐变大。升阻比随迎角先增加后减小,在 9° 迎角附近升阻比达到最大值(2.26)。组合体的升阻比较低,这是因为采用了大展弦比机翼,虽然兼顾了组合体的低速性能,但在高速飞行时,超声速前缘的机翼极大地增加了飞行器的阻力,使外形的升阻比降低,此外,由于大展弦比机翼的存在,飞行器的最大升阻比所对应的迎角较大。

图 8.42 为组合体在最大升阻比时不同截面处的压力等值线图。由图可知,高压区出现在乘波前体的下表面,进气道及机翼下表面处的压力相对较小。由

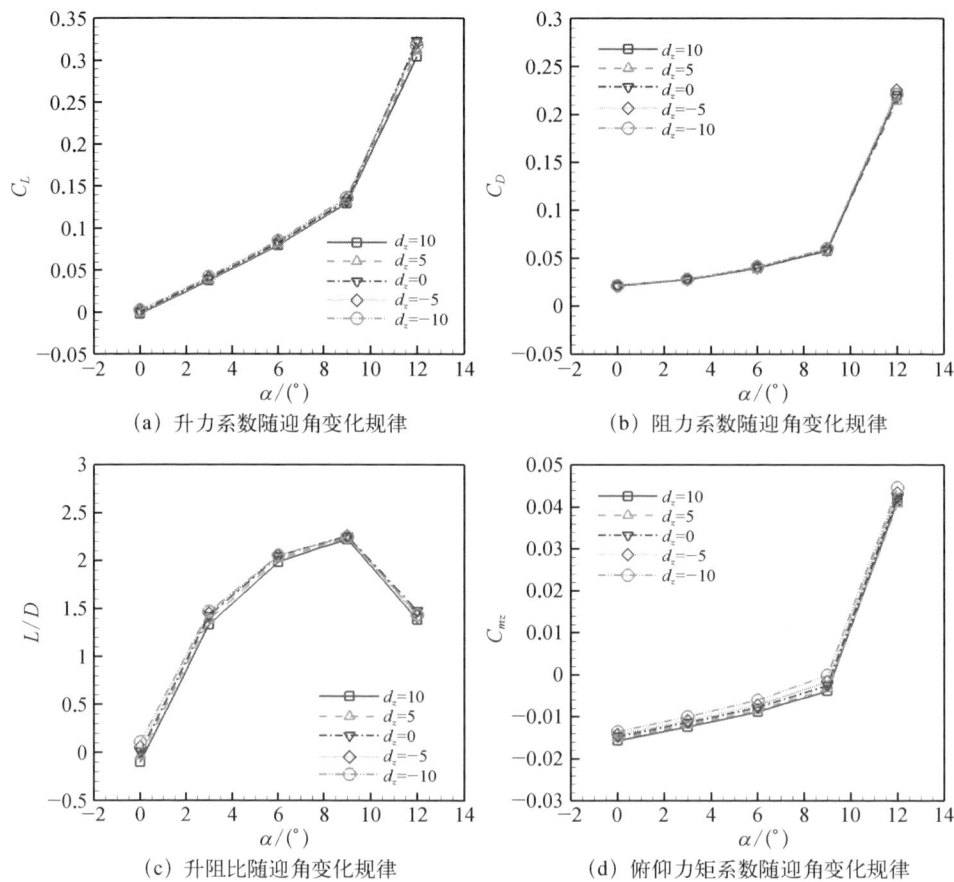

(a) 升力系数随迎角变化规律 (b) 阻力系数随迎角变化规律

(c) 升阻比随迎角变化规律 (d) 俯仰力矩系数随迎角变化规律

图 8.41 组合体气动参数随迎角变化规律

于迎角为正,乘波体前缘附近出现明显的溢流现象,乘波特性有一定程度的减弱。上表面的压力较小,在该飞行状态下,乘波前体和机翼同时为飞行器提供升力。上面级机翼下表面也存在一部分压力较高的区域,说明组合体在一定的迎角下,上面级的机翼也能为飞行器提供一部分升力。

图 8.43 为组合体在 3°、9°和 12°迎角时对称面的压力云图。对比图 8.43(a)和(b)可知,随着迎角的增加,组合体下表面的高压区面积逐渐变大,上表面由于两级融合并平行于自由来流,避免了两级激波相互干扰,且压强较低,上、下表面的压力差为组合体提供了升力。由图 8.43(c)可知,当迎角增加至 12°时,由乘波前体产生的高压气流受到进气道唇口的干扰,在唇口处产生高压区,这不仅增大了组合体的阻力,也降低了发动机的工作效率。

图 8.44 为组合体在迎角为 9°和 12°时不同截面处的压力云图。对比图 8.44(a)

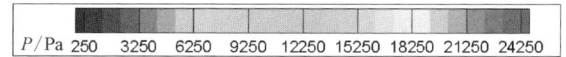
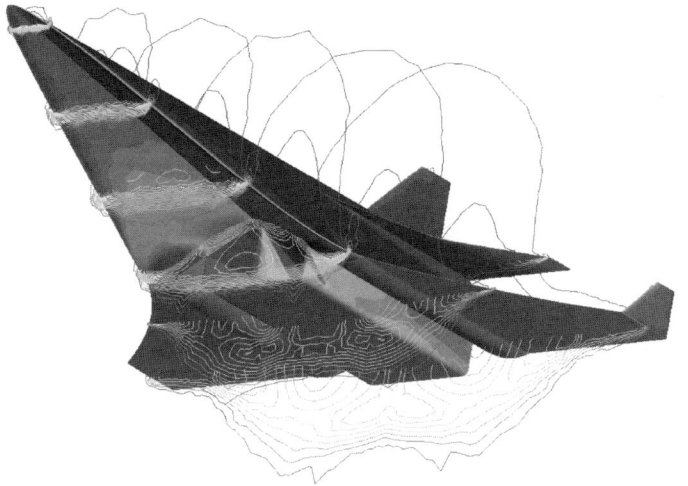

图 8.42 组合体在 $\alpha = 9°$ 的压力等值线图

(a) $\alpha = 3°$

(b) $\alpha = 9°$

(c) $\alpha = 12°$

图 8.43 组合体不同迎角对称面压力云图

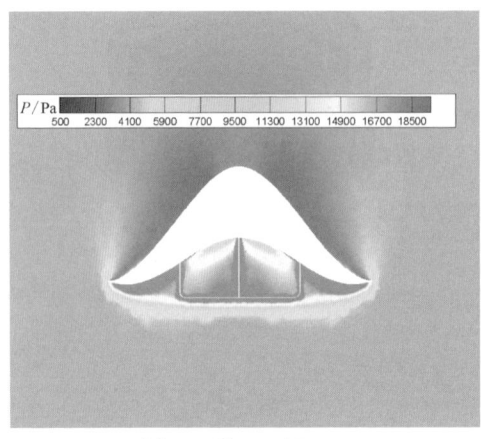

(a) $\alpha = 9°$, $x = 4.9$ m

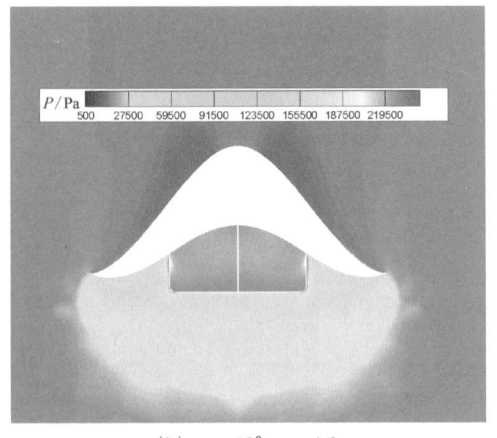

(b) $\alpha = 12°$, $x = 4.9$ m

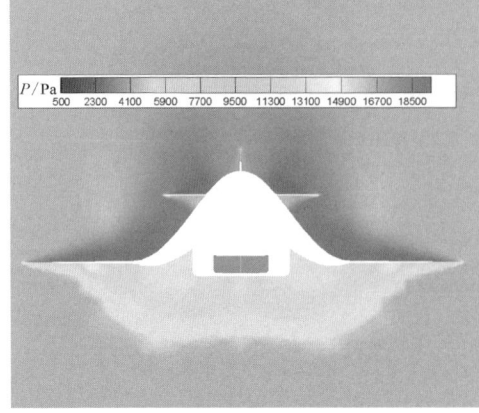

(c) $\alpha = 9°$, $x = 6.9$ m

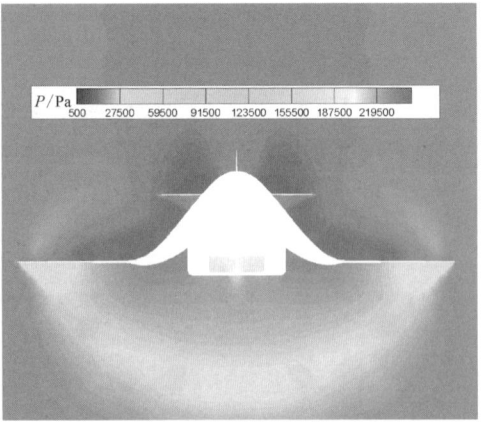

(d) $\alpha = 12°$, $x = 6.9$ m

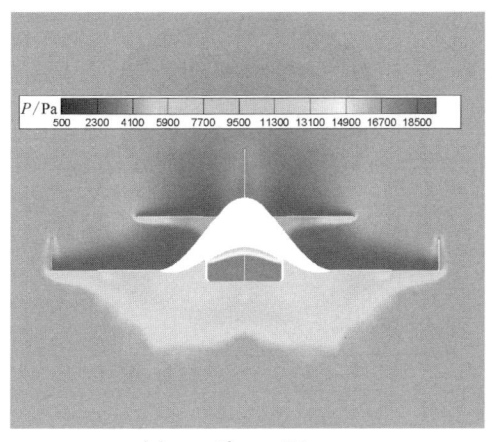 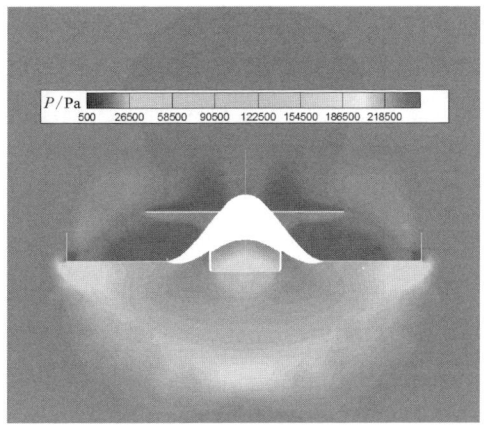

(e) $\alpha = 9°$, $x = 7.9$ m　　　　　(f) $\alpha = 12°$, $x = 7.9$ m

图 8.44　组合体不同横截面的压力云图

和(b)可知,当迎角为9°时,在进气道唇口处,由乘波前体产生的激波与进气道相交于唇口前缘,且高压区均匀分布于组合体下表面,当迎角为12°时,由乘波前体产生的高压区被破坏,高压区集中于进气道唇口处,极大地增大了组合体的阻力,使升阻比降低。

8.4.3　上面级气动特性分析

本节对上面级的气动性能随迎角的变化规律进行了探讨,设定上面级乘波前体的飞行马赫数为15,高度为37.5 km,所得的上面级气动参数随迎角变化规律如图 8.45 所示。

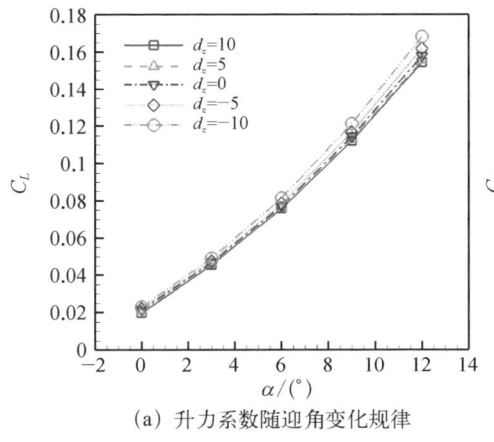 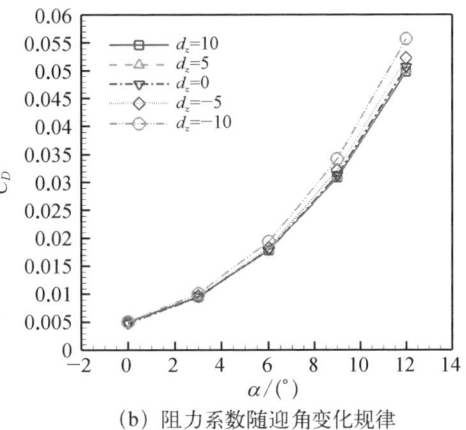

(a) 升力系数随迎角变化规律　　　　　(b) 阻力系数随迎角变化规律

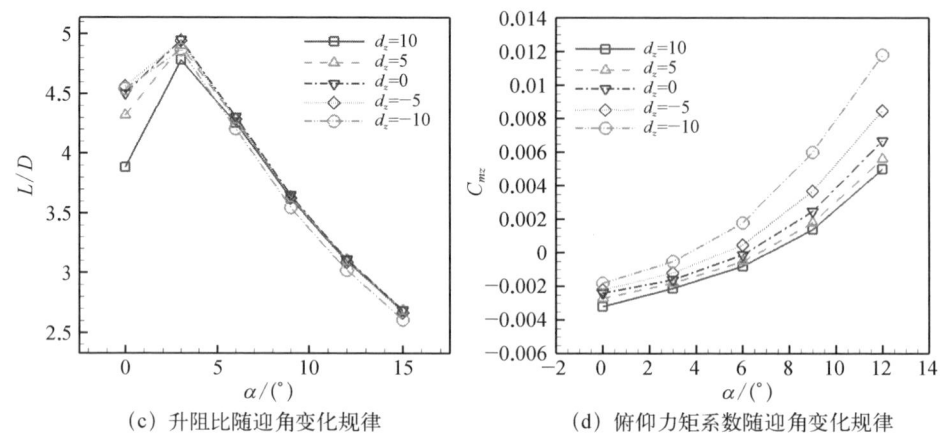

(c) 升阻比随迎角变化规律　　　　(d) 俯仰力矩系数随迎角变化规律

图 8.45　上面级气动参数随迎角变化规律(马赫数为 15)

由图可知,升力系数随迎角基本呈线性变化,阻力系数随迎角基本呈二次增长规律。上面级升阻比随迎角的增加先增加后减小,在迎角 3°附近达到最大值(4.95)。由图 8.45(d)可知,上面级在 3°~9°迎角范围内均能实现俯仰力矩配平,相比于组合体,上面级的俯仰操纵效果更好。

图 8.46 为 $\alpha = 0°$ 上面级压力等值线图。由图可知,上面级吻切锥乘波前体

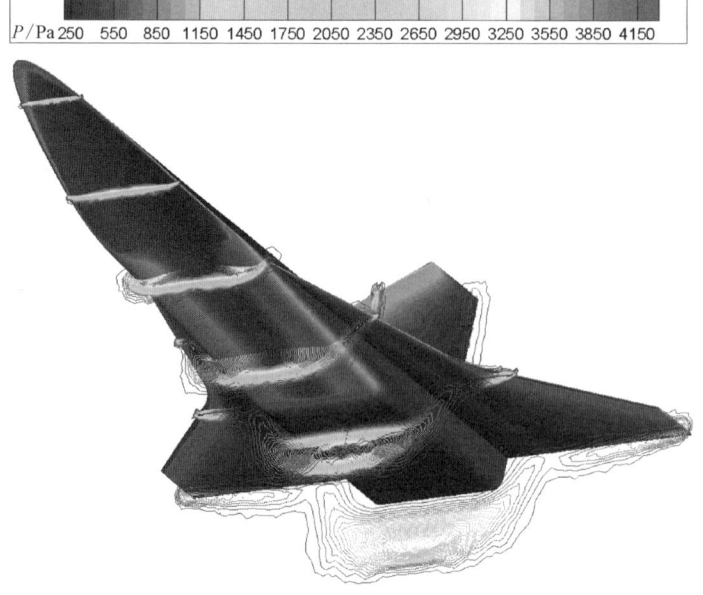

图 8.46　$\alpha = 0°$ 上面级压力等值线图(马赫数为 15)

的前缘附近没有出现明显的溢流现象,并能够将高压区限制在飞行器的下表面,说明前体具有较好的乘波特性。上表面由于与来流平行故压力较低,上、下表面的压力差是飞行器在高速飞行时的主要升力来源。此时机翼的作用较弱,飞行器的气动性能与乘波体的气动性能相似,都是在小迎角下达到较大的升阻比。

图 8.47 为上面级在以 0°、3°和 12°迎角飞行时的对称面压力云图。由图可

(a) $\alpha = 0°$

(b) $\alpha = 3°$

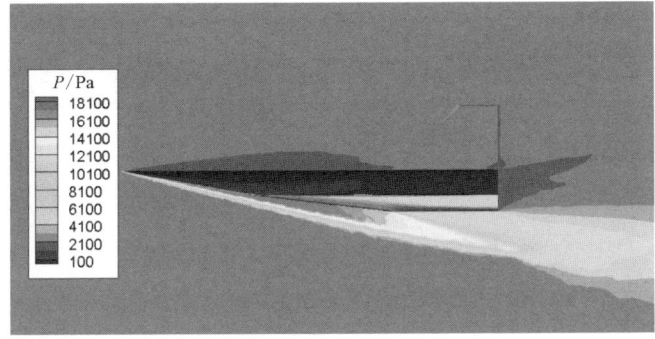

(c) $\alpha = 12°$

图 8.47 上面级不同迎角对称面压力云图(马赫数为 15)

知,随着迎角的增加,上面级的下表面高压区面积逐渐增加。对比图 8.47(a)和(b)可知,当上面级以 0°迎角飞行时,由于上表面与自由来流平行,未产生激波,上表面压强近似等于自由来流压强。当上面级以小迎角飞行时,下表面产生更大面积的高压区,而上表面附近产生低压区,压强比自由来流的压强更小。此外,较小的迎角未使机翼产生较大的阻力,故上面级在以 3°迎角飞行时,得到的升阻比更大。对比图 8.47(b)和(c)可知,在上面级在大迎角飞行时,虽然下表面产生了更大的高压区,上表面附近也产生了更大的低压区,但是由于机翼附加了更大的阻力,所以虽然升力系数有所增加,阻力系数却以更快的速度增加,使上面级的阻力下降。

对比两种迎角下不同截面的压力云图可知,乘波前体具有较好的乘波特性。在小迎角时,高压气流主要集中于机身下方。在大迎角飞行时,机身溢流较严重,机身下表面的高压气流向机翼下表面扩散,大幅度地扩展了下表面高压区的范围,从而显著地增加升、阻力,又由于阻力的增长更快,使上面级的升阻比随迎角增加而快速减小。

上面级在 0°和 12°迎角时不同截面的压力云图如图 8.48 所示。

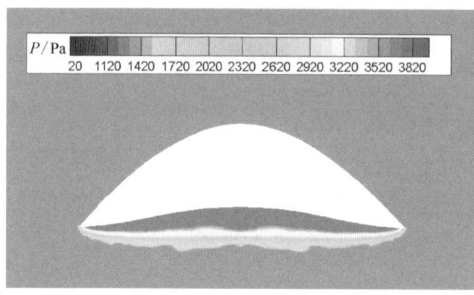

(a) $\alpha = 0°, x = 1.5$ m

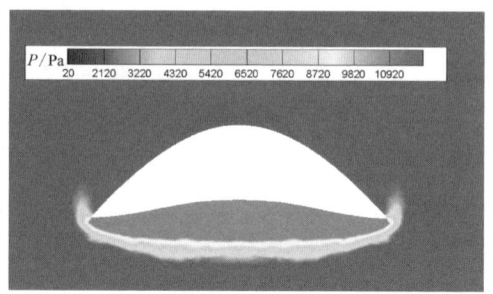

(b) $\alpha = 12°, x = 1.5$ m

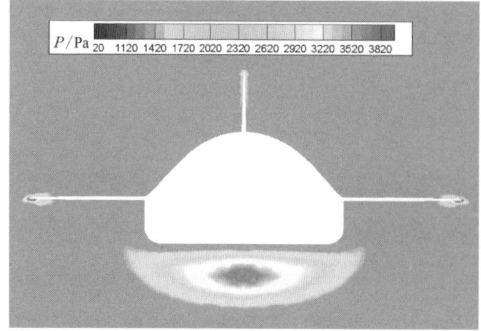

(c) $\alpha = 0°, x = 3.9$ m

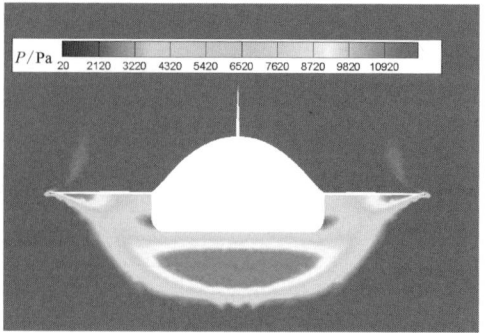

(d) $\alpha = 12°, x = 3.9$ m

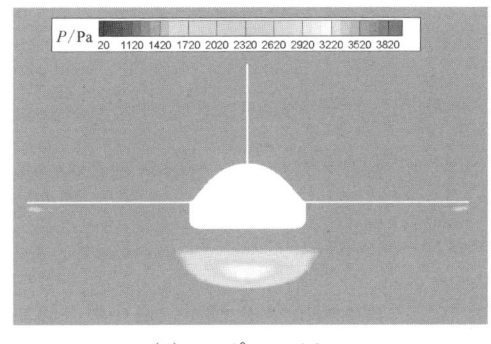
(e) $\alpha = 0°, x = 4.9$ m

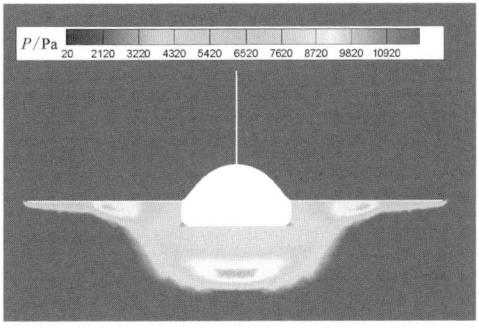
(f) $\alpha = 12°, x = 4.9$ m

图 8.48　上面级不同截面的压力云图(马赫数为 15)

8.5　本章小结

本章分别基于锥导乘波体和吻切锥乘波体设计理论,提出了两级融合的乘波体设计方法,并考察了关键设计参数对两级气动性能的影响规律。以两级融合的吻切锥乘波体为前体,设计了一种两级部分融合的空天飞机气动布局概念方案。本章主要内容及结论如下:

(1) 以锥导乘波体为基础,建立了两级融合的锥导乘波体设计方法,无黏数值模拟结果验证了设计方法的有效性。关键设计参数的灵敏度研究表明,乘波体离基准锥轴线的垂直距离 R_0/R_c 越大,容积率越大,最大升阻比越低;上表面二次项系数 A 的增加可以提高两级的最大升阻比;上面级最大升阻比随半展角 ϕ_2 的增加而减小,但在负迎角时略有改善;在低速状态下,上面级的分离令下面级的上表面产生凹陷,从而使飞行器着陆升力比起飞高。

(2) 以吻切锥乘波体为基础,建立了两级融合的吻切锥乘波体设计方法。对设计参数的灵敏度进行了研究,结果表明,Z_1 的增加会使上面级的最大升阻比降低,但对负迎角和大迎角下的气动特性无明显影响;H_1 的增加会提高组合体与上面级在负迎角下的升阻比;宽度的增加会降低组合体与上面级的最大升阻比,但会提高负迎角下的升阻比。

(3) 以两级融合的吻切锥乘波体作为空天飞机的前体,设计得到一种两级部分融合的空天飞机气动布局,并对组合体与上面级的气动性能进行了研究。

结果表明,在设计马赫数下,两级的融合使得自由来流在流经上表面时几乎不产生气动干扰和额外的气动阻力,验证了融合设计方法的有效性。

参考文献

[1] 张登成,唐硕. 美国重复使用运载器的发展历史、现状及启示[J]. 导弹与航天运载技术,2003(5):20-27.

[2] 姚草根,吕宏军,贾新朝,等. 重复使用金属热防护系统研究进展[J]. 宇航材料工艺,2011,41(2):1-4.

[3] 蒋海军,阎超. 两级入轨飞行器激波间干扰绕流的数值模拟[C]. 第十三届全国激波与激波管学术会议论文集,长沙,2008:143-148.

[4] Kitamura K, Nakamura T, Men'Shov I, et al. CFD analysis of aerodynamic interference between a delta wing and a hemisphere-cylinder[C]. 42nd AIAA Aerospace Sciences Meeting and Exhibit, Reno, 2004:1378.

[5] 李文正. 开展演示验证研究突破可重复使用天地往返运输系统关键技术[J]. 航空科学技术,2001,12(3):29-31.

[6] Mayes A M, Olver de la Cruz M, McMullen W E, et al. Asymptotic properties of higher-order random-phase approximation vertex functions for block copolymer melts[J]. Macromolecules, 1993, 26(15):4050-4051.

第 9 章
乘波构型雷达隐身设计

速度是武器实现突防的重要手段。高超声速飞行器因其快速响应能力、灵活机动能力和高速穿透能力,备受青睐。近年来,随着防御技术的发展,高超声速飞行器的生存能力受到削弱,降低高超声速飞行器雷达散射截面(radar cross section,RCS)的研究重要性逐步凸显。低雷达目标探测特性已成为高超声速气动外形设计不可回避的考虑因素。本章在梳理高超声速雷达隐身研究现状基础上,分析典型气动布局形式的 RCS 特性,建立兼顾雷达隐身和内部装填的高升阻比乘波气动构型设计方法,并获得相应的气动构型,为高超声速隐身气动构型设计提供参考。

9.1 引言

当前各国对高超声速飞行器技术的研究已趋白热化[1]。随着多型高超声速武器装备的工程化和实战化,针对高超声速武器的防御技术也得到快速发展,为提升突防能力,隐身性能已成为高超声速武器装备的重要设计指标。例如,俄罗斯第六代战斗机"电鳐"将高超声速隐身作为其设计指标;美国空军和海军提出的第六代战机的性能指标也强调高超声速超隐身能力[2]。

隐身技术可以分为雷达隐身、红外隐身和射频隐身等。图 9.1 给出了飞行器面临的终端威胁(不含高超声速飞行器),可以看出雷达隐身的重要性占 60%以上[3]。对于传统飞机,雷达隐身是隐身设计的主要手段;对于高超声速飞行器,由于壁面和周围流场温度高,红外隐身也成为重要方面。限于篇幅,本章仅考虑高超声速飞行器的雷达隐身设计。

在雷达隐身设计中,常用 RCS 来衡量隐身性能,该指标反映了目标电磁波

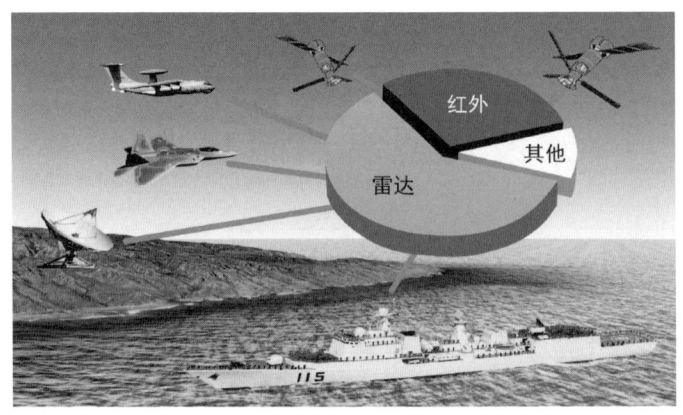

图 9.1　飞行器面临的终端威胁[3]

的散射强度与入射波强度的平方之比。在飞行器突防过程中,雷达与飞行器连线的仰角和方位角的不断变化使飞行器存在一个主要威胁区,即前向威胁区,也是开展雷达隐身设计的重点角域,范围大致为仰角 $0°±10°$,方位角 $0°±45°$。

乘波体作为基准理论流场反设计而来的气动外形,其设计方法并未考虑雷达隐身的要求,因此,理论乘波体很难满足实际的雷达隐身需求,应与气动外形设计技术相结合,同时兼顾其他工程实际需求开展设计,以获得气动、隐身整体性能较好的气动构型。

本章首先简要介绍雷达隐身的基础知识,整理高超声速飞行器的雷达隐身设计研究现状;随后分析对比五类典型高超声速气动布局的 RCS 特性。最后,将气动隐身措施应用于乘波构型,同时考虑内部装填和操稳性能,设计获得高升阻比、高装填、低 RCS 特性的乘波气动构型。

9.2　雷达隐身设计基础

前面章节已详细地介绍了高超声速乘波构型的气动设计,在开展高超声速乘波构型隐身设计研究前,有必要对雷达和电磁场基础知识做简要介绍。

9.2.1　雷达隐身技术基本概念

隐身设计是相对探测器而言的对目标特征信号进行有效控制或抑制的技

术,也被称为低可探测技术。只要物体客观存在就有其固有的特征信息,不同的探测器可以从不同的角度获取其固有信息,例如,人眼通过可见光发现事物,雷达通过物体的电磁回波来对其进行探测。

从雷达距离方程可知,雷达探测距离主要取决于雷达自身的特性、目标的雷达截面及大气的传输特性等。由于敌方雷达自身的特性和大气的传输特性均难以改变,降低飞行器的雷达散射面积成为降低雷达探测距离唯一可行的方式。飞行器的雷达探测距离计算公式如下:

$$R_{\text{mas}} = 4\sqrt{\left(\frac{P_r C_i^2 \lambda^2}{(4\pi)^3} \cdot \frac{1}{S_{\min} L}\right) \sigma F_1^2 F_2^2} \tag{9.1}$$

式中, $\frac{P_r C_i^2 \lambda^2}{(4\pi)^3} \cdot \frac{1}{S_{\min} L}$ 与雷达性能有关, $S_{\min}$ 为最小可探测信号, P_r 为根据接收机限制修改值, L 为发射机内部损耗; σ 为雷达散射面积; $F_1^2 F_2^2$ 为大气传播系数。

影响雷达散射面积 σ 的主要因素有目标几何形状、目标材料属性、雷达波频率、入射波和散射方向的姿态角、RCS 的极化特性。

1) 目标几何形状

目标的 RCS 与雷达波波长及目标的外形有关,目标外形不同,与波长的关系也不同。构成飞行器外形的常用几何体有球面、圆柱、平板、直边缘、曲边边缘、尖顶和二面角等,表 9.1 为简单几何体散射特性汇总表。

表 9.1 简单几何体散射特性汇总表[3]

几何形状	名称	频率依赖	尺寸依赖	散射截面公式
	三面角反射器	f^2	L^4	$\sigma_{\max} = \frac{12\pi a^4}{\lambda^2}$ ($\varphi - 0°$, $\theta - 45°$)
	二面角反射器	f^2	L^4	$\sigma_{\max} = \frac{8\pi a^2 b^2}{\lambda^2}$ ($\varphi = \theta = 0°$)

续表

几何形状	名称	频率依赖	尺寸依赖	散射截面公式
	平板	f^2	L^4	$\sigma_{max} = \dfrac{4\pi a^2 b^2}{\lambda^2}$ $(\varphi = \theta = 0°)$
	圆柱	f^1	L^3	$\sigma_{max} = \dfrac{2\pi ab^2}{\lambda}$ $(\theta = 0°)$
	球体	f^0	L^2	$\sigma_{ents} = \pi a^2$
	直边缘 垂直入射	f^0	L^2	$f(\theta, \varphi)L^2$ $\theta \to$ 视角 $\varphi \to$ 边缘的二面角
	曲边缘 垂直入射	f^{-1}	L^1	$f(\theta, \varphi)\alpha\dfrac{\lambda}{2}$ 曲率半径 $a \geqslant \lambda$ $\theta \to$ 视角 $\varphi \to$ 边缘的二面角
	尖顶	f^{-2}	L^0	$\lambda^2 g(\alpha, \beta, \theta, \varphi)$ $\alpha, \beta \to$ 尖顶的内角 $\theta, \varphi \to$ 方位角

2）目标材料属性

吸波材料通过吸收雷达入射波的能量来减小反射回波的能量，从而降低雷达的探测距离。理想的吸波材料具有充分的电磁波透过率，使电磁波在进入材料内部后尽可能完全被吸收。通常用介电常数和磁导率来描述吸波材料的性能。

3) 雷达波频率

RCS 具有极强的频率特性,即同一个目标在不同频率雷达波的照射下散射强度不同。通常用参数 ka 来描述入射雷达波频率对目标 RCS 的影响程度,其中,a 为目标的特征长度,k 为波数,表达式如下:

$$k = \frac{2\pi}{\lambda} \tag{9.2}$$

式中,λ 是雷达入射波波长;波数 k 的物理意义是雷达波单位传播长度上分配的相位角。

根据 ka 的取值可将雷达波频率对目标 RCS 的影响分为三个区域:当 $ka<1$ 时为瑞利区,在这一区域频率对 σ 的影响极大,RCS 随 ka 的增大呈线性增长趋势;当 $1<ka<10$ 时为谐振区,此时 RCS 曲线剧烈振荡且随 ka 增大振幅逐渐衰减;当入射雷达波波长远小于目标特征长度($ka>10$)时为光学区,在这一区间 RCS 振荡快速衰减,归一化 RCS 趋近于 1。图 9.2 给出了理想导电球归一化 RCS 随 ka 值的变化趋势。

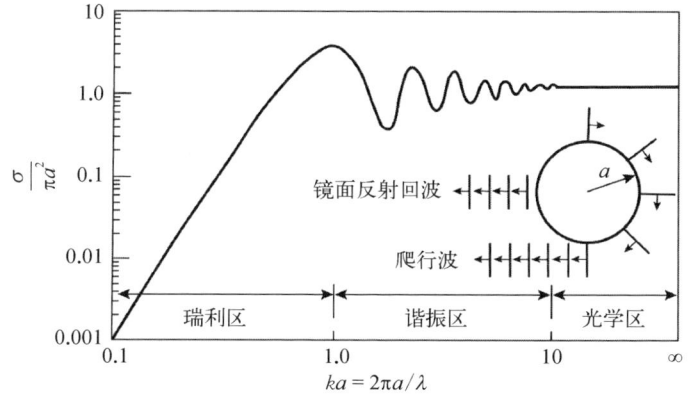

图 9.2 理想导电球归一化 RCS 随 ka 值的变化趋势[3]

4) 入射波和散射方向的姿态角

由表 9.1 可以看出,对于非球面形状(飞行器外形的绝大多数区域),RCS 和入射波与散射方向的仰角 θ 和方位角 φ 有关,即 RCS 是照射方向的函数 $\sigma = f(\varphi, \theta)$。也就是说,当雷达波以不同的角度照射飞行器时,飞行器的 RCS 并不相同。结合飞行器 RCS 值的角域分布,以及实际对抗中飞行器与雷达的相对位置,可以计算出飞行器与雷达的重点对抗角域(图 9.3),也就是飞行器的危险角域。飞行器 RCS 的减缩设计也应主要针对该角域进行。对于飞行高度较大的高超声速飞行器,这一角域通常位于飞行器前向仰角±30°、方位角±60°的范围内。

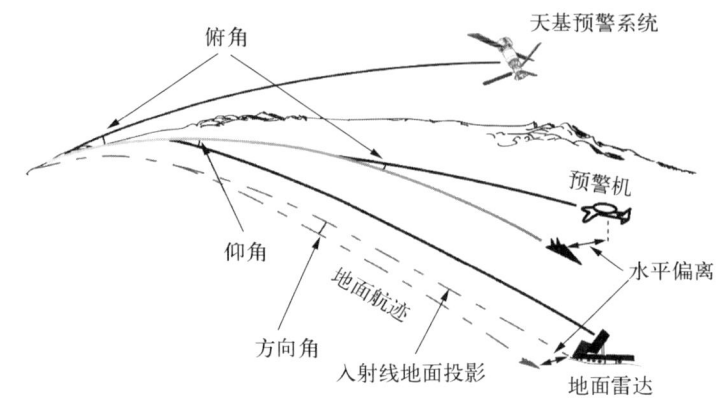

图 9.3　飞行器突防与对抗的重点角域示意图

5) RCS 的极化特性

在电磁波的传播过程中,极化方向通常指电场矢量 E 的指向。一般而言,RCS 的极化特性是目标对雷达发射的电场矢量及接收电场矢量方向的反映。由式(9.3)可以看出,雷达散射截面积 σ 与电场强度和磁场强度有关,但该式并未反映极化方式对 σ 的影响。事实上,当雷达波照射到目标时,在目标几何上的特征入射场转变为散射场的过程中,可将散射场功率密度与入射场功率密度之比 $|E_s/E_i|^2$ 进行缩放,得到散射截面积:

$$\sigma = \lim_{R \to \infty} 4\pi R^2 \left| \frac{E_s}{E_i} \right|^2 = \lim_{R \to \infty} 4\pi R^2 \left| \frac{H_s}{H_i} \right|^2 \tag{9.3}$$

式中,H_s 和 H_i 分别为散射、入射磁场强度;E_s 和 E_i 分别为散射、入射电场强度。

9.2.2　雷达隐身数值仿真方法

电磁计算方法主要有高频近似法、数值方法和混合方法。数值方法又可以分为两类:求解电场积分方程的方法,如矩量法(method of moments, MOM);求解电场微分方程的方法,如有限元法(finite element method, FEM)[4]。矩量法色散性良好,通过引入格林函数可准确地表达场与源的关系,能够有效地避免色散问题。该方法能够计算几乎所有的电磁散射问题,且精度较高。然而,矩量法计算复杂度高、占用内存大、耗时长,尤其对于电大尺寸目标计算所需的内存可达数十太字节,因而在实际中难以大规模推广应用。研究者提出了基于矩量法的一种快速方法——快速多极子法(fast multipole method,FMM)[5],后续改进为多层快速多极子法(multi-level fast multipole method,MLFMM)[6]。MLFMM 将原 MOM 任意两点之间直接相互作用改为多层/多组的组间联系方式,在保持较高计算精度的同时极大地减小了计算复杂度[7]。该方法的提出及近几十年来计算机的快速发展尤其是并行计算技术的应用,使得计算复杂电大尺寸目标成为可能。目前运用 MLFMM 方法可计算成百上千电尺寸的散射问题。理论上,MOM 和 MLFMM 两种方法所需的三角网格边长处于 $1/6\lambda \sim 1/8\lambda$($\lambda$ 为入射电磁波长)之间。事实上,保证飞行器每一个面的网格尺寸均在此范围内极为困难,实际网格划分时尽量地保证最大与最小网格尺寸之比不超过 20。此外,网格划分还应保证网格最小角度不低于 20°,否则可能难以收敛[3]。

MOM 和 MFLMM 法计算复杂度分别为 $O(N^3)$、$O(N\lg N)$(N 约为网格量的 1.5 倍),工作频率增大即电尺寸增加会使计算复杂度和内存需求急剧增大。相对于前者,后者的计算复杂度虽有显著改善,但在普通台式机或工作站上计算复杂电大尺寸问题仍然较为困难。物理光学法(physical optics,PO)基于远场近似、直接照射区域存在感应电流和入射场代表散射总场三大假设,且忽略部件间的相互影响,计算复杂度大幅度地降低,仅为 $O(N)$,虽精度通常不如 MOM 和 MFLMM,常用于高频计算评估中[3,8]。

下面介绍物理光学法的计算原理及主要过程[9]。物理光学法用目标表面所形成的感应电流作为散射源进而得到散射场。对于理想导体目标,观测点处面元散射场示意图如图 9.4 所示。

图中,$\hat{k}$ 为单位入射波,$\hat{r}$ 为场源单位矢量,r' 为微元 d_s 的坐标向量,R 为 d_s 到场点 P 的距离。

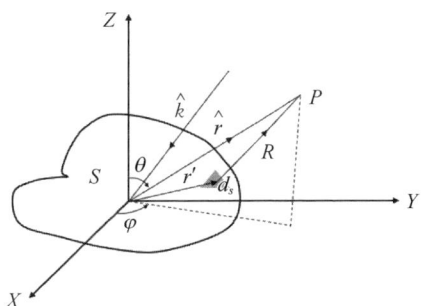

图 9.4 观测点处面元散射场示意图[9]

远场散射电场强度可以表示为

$$E^s(r) = -\frac{k^2}{j\omega\varepsilon \cdot 2\pi} \iint \hat{R} \times \hat{R} \times J_s(r') \frac{e^{-jkR}}{R} dS \tag{9.4}$$

对于理想导体目标,物理光学法计算时假设非照射区感应电流密度为零,故表面总感应电流可以由式(9.5)表达：

$$J_s(r') = \begin{cases} 2\hat{n}(r') \times H^i(r'), & \text{照射区} \\ 0, & \text{非照射区} \end{cases} \quad (9.5)$$

当远场散射时,目标与雷达距离较远,入射波可近似为平面波,此时入射场电磁场为

$$E^i(r') = E_0 \mathrm{e}^{-jk \cdot r'} \quad (9.6)$$

$$H^i(r') = \frac{1}{\eta}\hat{k} \times E^i(r') \quad (9.7)$$

式中,η 为自由空间的电磁波阻抗。

当远场近似时 $R \approx r$,因此,远场散射场电场可以表示为

$$E^s(r) = \frac{\mathrm{j}}{\lambda r} \mid E_0 \mid \mathrm{e}^{-jkr} I \quad (9.8)$$

式中,I 为电流强度,计算公式为

$$I = \iint \hat{r} \times \{\hat{r} \times [(\hat{n}(r') \cdot E_0)\hat{k} - (\hat{n}(r') \cdot \hat{k})E_0]\} \cdot \mathrm{e}^{-jk(\hat{k}-\hat{r}) \cdot r'} \mathrm{d}s \quad (9.9)$$

由物理光学法导出的雷达散射截面积可以表示为

$$\sigma = \lim_{R \to \infty} 4\pi R^2 \frac{\mid E^s \mid^2}{\mid E^i \mid^2} = \frac{4\pi}{\lambda^2} \mid I \mid^2 \quad (9.10)$$

由式(9.10)可以看出,雷达散射截面积与探测距离无关,只与电磁波波长和物体表面的电流强度有关。

9.3 高超声速雷达隐身设计现状

飞行器雷达隐身技术是指针对地面探测雷达或机载雷达以减小飞行器散射强度的 RCS 减缩技术。雷达探测的主要特点是探测距离远,当前地面探测站的布置以单站雷达为主,即雷达站的发射和接收使用同一天线。传统航空飞行器雷达隐身主要着力于减小进气道、座舱和天线罩等前向强散射源。当前的高超声速飞行器并无座舱,故主要考虑前体和进气道的散射,其次为机身及锐边的散

射。此外,当飞行马赫数高达一定程度时,飞行器周围空气温度急剧升高导致电离产生等离子体,并屏蔽电磁信号,利用这一点可有效地减小飞行器的 RCS[10-16]。

9.3.1 气动外形隐身技术

江志国[17]以马赫数为 6 的类乘波体理论构型作为优化设计对象,用高频方法计算了理论高超声速外形的 RCS。研究发现,PO 贡献的 RCS 主要由机身产生;垂直照射时散射强度较大;单独机翼的镜面反射及边缘绕射较小;翼身二面角结构在正、侧向±30°上,即仰角 30°、方位角 90°或 270°时达到峰值。江志国采用适应不同部件的算法,按部件分解计算得到飞行器全机的 RCS,发现全机 RCS 中 PO 的贡献占主导地位,即大部分方位角和仰角下飞行器 RCS 由 PO 计算得到。在正、侧向,二面角的多次散射起主要作用,导致 RCS 急剧增大并达到峰值。此外,由于未考虑发动机的空腔散射,在飞行器的迎面方向 RCS 较小。文献[17]中还提出应在飞行器的正、侧向以及迎面方向尽量地减小 RCS。

陶烨[18]通过控制飞行器截面(采用 CST 曲线)和轮廓(采用指数函数)对类 HTV-2 滑翔飞行器进行参数化建模,随后基于该参数化体系,生成拓扑结构类似的锐边化升力体滑翔飞行器,如图 9.5 所示。通过改变截面和节点数生成不同锐边化程度的多面体飞行器:截面或节点越少,锐边化程度越高;截面或节点

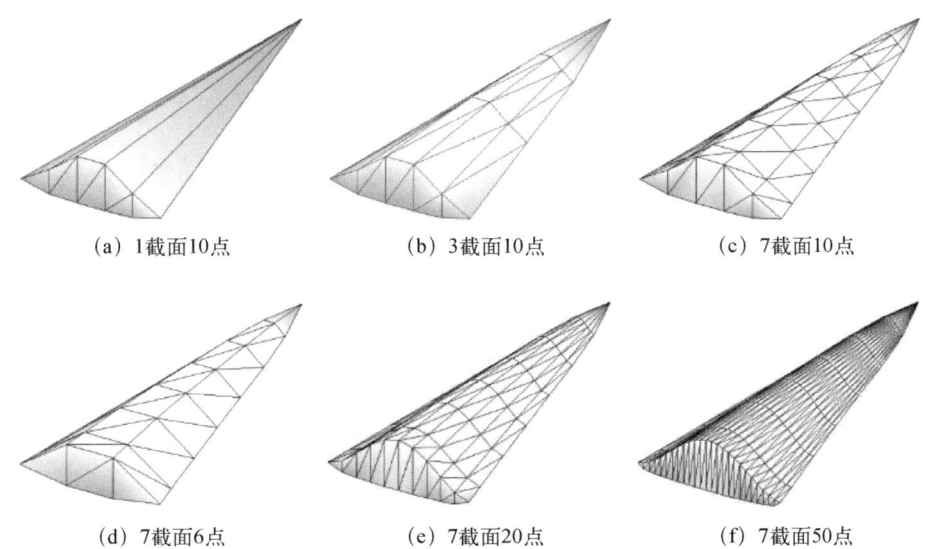

图 9.5 类 HTV-2 参数化拓扑结构图[18]

越多,越接近原始外形。研究表明,在仰角±30°、方位角±60°的前向重点角域内,原始外形的 RCS 均值为-33.83 dBsm,锐边外形的 RCS 均值为-42.43 dBsm,锐边化修型对重要区域的 RCS 缩减贡献显著。此外,当节点数目固定时,锐边化类 HTV-2 模型的 RCS 均值随着截面数的减少呈现明显减小的趋势;当截面数固定时,锐边化类 HTV-2 模型的 RCS 均值随着节点数的减少同样明显减小。由此得出,锐边化修型可缩小飞行器的强散射区域,扩大弱散射区域,从而使 RCS 均值随着锐边化程度的增加而减小。

刘衍旭等[19]基于类 HTV-2 锐边化设计思想建立高超声速滑翔飞行器模型,研究了其气动和隐身性能,就锐边化后飞行器存在较强边缘绕射问题,通过将锐边缘进行倒角处理进一步降低了 RCS,随后还研究了倒角位置对 RCS 的影响。结果表明,锐边化设计通过偏转镜面反射方向可有效地改善飞行器隐身性能,同时引起的飞行器气动力/热性能变化处于可接受范围内。高超声速滑翔飞行器尾部通常与助推火箭相连,其底面通常设计为平面。该类设计导致飞行器后端表面过渡不光滑,引起较强的表面爬行波反射,使飞行器隐身性能恶化。因此,对飞行器尾端面棱边倒圆处理对其隐身性能的改善最为显著,同时较大的倒圆半径可使飞行器尾部过渡更光滑,从而获得更好的隐身性能。

薛普等[20]基于乘波体外形并借鉴 F-117 的特点设计了多平面升力体,并研究了其气动和隐身性能。首先,基于乘波体理论生成锥导乘波体;然后,沿轴向截取多个横截面,利用多边形拟合这些横截面曲线;最后,将这些多边形截面用平面连接起来生成多平面升力体。计算结果显示,所生成的多平面升力体与原乘波体相比,总升力在零迎角附近基本不变,较大迎角时减小13%;最大升阻比减小10%,对应的迎角从1°增大到3°。虽然多平面升力体的气动性能稍有下降,但升阻比依然保持了较大值。利用物理光学法计算发现,在前向仰角±30°、方位角±10°范围内 RCS 较大,但在前向重要威胁区内 RCS 平均值为-31.49 dBsm,比原乘波体的-23.63 dBsm 大幅度地降低,隐身性能提升显著。

车竞和唐硕[21]对电磁散射计算方法进行了深入的研究,提出了等效照明面积的概念并用于计算翼身组合段多次反射的 RCS。对类 X-43 飞行器的计算结果显示,由于未考虑进气道的贡献,前向 RCS 较小;飞行器侧向 RCS 达到峰值,这主要是由于斜置翼、水平翼和机身形成多个二面角反射,大大增强了 RCS。此外,他们还指出在飞行马赫数达到10时,气动加热会将飞行器周围的空气电离,产生的等离子体流对 RCS 产生重要的影响,设计中必须加以考虑。

耿方志等[22]、夏新仁和尹成友[23]对不同形状巡航弹头的散射特性做了初步研究,分别建立了半椭圆形、半橄榄形和半圆弧形弹头外形,计算了在入射波(频率为 12 GHz)下的散射特性。结果表明,在相同条件下橄榄型外形在雷达最具威胁的鼻锥区域内($0°\sim30°$)RCS 最小,椭球型其次,半球型最大。他们还给出了一些设计建议:在弹头外形设计上应尽量地减少与弹身垂直的边缘;采用大后掠且短小的弹翼以减小边缘绕射和平板镜面反射;使用橄榄形状的双弯曲表面体(或单弯曲形体,如圆锥),且头部越尖越好,以减小前视区的 RCS。

刘国富等[24]和周文硕等[25]研究了高超声速再入飞行器的锐边隐身特性。前者通过改变多面体飞行器的中机身长度占比来研究最佳气动隐身性能,发现当中机身长度趋于零或者最大(等于全机长度)时将导致中部上表面和后缘面的倾角增大,这将增强镜面反射从而急剧增大 RCS。平均 RCS 随中机身长度的增长平缓变化,而最大 RCS 随中机身长度占比的增长出现较大起伏。最后,他们将隐身性能与气动性能综合分析得出,当中机身长度占比为 60%~70%时气动隐身性能最优。后者探索了小迎角高超声速滑翔体的 RCS 性能,利用正交试验法对飞行器头部半径、第一锥角和第一锥长占比进行参数灵敏度分析后得到初步优选布局,并对该布局的第一段锥角和长度占比进行气动优化。他们还计算了该模型的 RCS,得出锐化边缘后的散射特性优于原模型,但边缘绕射在前向存在较强的波峰,通过对锐边倒角可有效地减小这一波峰。

9.3.2 等离子鞘隐身技术

研究表明等离子体具有吸收电磁波的特性,可用来降低高超声速飞行器的 RCS。通过在飞行器表面布置等离子体发生器,周围产生等离子体从而降低飞行器 RCS。此外,当飞行速度达到一定马赫数时(通常为 10 以上),气动加热导致空气电离,产生包裹飞行器的等离子体层(也称等离子鞘)。等离子体层虽不利于通信,但却是减小 RCS 的有效手段。

在高超声速流场中,飞行器的本体绕流、层流尾流及湍流尾流对飞行器 RCS 幅值、雷达成像和多米勒效应产生重要的影响。于哲峰等[26]利用时域有限差分和畸变法及 Born 近似法分别研究了高超声速升力体外形的本体绕流、湍流尾迹和层流的 RCS 特性,较全面地阐述了高超声速定常流场的散射特性。结果表明,当入射频率为 300 MHz 时,高超声速本体绕流流场的 RCS 减缩量随飞行高度的增大而增大,但减缩量的增量逐渐减小;在亚密湍流尾迹中,虽然飞行高度降低、空气密度增加有利于电子密度增大从而使等离子体对电磁波的衰减增强，但飞行高度降低对应飞行马赫数也随之减小，因此，等离子体对电磁波的衰减变弱，故与空气密度相比，马赫数对等离子体的影响更大；在相同情况下，层流尾迹的 RCS 比湍流尾迹低一个数量级，故考虑隐身设计时应尽量地减少湍流流动。常雨等[10]通过对钝头体高超声速再入飞行器绕流流场散射特性的分析，得出当飞行马赫数低于 10 时，随马赫数的增加飞行器后向 RCS 基本不变；当马赫数增加到 12 以后，绕流流场化学反应增强导致等离子体鞘对电磁波的吸收增强，从而使 RCS 进一步减弱。

任弋[14]对钝头锥飞行器和类 HTV 飞行器等离子鞘的散射特性进行了研究，如图 9.6 所示。研究发现，等离子体主要通过其电子密度影响电子的振动和碰撞频率来衰减通过等离子体的电磁波强度，进而降低宏观 RCS 值。马赫数增大，飞行器表面温度上升，导致越来越多的空气被电离，在相同的体积下电子密度增大，从而使 RCS 减小；随飞行高度的降低空气密度变大，使电子密度增大，从而使 RCS 减小，这一特点有利于低空突防；迎角的变化对电子密度几乎无影响，但总的来说，非零迎角时的 RCS 大于零迎角时的 RCS。

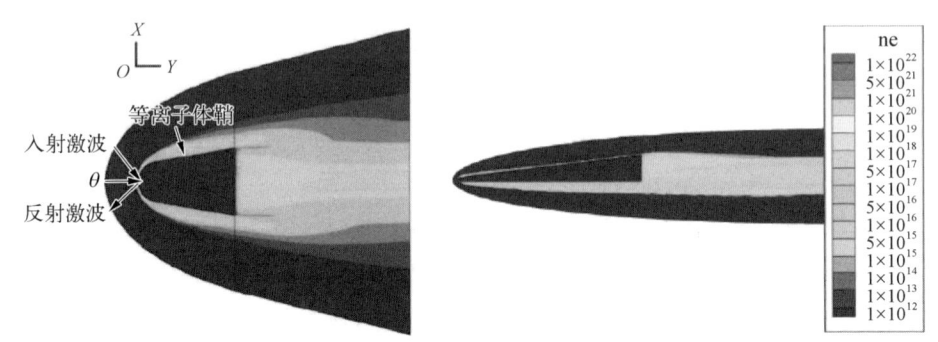

图 9.6 等离子体鞘[14]

马平等[27]建立了弹道靶雷达测量系统来研究类 HTV-2 模型等离子鞘的散射特性，结果表明，覆盖等离子体的模型与原模型相比，后向散射面积减缩量可达一个数量级。在 C 波段，原模型尾流的散射面积远小于覆盖等离子体的模型；而在 X 波段，原模型尾流的 RCS 随飞行速度的提高而增大，但其尾迹 RCS 分布呈现随机性。在 C 波段和 X 波段下，无论有无等离子体鞘包覆，飞行姿态角的变化对飞行器 RCS 的影响均较强，RCS 变化量可达一个数量级。

成丹和郑宏兴[13]将等离子体隐身技术与吸波材料相结合,利用等离子体发生器设计了等离子体隐身翼面吸波结构。其原理是在机翼前缘安装等离子体发生器,发射出的等离子体包裹机翼吸收电磁波,使后向散射面积减小。这一技术无须改变机翼的气动外形,且吸收电磁波的频率宽、吸收效率高,同时经济性和维护性较好。他们的研究表明:当离子体频率较低时,机翼后向RCS较小,通过优化设计发现机翼前缘存在等离子体的最佳填充位置;此外,还发现机翼蒙皮介电常数越小则散射面积越小;通过与金属机翼的RCS对比发现,采用等离子体隐身机翼吸波结构能够实现更全方位的隐身,RCS减缩效果明显。

9.4 典型高超声速气动布局散射特性

按当前技术水平,通过外形隐身、表面吸波材料、吸波结构等手段可将隐身飞行器的雷达散射面积降至 $0.001 \ m^2$ (-30 dBsm)。目前专门针对高超声速气动外形的全机雷达隐身特性研究还较为少见,本节选取几类典型的高超声速气动布局,涵盖旋成体布局、翼身融合体布局、翼身组合体布局、菱形多面体布局及乘波体布局[28],通过数值仿真手段,分析其雷达散射特性,以期初步厘清各类气动布局的 RCS 特性,为后续开展高超声速隐身气动构型设计提供依据。用于计算雷达散射特性的五类高速气动布局如图 9.7 所示。

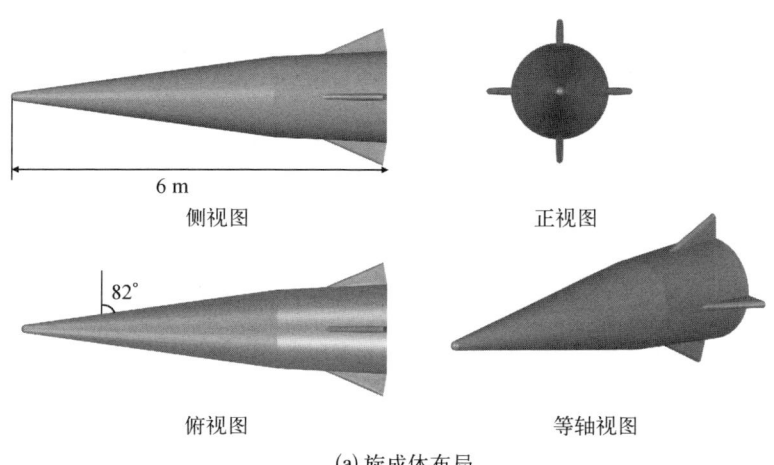

(a) 旋成体布局

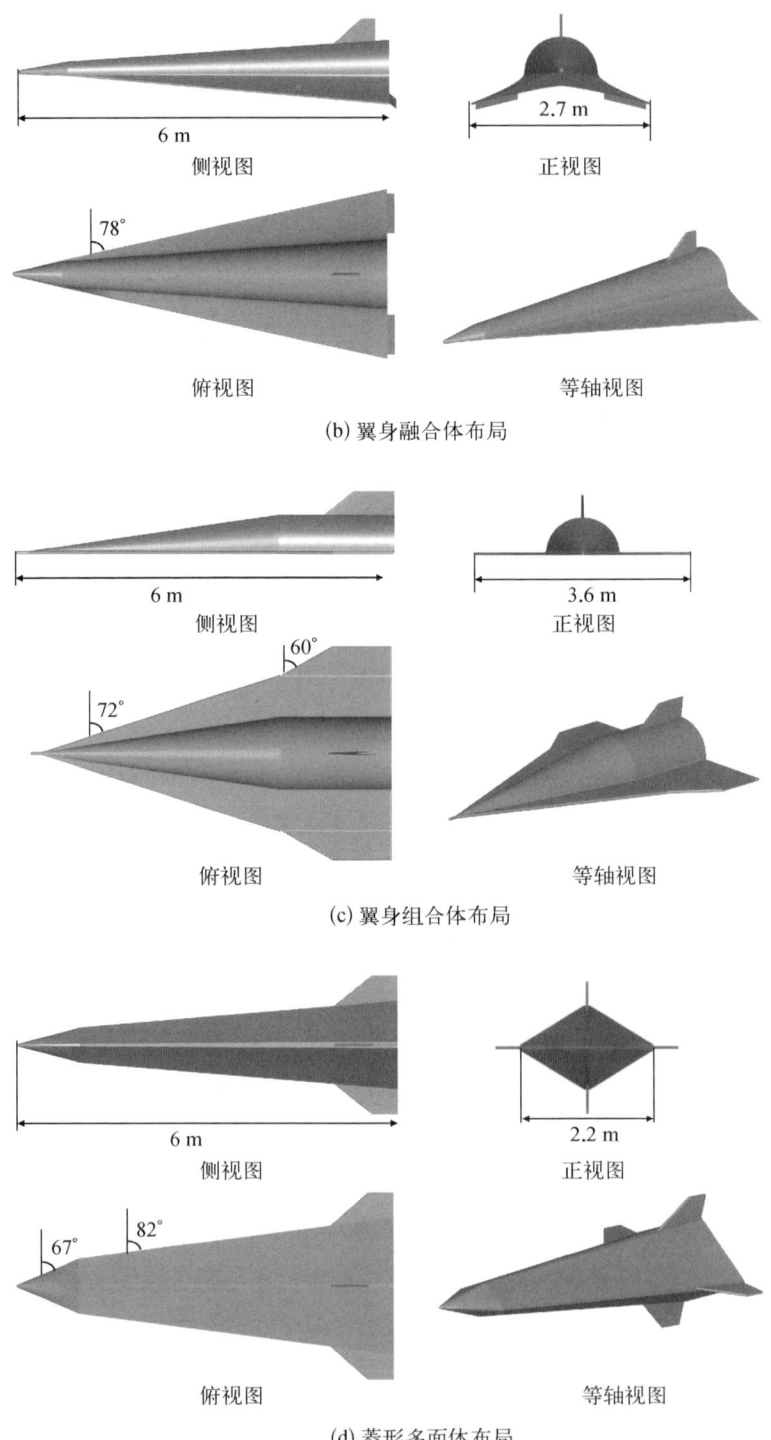

(b) 翼身融合体布局

(c) 翼身组合体布局

(d) 菱形多面体布局

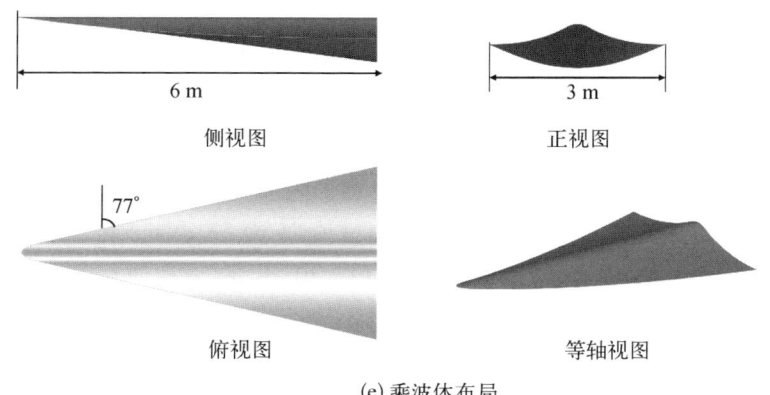

(e) 乘波体布局

图 9.7 用于计算雷达散射特性的五类高速气动布局

常用一定角域内的雷达散射截面平均值来评价飞行器的隐身性能。雷达入射波与飞行器的夹角包括方位角 θ 和仰角 φ,定义如图 9.8 所示。方位角定义为雷达入射波与飞行器对称面的夹角,其中 300°~0°(或 -60°~0°)、0°~60°定义为前向,60°~120°、240°~300°定义为侧向,120°~240°为后向。仰角定义为入射波与飞行器体轴 $x-y$ 平面的夹角,取值范围为 -90°~90°,其中,0°~90°为仰视状态,-90°~0°为俯视状态。

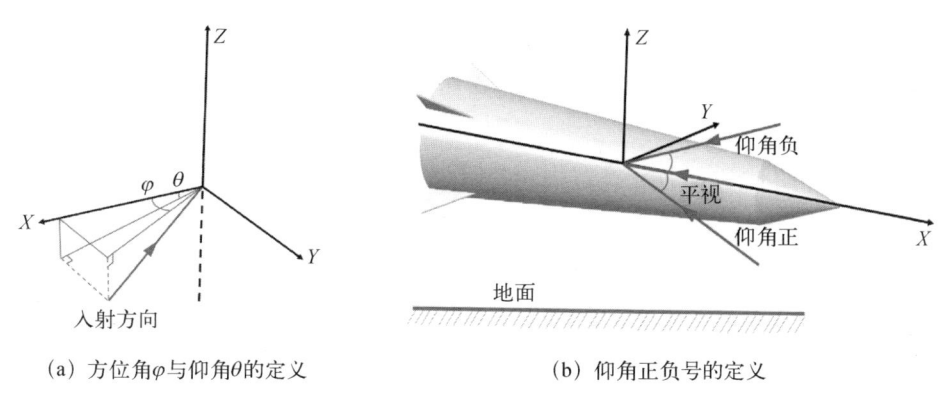

(a) 方位角 φ 与仰角 θ 的定义　　(b) 仰角正负号的定义

图 9.8 飞行器 RCS 散射特性计算的角度定义

高超声速飞行器通常采用高空突防以对抗仰视雷达,而在末端时飞行器轴线与雷达夹角较小。本节在计算飞行器的 RCS 时,仰角扫射范围取为 ±30°以内,将飞行器表面材料设置为理想导体,采用物理光学法计算飞行器的垂直极化特性,飞行器表面三角形网格边长取 $\lambda/6$(λ 为雷达波长)以下。

9.4.1 旋成体散射特性

图 9.9 给出了旋成体外形在平视照射下(仰角为 0°),方位角 0~360°内的 RCS 值。从图中看出,飞行器在 0~180°方位角内主要有 6 个波峰,前向 0°方位角为镜面散射,其 RCS 值为 -14.04 dBsm。水平舵面前缘 RCS 值为 5.88 dBsm;第一锥面 RCS 值为 30.53 dBsm;第二锥面 RCS 值为 22.20 dBsm;方位角 90°为垂尾的镜面反射,RCS 值为 23.62 dBsm;水平舵面后缘 RCS 值为 11.25 dBsm;尾部端面为镜面反射,RCS 为 45.37 dBsm。方位角 0°~60°内几乎为端头帽的镜面散射,根据球体散射面积公式得到其 RCS 值为 -18 dBsm,仿真计算 0°~60°方位角内平均 RCS 为 -18.09 dBsm。对于端头为球面的飞行器,要使 RCS 低于 -30 dBsm 则钝化半径须小于 17 mm,故在满足防热

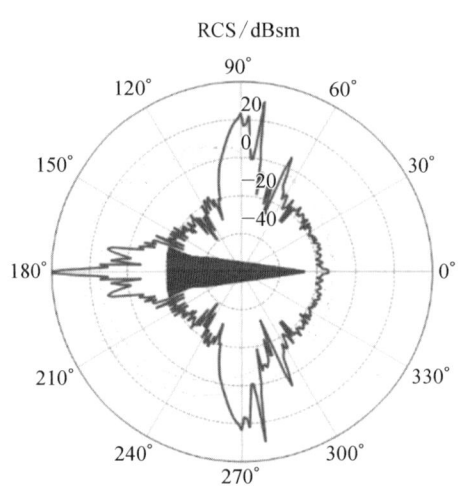

图 9.9 旋成体飞行器平视散射特性

和结构要求的前提下应尽量地减小端头半径以降低 RCS。从图中还可以看到,方位角 90°附近散射强度大且影响角域广,这是由于舵面与入射波垂直并形成二面角反射,叠加第二锥面法向(87°)镜面反射的影响,使方位角 90°附近较宽角域内 RCS 值高。预计将"十字形"舵面布局改为"×形"舵面布局能有效地降低这类大角域高 RCS。

旋成体为面对称飞行器,具有相同的俯角和仰角散射特性,图 9.10 给出了不同仰角下 0°~360°方位角的 RCS 曲线。在前向 0°~60°重要方位角内,根据前述分析可知在所计算的仰角范围内平均 RCS 十分接近。在方位角 0°~360°内,仰角 0°、10°、20°、30°时平均 RCS 分别为 -14.79 dBsm、-14.80 dBsm、-14.79 dBsm、-14.80 dBsm,四者相差较小,可以认为在小仰角范围内舵面对旋成体对称性的影响较小。在后向角域(方位角 180°±15°)内可以明显地看到 RCS 值随仰角的增大而降低。此外,虽然在方位角 120°~150°内 RCS 水平极低,但这并非飞行器的重点角域,故此处不做详细讨论。

9.4.2 翼身融合体散射特性

图 9.11 给出了高速翼身融合体外形在平视照射下(仰角为 0°),方位角 0°~

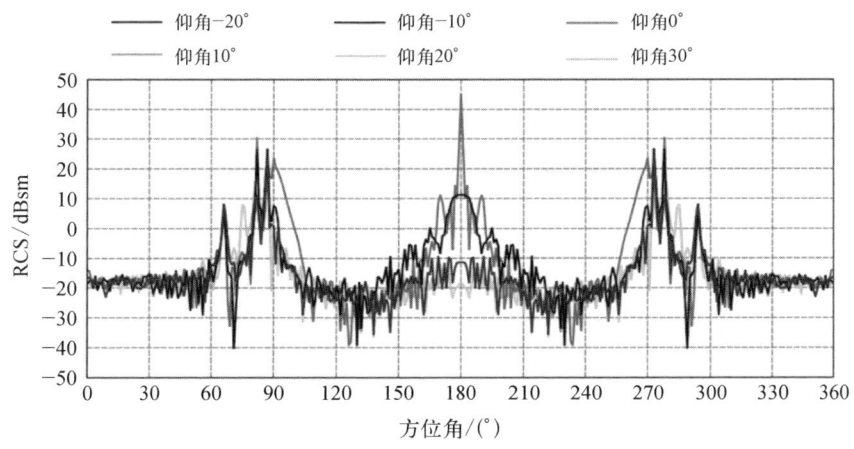

图 9.10 旋成体重点角域散射特性

360°内的 RCS 值。从图中可以看出，飞行器的 RCS 主要有 6 个波峰，前向 0°方位角 RCS 值为 -10.52 dBsm，机翼前缘法向 RCS 值为 4.29 dBsm，垂尾法向镜面反射 RCS 值为 24.64 dBsm，尾部端面镜面反射 RCS 值为 39.94 dBsm。由于机翼前缘后掠角较大，飞行器在前向 0°~68°角域内 RCS 值均较低，前向 0°~60°重点角域内平均 RCS 为 -19.70 dBsm，具有较好的隐身性能。

图 9.12 给出了翼身融合体重点角域的雷达散射特性。水平舵面下偏导致在

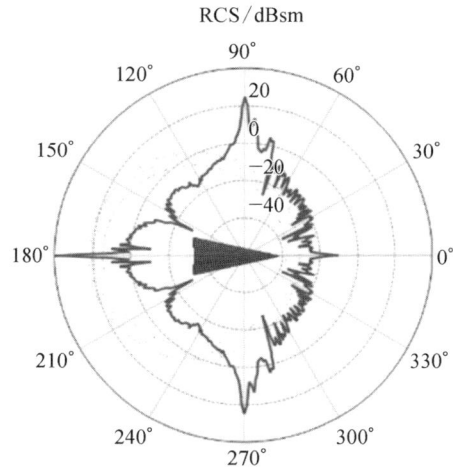

图 9.11 翼身融合体平视散射特性

仰视状态下前向重点角域出现舵面反射回波产生的波峰，入射波方向越接近舵面下表面法向则 RCS 峰值越大，对应的波峰位置后移，因此在飞行器突防时应尽量地避免做复杂的机动动作。方位角 86°处为主机身曲面法向方向，当雷达波以仰视入射时，机身被机翼遮挡，因此，散射截面小于平视状态；而以一定俯角入射时，由于机身为圆锥体，在法向方位处构成镜面反射，在设计时可用波纹状曲面来避免这一问题。前向 0°~60°重点角域内，当雷达波以仰角 -20°、-10°、0°、10°、20°、30°入射时，平均 RCS 值分别为 -19.70 dBsm、-23.37 dBsm、-19.70 dBsm、-23.37 dBsm、-23.38 dBsm、-23.36 dBsm。对比前向重点角域可

以看出,翼身融合体的仰视对抗能力强于俯视对抗能力。

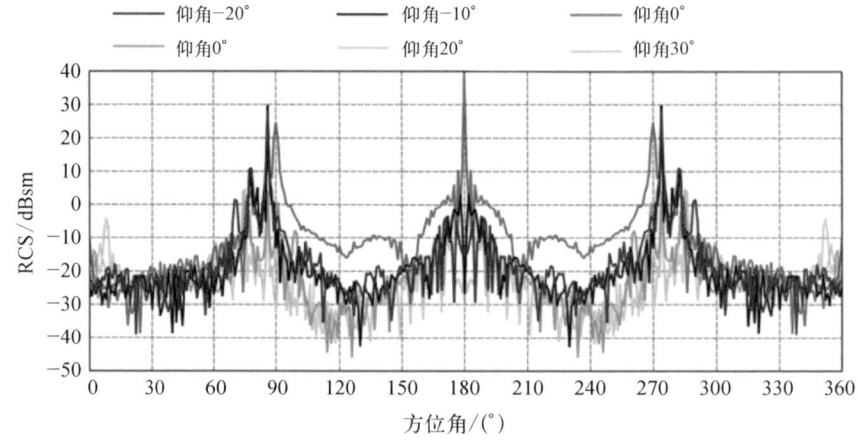

图 9.12 翼身融合体重点角域散射特性

9.4.3 翼身组合体散射特性

图 9.13 给出了典型翼身组合体外形在平视照射下(仰角为 0°),方位角 0°~360°范围内的 RCS 值。雷达波平视照射时飞行器回波有 10 个波峰,均由镜面反射所致。翼身组合体头部 RCS 值为 −22.18 dBsm,主翼前缘镜面反射 RCS 值为 7.48 dBsm,边条翼前缘法向镜面反射 RCS 值为 19.51 dBsm,机身头部圆锥段法向镜面反射 RCS 值为 2.54 dBsm。机翼翼尖边缘、激波针柱面法向、垂尾的镜面反射产生的 RCS 值为 23.19 dBsm,尾部端面镜面反射 RCS 值为 36.52 dBsm。在飞行器前向 0°~60°重点角域内平均 RCS 值为 −24.70 dBsm,方位角 0°~30°内平均 RCS 值为 −25.97 dBsm。可以看出,平视状态下翼身组合体在前向重点角域具有较好的雷达隐身性能。

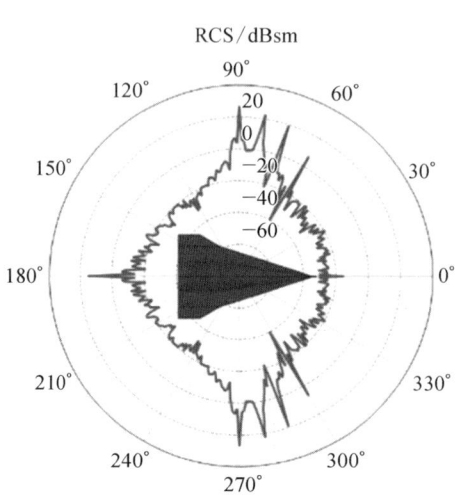

图 9.13 翼身组合体平视散射特性

图 9.14 给出了翼身组合体重点角域的散射特性。在方位角 82°附近,入射波仰视照射的 RCS 小于平视状态,而俯视下的 RCS 大于平视状态。这是由于该

方位角为机身头部锥面的法向,在仰视状态下机翼与机身构成遮挡关系;而俯视状态下入射波在该方向仍然形成镜面反射,且增加了机翼上表面的反射,因此,在该方位角下仰视 RCS 更低。

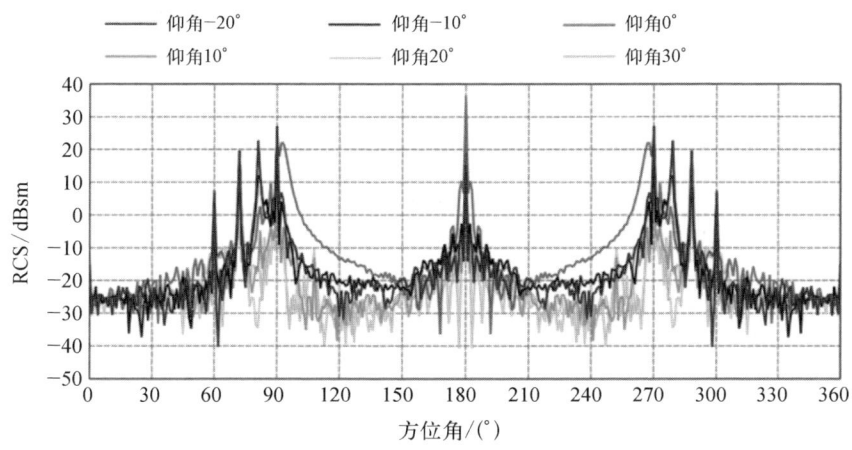

图 9.14　翼身组合体重点角域散射特性

在翼身组合体前向 0°~60°角域内,雷达波以仰角 −20°、−10°、−0°、10°、20°、30°入射时,平均 RCS 值分别为 −24.85 dBsm、−24.79 dBsm、−24.70 dBsm、−24.62 dBsm、−24.55 dBsm、−24.49 dBsm。可以看出,在前向 0°~60°角域内平均 RCS 随仰角的增大略微降低,该翼身组合体具有几乎相同的俯视和仰视对抗能力。

9.4.4　菱形多面体散射特性

图 9.15 给出了典型菱形多面体飞行器外形在平视照射下(仰角为 0°),方位角 0°~360°内的 RCS 值。从图中可以看出,全方位角范围内共有 8 个波峰,其中头部波峰最窄最低,头部球面的镜面反射 RCS 值为 −17.04 dBsm,水平舵面前缘镜面反射回波 RCS 值为 3.15 dBsm,头部类菱锥前缘法向镜面回波 RCS 值为 8.89 dBsm,主机身前缘法向 RCS 值为 9.26 dBsm,被合并于垂直舵面的法向镜

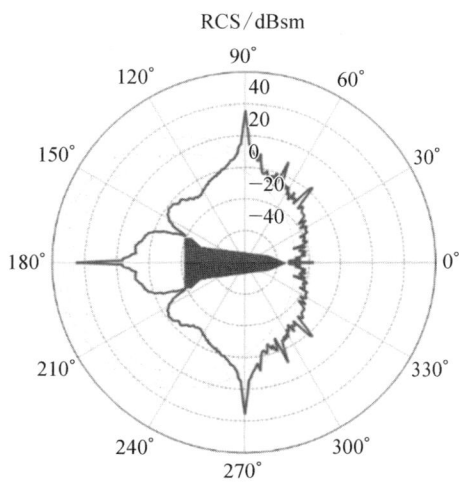

图 9.15　菱形多面体飞行器平视散射特性

面反射回波中,垂直舵面镜面反射 RCS 值为 35.79 dBsm,尾端面的镜面反射 RCS 值为 45.52 dBsm。在飞行器前向 0°~60°重点方位角域内平均 RCS 值为 -23.73 dBsm,0°~30°重点方位角域内平均 RCS 值为 -23.37 dBsm,故菱形多面体飞行器在平视照射下前向重点角域的隐身性能较好。值得注意的是,由于平板之间反射回波耦合强烈,在飞行器平板表面法向附近的区域散射较强且覆盖角域较宽,如尾端面和侧面角域。

图 9.16 是菱形多面体重点角域的散射特性。从图中看到,入射波以仰角 0°(图中红色线)入射时 RCS 在多数方位角域大于其他仰角照射状态,这是因为回波在平板的副瓣衰减快。机身尾部和侧面的镜面反射波峰在仰角 0°时远高于其他仰角状态。在水平舵面前缘法向 RCS 随仰角变化较小,头部类菱锥体前缘法向 RCS 与之类似,前者随仰角的增大先减小后增大,后者随仰角的增大而减小。图中还可以看到,在前向 0°~30°角域内全机 RCS 较低,仰角为 0°、10°、20°、30°时平均 RCS 值分别为 -27.38 dBsm、-27.42 dBsm、-27.44 dBsm、-27.45 dBsm。由此看到,在前向 0°~30°角域内平均 RCS 随仰角的增大略微降低。

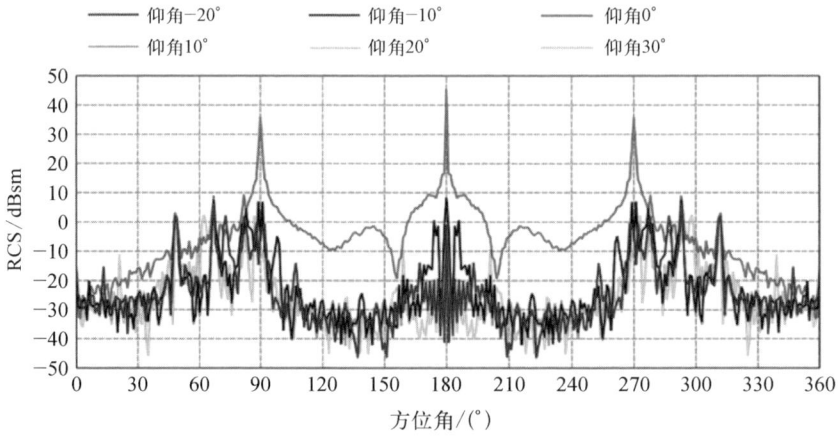

图 9.16 菱形多面体重点角域散射特性

9.4.5 乘波体散射特性

图 9.17 给出了乘波体飞行器在平视状态下(仰角为 0°)的散射特性。可以看到飞行器的全向 RCS 曲线近似为鳐鱼形,存在 4 个波峰,前向 0°方位角处 RCS 值为 -17.85 dBsm、前缘法向 RCS 值为 13.68 dBsm、尾部端面 RCS 值为 41.66 dBsm。全部 4 个波峰高而窄,影响范围极为有限,这主要是由于飞行器前缘

钝化半径较小、机身扁平,前缘散射回波小,且机身与边缘的雷达散射耦合作用小。在前向 0°~60°方位角内平均 RCS 值为-28.12 dBsm,前向 0°~30°重要方位角域平均 RCS 值为-29.28 dBsm,对应散射截面积为 0.001 9 m²,隐身性能高。此外,飞行器的 RCS 在方位角 174°存在值为-23.96 dBsm 的小波峰,我们将机身长度、波长代入公式 $\varphi = 49\sqrt{\lambda/L}$,可得机身行波出现在方位角 176°处,因而判定该波峰并非机身行波,而是尾部端面镜面散射的副瓣。

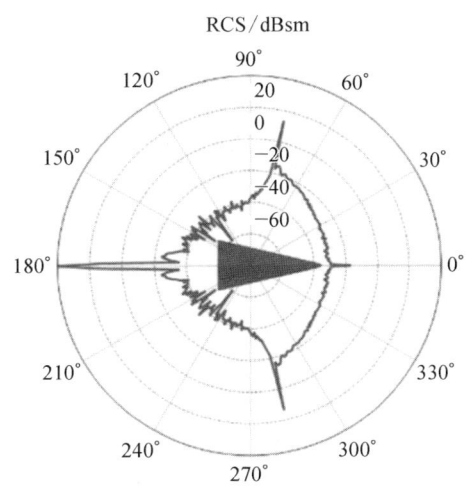

图 9.17　乘波体平视散射特性

图 9.18 是该乘波体外形重点角域的散色特性。在方位角 77°(或 283°)处,波峰随仰角的增大其影响范围向飞行器前向扩展,随俯角(负仰角)的增大影响范围向飞行器尾部扩展。在尾端面附近的方位角(180°±30°)范围内,雷达波以相同仰角入射时,其散射特性曲线几乎重叠。从图 9.18 还可以看到,在方位角 30°~60°前向重点角域内,不同仰角散射特性几乎一致,故下面仅比较方位角 0°~30°角域的 RCS 平均值。在方位角 0°~30°角域,仰角-20°、-10°、0°、10°、20°、30°时的平均 RCS 值分别为-29.296 dBsm、-29.285 dBsm、-29.278 dBsm、-29.339 dBsm、-29.385 dBsm、-29.427 dBsm。该方位角域内平视状态(仰角为

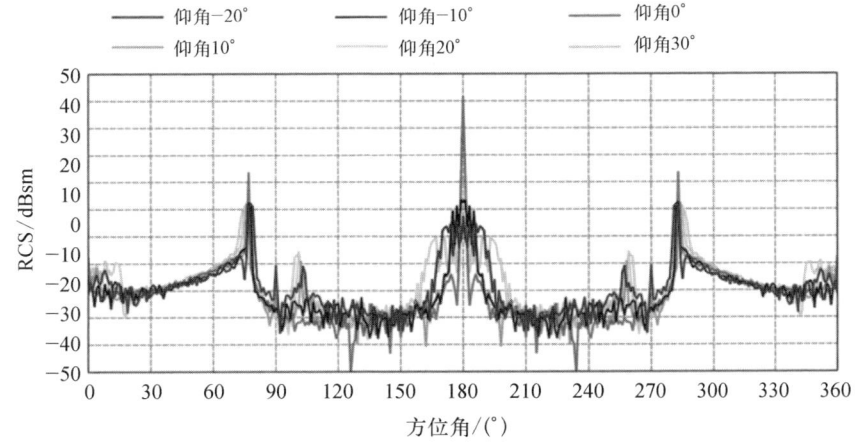

图 9.18　乘波体重点角域散射特性

0°)的平均 RCS 值最大,仰角远离平视越多,RCS 降低越多,但整体变化量较小。由此可见,在前向重点角域内,该乘波体外形具有几乎相等的俯视和仰视对抗能力,且隐身性能良好。

9.5 乘波构型隐身外形设计

9.5.1 考虑隐身的乘波构型设计

给定尺寸约束为飞行器长 6 m、翼展 4 m 以内,设计工况为马赫数为 15、飞行高度 H = 45 km,考虑设计一款内部装载空间较大(有效容积为 1 m³)、兼顾雷达隐身性能、具有乘波特性的高超声速高升阻比气动构型。

首先,采用第 2 章所述的锥导乘波体设计理论获得指定设计工况、满足尺寸约束的乘波下表面。由于该方法生成的乘波下表面与水平面夹角较大,不利于飞行器隐身,故将这一理论乘波面沿俯仰方向旋转一定角度来减小与水平面的夹角,从而提高飞行器对抗地面雷达的能力。其次,采用下单翼的翼身组合体布局,使机翼对机身形成遮挡,从而有效地降低雷达入射波仰视照射飞行器产生的 RCS。其中,飞行器上表面的设计主要考虑机身内部有效容积、头部减阻等因素。再次,采用倾斜翼梢小翼,在保证较高升阻比的同时提高飞行器的航向静稳定性。此外,飞行器小翼前缘与机翼前缘采用隐身平行设计原则(翼梢小翼与机翼后掠角保持一致),以合并小翼前缘与机翼前缘所产生的 RCS,进而降低全机 RCS。对于俯仰和滚转操纵,在飞行器主翼后端设计一组水平后缘舵,该舵面既不明显地增加飞行器的前向 RCS,还可以充当升力面,有利于提高升阻比。对于横航向操稳,采用大后掠单垂尾布置及后缘方向舵设计。大后掠垂尾可显著地增加航向静稳定性(或减小垂尾面积);后缘方向舵既可增加航向操纵性,也有利于降低飞行器前向 RCS。最终设计的飞行器外形及主要尺寸参数如图 9.19 所示,机身内部有效容积大于 1 m³,满足大装填需求。

采用 CFD 数值模拟方法对所设计的高超声速乘波构型进行气动性能及流场特性分析,来流马赫数为 15,高度 H = 45 km,结果显示该飞行器气动性能较好,在设计马赫数下最大升阻比达 4.30。关于该飞行器的气动特性及操稳特性的分析见本书 10.4.2 节,下面对其隐身性能进行计算分析。

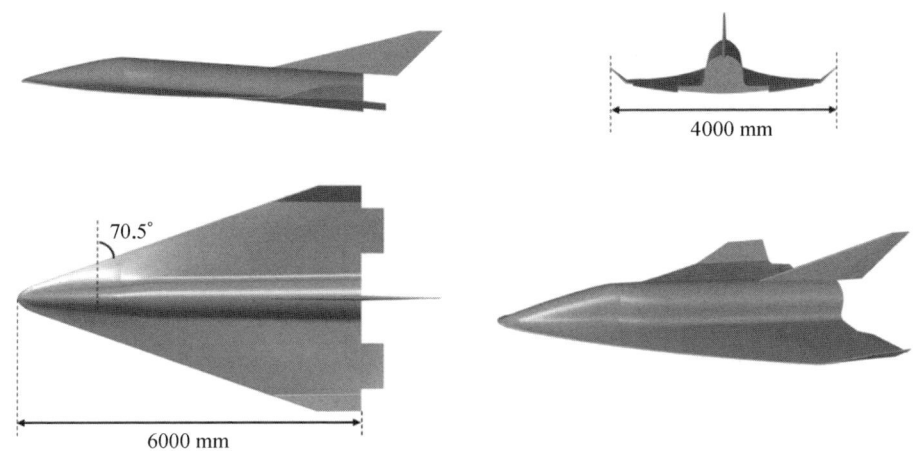

图 9.19　考虑隐身的高超声速乘波构型几何外形

9.5.2　乘波构型隐身性能评估

采用物理光学法对所设计的乘波构型进行 RCS 计算,评估其隐身性能。计算角域范围:仰角 $-30°\sim40°$,步长为 $10°$;方位角为 $0°\sim180°$($180°\sim360°$ 数据可由 $0°\sim180°$ 对称得到),步长为 $1°$。极化方式选用垂直极化,即电场方向与雷达波入射平面垂直。计算时采用的雷达波频段:S 波段计算频率取 3 GHz、C 波段计算频率取 6 GHz、X 波段计算频率取 10 GHz。表面网格边长控制在 X 波段中心频率对应波长的 1/6 以内。

图 9.20 给出了飞行器在不同入射波频段、不同仰角下的 RCS 值随方位角的变化曲线。由图可知,在不同频段乘波构型的 RCS 曲线趋势基本一致:侧向的 RCS 值较大,后向次之,前向较低。当俯视照射($\theta = -30°\sim -10°$)和水平照射($\theta = 0°$)时,飞行器侧面 RCS 波峰较大,均超过 20 dBsm。这是由于在这些状态下,雷达波直接照射机身表面产生了强镜面反射回波。当雷达波水平照射时,由于底面为平面,恰好与入射波垂直形成镜面反射,故飞行器后向 RCS 突增,大于侧向机身反射的 RCS 波峰。气动构型设计时采用了低目标特性的平行设计原则整合了小翼前缘与乘波构型前缘的波峰,因此,可见飞行器前向仅在机翼前缘法向产生一个较强的波峰。此外,采用的大后掠角设计使该波峰偏离了前向重点角域。当雷达波从下向上仰视($\theta = 0°\sim40°$)照射时,由于下翼面组合体构型使机翼对机身形成遮挡,光滑的乘波下表面产生较弱的镜面反射回波副瓣波峰替代了较强的机身反射回波。由此可见,采用的气动布局形式及小翼前缘与乘波面前缘的平行设计可有效地降低飞行器的 RCS。

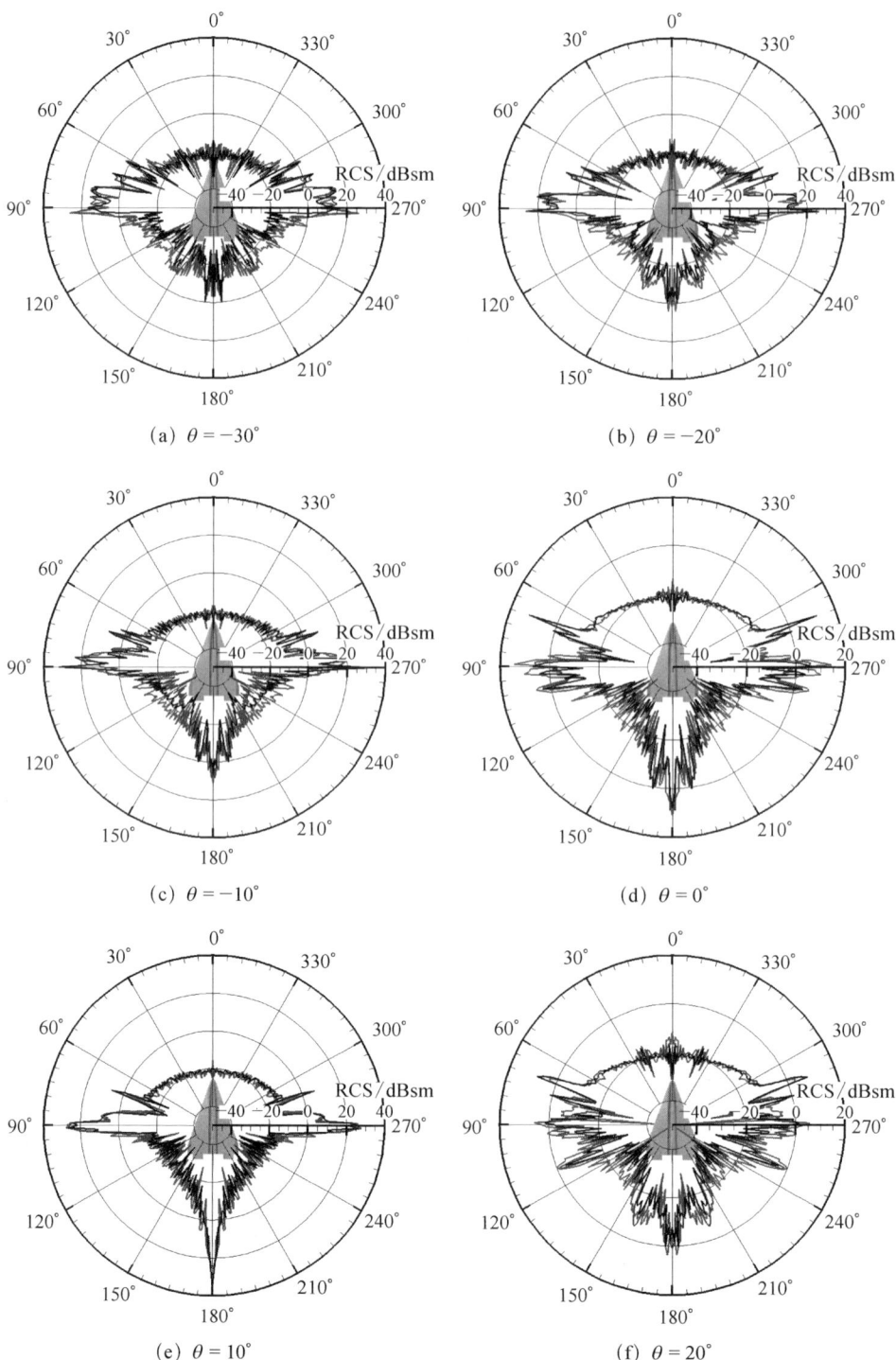

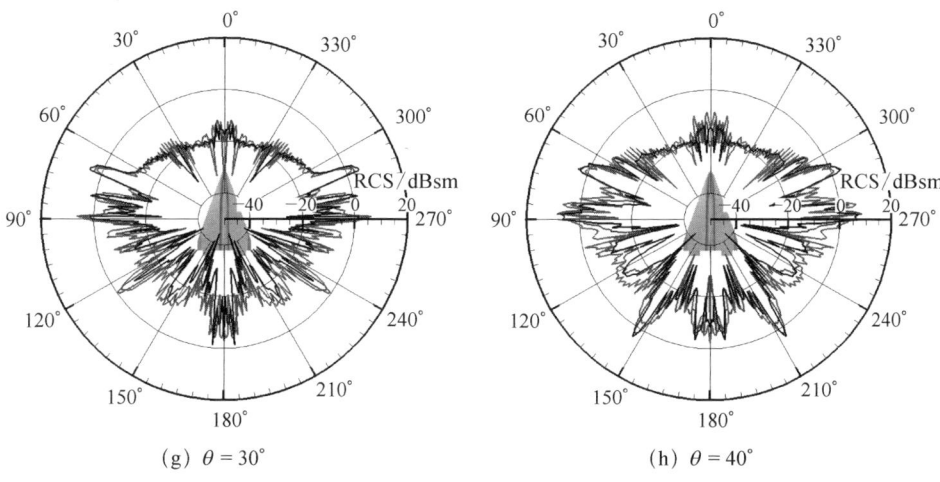

(g) $\theta = 30°$ (h) $\theta = 40°$

图 9.20　飞行器极坐标下的 RCS 曲线(红色：S 波段,蓝色：C 波段,黑色：X 波段)

乘波构型前向角域 RCS 最大值和均值,以及侧向 RCS 均值、后向 RCS 均值统计如表 9.2~表 9.4 所示。从表中数据可以看出,在不同仰角下所设计的飞行器构型前向 RCS 均值维持在 -16.5~-20 dBsm。在前向角域内当仰角增大到 30°、40°时 RCS 有所增大,导致隐身性能下降。这意味着飞行器在距雷达站位置较近时容易被探测到,这时应该降低飞行高度以减小雷达波入射仰角。在侧向、后向的角域内 RCS 具有频域特性,可以分析得出在这一角域 X 波段下的隐身性能优于 C 波段和 S 波段。

表 9.2　S 波段 3 GHz RCS 统计表　　　　　　　　　　（单位：dBsm）

仰角/(°)	前向最大值	前向均值	侧向均值	后向均值
-30	-5.990	-18.504	-2.876	-14.551
-20	-9.403	-19.587	-4.041	-14.644
-10	-10.336	-19.403	-4.911	-14.308
0	-14.056	-19.299	-9.050	-13.194
10	-14.519	-18.968	-9.359	-17.901
20	-11.594	-18.362	-9.216	-17.309
30	-12.355	-17.625	-10.480	-13.929
40	-7.244	-16.768	-6.000	-11.080

表 9.3　C 波段 6 GHz RCS 统计表　　　　　　　　（单位：dBsm）

仰角/(°)	前向最大值	前向均值	侧向均值	后向均值
-30	-7.271	-18.456	-4.403	-18.904
-20	-10.972	-19.584	-6.813	-18.144
-10	-13.978	-19.641	-10.925	-18.014
0	-12.533	-18.934	-9.592	-14.768
10	-12.584	-18.130	-12.904	-20.260
20	-12.581	-18.047	-12.197	-20.468
30	-11.562	-17.997	-12.514	-17.895
40	-5.769	-16.897	-9.456	-14.411

表 9.4　X 波段 10 GHz RCS 统计表　　　　　　　（单位：dBsm）

仰角/(°)	前向最大值	前向均值	侧向均值	后向均值
-30	-6.954	-19.787	-7.869	-22.081
-20	-13.452	-19.352	-10.263	-19.965
-10	-11.296	-19.291	-8.091	-18.765
0	-13.447	-18.753	-11.227	-16.091
10	-13.066	-18.727	-15.075	-22.341
20	-13.213	-18.742	-15.075	-23.204
30	-12.141	-17.963	-16.583	-24.062
40	-6.548	-17.061	-13.589	-16.459

9.6　本章小结

兼顾隐身性能已成为高超声速飞行器气动设计的重要发展趋势。本章介绍了高超声速雷达隐身技术研究进展，对五类典型高超声速气动布局的 RCS 进行了初步评估，并结合应用需求，设计了一种兼顾隐身和气动性能的高超声速乘波构型。本章主要结论如下：

（1）五种典型高超声速气动布局的 RCS 极坐标图都呈现出头部 RCS 较小、侧面机翼位置和后部端面 RCS 较大的特征。旋成体、翼身融合体、翼身组合体、菱形多面体构型的侧向 RCS 较大且影响角域较宽；当平视照射时，翼身融合体和菱形多面体后端 RCS 有着较明显的镜面反射副瓣波峰。

（2）高超声速飞行器一般具有大后掠机翼、扁平机身的外形特征，前缘钝化半径是影响前向 RCS 的重要因素。当前缘钝化半径较小时，飞行器具备较好的前向雷达隐身能力。

（3）将锥导乘波体设计理论与隐身外形设计原理相结合，采用下单翼翼身组合加增升增稳的小翼布局方式，得到一种同时兼顾气动与隐身性能的高超声速乘波构型。该构型在保证较高的气动性能的同时，在 S、C、X 波段的重点角域内均具有较强的雷达隐身能力。

参考文献

[1] 王俊伟，刘都群，张灿. 2021 年国外高超声速领域发展综述[J]. 战术导弹技术，2022(1)：29-37.

[2] 闫晓婧，杨涛，药红红. 国外第六代战斗机概念方案与关键技术[J]. 航空科学技术，2018，29(4)：18-26.

[3] 桑建华. 飞行器隐身技术[M]. 北京：航空工业出版社，2013.

[4] 刘源，焦金龙，王晨，等. FEKO 仿真原理与工程应用[M]. 北京：机械工业出版社，2017.

[5] Engheta N, Murphy W D. The fast multipole method (FMM) for electromatic scattering problems[J]. IEEE Transactions on Antennas and Propagation, 1922, 40(6)：634-641.

[6] Song J, Lu C C, Chew W C. Multilevel fast multipole algorithm for electromatic scattering by large complex objects[J]. IEEE Transactions on Antennas and Propagation, 1997, 45(10)：1488-1493.

[7] 艾俊强，陈如山，陈晓盼，等. 电磁计算方法研究进展综述[J]. 电波科学学报，2020，35(1)：13-25.

[8] 刘海红. 物理光学法在雷达散射场计算中的应用[J]. 中国高新技术企业，2008(18)：67-69.

[9] 肖一凡. 基于物理光学法的等离子体鞘套包覆目标散射特性研究[D]. 西安：西安电子科技大学，2019.

[10] 常雨，陈伟芳，曾学军，等. 再入钝锥体绕流流场电磁散射特性分析[J]. 宇航学报，2008(3)：962-965，1007.

[11] 曾啸风. 再入飞行物及等离子体鞘套的建模与散射分析[D]. 成都：电子科技大学，2018.

[12] 赵泽康. 高超声速目标在等离子体湍流中电磁散射特性研究[D]. 西安：西安电子科技大学，2020.

[13] 成丹,郑宏兴.等离子体隐身翼面的电磁散射特性研究[J].天津职业技术师范大学学报,2012,22(4):5-8.
[14] 任弋.等离子体鞘套中高超声速飞行器电磁散射特性研究[D].西安:西安电子科技大学,2020.
[15] 张艳艳.等离子体包覆目标电磁散射特性研究[D].西安:西安电子科技大学,2019.
[16] 陈伟.等离子鞘套的电磁波传播与散射关键问题研究[D].西安:西安电子科技大学,2018.
[17] 江志国.高超声速巡航飞行器雷达散射及操稳特性研究[D].西安:西北工业大学,2007.
[18] 陶烨.高超声速滑翔飞行器低可探测性外形和弹道设计方法研究[D].长沙:国防科技大学,2017.
[19] 刘衍旭,陈树生,冯聪,等.高超声速滑翔飞行器锐边化气动隐身一体化设计[J].航空学报,2023,44(16):128093.
[20] 薛普,杨依峰,王锁柱,等.多平面升力体外形设计与气动/隐身性能研究[J].导弹与航天运载技术,2019(5):27-32.
[21] 车竞,唐硕.高超声速飞行器雷达散射截面分析[J].宇航学报,2007(1):227-232.
[22] 耿方志,吕丹,夏冬玉,等.不同形状弹头的导弹目标雷达散射截面的计算[J].航天电子对抗,2006(1):21-23.
[23] 夏新仁,尹成友.弹头形状对导弹RCS影响的分析[J].雷达科学与技术,2008(2):102-107.
[24] 刘国富,王和平,聂璐,等.锐边高超声速再入飞行器气动隐身综合设计[J].上海航天,2016,33(2):100-105.
[25] 周文硕,夏露,王培君,等.类C-HGB布局锐边化气动隐身优化设计[J].航空学报,2021,42(S1):123-135.
[26] 于哲峰,刘佳琪,刘连元,等.临近空间高超声速飞行器RCS特性研究[J].宇航学报,2014,35(6):713-719.
[27] 马平,韩一平,张宁,等.高超声速类HTV2模型全目标电磁散射特性实验研究[J].物理学报,2022,71(8):85-95.
[28] 唐伟,冯毅,杨肖峰,等.非惯性弹道飞行器气动布局设计实践[J].气体物理,2017,2(1):1-12.

第 10 章
乘波构型工程设计

尽管乘波体理论经历了数十年发展,且乘波构型通常具备高升阻比优势,对于执行高超声速飞行任务展现出良好的应用前景。然而理论乘波体和乘波构型仍然难以直接应用于工程实际,其原因包括且不限于:具有尖锐前缘的理论乘波构型与高超声速飞行所需的热防护要求相矛盾;理论乘波构型难以同时兼顾工程实际要求的内部装填与外包络限制;理论乘波构型不含操纵面,难以满足实际飞行中的操控要求;理论乘波构型通常基于无黏流假设进行设计,在实际有黏流动中气动性能存在明显损失。鉴于此,本章针对乘波构型工程应用中面临的几类典型问题,探讨修型设计方法,分析修型方式和具体参数对气动性能的影响规律,为乘波构型的工程化应用提供参考。

10.1 引言

当乘波构型应用于工程时,需要综合考虑气动、动力、操稳、防热、内部装填、隐身等多专业的需求,还要兼顾气动/推进、气动/控制、气动/结构等学科间的耦合影响,有必要发展与之相适应的乘波构型工程设计方法,主要包括:乘波构型热防护设计、乘波构型的扩容设计、乘波构型几何约束设计、乘波构型操纵面设计、乘波构型隐身设计、乘波前体/进气道一体化构型的边界层黏性修正等,如图 10.1 所示。其中,乘波构型的扩容积设计见 6.5 节的脊型乘波构型设计;隐身设计相关内容见第 9 章。

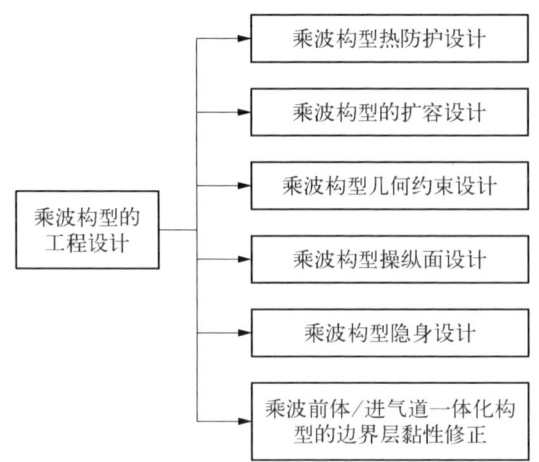

图 10.1 乘波构型的工程设计分类

10.2 乘波构型热防护设计

10.2.1 高速飞行热环境

在大气层内高超声速飞行时,飞行器机体周围空气通过激波压缩和黏性阻滞作用,流动速度骤然降低。大部分空气的动能转化为内能,使飞行器经历高温、高压和高焓的严酷气动热环境。高超声速飞行器机身大面积区域温度高达 $800 \sim 2\,000$°C,局部驻点温度超过 $2\,500$°C,远超现有结构材料的承受极限。图 10.2 给出了飞行器在海拔 52 km 处正激波后温度随马赫数变化趋势。

对于长时间处于高超声速飞行状态的乘波构型飞行器而言,表面气动加热严重且持久,飞行器迎风面和背风面存在明显的温度梯度。特别在飞行器头部、前缘和迎风面处,峰值热流和温度更是显著,这对飞行器的热结构、热匹配和热密封提出了严峻挑战[1,2]。为此,需要探索乘波构型飞行器的热防护设计方法,使其适应实际的飞行热环境。本节主要讨论前缘钝化和头部带逆向喷流激波针两种乘波构型热防护方法。

10.2.2 乘波构型的前缘钝化

理论乘波构型在设计时上、下表面共用前缘线,导致生成的前缘是尖锐的。

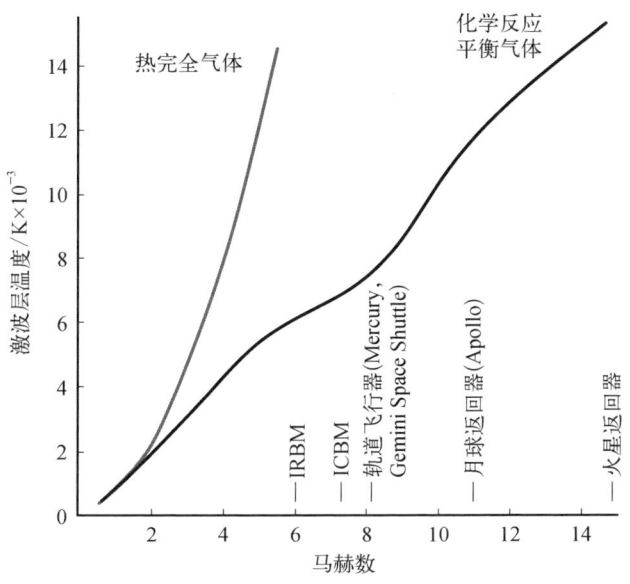

图 10.2　飞行器在海拔 52 km 处正激波后温度随马赫数变化趋势[1]

在严酷的气动热环境下,尖锐前缘易被烧蚀,并对气动外形造成破坏。前缘钝化是一种常见的热防护措施,通过在前缘附近形成脱体激波以减少局部热流率。前缘钝化通常有两种方法[3,4],即钝化曲面补足(增加容积钝化)和横截面切割(减小容积钝化),如图10.3 所示。钝化曲面补足通常是将乘波体上表面向上平移,在上、下表面之间增加圆弧过渡,这样可最大限度地保留乘波下表面,对乘波体的容积、乘波特性和流场结构影响较小。横截面切割是在前缘上、下表面夹角的平分线上取一点,并以该点为圆心做上、下表面的内切圆,根据截面形状对乘波体前缘进行保留和切除形成钝化前缘。然而,乘波体的前缘较薄,横截面切割可能会破坏乘波面外形,使构型的升阻比和容积同时减小[5]。因此,为减小前缘

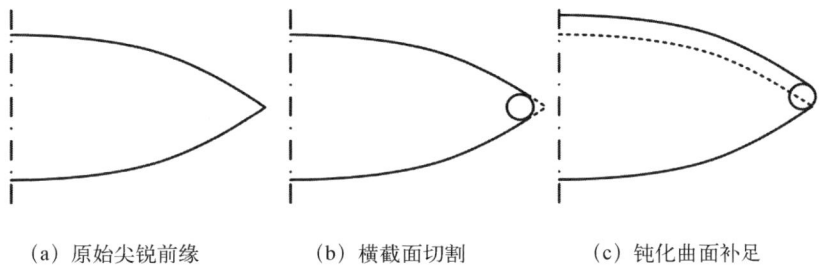

(a) 原始尖锐前缘　　　(b) 横截面切割　　　(c) 钝化曲面补足

图 10.3　乘波体前缘钝化示意图[4]

钝化对乘波体容积和气动性能的影响,首选钝化曲面补足方式进行前缘钝化。

前缘钝化的关键是钝化半径的选取,一般采用 Lees 热流密度修正公式[6]来进行工程快速估算,其公式如下:

$$q_{ws} = \frac{2.373}{\sqrt{R_N}} \times 10^{-7} \left(\frac{\gamma_\infty - 1}{\gamma_\infty}\right)^{0.25} \left(\frac{\gamma + 1}{\gamma - 1}\right)^{0.25} \rho_\infty^{0.5} V_\infty^3 \quad (10.1)$$

式中,q_{ws} 为局部热流密度;R_N 为前缘半径;$\gamma_\infty = 1.4$;γ 为实际飞行条件下的比热比;ρ_∞ 为来流密度;V_∞ 为来流速度。当给定飞行工况和热流限制后,可根据热流公式确定钝化半径[5]。

除传统的对称形钝化前缘(圆弧)外,Wang 等[7]对非对称的进气道唇口钝化前缘展开研究(图 10.4),发现相比于圆弧形钝化前缘,非对称的钝化前缘可使进气道壁面的峰值热流大大降低。

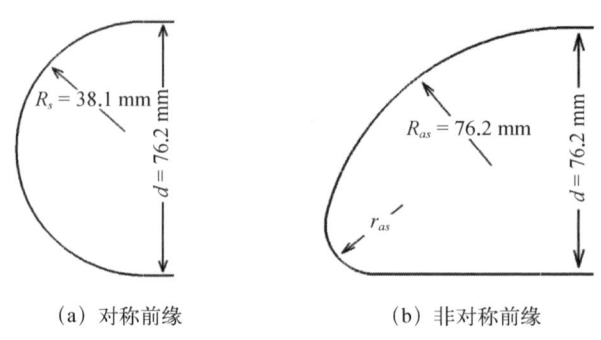

(a) 对称前缘   (b) 非对称前缘

图 10.4　钝化前缘方式[7]

陈雪冬和王发民[8]对乘波布局进行前缘钝化设计,利用数值模拟和风洞试验两种手段,研究钝化前缘乘波布局的气动特性。结果表明,在一定钝化半径内,随着钝化半径的增加,乘波构型的升力变化仅为 2%,但阻力增加近 3 倍,升阻比降低近 50%。尽管如此,前缘钝化之后的乘波布局仍维持了较高的升阻比,达到 3.0 左右。

1. 钝化半径对气动性能的影响

为探讨不同前缘钝化半径对乘波体气动性能的影响,分别对某理论锥导乘波体前缘进行 5 mm、10 mm、15 mm 和 20 mm 半径的钝化,其中钝化半径 5 mm 后的乘波体外形如图 10.5 所示。

图 10.6 给出了所设计乘波体的气动力系数随钝化半径的变化趋势。由图可知,前缘钝化使乘波体的升力系数大幅度地降低,且随着钝化半径的增加,升

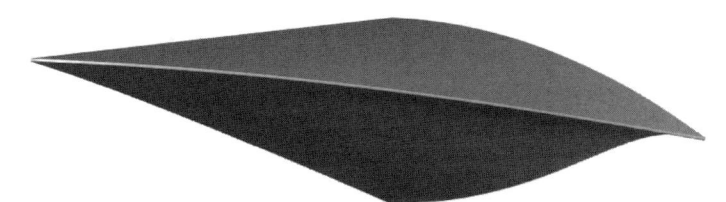

图 10.5　钝化半径 5 mm 后的乘波体外形

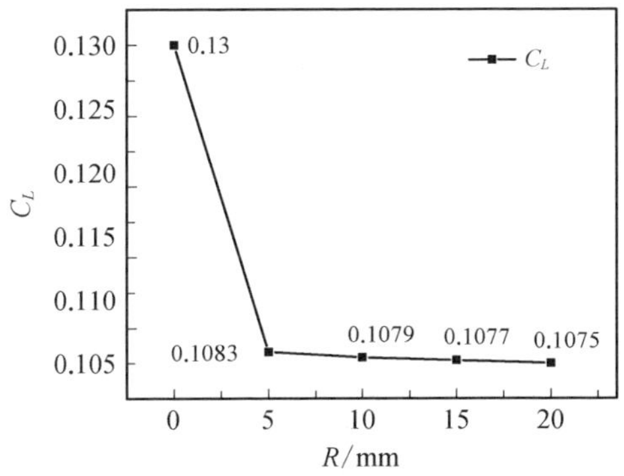

(a) 升力系数

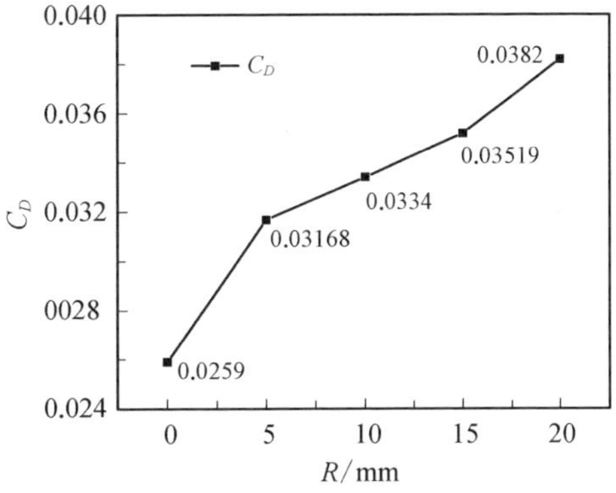

(b) 阻力系数

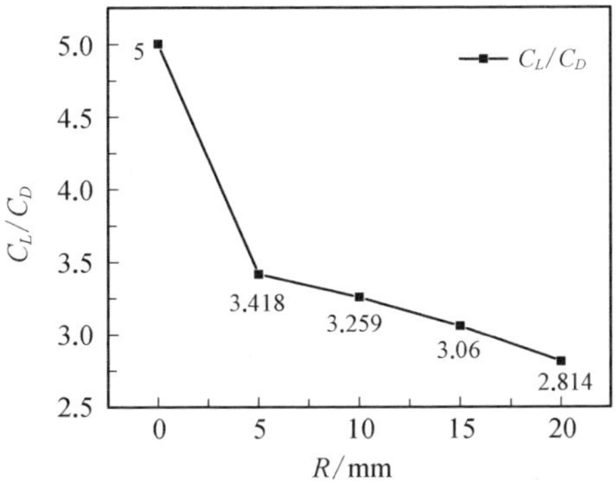

(c) 升阻比

图 10.6　所设计乘波体的气动力系数随钝化半径的变化趋势

力系数下降趋势减缓。同时,在所研究的钝化半径范围内,阻力系数随钝化半径呈线性增长趋势,导致乘波体的升阻比显著地减小,由无钝化理论外形的 5.0 下降至最终的 2.8 左右。由此可见,前缘钝化严重恶化理论乘波体的气动性能。

图 10.7 给出了尖前缘和钝化前缘乘波体的流场压力等值线分布图。由图可以看出,当乘波体的前缘未进行钝化时,高压气体几乎完全被限制在乘波体的下表面;而钝化后的乘波体头部出现弓形激波,且下表面靠近前缘线的高压气体

开始向上表面溢流,这也是前缘钝化使乘波体气动性能大幅度下降的主要原因。图 10.8 给出了四种钝化半径下乘波体前缘区域的局部放大图,由图可知,随着钝化半径增加,乘波体前缘的溢流现象越发严重。

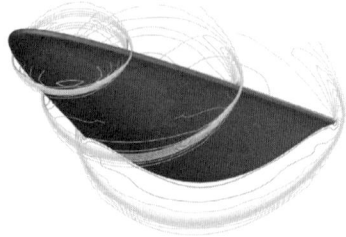

图 10.7 尖前缘(左)和钝化前缘(右)乘波体的流场压力等值线分布图

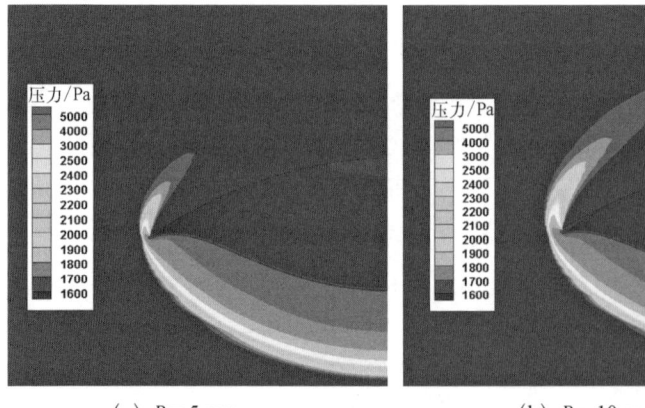

(a) $R = 5$ mm   (b) $R = 10$ mm

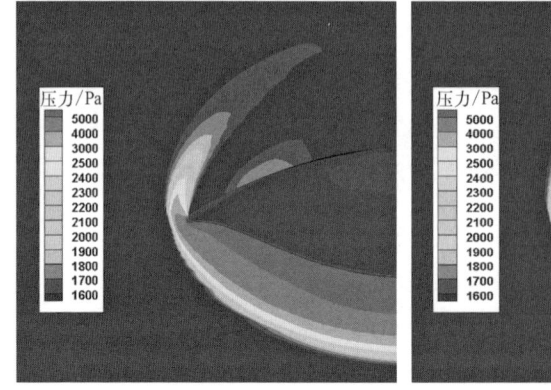
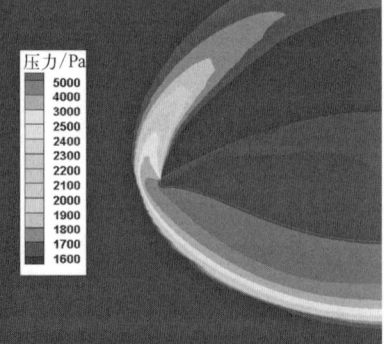

(c) $R = 15$ mm   (d) $R = 20$ mm

图 10.8 四种钝化半径下乘波体前缘区域横截面压力云图

前缘钝化虽对乘波体气动性能有直接影响,但也极大地改善了飞行器的气动热环境。图 10.9 给出了乘波体前缘线的热流分布及最大热流密度随钝化半径的变化。随着钝化半径的增大,前缘区域的热流密度逐渐降低,当钝化半径从 5 mm 增加到 20 mm 时,最大热流密度从 1 100 kW/m² 下降到 550 kW/m²,降幅达 50%。

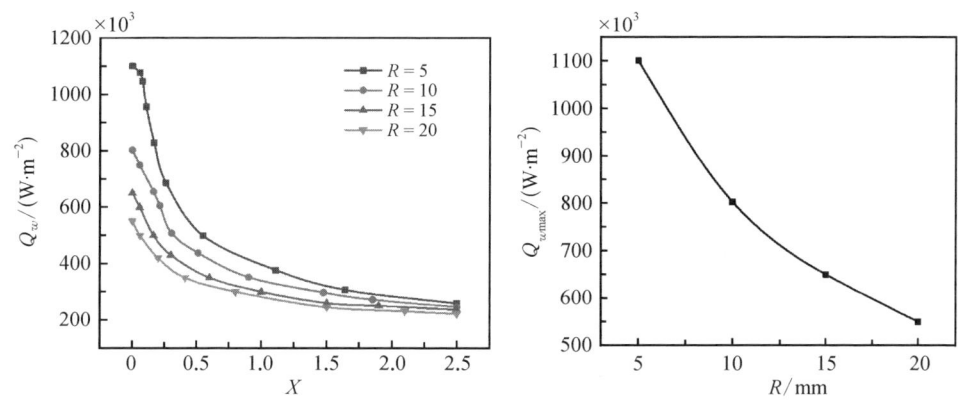

图 10.9　壁面热流分布(左)和前缘线热流峰值随钝化半径变化(右)

前缘钝化能有效地缓解理论乘波构型尖锐前缘带来的气动加热问题,但也破坏了外形的乘波特性,使其下表面的高压气体出现溢流,降低了上、下表面的压强差,从而降低了升阻比。因此,应合理选择前缘钝化半径,使其对气动特性影响不大的情况下,较好地降低前缘区的热流。

2. 钝化方式对气动性能的影响

本节探讨不同钝化方式对乘波体气动性能的影响规律。给定设计工况马赫数为 6,H = 27 km,根据尺寸约束,采用锥导乘波体设计方法生成理论乘波体的上、下表面,得到理论构型如图 10.10 所示。

在设计过程中,基准锥的半锥角为 9°,飞行器总长为 6 m,展长为 2 m。将理论构型分别通过横截面切割(减小容积)和钝化曲面补足(增大容积)方式进行前缘钝化,钝化半径为 5 mm,构型参数如表 10.1 所示。接下来,根据数值模拟的结果分析不同钝化方式对乘波体乘波特性及气动性能的影响。

图 10.11 给出了设计工况下理论构型、容积减小钝化构型和容积增大钝化构型在 x = 3 m 截面处的流场分布对比。可以看出,三种构型均有轻微的溢流,但整体乘波特性较好。其中,理论构型的溢流量最少,其次是容积增大钝化构型,而容积减小钝化构型的溢流量最多,说明采用容积增大钝化方式对乘波特性的破坏更小。

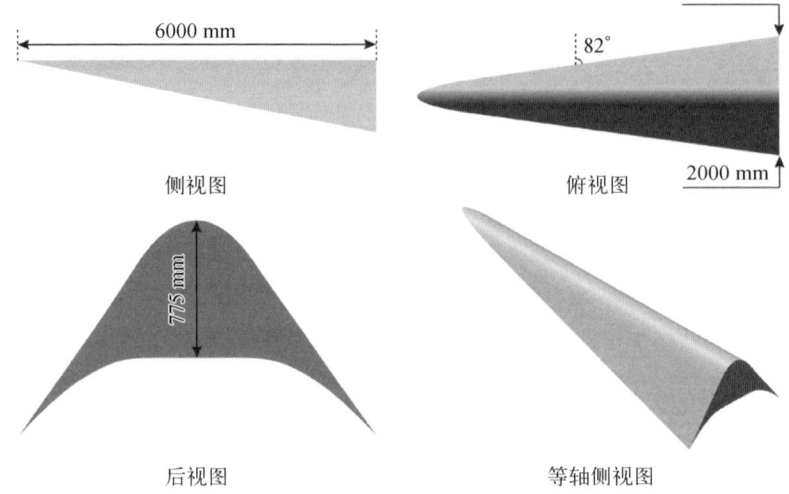

图 10.10 理论乘波构型三维模型图

表 10.1 基准外形、容积减小钝化外形和容积增大钝化外形参数

构型名称	基准锥半锥角/(°)	钝化方式	钝化半径/mm	长度/m	展长/m
理论构型	9	/	0	6	2
容积减小钝化构型	9	横截面切割	5	5.9	1.9
容积增大钝化构型	9	钝化曲面补足	5	6	2

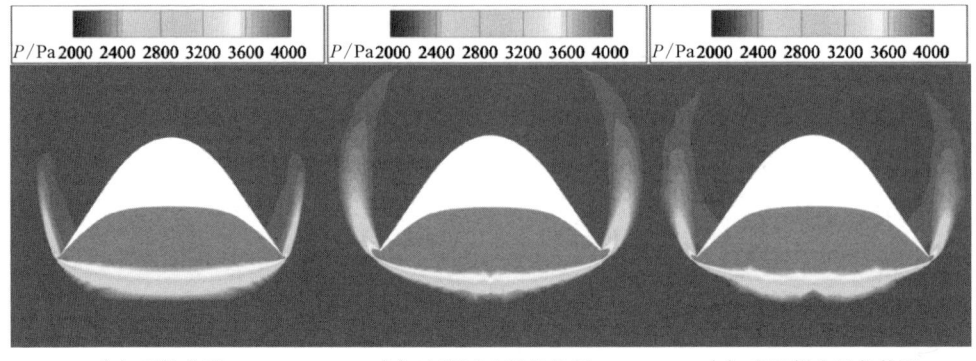

(a) 理论构型　　　　(b) 容积减小钝化构型　　　　(c) 容积增大钝化构型

图 10.11　$x = 3$ m 横截面处的压力云图

第 10 章 乘波构型工程设计　275

图 10.12 给出了设计点下基于不同钝化方式得到的乘波体构型的气动特性随迎角的变化曲线。由图可以看出,相比于理论构型,两种前缘钝化构型的升阻

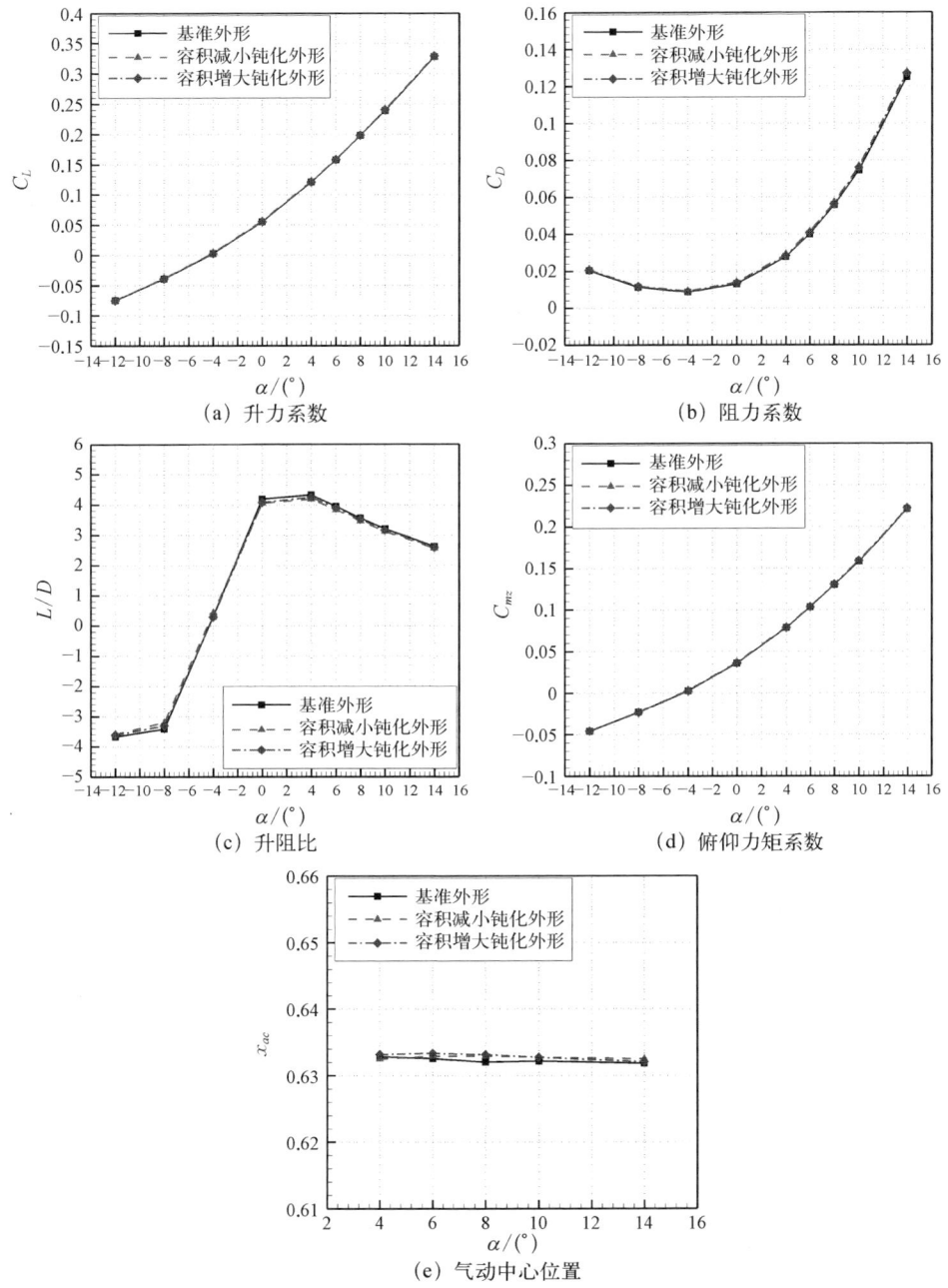

图 10.12　不同钝化方式乘波体构型的气动性能参数变化曲线

比均有所下降,且容积减小钝化构型的升阻比下降幅度更加显著,这主要是由于容积减小钝化方式对乘波特性的破坏更剧烈。

10.2.3 头部逆向喷流与激波针

前缘钝化是乘波构型的一种被动热防护技术,而在乘波构型的头部使用带逆向喷流激波针则是一类主动热防护技术。研究发现[9-14],在乘波体钝化前缘处增加逆向喷流激波针结构,不仅可以起到减阻防热的效果,还能缓解由于钝化对气动性能带来的不利影响。

1. 逆向喷流激波针一体化设计概念

逆向喷流技术可显著地改善钝头体驻点区域的热环境,基本原理是:从飞行器头部驻点向来流喷射冷却工质,将激波推离壁面,使得表面载荷降低,同时低温冷却工质也可通过热交换方式降低壁面温度。冷却工质喷出后与自由来流相互作用形成马赫盘,在喷口附近由于壁面的阻挡形成回流区,回流区内的压强较低,可大幅度地降低飞行器头部的壁面压力、改善钝头体驻点附近区域的热环境。图 10.13 给出了逆向喷流的典型流场结构示意图。

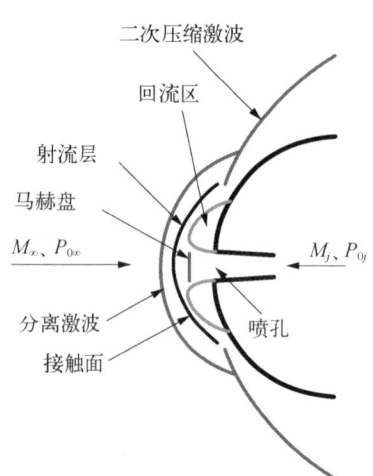

图 10.13 逆向喷流的典型流场结构示意图[14]

利用激波针来实现飞行器的减阻降热是国内外学者持续探索和研究的热点方向[15-21]。在飞行器头部驻点沿轴向安装一定长度的气动支杆(激波针),将较强的弓形激波推离物面形成斜激波,在支杆底部与飞行器头部之间形成低压回流区,可有效地降低飞行器气动阻力及壁面热流,其流场结构示意图如图 10.14 所示。

激波针本身作为尖锐前缘结构,承受着剧烈的气动加热效应,因此,极易被烧蚀。现阶段,单一的激波针结构难以满足高超声速飞行器可重复使用需求。为此,耿云飞和阎超[22]提出了一种将激波针和逆向射流结合的减阻防热方法。通过数值模拟发现,该方法可有效地降低头部热流,并进一步降低外形阻力,流场结构示意图如图 10.15 所示。张江等[23,24]通过风洞实验对马赫数为 2.5 和马赫数为 4.0 条件下带喷流的激波针钝头体的流动特性进行了研究,并采用响应面法对逆向喷流激波针进行了优化设计。此外,Morimoto 等[25]对逆向喷流激波

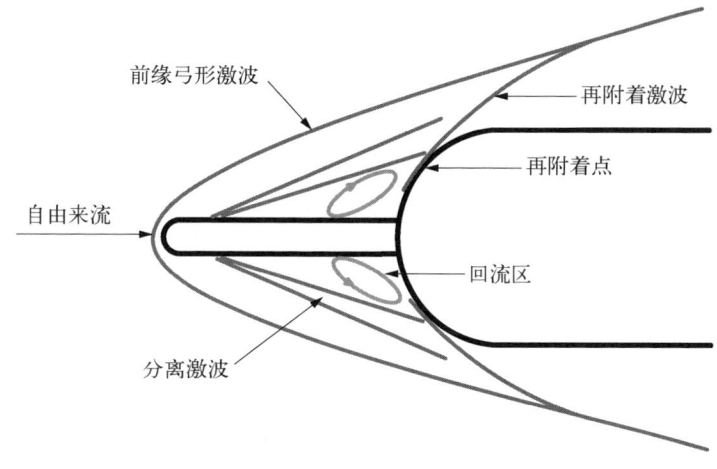

图 10.14　激波针绕流流场结构示意图[19]

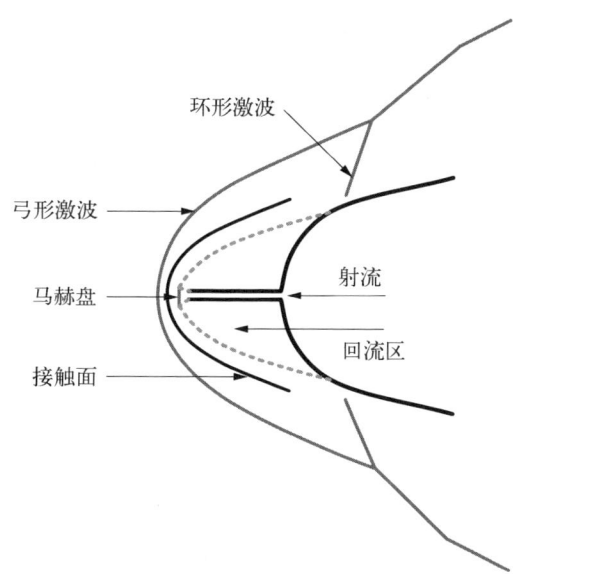

图 10.15　联合逆向喷流-激波针流场结构示意图[21]

针喷管出口的波系振荡现象进行了研究。

2. 逆向喷流激波针在钝化前缘乘波体上的应用

为缓解前缘钝化给乘波体带来的气动性能损失,同时改善乘波飞行器前缘的热环境,本节研究逆向喷流激波针对钝化乘波飞行器减阻降热效果的影响。

采用锥导乘波体生成理论乘波体外形,对该外形进行半径 $r = 10$ mm 前缘钝化,并在乘波体驻点头部增加喷流激波针,如图 10.16 所示。喷流激波针长度 L

采用无量纲方法进行度量($L/R_0 = 0.4$),喷流激波针半径 r_1 与钝化半径 r 相同,喷孔出口半径 r_0 与喷流激波针半径 r_1 之比为 0.5。

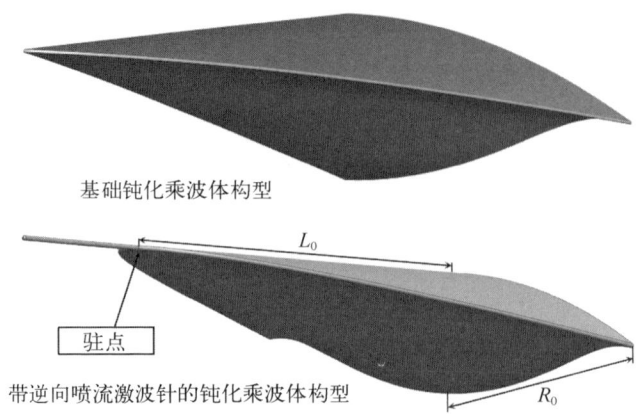

图 10.16　带逆向喷流激波针的钝化乘波体

来流条件取 $Ma_\infty = 6$,静压 $P_\infty = 1\,400.9$ Pa,静温 $T_\infty = 225.47$ K(高度 $H = 28.95$ km),壁面设置为无滑移等温壁,温度 $T_w = 300$ K。将喷孔边界条件设置为压力入口,喷流出口马赫数为 1,喷流总压与来流总压的比值 r_P 为 0.4。

图 10.17 为两种构型对称面处的压力分布及温度分布云图。由图可以看出,逆向喷流激波针将激波推离壁面,前缘头部包裹在低温低压区域内,显著地降低了前缘的受热程度。因此,喷流激波针可有效地降低壁面热流,改善头部恶劣的热环境。根据压力云图可以发现,带逆向喷流激波针的乘波构型上下表面的压力差与原构型基本一致,气动特性得以保持。

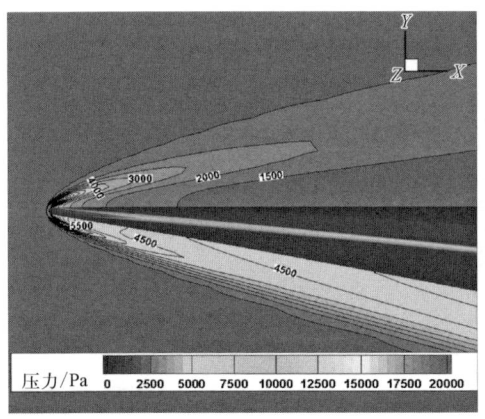 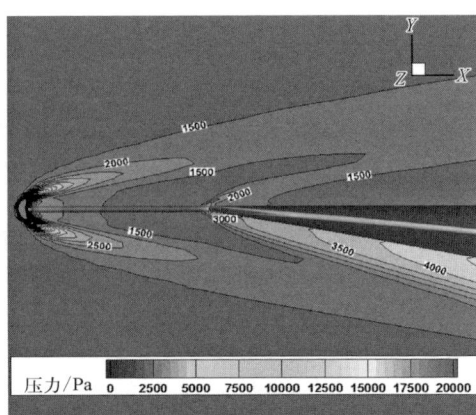

(a) 压力分布

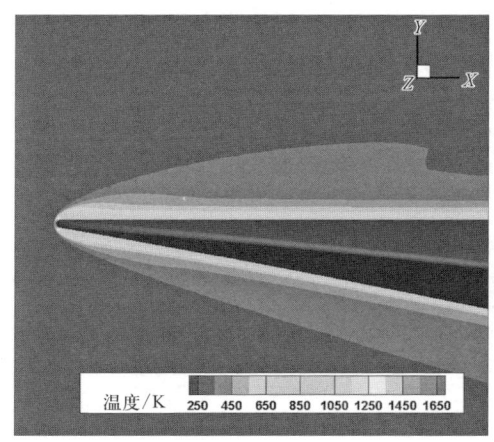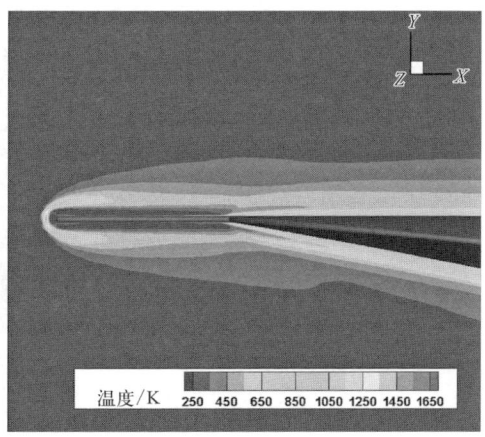

(b)温度分布

图 10.17　有无喷流激波针乘波构型对称面流场对比

图 10.18 给出了钝化前缘乘波体和增加了喷流激波针之后的乘波体前缘热流分布,从图中可以看出,增加了逆向喷流激波针后驻点区域的热流密度出现明显的降低,随后沿前缘线方向迅速升高达到最大值,但热流峰值仍小于钝化乘波体的热流峰值,之后热流密度逐渐降低,且分布与钝化乘波体基本一致。

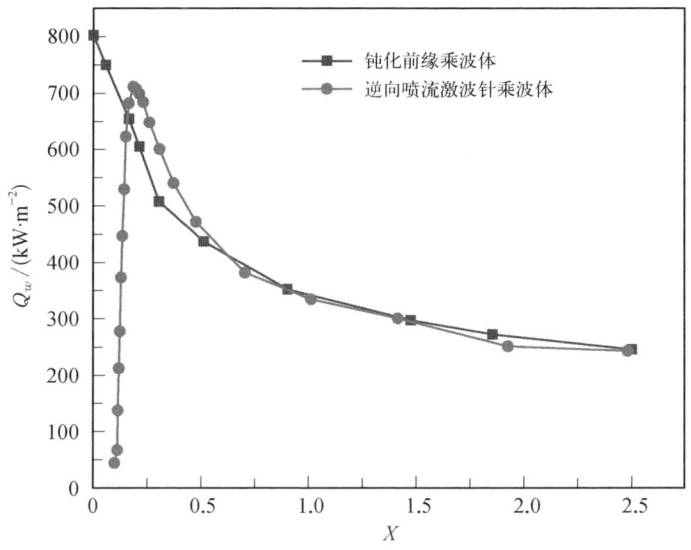

图 10.18　壁面热流分布对比

图 10.19 为二者钝化前缘的热流分布云图,由图可知,在融合了喷流激波针之后,前缘的高热区域向后推移,并且高热流的区域远小于不含激波针喷流的乘波体,热环境得到改善。

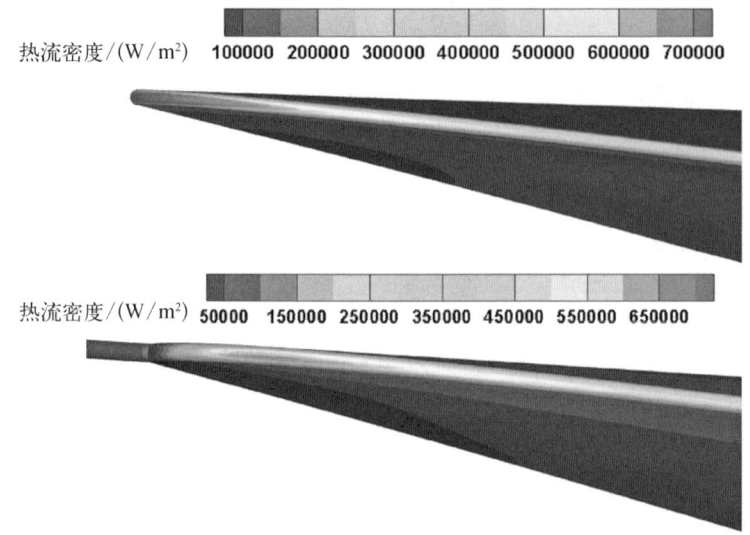

图 10.19　有无喷流激波针乘波构型前缘热流分布对比

逆向喷流激波针对钝化前缘乘波体的气动力及气动热的影响如表 10.2 所示。由表 10.2 可知,逆向喷流激波针使钝化乘波体的气动力性能得到了提升,其中升力系数变化幅度较小,仅增加了 0.1%;大幅度地减小阻力系数,降低了 9.3%;升阻比虽明显低于尖前缘理论乘波体,但与钝化前缘乘波体相比提升了 10.15%。由此可见,逆向喷流激波针对钝化乘波体气动性能的提升主要体现在减阻方面。此外,前缘的热流峰值降低了 11.33%,气动热环境得到了改善。

表 10.2　乘波体气动力/热性能参数

类　别	C_L	C_D	C_L/C_D	$Q_{w,\mathrm{Max}}$	$XQ_{w,\mathrm{Max}}$
理论乘波体	0.130 0	0.025 9	5.019	/	0
钝化乘波体	0.107 9	0.033 4	3.230	802 479	0
喷流激波针乘波体	0.108 0	0.030 3	3.558	711 532	0.184

3. 喷流压比对钝化乘波体的影响

本节讨论喷流压比 r_P 对钝化乘波体减阻降热性能的影响。r_P 分别为 0.1、0.2、0.3 和 0.4，来流马赫数 $Ma_\infty = 6$，静压 $P_\infty = 1\,400.9$ Pa，静温 $T_\infty = 225.47$ K（高度 $H = 28.95$ km），壁面设置为无滑移等温壁，温度 $T_w = 300$ K。喷流出口马赫数依然为 1。

通过上一节的分析可以发现，逆向喷流激波针对钝化乘波体的升力影响并不明显，主要体现为减小阻力。因此，本节主要关注喷流压比对乘波构型阻力系数的影响。同时，为了探究不同激波针长度下喷流压比对减阻能力的影响，设计了四种长度的激波针构型，L/R_0 为 0.4、0.6、0.8 及 1.0。图 10.20(a) 给出了不同激波针长度下的阻力系数随喷流压比的变化规律。由图可知，阻力系数随喷流压比的增加而减少，但减小的幅度会随喷流压比的增加而减弱。激波针的长度和喷流压比对阻力系数呈现相互耦合的影响，且激波针长度与阻力系数之间也呈非线性关系。当 $L/R_0 = 0.6$，$r_P = 0.4$ 时，逆向喷流激波针的减阻效果最为明显。

钝化乘波体的前缘热流峰值如图 10.20(b) 所示，热流峰值随喷流压比的增加而降低，并且也与激波针的长度呈线性关系，激波针越长前缘热流峰值越低。当无喷流激波针时，钝化前缘的热流峰值为 800 kW/m^2；当激波针长度 $L/R_0 >$ 0.4、喷流压比 $r_P > 0.2$ 时，前缘的热流峰值低于该值。

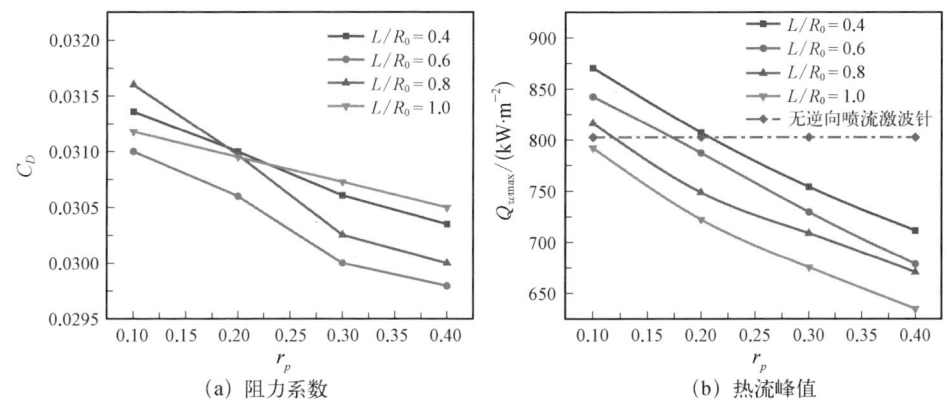

图 10.20　喷流激波针构型气动性能随喷流压比的变化

图 10.21 为 $L/R_0 = 0.4$ 时前缘的热流分布图。随着喷流压比的增加，热流峰值点沿着前缘线向后移动，热流峰值降低，高热流区域逐渐减小，整个前缘线的热流梯度变得更加平缓，热环境得到改善。

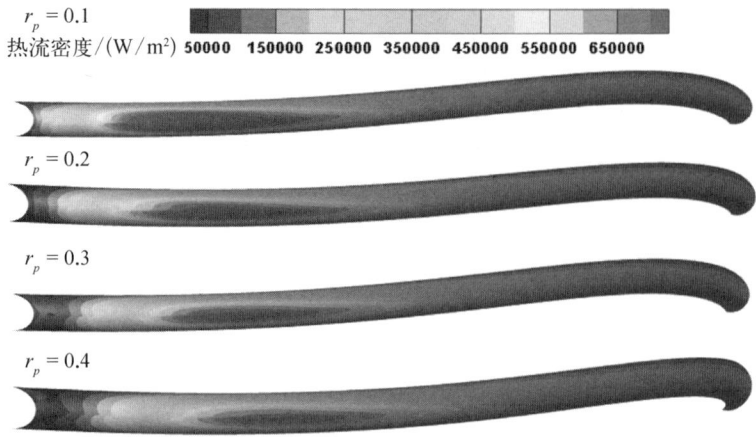

图 10.21 不同喷流压比时的前缘热流分布

4. 来流马赫数对钝化乘波体的影响

本节研究自由来流马赫数对带逆向喷流激波针的钝化乘波体的性能影响。根据等动压飞行剖面确定自由来流参数,以马赫数为 6.5,$H=30$ km 的标准大气压作为参考,喷流出口马赫数设置为 1。对来流马赫数为 4、6、8 和 10 下的带逆向喷流激波针钝化乘波体进行了数值模拟,边界条件如表 10.3 所示。

表 10.3 不同马赫数的边界条件

来流条件			喷孔入口流动参数		
Ma	P/Pa	T/K	Ma_{in}	r_P	T/K
4	3 064.58	220.36	1	0.4	300
6	1 400.90	225.47			
8	801.80	230.14			
10	533.00	237.95			

图 10.22 为不同来流马赫数下头部附近压力分布云图。随着来流马赫数的增加,逆向喷流形成的弓形激波角变大,脱体激波与壁面的距离更远,流场中受到影响的区域变大,使得乘波体前缘部分完全处在低压区内。从钝化乘波体的前缘可以看出,壁面压强随着来流马赫数的增加而降低。这是由于喷流压比不变时,随着马赫数的增加,逆向喷流的总压和静压也随之增加,喷流介质的

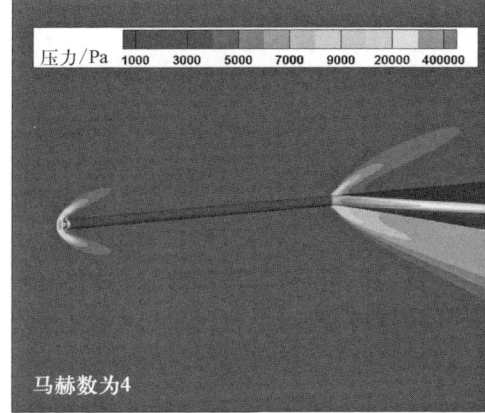
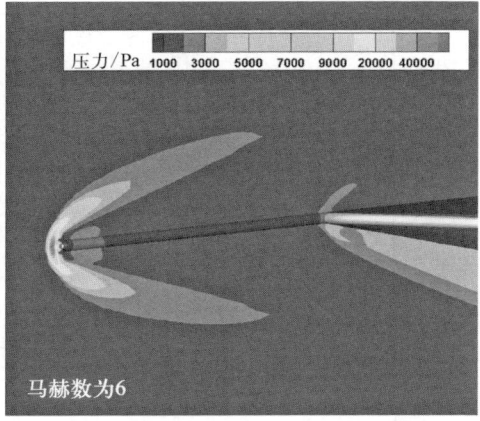
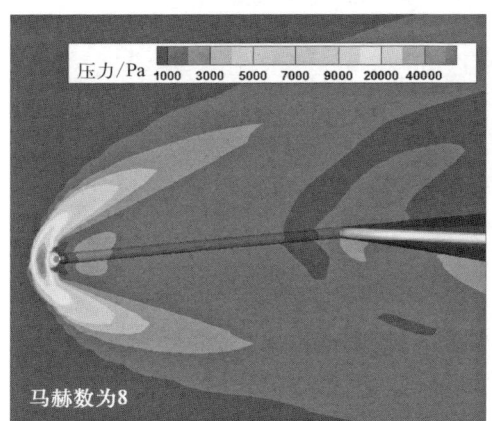
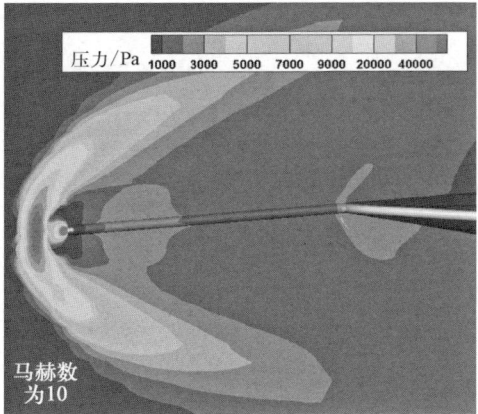

图 10.22　不同来流马赫数下头部附近压力分布云图

穿透能力增强,导致激波脱体距离变远。

图 10.23(a)为基础钝化乘波体(无逆向喷流激波针)及带逆向喷流激波针的钝化乘波体的阻力系数随马赫数的变化情况。两种布局的阻力系数均随马赫数的增加而降低,但基础钝化乘波体的阻力系数在高马赫数时下降得的并不明显,而增加了喷流激波针后的乘波体构型在马赫数较高时的阻力系数下降得更为显著。图 10.23(b)为对应马赫数下的减阻率,当马赫数为 4 时,减阻率为 5.53%;当马赫数增加到 10 时,减阻率为 36.17%。马赫数越高,逆向喷流激波针对钝化乘波体的减阻效果越明显。

图 10.24 为不同马赫数下头部附近温度分布云图。随着马赫数增加,带逆向喷流构型头部的高温区域逐渐远离壁面,流场中受影响区域逐渐扩散,产生的大面积低温区域包裹在激波针及飞行器机身头部,进而改善了驻点及激波针附

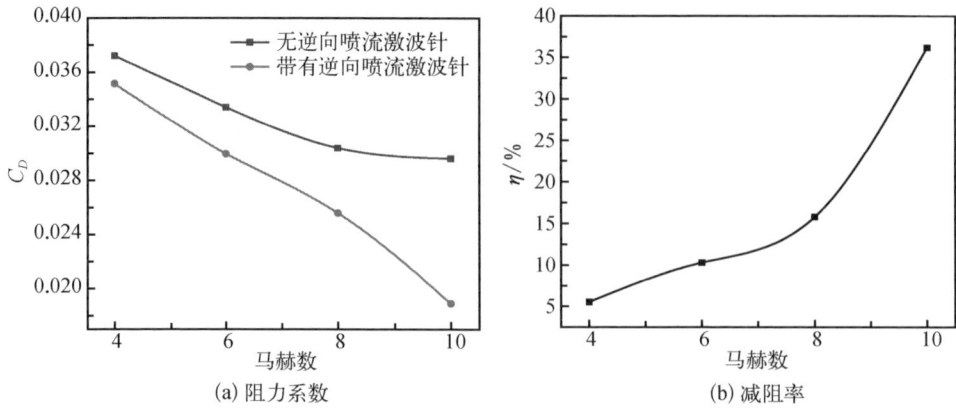

图 10.23　阻力系数随马赫数变化的关系及对应的减阻率

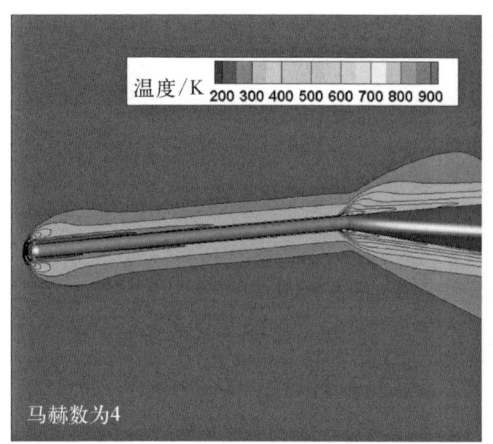
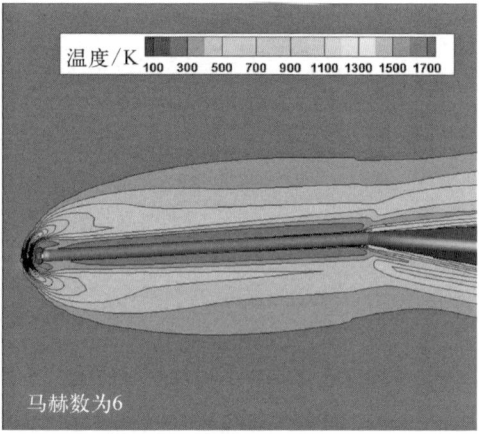

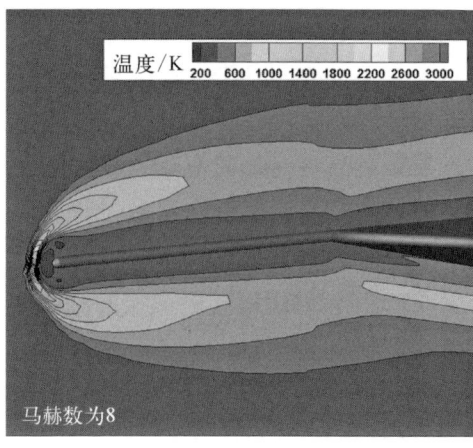
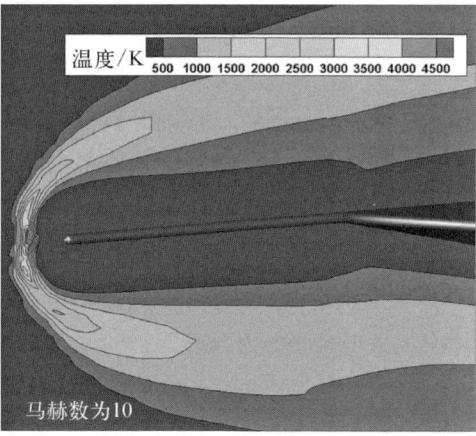

图 10.24　不同来流马赫数下头部附近温度分布云图

近的热环境。

无逆向喷流激波针的钝化乘波体和带有逆向喷流激波针的钝化乘波体的前缘线峰值热流随马赫数的变化情况如图10.25(a)所示。无逆向喷流激波针的钝化乘波体的最大热流即为驻点的热流值,该值随马赫数增大而增大。带有逆向喷流激波针的钝化乘波体前缘的最大热流值随马赫数增加呈先增加后降低的趋势,并在马赫数为8处达到最大值。这是由于当马赫数小于8时,机体头部的弓形激波与前缘线在机体后半部分产生的激波相互干扰,形成局部较高的热流;当马赫数达到10时,由于弓形激波的扩张角足够大,激波完全将机身包裹在内部,前缘线的激波干扰消失,故壁面热流也随之降低。图10.25(b)给出了带有逆向喷流激波针对钝化乘波体的降热率随马赫数的变化关系,可以看出,随着马赫数的增加,带有逆向喷流激波针的降热能力增强。

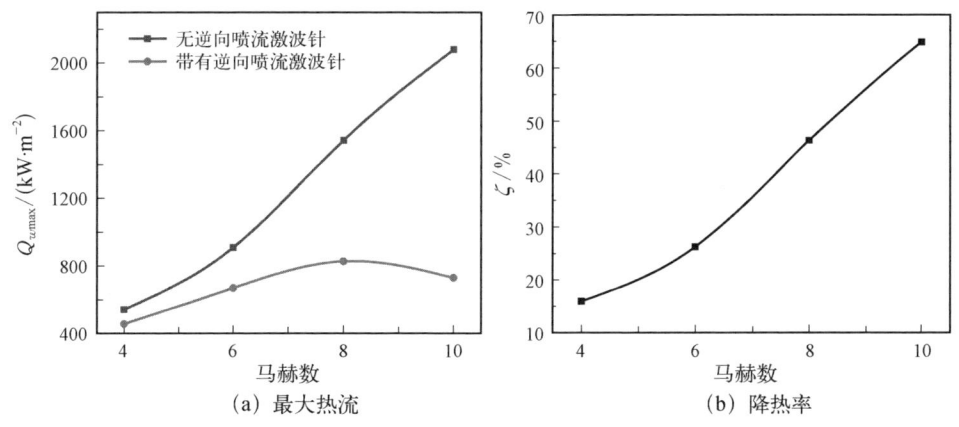

图 10.25　最大热流和降热率随马赫数变化

10.3　乘波构型几何约束设计

在设计高超声速飞行器气动外形时,往往存在内部容积、长度和展长等几何约束,乘波构型飞行器的设计也不例外。通过乘波理论设计出的理论构型要么难以全部满足这些几何约束,要么满足约束条件但气动构型不规则,难以直接应用于飞行器设计中。为获得既满足几何约束又具有良好性能的乘波构型,除采用前述钝化处理外,还需要对理论乘波构型进行更多的修型设计。本节介绍考虑几何约束的乘波构型设计方法及其对气动性能的影响。

10.3.1 展长约束乘波构型设计

给定乘波构型设计的几何约束:去除壁厚 20 mm 后有效装填体积不小于 0.9 m³、飞行器纵向长度不大于 6.0 m、展长不大于 1.2 m。设计工况为飞行马赫数为 6,飞行高度 $H = 27$ km。

根据锥导乘波体设计理论生成基准乘波体外形,其中基准锥半锥角为 9°。首先,设计长度为 6 m、展长为 2 m 的理论乘波体下表面;随后,对生成的理论乘波体下表面进行展向切除操作,以满足展长 1.2 m 的约束;最后,在容积约束的条件下,采用放样操作生成上表面,并对飞行器前缘进行钝化处理,生成的构型如图 10.26 所示,这里将其命名为构型 1。

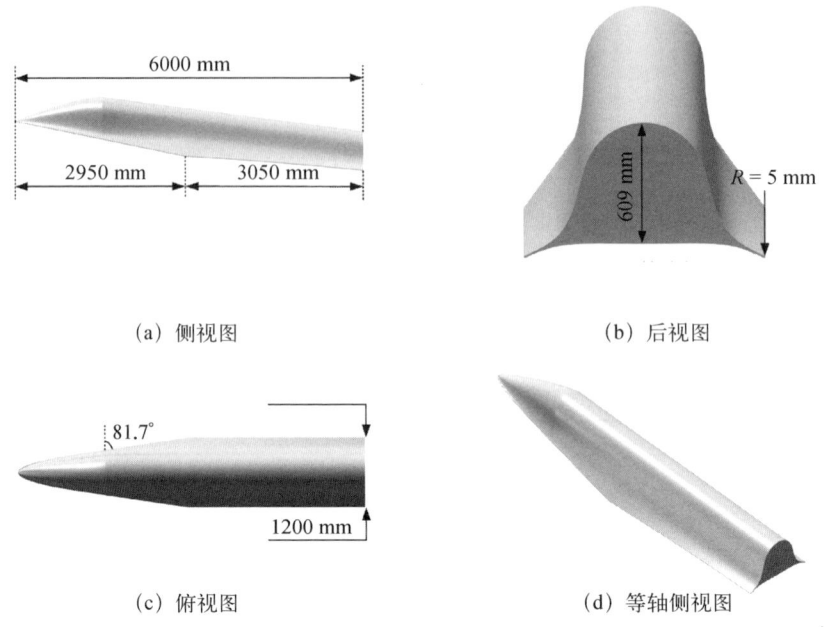

(a) 侧视图　　　　　　　　　　(b) 后视图

(c) 俯视图　　　　　　　　　　(d) 等轴侧视图

图 10.26　考虑展长约束设计的乘波构型(构型 1)

10.3.2 展长约束乘波构型气动性能

将上述设计的构型 1 进行网格划分,利用 CFD 方法进行气动性能计算,根据计算结果对考虑几何约束的乘波构型的气动性能进行分析。

1. 乘波特性分析

图 10.27 给出了构型 1 在设计工况下,$x = 2$ m 横截面处(该截面展向未被切除)的流场压力分布。由图可以看出,构型 1 在该横截面处具有良好的乘波特

性,但下表面的高压气流仍有少量溢流至上表面。随着迎角的增大,溢流量逐渐增多。此外,在该横截面处,飞行器上方出现环状高压区,这是由头部激波向下游发展形成的,如图 10.28 所示。

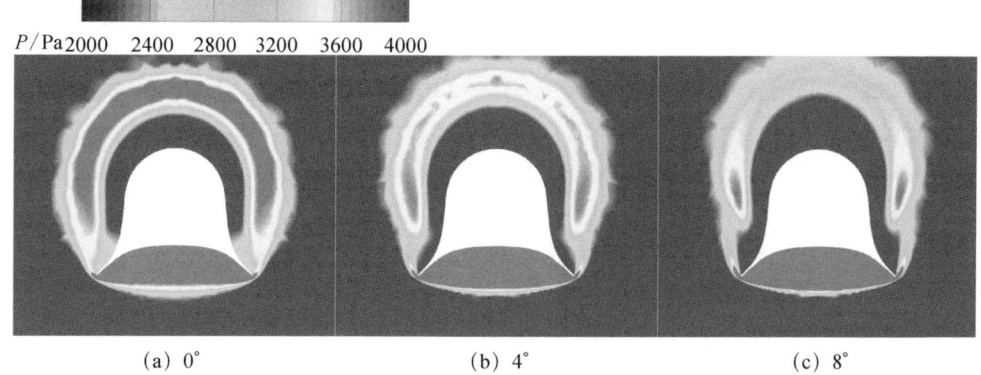

图 10.27　构型 1 在 $x = 2$ m 横截面处,不同迎角的压力云图

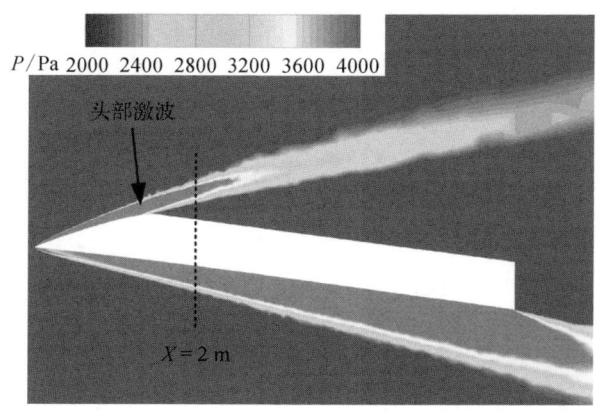

图 10.28　构型 1 在对称面处的压力云图

图 10.29 给出了构型 1 在设计工况,$x = 5$ m 横截面处(该截面超出展长部分被切除)的流场压力分布。由图可以看到,在该横截面处乘波特性遭到破坏,下表面大量高压气流溢流至上表面,且随着迎角的增大,溢流量逐渐增多。这是由于在此横截面处,沿展向切除了一部分乘波下表面,破坏了原有的乘波特性。

图 10.30 和图 10.31 分别给出了构型 1 在 $0°$ 迎角下,$x = 2$ m、$x = 5$ m 横截面处的压力分布随来流马赫数的变化情况。由图可以看到,当来流马赫数小于设计工况时,构型 1 的乘波特性遭到一定程度的破坏,下表面部分高压气流出现溢

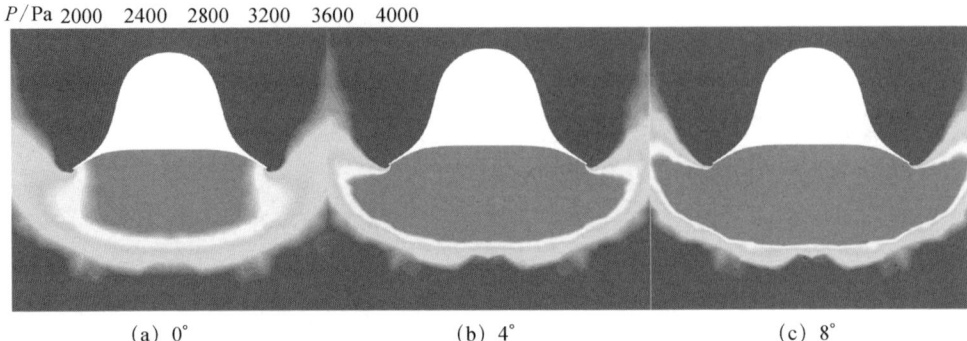

图 10.29　构型 1 在 $x = 5$ m 横截面处，不同迎角的压力云图

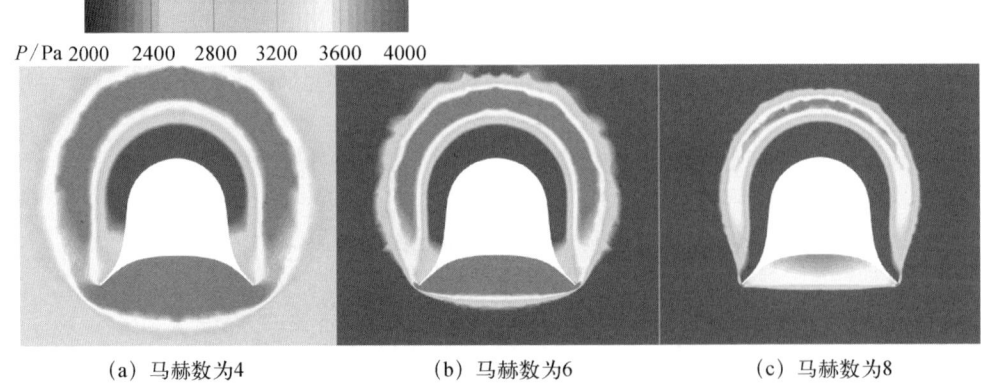

图 10.30　构型 1 在 $x = 2$ m 横截面处，不同马赫数的流场图

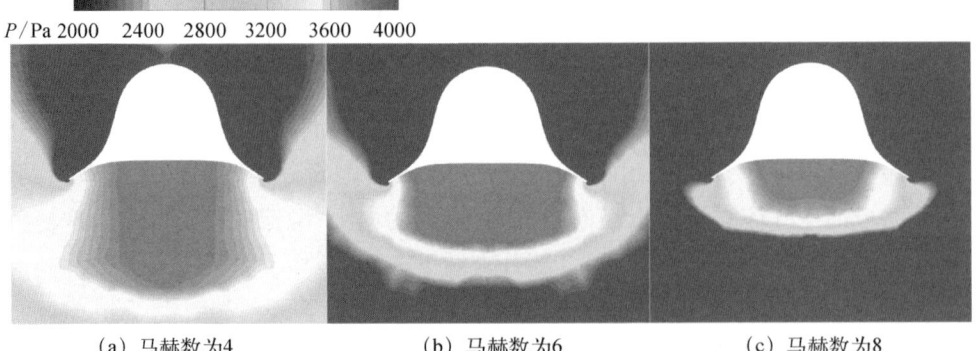

图 10.31　构型 1 在 $x = 5$ m 横截面处，不同马赫数的流场图

流。当来流马赫数等于或者大于设计工况时,构型1能够保持较好的乘波特性,且飞行马赫数越大,乘波特性越好。这是由于马赫数更高时,激波张角缩小,激波面往机身中央靠拢,从而使下表面维持较好的乘波特性。

2. 无侧滑角气动性能

升力系数、阻力系数、升阻比和气动中心位置是衡量飞行器气动性能的重要指标。本节根据计算得到的上述气动力参数,对无侧滑情况下构型1的气动性能进行分析。其中,参考面积为飞行器俯视投影面积,参考长度为飞行器总长。

图10.32给出了构型1在不同马赫数下,气动特性随迎角的变化曲线。可以看出,在不同马赫数下,升力系数、阻力系数和升阻比随迎角变化趋势大致相同。随着马赫数的增大,升力系数、阻力系数、升阻比具有下降的趋势。气动中

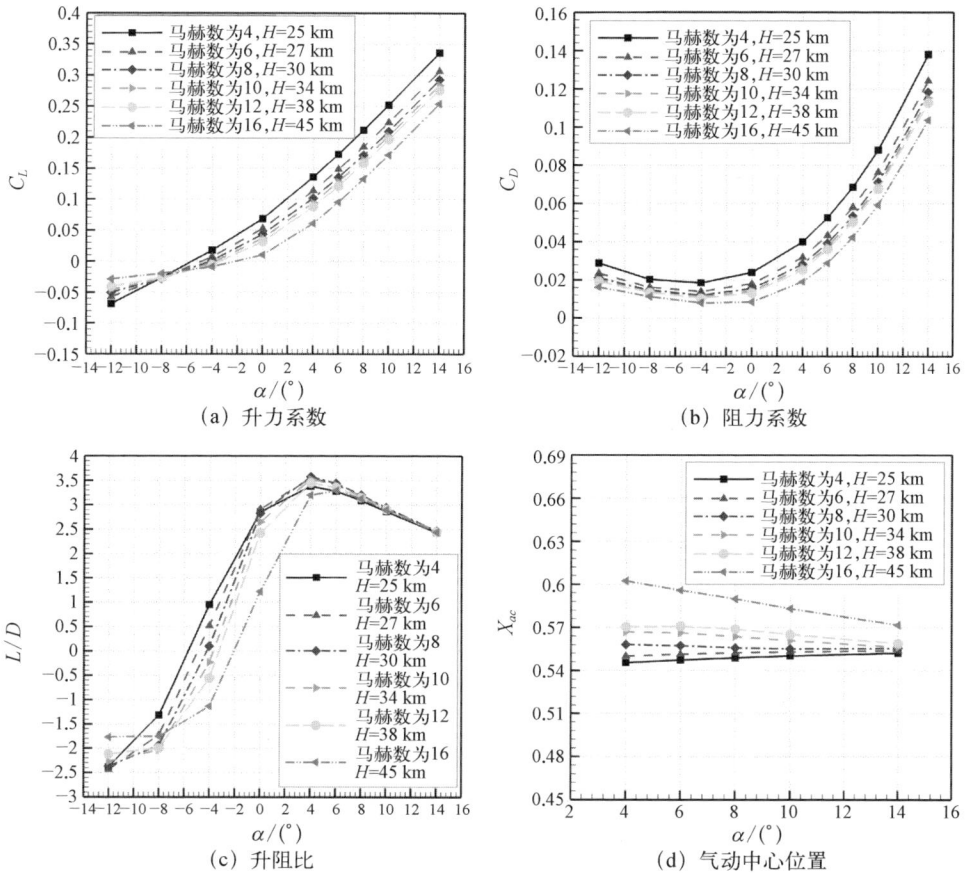

图 **10.32** 不同马赫数下,构型1的气动力系数随迎角的变化曲线(无侧滑)

心随迎角的变化幅度较小,且随着马赫数的增大,具有向后移动的趋势。气动中心变化范围在 0.54~0.60,而质心位置通常为 0.50~0.60,故构型 1 在不同马赫数下可能发生纵向静稳定与静不稳定之间的转换。

3. 不同侧滑角气动性能

图 10.33 给出了构型 1 在不同侧滑角下,升力系数、阻力系数、升阻比、俯仰力矩系数和气动中心随迎角的变化曲线。

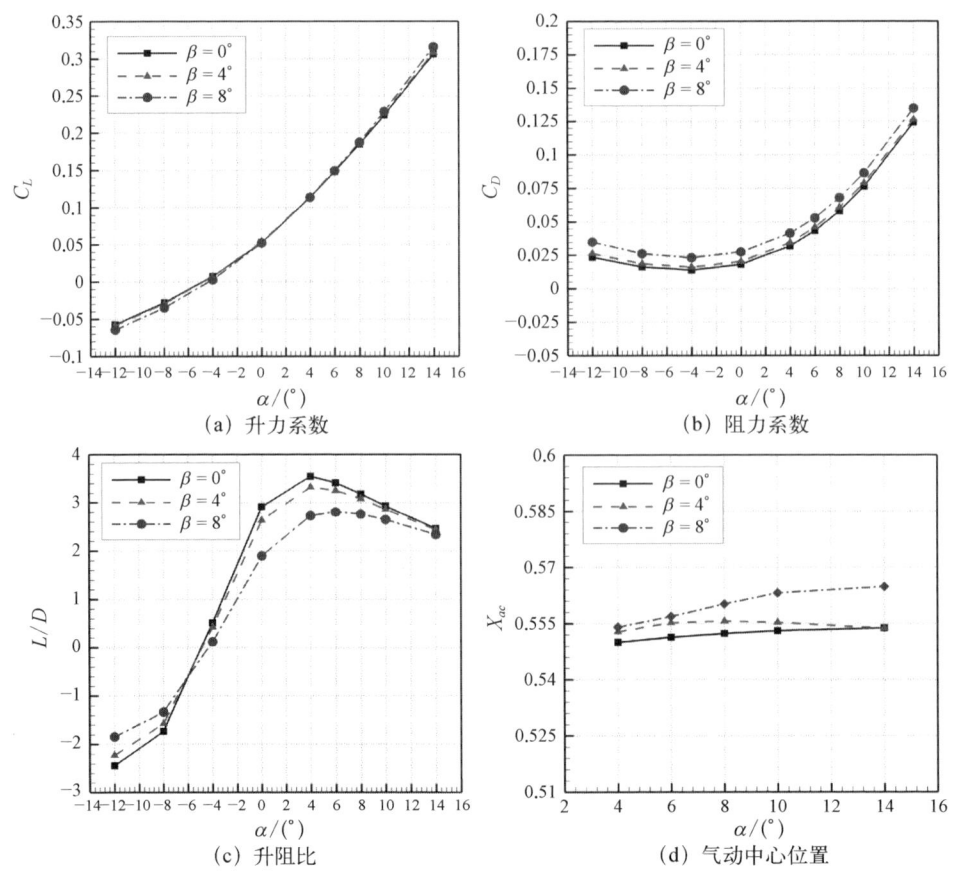

图 10.33　不同侧滑角下,构型 1 的气动力系数随迎角的变化曲线

由图 10.33 可以看出,不同侧滑角下构型 1 升力系数、阻力系数和升阻比随迎角的变化趋势大致是相同的。升力系数侧滑角的变化不大,而阻力系数随侧滑角的增大而增大,这就导致了升阻比随侧滑角的增大而减小。随着侧滑角的增大,构型 1 的气动中心向后移动。

10.3.3 展向切除乘波构型气动性能

1. 有无展向切除的对比

10.3.2 节中所设计的乘波构型(构型 1)的下表面是在考虑几何约束条件下,对理论乘波下表面进行展向切除后得到,这势必对乘波特性和气动性能造成不利影响。为探究这种影响规律,在展长为 2 m 的完整乘波下表面的基础上,采用放样操作生成构型的上表面,使其满足容积约束,并对其进行前缘钝化处理,最终生成的构型如图 10.34 所示,并将其命名为基准构型。注意到,此时的气动构型并无展向切除。利用 CFD 方法对构型 1 进行气动性能计算,并将计算结果与构型 1 进行对比,分析展向切除对乘波构型气动性能的影响。

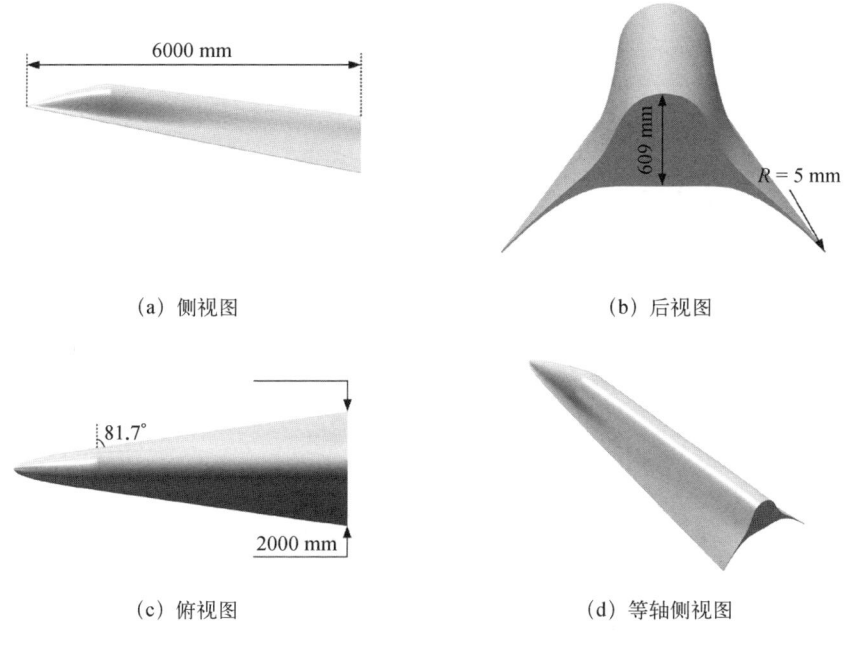

(a) 侧视图　　　　　　　　　(b) 后视图

(c) 俯视图　　　　　　　　　(d) 等轴侧视图

图 10.34　基准构型外形图

图 10.35 给出了设计工况下(马赫数为 6, H = 27 km) x = 2 m 横截面处构型 1 与基准构型的压力云图对比。在该横截面处,两布局虽有少量溢流,但整体乘波特性保持较好。这是由于在此横截面处,两种构型下表面均来自理论乘波面,无展向切除。图 10.36 给出了设计工况下、x = 5 m 横截面处构型 1 与基准构型的压力云图对比。在此截面处,构型 1 由于沿展向切除了部分,其乘波特性遭到破坏,下表面溢流较严重;而基准构型未有展向切除,下表面仅有少量溢流,乘波特性保持较好。

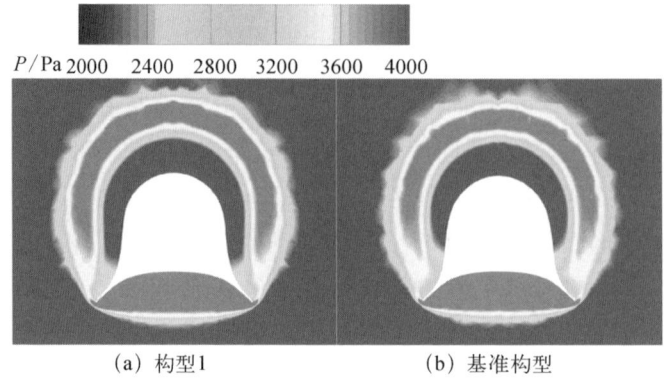

图 10.35　$x = 2$ m 横截面处，不同构型流场图

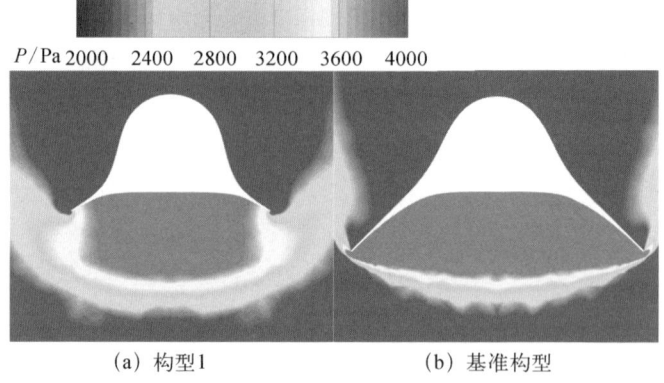

图 10.36　$x = 5$ m 横截面处，不同构型流场图

图 10.37 展示了设计工况下基准构型和构型 1 的气动特性随迎角的变化规律。在所研究的正迎角范围内，基准构型的升力系数高于构型 1，但两种构型的阻力系数接近，因此，基准构型具有更高的升阻比。此外，基准构型的气动中心相较于构型 1 更靠后，表明前者具有更好的纵向静稳定性。出现上述规律的主要原因是：构型 1 的乘波面后缘处沿展向被切除，导致其对来流的压缩能力减弱，表面压力减小，升力和产生的低头力矩减小，从而气动中心更靠前。

2. 展向切除比例的影响

由于本书规定的展向约束为 1.2 m，而构型 1 是通过将展长 2 m 的完整乘波下表面进行切除得到的，沿展向切除的比例达到 40%。为了探究乘波下表面沿展向切除的比例对乘波构型气动性能的影响，设计了不同展向切除比例的构型，对其进行计算对比分析，图 10.38 给出了不同展向切除比例示意图。

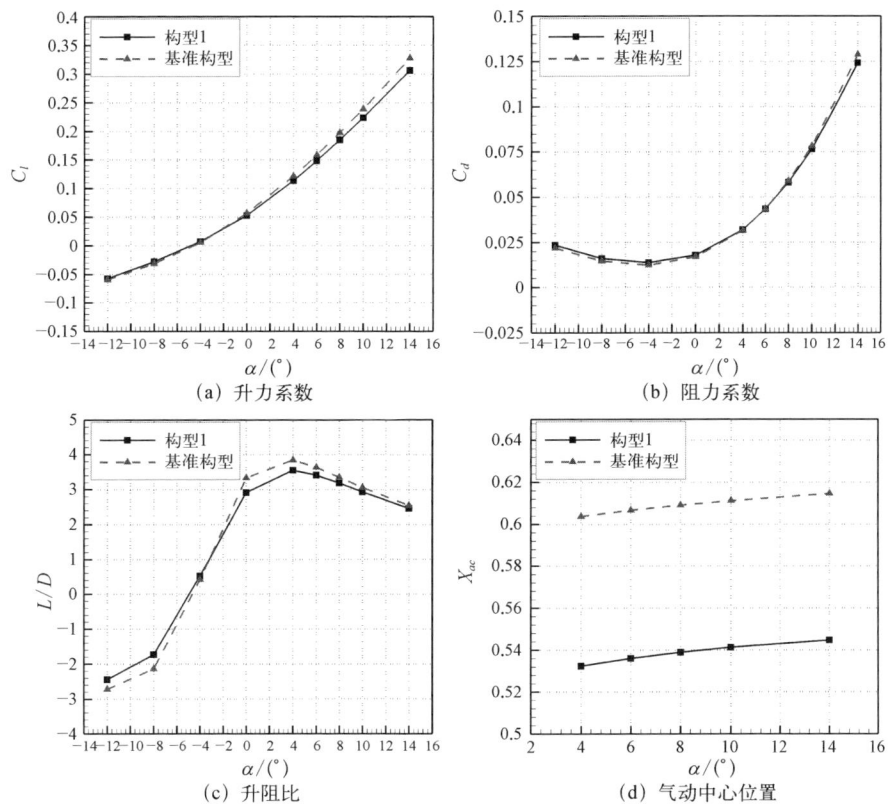

图 10.37 基准构型和构型 1 的气动力系数随迎角变化曲线

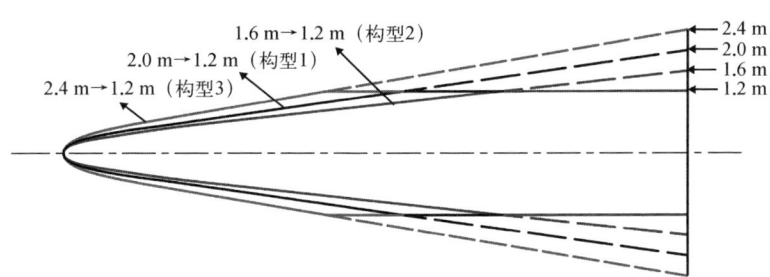

图 10.38 不同展向切除比例示意图

首先基于锥导乘波设计理论,设计长度为 6 m、展长分别为 1.6 m 和 2.4 m 的理论乘波下表面。随后,对生成的理论乘波下表面进行展向切除操作,以满足展长 1.2 m 的约束。其次,在容积约束的条件下,采用放样操作生成构型上表面,并进行前缘钝化处理,最终生成的构型如图 10.39 和图 10.40 所示,并将其命名为构型 2(沿展向切除的比例为 25%)和构型 3(沿展向切除的比例为 50%)。

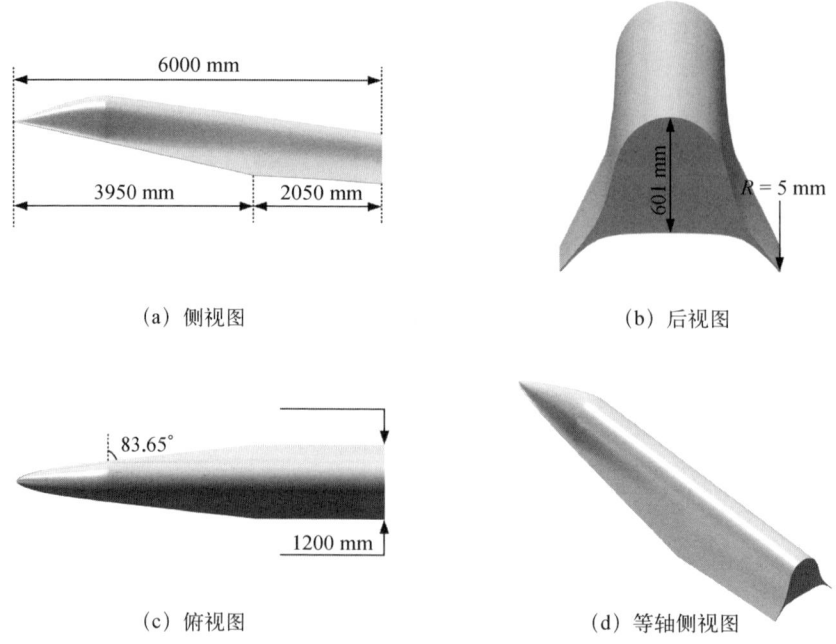

图 10.39　展向切除比例为 25%(1.6 m→1.2 m)构型三维图(构型 2)

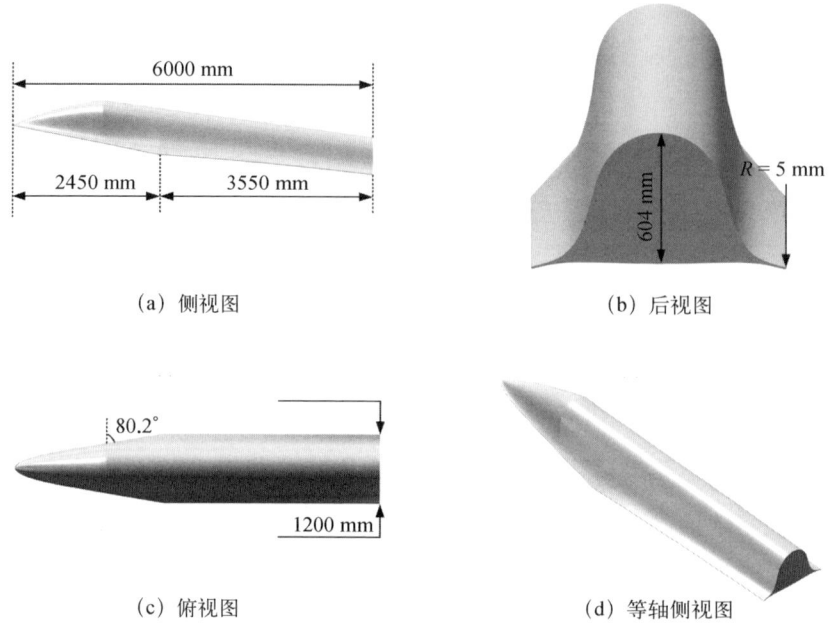

图 10.40　展向切除比例为 50%(2.4 m→1.2 m)构型三维图(构型 3)

将上述设计的构型进行网格划分,利用 CFD 进行气动性能计算,并根据计算结果对不同展向切除比例构型的气动性能进行对比,分析乘波下表面沿展向切除比例对乘波构型气动性能的影响。

图 10.41 给出了构型 1、构型 2、构型 3 在设计工况(马赫数为 6, $H = 27 \text{ km}$)、$x = 2 \text{ m}$ 横截面处的压力云图对比。在该横截面处,构型 2 和构型 3 仅有少量的溢流,但整体乘波特性保持较好。图 10.42 给出了三种构型在 $x = 5 \text{ m}$ 横截面处的压力云图对比。在该横截面处,沿展向切除一部分乘波下表面导致三种构型的乘波特性遭到破坏,下表面溢流显著,影响整体的气动性能。

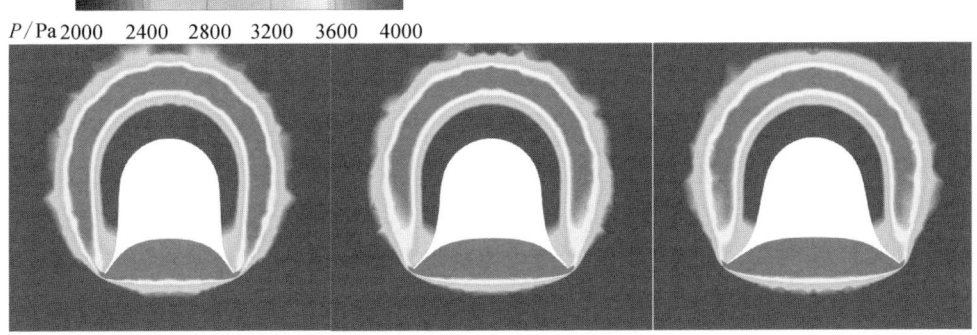

图 10.41　$x = 2 \text{ m}$ 横截面处,构型 2(左)、构型 1(中)和构型 3(右)压力云图

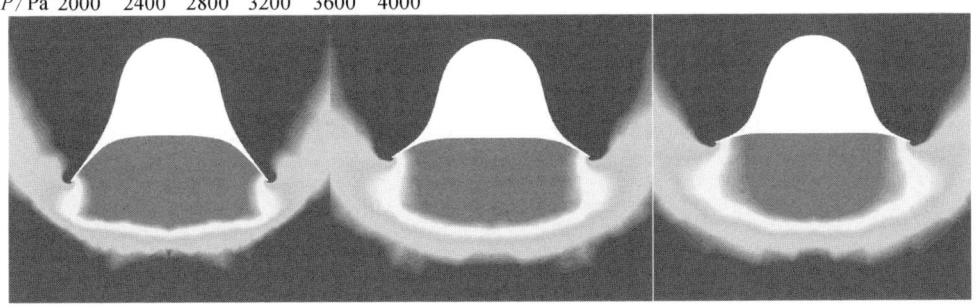

图 10.42　$x = 5 \text{ m}$ 横截面处,构型 2(左)、构型 1(中)和构型 3(右)压力云图

图 10.43 展示了设计点下构型 1、构型 2、构型 3 的气动特性随迎角的变化曲线。在负迎角下,展向切除比例对升力系数的影响不明显;在正迎角下,构型 2 的升力系数最大,构型 1 次之,构型 3 最小。其次,构型 2 具有最高的阻力系数,

构型 1 和构型 3 接近。最终，构型 2 的升阻比最低。在纵向静稳定性方面，构型 2 前端具有面积最小的完整乘波面区域，其后端部分升力所占的比重较高，气动中心后移，因此，具有最好的纵向静稳定性，构型 3 情况正好相反。

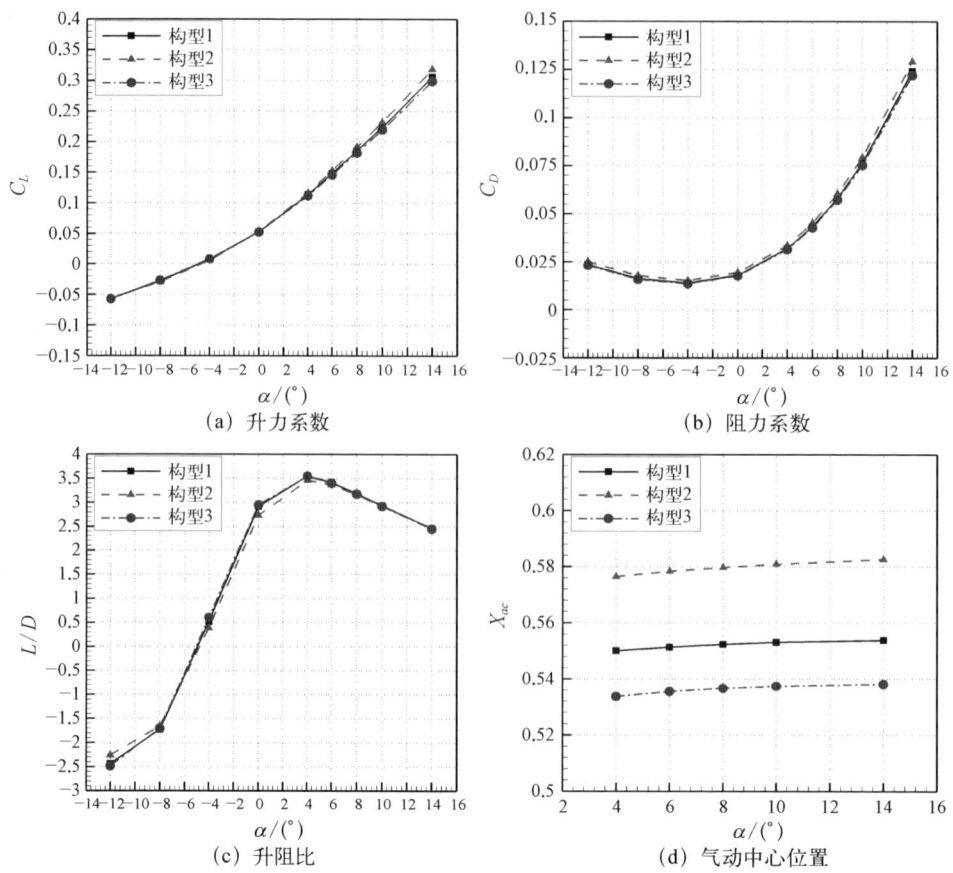

图 10.43 不同展向切除比例构型的气动力系数随迎角变化曲线

10.4 乘波构型操纵面设计

10.4.1 常用操纵面型式

乘波体气动布局的工程实用化设计除了前缘钝化和扩容设计，最为关键的是操纵方式和操纵舵面的设计。乘波构型的气动操纵舵面主要分为全动舵、后缘舵、Flap 舵等三类，如图 10.44 所示。

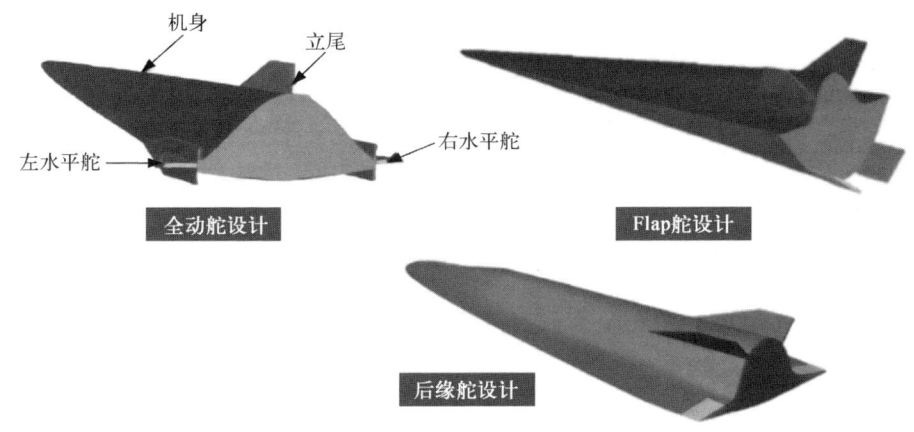

图 10.44 乘波外形操纵舵面设计[5]

（1）全动舵。在乘波体两侧添加全动式水平控制面，可实现对飞行器俯仰和滚转方向的有效控制，同时还可避免出现较大的铰链力矩。但这类操纵方式对升阻比具有不利影响，原因有两个方面：一是全动舵在高超声速下产生的强激波与机体激波发生相互干扰，产生较大的阻力；二是在翼展尺寸限制下，采用全动舵使升力面的面积大幅度地减小，升力损失严重。

（2）后缘舵。后缘舵对乘波体的升阻比影响最小，基本可以保证迎风乘波面的完整性，同时后缘舵的操纵效率高，其缺点是舵面承受的铰链力矩较大，对舵机的能力要求较高。

（3）Flap 舵。Flap 舵可避免出现升阻比降低的问题，同时其驱动方式可以承受较大的铰链力矩，但其缺点也明显：一是负舵偏效率极低；二是滚转操纵效率较低；三是安装需要有较平坦的机体表面。

综合而言，如果要追求高升阻比设计，乘波体布局不宜采用全动舵，Flap 舵和后缘舵设计是较为合理的选择。此外，为弥补操纵效率较低的问题，还可以采用 V 尾辅助控制[5]。

10.4.2 操纵面设计实例

在马赫数为 15，$H = 45$ km 工况下设计理论乘波下表面，在考虑容积、热防护和操控等因素的条件下，对理论构型的下表面进行修型，放样生成上表面，并对乘波体前缘进行钝化处理。在此构型基础上，设计单垂尾和水平后缘舵（水平舵面为乘波下表面的光滑延伸），使其具有较好的稳定性和操纵性，最终气动构型如图 10.45 所示。

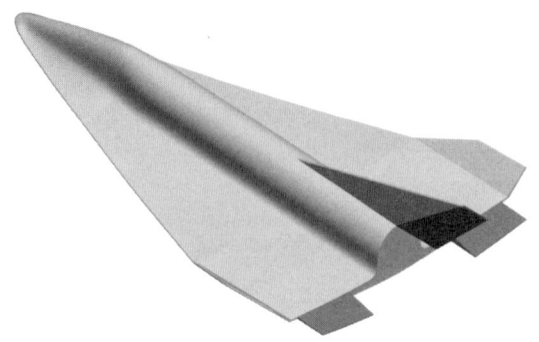

图 10.45 带操纵面的乘波构型

1. 气动特性分析

对上述设计的带操纵面的乘波构型进行气动特性分析,计算条件为马赫数为 15,H = 45 km,迎角为 $-4° \sim 14°$。来流采用层流模型,网格划分采用非结构网格,参考长度和参考面积分别为 1 m 和 1 m^2,力矩参考点为(3.60 m,0,0)。在不同迎角下对称面及壁面压力分布如图 10.46 所示;不同截面压力分布(x = 0.5 m、3 m 和 5.5 m)如图 10.47 所示。

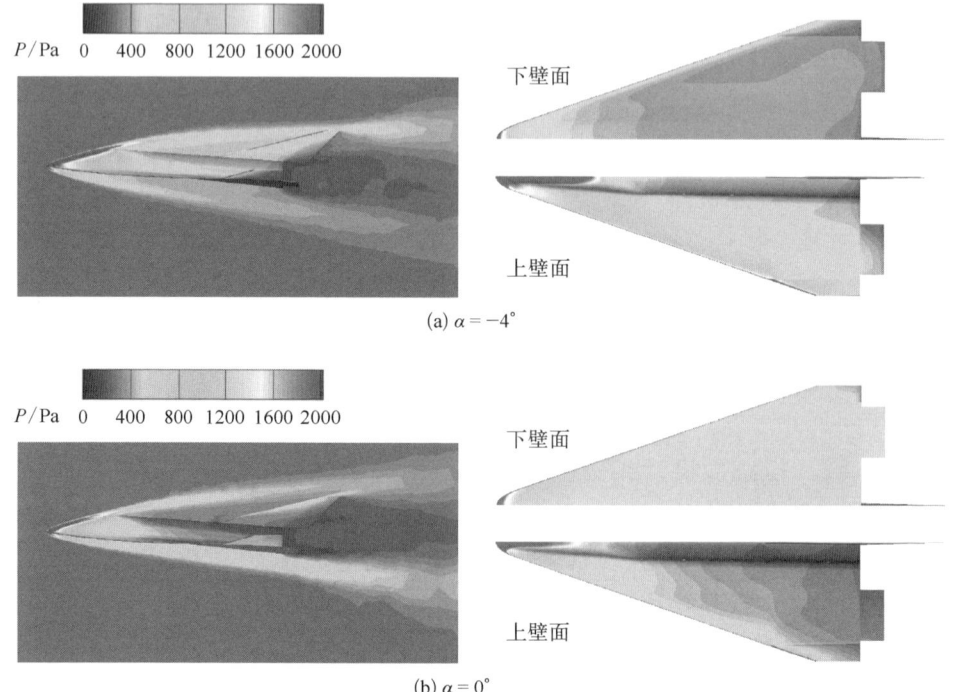

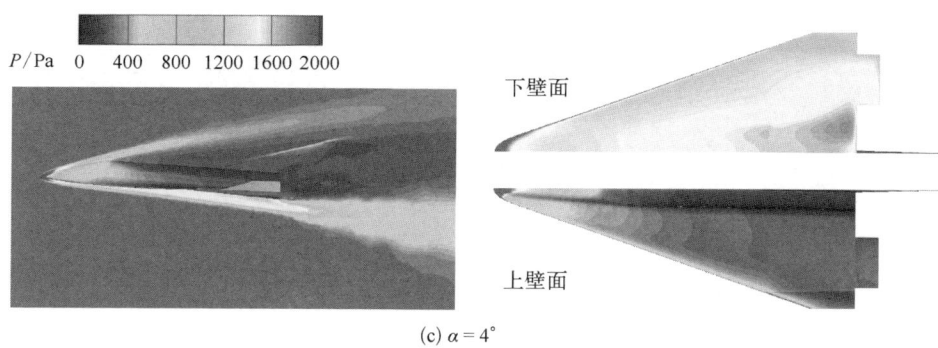

(c) $\alpha = 4°$

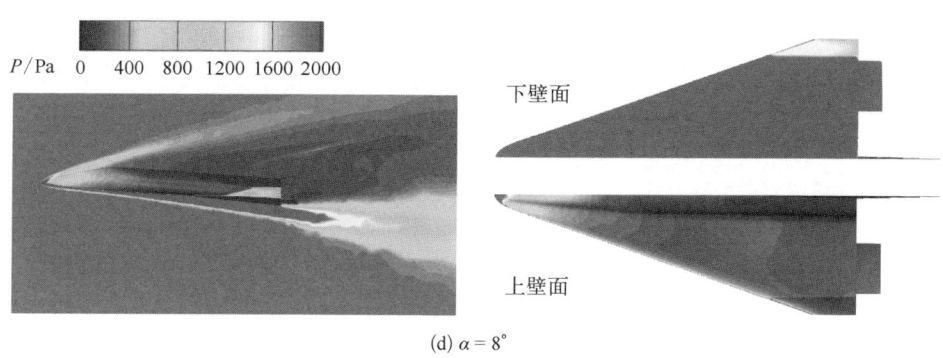

(d) $\alpha = 8°$

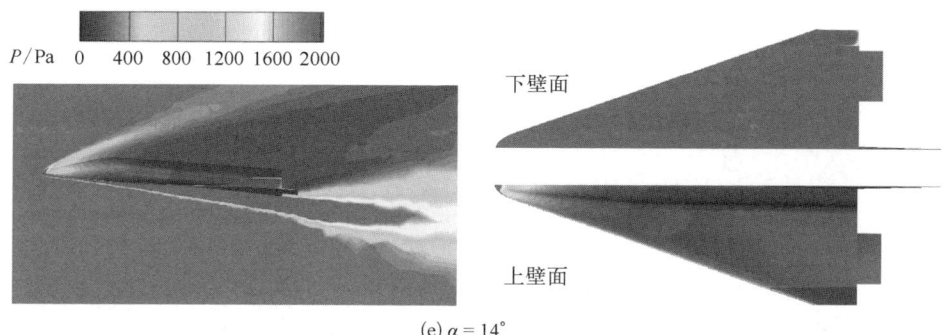

(e) $\alpha = 14°$

图 10.46 带操纵面乘波构型的对称面与上、下壁面压力分布

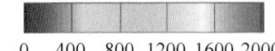
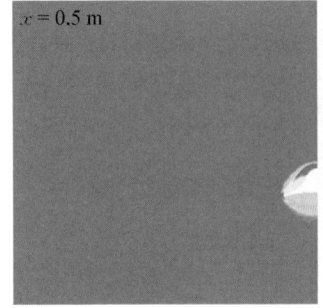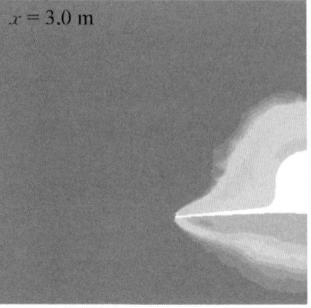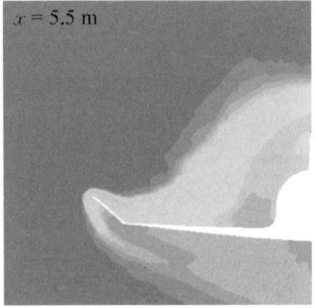

(a) $\alpha = -4°$

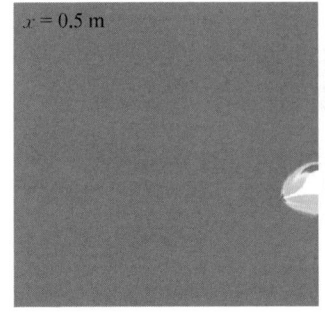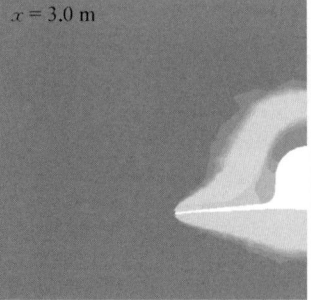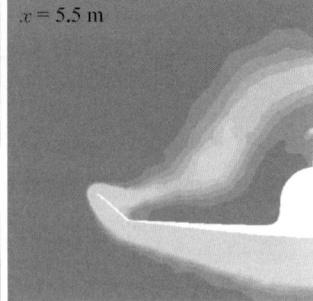

(b) $\alpha = 0°$

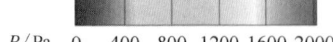
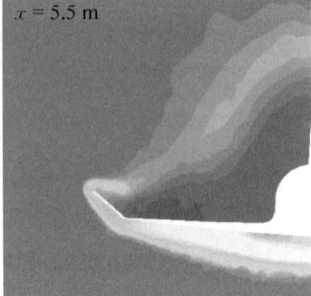

(c) $\alpha = 4°$

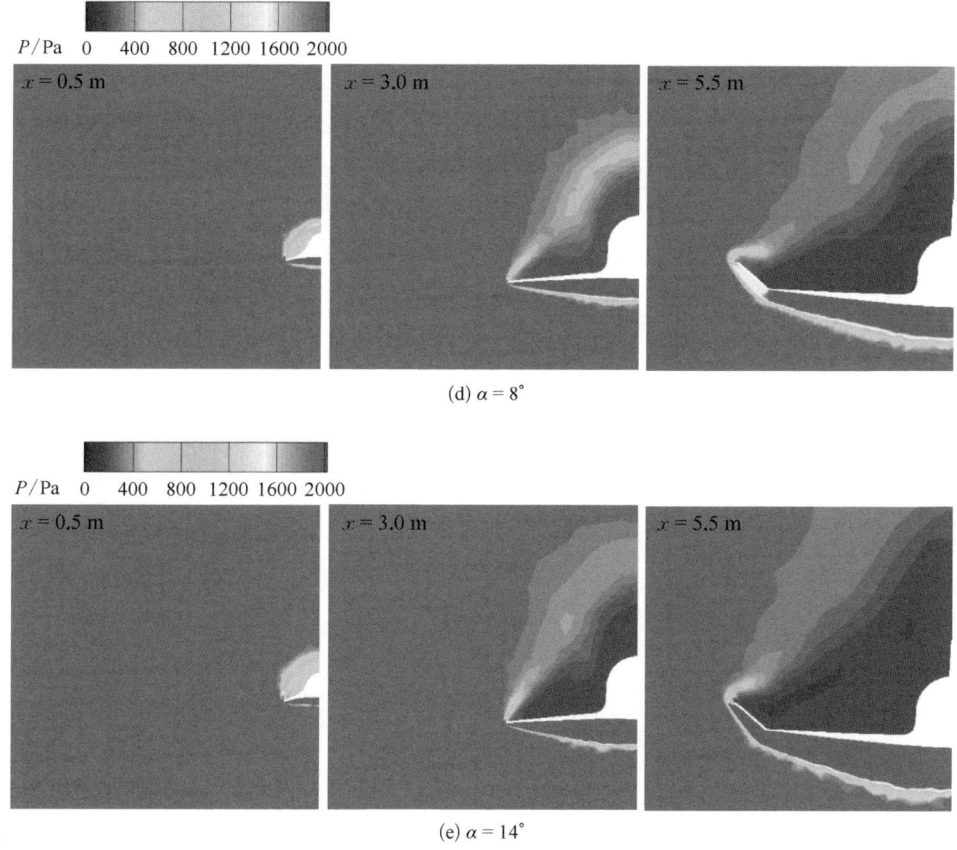

图 10.47　在不同迎角下带操纵面乘波构型的三个截面的压力分布

由图 10.46 和图 10.47 可以看出,乘波构型下表面具有良好的空气压缩能力和乘波特性。随着迎角的增大,除了前缘捕获激波,下表面后端中心附近的表面压力大于其他区域,加上两端小翼的作用,使得下表面的溢流及其压力整体较小,更有利于捕获高压气体,提高升阻比。随着迎角的增加,翼梢小翼迎风侧压力逐渐升高,这不仅增大了飞行器的升力,也增强了飞行器的航向静稳定性。

带操纵面乘波构型在不同迎角下的气动特性变化曲线如图 10.48～图 10.50 所示。由图可知,随着迎角的增大,升力、阻力逐渐增大,升力系数的增长率大于阻力系数,故其升阻比随迎角的增大呈先增大后减小的趋势,在 5°迎角时达到最大,其值为 4.30。带操纵面乘波构型表现为纵向静稳定。设计构型的压心位置从 0°迎角开始,随迎角的增大先前移后趋于固定位置;而气动中心则是先往后移,然后趋于固定位置。

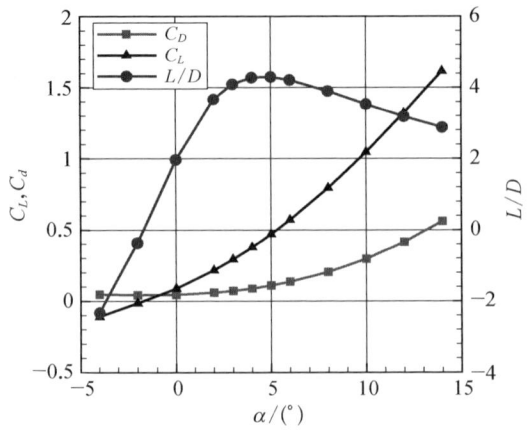

图 10.48　带操纵面乘波构型的升力系数、阻力系数及升阻比随迎角变化曲线

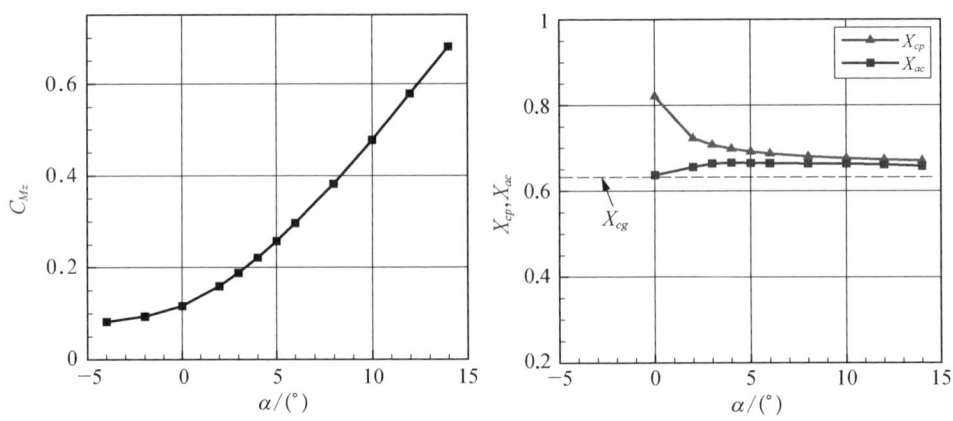

图 10.49　带操纵面乘波构型的俯仰力矩系数随迎角变化曲线

图 10.50　带操纵面乘波构型的压心和气动中心随迎角变化曲线

2. 操稳特性分析

带操纵面乘波构型的最大升阻比达到 4.30,同时在所对应的工况下航向静稳定。现以垂尾为例,更宽泛的计算其稳定性和操纵性,验证舵面设计的合理性。

来流条件仍为马赫数为 15,H = 45 km,迎角范围为 $-4°\sim14°$,侧滑角范围为 $-6°\sim6°$。由于乘波构型是面对称的,故仅考虑正侧滑情况。舵偏角分别选取 0°、5°、10°、15°,如图 10.51 所示。在本坐标系下,当偏航力矩系数对侧滑角的导数为负值时,飞行器航向静稳定;反之,为航向静不稳定。

不同舵偏角下的偏航力矩系数随侧滑角变化的曲线如图 10.52 所示。由图中舵偏 0°的曲线可知，带操纵面乘波构型在小迎角下航向静不稳定，随着迎角的增大而变为静稳定。主要原因是两侧小翼迎风面压力随迎角的增大逐渐增强，对航向增稳作用也越强。事实上，虽迎角在 $-4°\sim4°$、$3°$侧滑角以内航向静不稳，当侧滑角增大时小翼增稳作用增强，因此，在侧滑角大于 $3°$之后航向又恢复静稳定。此外，对比不同舵偏角的偏航力矩系数曲线还可以发现，随着迎角的增大，乘波构型航向稳定性增强，背风面单垂尾的操纵性能逐渐下降。总的来说，在最大升阻比对应 $5°$迎角位置及更大迎角位置，具有航向静稳定性；当较小迎角、较大侧滑角时同样具有航向静稳定性，因而舵面设计满足航行静稳定设计要求。

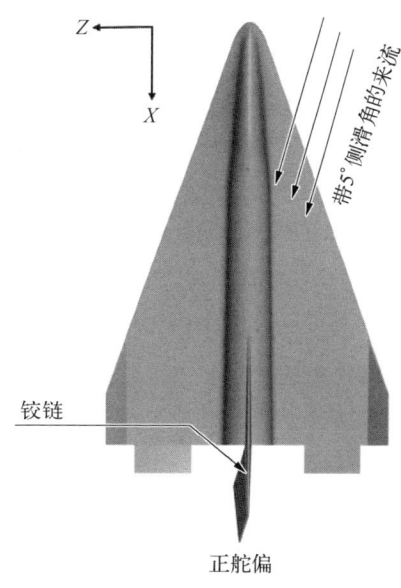

图 10.51　带操纵面乘波构型的舵偏及侧滑的符号定义

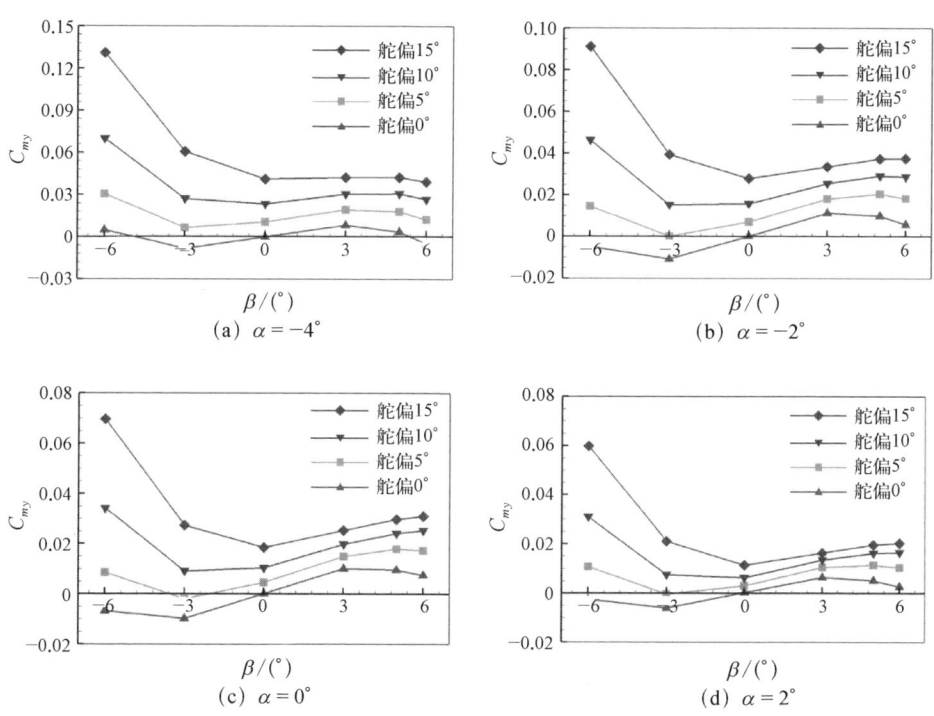

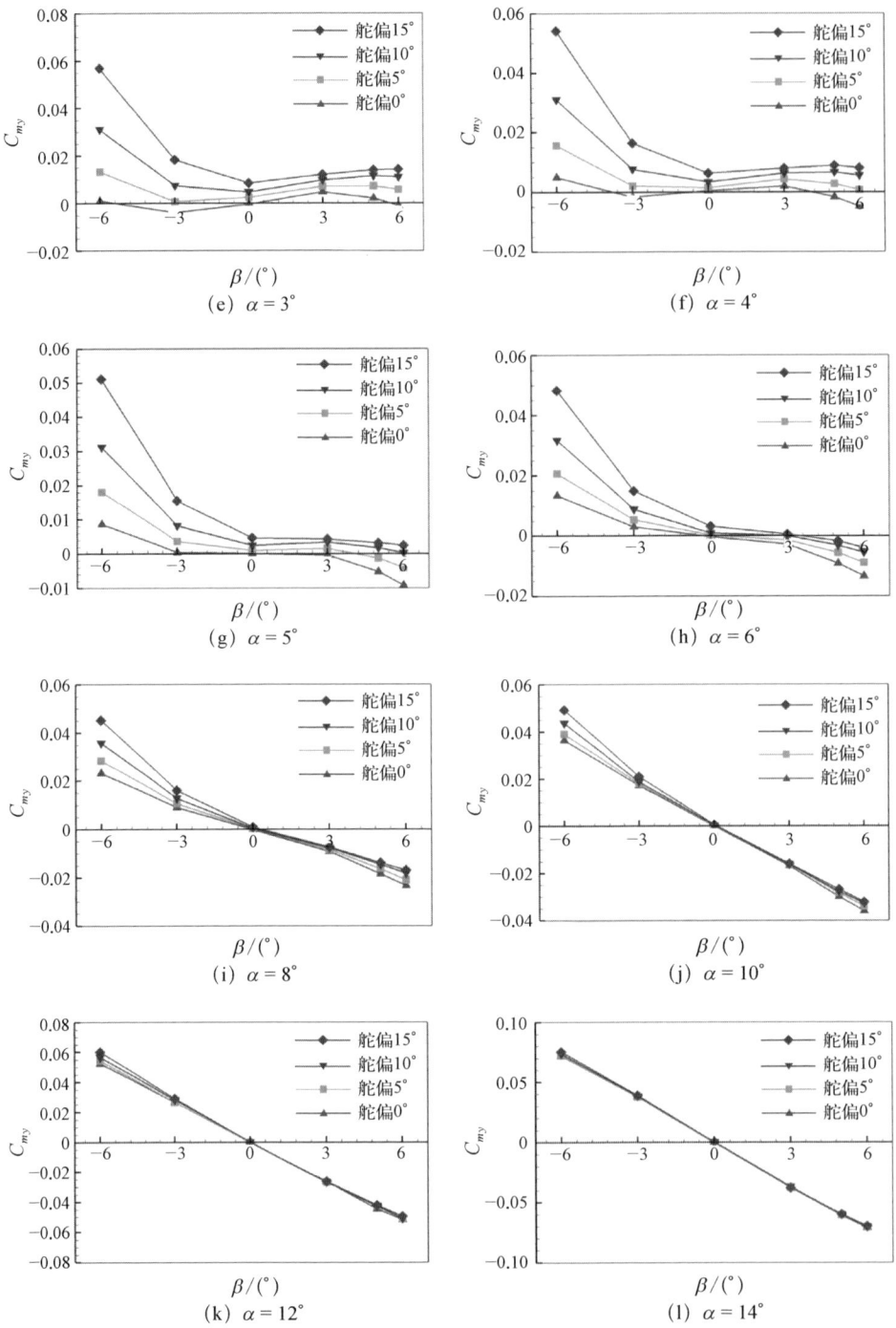

图 10.52 偏航力矩系数随侧滑角变化曲线图

图 10.53 是带操纵面乘波构型在迎角为 5°(此时升阻比最大)时,在不同侧滑角下偏航力矩系数随舵偏角变化的曲线,反映了不同侧滑角下乘波构型的操纵性能。从图中可以看到,在正侧滑 3°、5°、6°时,在 10°舵偏内便可实现航向配平。3°、5°、6°侧滑时对应的配平舵偏角分别约为 1°、7.5°、10°。综上所述,乘波构型的舵面设计在满足航行静稳定设计要求条件下,操纵性满足要求,具有较好的稳定性和操纵性。

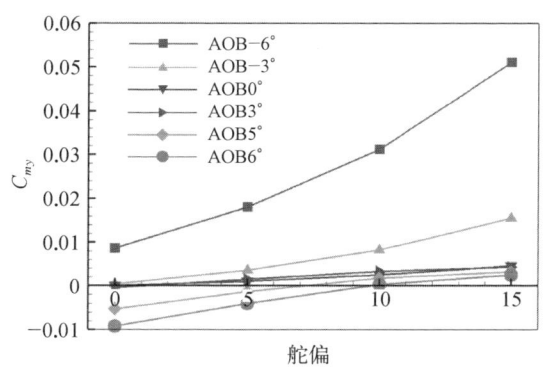

图 10.53　带操纵面乘波构型在 5°迎角下的航向操纵性

10.5　乘波前体/进气道一体化构型边界层黏性修正

理论乘波体一般基于无黏条件设计,然而实际飞行中的空气存在黏性,会破坏乘波外形的气动性能。此外,在进行乘波前体/进气道的耦合一体化设计时,黏性作用使进气道入口存在 5%~7% 的流量损失,前体多级激波未精准汇交于进气道唇口导致溢流较为严重[26]。因此,针对包含有内流型面的乘波前体/进气道一体化构型,进行边界层黏性修正十分必要。

10.5.1　边界层黏性修正基本原理

如图 10.54 所示,在黏性作用下,壁面附近的流场在法向上存在极大的速度梯度。当边界层内气流速度 u 与外部流场主流速度 u_e 满足关系 $u = 0.99u_e$ 时,将其视为边界层的外边界,此时边界层厚度称为速度边界层厚度。过流场中点 A 的流线在无黏时为 AC,而在有黏时被外推到 AB 的位置,外推的距离被称为位移厚度。取前后两个截面(图 10.54 中截面①②),根据质量守恒定律,两截面上质量流量相等，即可得到位移厚度的积分公式：

$$\dot{m} = \int_0^{y_1} \rho_e u_e \mathrm{d}y = \int_0^{y_1} \rho u \mathrm{d}y + \rho_e u_e \delta^* \tag{10.2}$$

$$\delta^* = \int_0^{y_1} \left(1 - \frac{\rho u}{\rho_e u_e}\right) \mathrm{d}y ; \delta \leqslant y_1 \to \infty \tag{10.3}$$

同理，根据动量守恒定律可以得到动量厚度 ϕ：

$$\phi = \int_0^{y_1} \frac{\rho u}{\rho_e u_e}\left(1 - \frac{u}{u_e}\right) \mathrm{d}y ; \delta \leqslant y_1 \to \infty \tag{10.4}$$

边界层位移厚度 δ^* 与动量厚度 ϕ 满足关系：

$$H = \frac{\delta^*}{\phi} \tag{10.5}$$

式中，H 为边界层形状因子。

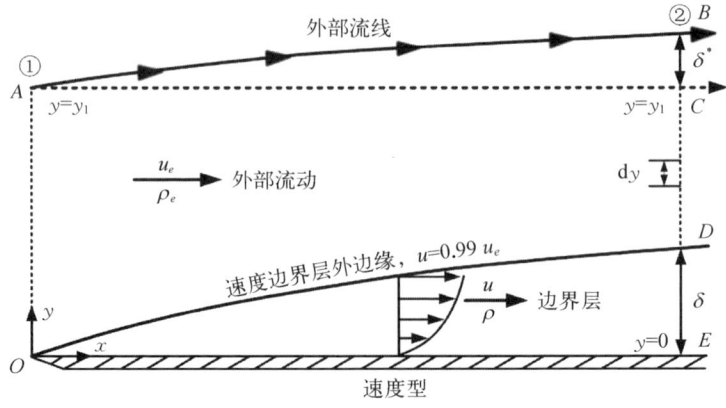

图 10.54 边界层和位移厚度[26]

由位移厚度引出了等效壁面(effective body)的概念如图 10.55 所示。实际物面上的流场参数与自由来流并不一致，边界层的存在将自由来流的流线外推了相当于位移厚度的距离，流场中过实际物面前缘，第一条与外部流场参数一致的流线被称为等效壁面(图 10.55 中虚线 AC)。王旭东[26] 基于特征线方法的黏性修正按照等效壁面的定义反向进行，如图 10.56 所示，特征线方法生成的无黏物面流线相当于黏性流场中的等效壁面流线，特征线方法求解的物面无黏流场参数相当于黏性流场中等效壁面外缘流场参数，修正后的实际物面为等效壁面减去相应的位移厚度。因此，实际壁面黏性修正的关键是求解边界层位移厚度。

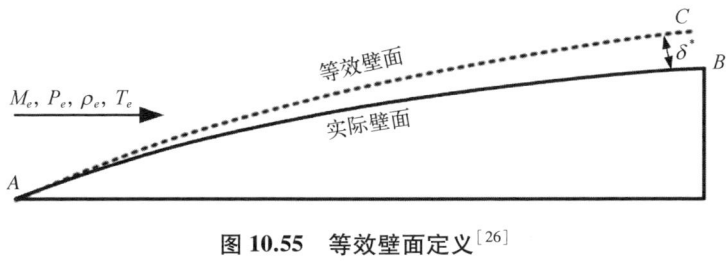

图 10.55　等效壁面定义[26]

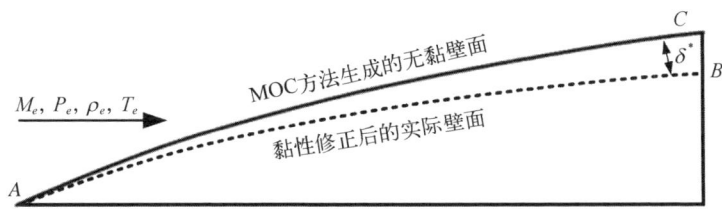

图 10.56　特征线方法壁面黏性修正原理[26]

10.5.2　边界层位移厚度计算方法

获取边界层位移厚度有多种方法：其一是通过求解 Euler 或者 N-S 方程获得边界层位移厚度的精确值[27]，但该方法需要进行网格划分，求解过程较烦琐，不便于编程实现，且在激波附近求解的边界层位移厚度可能出现不连续的现象；其二是通过工程经验公式估算边界层的位移厚度，但是该方法得出的边界层位移厚度与精确值相差较大。王旭东[26]基于 Sivells 和 Payne[28]提出的适用于高超声速可压缩轴对称流动的冯·卡门动量方程积分方法，对基于特征线方法和吻切流场理论设计的乘波前体/进气道一体化构型进行黏性修正。

假设边界层全部为湍流边界层，定常可压缩流动的冯·卡门动量方程如下：

$$\frac{d\phi}{ds} + \phi\left[\frac{2 - Ma^2 + H}{Ma\left(1 + \frac{\gamma - 1}{2}Ma^2\right)}\frac{dMa}{ds} + \sigma\frac{1}{r}\frac{dr}{ds}\right] = \frac{C_f}{2} \quad (10.6)$$

式中，s 为沿壁面距离；r 为沿对称轴径向距离；σ 为 0 时表示二维流动，σ 为 1 时表示轴对称流动。

边界层动量方程在有壁面倾角的情况下，可以进一步变为如下形式：

$$\frac{\mathrm{d}s}{\mathrm{d}x} = \sqrt{1 + \left(\frac{\mathrm{d}r}{\mathrm{d}x}\right)^2} = \sec \omega \quad (10.7)$$

$$\frac{\mathrm{d}\phi}{\mathrm{d}x} + \phi\left[\frac{2 - Ma^2 + H}{Ma\left(1 + \frac{\gamma-1}{2}Ma^2\right)}\frac{\mathrm{d}Ma}{\mathrm{d}x} + \sigma\frac{1}{r}\frac{\mathrm{d}r}{\mathrm{d}x}\right] = \frac{C_f}{2}\sec \omega \quad (10.8)$$

将特征线方法求得的(M_e, P_e, ρ_e, T_e, ω, r)等壁面几何参数和无黏流场参数作为边界层外流场的参数,且均为 x 的函数。通过代入这些参数或者求解式(10.8)的参数,将上式转换为边界层动量厚度 ϕ 的一阶线性常微分方程,利用四阶龙格-库塔算法对其进行求解,可得到边界层动量厚度 ϕ。再通过边界层位移厚度 δ^* 与动量厚度 ϕ 满足的关系式,求得边界层位移厚度 δ^*。

求解上面边界层动量厚度 ϕ 的一阶线性常微分方程的关键在于边界层形状因子 H 和表面摩擦系数 C_f 的求解。求解可压缩流的边界层形状因子 H 和表面摩擦系数 C_f 的问题,通过斯图尔森(Stewartson)变换转换为求解不可压缩流的边界层形状因子 H_i 和表面摩擦系数 C_{fi} 的问题:

$$\phi = \phi_{tr}\left(1 + \frac{\gamma-1}{2}Ma^2\right)^{\frac{\gamma+1}{2(\gamma-1)}} = \phi_{tr}\left(\frac{T_0}{T_e}\right)^{\frac{\gamma+1}{2(\gamma-1)}} \quad (10.9)$$

$$H = H_{tr}\left(1 + \frac{\gamma-1}{2}Ma^2\right) + \frac{\gamma-1}{2}Ma^2 = (H_{tr} + 1)\frac{T_0}{T_e} - 1 \quad (10.10)$$

式中,下标 e 表示边界层外边界参数;下标 0 代表滞止流场参数;下标 tr 代表进行 Stewartson 变换后的流场参数。结合式(10.9)、式(10.10),边界层动量方程进一步变换为

$$\frac{\mathrm{d}\phi_{tr}}{\mathrm{d}x} + \frac{\phi_{tr}}{Ma}\frac{\mathrm{d}Ma}{\mathrm{d}x}(2 + H_{tr}) + \sigma\frac{\phi_{tr}}{r}\frac{\mathrm{d}r}{\mathrm{d}x} = \frac{C_f}{2}\sec\omega\left(\frac{T_e}{T_0}\right)^{\frac{\gamma+1}{2(\gamma-1)}} \quad (10.11)$$

当普朗特数为 1 且边界层无热交换时,$H_{tr} = H_i$;当考虑热交换且普朗特数不为 1 时,在边界层内将克罗科(Crocco)的二次温度分布规律和 Stewartson 变换相结合,得到转换后的形状因子 H_{tr} 与不可压缩形状因子 H_i 关系式:

$$H_{tr} = H_i\frac{T_w}{T_0} + \frac{T_{aw}}{T_0} - 1 \quad (10.12)$$

式中,T_w 为壁面温度;T_{aw} 为绝热壁面温度。

假设边界为绝热壁面条件,壁面温度 T_w 等于绝热壁面温度 T_{aw},T_w、T_{aw} 及总温 T_0 的计算公式如下:

$$T_w = T_{aw} = T_e\left(1 + \lambda \frac{\gamma - 1}{2}M_e^2\right), \quad \lambda = Pr^{1/3} \tag{10.13}$$

$$T_0 = T_e\left(1 + \frac{\gamma - 1}{2}M_e^2\right) \tag{10.14}$$

式中,λ 为温度恢复因子;Pr 为普朗特数,取值为 0.71。

不可压缩形状因子 H_i 的实验拟合公式和不可压缩表面摩擦系数 C_{fi} 经验公式如下:

$$H_i = \frac{1}{1 - 7\sqrt{C_{fi}/2}} \tag{10.15}$$

$$C_{fi} = \frac{0.088(\lg Re_x - 2.3686)}{(\lg Re_x - 2.3686)^3} \tag{10.16}$$

式中,Re_x 为 Stewartson 变换中定义的等价雷诺数,实际上等于不可压缩流动的雷诺数 Re_{xi},可压缩表面摩擦系数 C_f 可通过参考温度法由不可压缩表面摩擦系数 C_{fi} 公式进行转换,如下:

$$C_f = \frac{T_e}{T^*}\frac{0.088(\lg Re_x^* - 2.3686)}{(\lg Re_x^* - 2.3686)^3} \tag{10.17}$$

Stewartson 变换等价雷诺数 Re_x,参考雷诺数 Re_x^*,外缘雷诺数 Re_x 定义分别如下:

$$Re_x = \frac{\rho_e u_e x}{\mu_e} = \frac{P_e M_e x}{\mu_e}\sqrt{\frac{\gamma}{RT_e}} \tag{10.18}$$

$$Re_x^* = \frac{\rho^* u_e x}{\mu^*} = \frac{T_e \mu_e}{T^* \mu^*}Re_x \tag{10.19}$$

$$Re_x = \frac{\dfrac{\mu^* Re_x^*}{\mu_0}}{\lg \dfrac{\mu^* Re_x^*}{\mu_0} - 2.3686}\left[\frac{\left(\lg \dfrac{\mu^* Re_x^*}{\mu_0} - 1.5\right)^3}{(\lg Re_x^* - 1.5)^2} - 0.8686\right] \tag{10.20}$$

式中,参考温度 T^* 的经验公式、参考黏性系数 μ^* 和滞止黏性系数 μ_0 的 Sutherland 公式如下:

$$T^* = 0.5T_w + 0.22T_{aw} + 0.28T_e \tag{10.21}$$

$$\mu^* = 1.458\,0 \times 10^{-6} \cdot \frac{T^*}{T^* + 110.4} \tag{10.22}$$

$$\mu_0 = 1.458\,0 \times 10^{-6} \cdot \frac{T_0}{T_0 + 110.4} \tag{10.23}$$

通过已知流场参数求得可压缩表面摩擦系数 C_f 和 Stewartson 变换后形状因子 H_{tr},将其代入边界层动量方程求解 Stewartson 变换后动量厚度 ϕ_{tr},再通过 Stewartson 逆变换得到动量厚度,最终由边界层位移厚度与动量厚度满足关系式求得位移厚度。

10.5.3 乘波前体/进气道边界层黏性修正实例

王旭东[26]将边界层黏性修正方法应用到乘波前体/进气道一体化设计中,生成修正位移厚度后的一体化构型。图 10.57 给出了修正前后壁面型线对比,实线表示未修正的壁面,虚线表示进行黏性修正后的壁面。乘波前体/进气道构型的上壁面比下壁面长,受黏性影响更为严重,导致前者的位移厚度明显地大于后者。边界层位移厚度在隔离段出口的高度占比为 22.318%,总压缩比变化幅度同样为 22.318%,黏性修正对隔离段几何形状及总压缩比的影响较大。

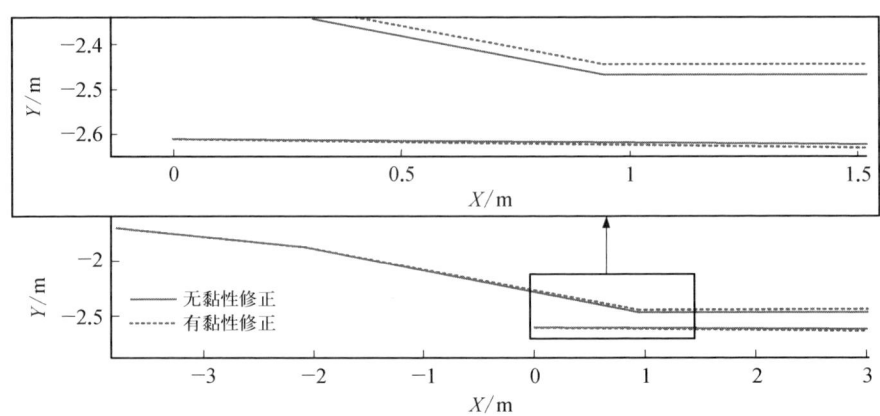

图 10.57　修正后对称面型线及进气道入口局部放大[26]

黏性修正前后构型对称面处的压力分布和马赫数分布情况如图 10.58 和图 10.59 所示。结果表明,当未进行黏性修正时,一体化构型的两级前体激波未交汇于进气道唇口,唇口附近存在溢流区,隔离段截面流量相比于无黏设计状态有小部分损失。同时,隔离段入口上壁面存在一个高压低速的气流堵塞区,且该区域在对称面入口上壁面的高度大致与边界层厚度相同。堵塞区导致隔离段出现较强的压力脉动,效果类似于反射激波串,这会对流场的均匀性及气流总压造成较大的影响。当进行黏性修正后,一体化构型的前体两级激波基本汇交于唇口处,通过对隔离段截面流量积分得出黏性修正后设计状态下的溢流损失基本可以忽略。通过压力云图可知,入口激波处于设计位置且交于隔离段上壁面转折点处,基本达到隔离段消波目的,进而改善了入口气流堵塞的现象,总压恢复系数提升。马赫数云图显示除了边界层整个隔离段气流分布较为均匀,流场品质大为改善。黏性修正对进气道和隔离段流场品质及部分关键参数提升较为明显。

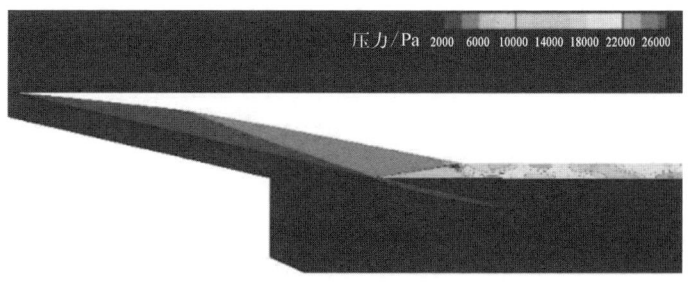

(a) 对称面压力云图

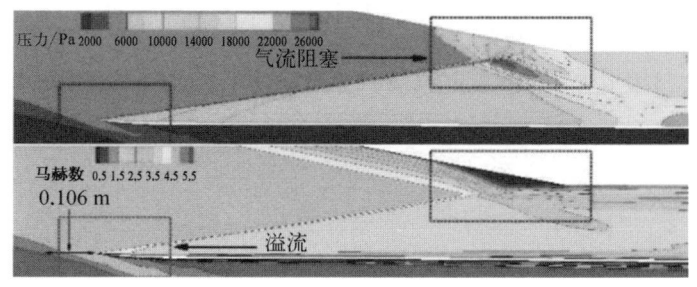

(b) 进气道入口局部放大

图 10.58 无黏性修正构型对称面流场云图(N-S 计算)[26]

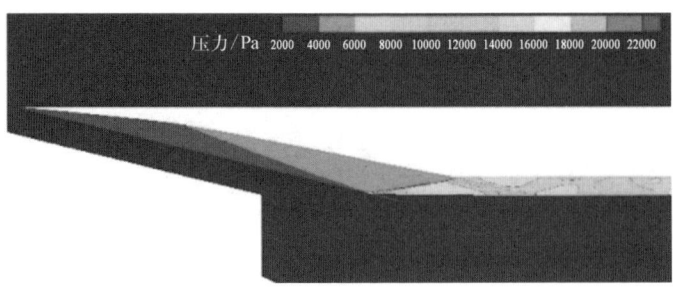

(a) 对称面压力云图

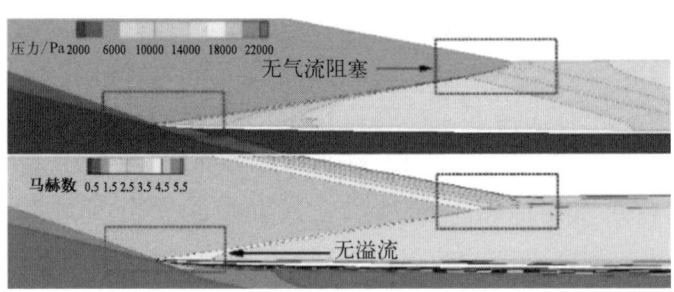

(b) 进气道入口局部放大

图 10.59 黏性修正构型对称面流场云图（N-S 计算）[26]

10.6 本章小结

基于无黏理论设计的乘波体和乘波构型具有高升阻比优势，特别适用于高超声速飞行任务，本章针对乘波构型工程应用所面临的热防护设计、几何约束设计、操纵面设计及边界层黏性修正等问题，给出解决方法和思路。本章主要结论如下：

（1）前缘钝化是乘波体热防护最简单有效的方式，可大幅度地降低飞行器前端热流密度。与尖锐前缘的理论乘波外形相比，前缘钝化使升阻比大幅降低；但随着钝化半径增大，升阻比的降低幅度明显地减小。钝化形式对乘波构型的气动性能影响较弱，但会影响尺寸、容积等其他性能参数。

（2）头部安装的逆向喷流激波针对钝化乘波构型的减阻降热效果明显；减阻与降热所需的最优喷流压比并不一致，需综合考虑两者择优选择；在一定范围内，马赫数越高，逆向喷流激波针对钝化乘波体的减阻效果越明显。

(3) 展长通常是高超声速气动外形设计的强约束，理论乘波外形往往需要展向切除才能满足工程实际。展向切除会破坏切除位置及后段的乘波特性，明显地降低构型的气动性能；在一定范围内，展向切除比例对气动性能的影响微弱。

(4) 操纵舵面的设计是乘波构型实现高超声速稳定飞行的关键之一。对比分析了三类适合乘波构型的气动操纵舵面形式的优缺点，给出了乘波构型操纵面的设计实例。

(5) 实际环境中的黏性效应可能会破坏基于无黏条件设计乘波体的气动性能。考虑边界层位移厚度能对乘波前体/进气道进行较好的黏性修正，使前体多级激波在有黏的条件下，精准汇交于进气道唇口，减小溢流和进气道入口流量损失，提升乘波前体/进气道性能。

参考文献

[1] Viviani A, Pezzella G. 空间任务飞行器的空气动力学和热力学分析[M]. 黄伟, 颜力, 李洁, 等译. 北京: 国防工业出版社, 2018.

[2] 冯志高, 关成启, 张红文. 乘波构型飞行器概论[M]. 北京: 北京理工大学出版社, 2016.

[3] Stevens D R. Practical considerations in waverider applications[C]. AIAA Aircraft Design Systems Meeting, Hilton Head Island, 1992: 4247.

[4] 柳军, 丁峰, 刘珍, 等. 高超声速乘波设计理论[M]. 北京: 科学出版社, 2020.

[5] 杨云军, 龚安龙, 白鹏. 高超声速空气动力设计与评估方法[M]. 北京: 中国宇航出版社, 2019.

[6] Lees L. Laminar heat transfer over blunt-nosed bodies at hypersonic flight speeds[J]. Jet Propulsion, 1956, 26(4): 259-269.

[7] Wang W, Xie L, Guo R. Influence of blunting manner of the lip highlight of hypersonic inlet on the aerothermodynamic performance[C]. 17th AIAA International Space Planes and Hypersonic Systems and Technologies Conference, San Francisco, 2011.

[8] 陈雪冬, 王发民. 钝化前缘乘波布局及其一体化构型气动特性[J]. 航空动力学报, 2013, 28(2): 379-384.

[9] Laptoff M. Wingflow study of pressure drag reduction at transonic speed by projecting a jet of air from the nose of a prolate spheroid of fineness ratio 6[R]. Washington: NACA RM L5109, 1951.

[10] Warren C H E. An experimental investigation of the effect of ejecting a coolant gas at the nose of a bluff body[J]. Journal of Fluid Mechanics, 1960(8): 400-417.

[11] Hayashi K, Aso S, Tani Y. Experimental study on thermal protection system by opposing jet in supersonic flow[J]. Journal of Spacecraft and Rockets, 2006, 43(1): 233-236.

[12] 王兴, 裴曦, 陈志敏, 等. 超声速逆向喷流的减阻与降热[J]. 推进技术, 2010, 31(3):

261-264.

[13] 王振清, 吕红庆, 雷红帅. 钝体前缘喷流热防护数值分析[J]. 宇航学报, 2010, 31(5): 1266-1271.

[14] 李世斌. 逆向射流及其在乘波构型飞行器中的减阻防热机理研究[D]. 长沙: 国防科技大学, 2017.

[15] 战培国. 国外钝头体减阻降热概念创新研究[J]. 飞航导弹, 2015(3): 14-17.

[16] Mair W A. Experiments on separation of boundary layers on probes in front of blunt-nosed bodies in a supersonic air stream[J]. The London, Edinburgh, and Dublin Philosophical Magazine and Journal of Science, 1952, 43(342): 695-716.

[17] 何天琦, 罗世彬. 带逆向喷流激波针非设计点减阻防热性能研究[J]. 飞行力学, 2019, 37(6): 46-50.

[18] Sebastian J J, Suryan A, Kim H D. Numerical analysis of hypersonic flow past blunt bodies with aerospikes[J]. Journal of Spacecraft and Rockets, 2016, 53(4): 669-677.

[19] Eghlima Z, Mansour K, Farfipour K. Heat transfer reduction using combination of spike and counterflow jet on blunt body at high Mach number flow[J]. Acta Astronautica, 2018, 143: 92-104.

[20] 张涵信. 带针尖杆的钝体粘性绕流的数值模拟[J]. 航空学报, 1994, 15(5): 519-525.

[21] 侯文新, 吴颂平. 带激波针的乘波构型飞行器多目标优化设计[J]. 战术导弹技术, 2015(2): 23-27.

[22] 耿云飞, 阎超. 联合激波针-逆向喷流方法的新概念研究[J]. 空气动力学报, 2010, 28(4): 436-440.

[23] 张江, 吴军飞, 尼文斌, 等. 带喷流激波针流动特性实验研究[J]. 力学学报, 2016(5): 1040-1048.

[24] 张江, 彭程, 蔡琛芳, 等. 基于响应面法的带喷流激波针参数化优化研究[J]. 空气动力学报, 2015, 32(2): 204-210.

[25] Morimoto N, Yoon J Y, Aso S, et al. Reduction of aerodynamic heating with opposing jet through extended nozzle in high enthalpy flow[C]. 52th Aerospace Sciences Meeting, National Harbor, 2014: 0705.

[26] 王旭东. 吸气式高超声速飞行器内外流一体化乘波气动布局设计技术研究[D]. 南京: 南京航空航天大学, 2020.

[27] Anderson J D. Fundamentals of Aerodynamics: Fourth Edition[M]. New York: McGraw-Hill Companies, 2007.

[28] Sivells J C, Payne R G. A method of Calculating Turbulent-boundary-layer Growth at Hypersonic Mach numbers[R]. Nashville: AEDC-TR-59-3, 1959.